U0161494

工科类大学数学公共课程教学丛书

河南省"十四五"普通高等教育规划教材

科学出版社"十三五"普通高等教育本科规划教材

高 等 数 学

（第二版）

（下册）

曹殿立　李　晔　马巧云　主编

科学出版社

北京

内 容 简 介

　　本书是河南省"十四五"普通高等教育规划教材,分上下两册.下册由空间解析几何与向量代数、多元函数微分学、重积分、曲线积分与曲面积分、无穷级数等五章组成.在内容的编排上,注重概念实际背景的介绍,突出基本概念的系统理解和解题方法的把握.为配合在线课程的学习,本书的各个重要知识点与在线课程的每一讲相对应,读者扫描书上的二维码即可观看教学视频.

　　本书参考了最新的全国硕士研究生入学考试大纲和历年研究生入学试题,例题、习题及题型丰富.习题除按小节配置外,各章末还设有综合练习题.《高等数学同步学习辅导(下册)》(曹殿立、苏克勤主编)为本书下册的所有习题作了详细解答.

　　本书可作为高等院校工科类、管理类以及对高等数学有较高要求的经济类、非数学专业理科类各专业本科生的高等数学课程教材、教学参考书以及考研学习或自学用书.

图书在版编目(CIP)数据

　　高等数学:全2册/曹殿立,李晔,马巧云主编.—2版.—北京:科学出版社,2022.8

　　(工科类大学数学公共课程教学丛书)

　　河南省"十四五"普通高等教育规划教材·科学出版社"十三五"普通高等教育本科规划教材

　　ISBN 978-7-03-072737-4

　　Ⅰ.①高… Ⅱ.①曹… ②李… ③马… Ⅲ.①高等数学-高等学校-教材 Ⅳ.①O13

　　中国版本图书馆 CIP 数据核字(2022)第 123308 号

责任编辑:梁　清　张中兴　孙翠勤 / 责任校对:杨聪敏
责任印制:张　伟 / 封面设计:蓝正设计

科 学 出 版 社 出版
北京东黄城根北街 16 号
邮政编码:100717
http://www.sciencep.com

保定市中画美凯印刷有限公司印刷
科学出版社发行各地新华书店经销

*

2017 年 8 月第 一 版　开本:720×1000　1/16
2022 年 8 月第 二 版　印张:39 1/2
2024 年 8 月第九次印刷　字数:842 000

定价:105.00 元(上下册)
(如有印装质量问题,我社负责调换)

《高等数学（第二版）》编委会

主　编　曹殿立　李　晔　马巧云

副主编　余亚辉　张建军　曹　洁　李振平　杨新光

编　者　（按姓名笔画排序）

马巧云　吕海燕　孙成金　杨新光　李　晔

李振平　余亚辉　宋斐斐　张利齐　张建军

张晓梅　曹　洁　曹殿立　曾玲玲

前　言

本教材第一版作为科学出版社"十三五"普通高等教育本科规划教材于 2017 年出版.

本教材第一版自出版以来,已连续使用 5 年,受到了师生的广泛好评. 为了实现高等数学的教学目标,适应课程思政以及在线开放课程教学的需要,本教材除保留第一版经典的教学内容和课程体系外,在以下两个方面进行了较大程度的改编:

1. 增设序章. 设置高等数学的发展历程、重要意义、学习方法等内容,将高等数学所体现的辩证唯物主义世界观,中国数学的创新成果,中外数学家们严谨治学、开拓创新、献身事业的科学精神,以"第一堂课"的形式展现给学生.

2. 教材每一节都设有二维码链接. 读者扫描二维码即可进入视频课的学习.

本教材是国家自然科学基金项目"数学文化视域下高等数学课程思政元素的挖掘与应用"(编号:12026509)、河南省首批本科高校课程思政样板课程"高等数学Ⅱ"以及河南省精品在线开放课程"高等数学"的研究成果;参考并借鉴了河南省首批本科高校课程思政样板课程"线性代数"的相关研究成果.

本书可作为高等院校工科类、管理类以及对高等数学有较高要求的经济类、非数学专业理科类各专业本科生的高等数学课程教材、教学参考书以及考研学习或自学用书.

参加本书编写的有河南农业大学的曹殿立、李晔、马巧云、张建军、吕海燕、孙成金、张晓梅、张利齐、宋斐斐、曹洁、曾玲玲,洛阳理工学院的余亚辉、李振平,河南师范大学的杨新光,最后由主编统一定稿.

河南大学的陈守信教授审阅了全稿,并提出了很好的意见和建议;科学出版社、河南省教育厅、河南农业大学教务处、河南农业大学信息与管理科学学院、洛阳理工学院理学院、河南师范大学数学与信息科学学院等单位对本书的立项、编写、出版及 MOOC 制作等工作给予了大力支持;科学出版社的责任编辑同志为本书的出版付出了辛勤劳动,在此,我们一并表示衷心感谢!

由于水平所限,书中定有不足之处,恳请广大读者批评指正.

编　者

2021 年 9 月 1 日

第一版前言

高等数学是高等院校各专业重要的基础课,也是在自然科学、社会科学中广泛应用的数学基础.

本书按照教育部高等学校"工科类专业本科数学基础课程教学基本要求",结合作者长期的高等数学教学实践,并在充分借鉴当前国内外同类教材的基础上编写而成. 在内容上突出了以下四个特点:

1. 简明实用,通俗易学. 略去了部分极限的精确定义和一些抽象、烦琐的理论证明,直接从客观世界所提供的模型和原理中导出基本概念,使表达更加简明,易于理解.

2. 突出基本概念和基本计算的教学. 在课程内容的编排上,注意明晰概念以及理清概念之间的内在联系,注意基本计算方法的系统把握,并设置较多的例题、习题和综合练习来进一步强化.

3. 突出数学的应用性. 引导学生理解概念的内涵和背景,培养学生用高等数学的思想和方法分析、解决问题的能力.

4. 体现工科特色. 较多地设置了有关工程、机械、电子、能源、交通、食品工程、生物工程、环境工程以及经济管理等方面的实例,突出高等数学在工科专业中的应用,为学生学习专业知识奠定基础.

参加本书编写的有河南农业大学的曹殿立、马巧云、胡丽平、马文雅、吕海燕、汪松玉、侯贤敏,河南财经政法大学的荆会芬,郑州师范学院的张香伟,最后由曹殿立统一定稿.

东华大学的秦玉明教授仔细审阅了全稿,并提出了许多意见和建议,在此表示由衷的谢意!

对科学出版社为本书的顺利出版所付出的辛勤劳动表示衷心感谢!

虽然我们十分努力,但由于水平所限,难免存在疏漏与不妥之处,恳请读者批评指正.

编　者

2017 年 3 月 1 日

目 录

第7章 空间解析几何与向量代数

空间解析几何主要研究空间几何图形.如同平面解析几何一样,它将"数"和"形"这两个数学的基本对象统一于一体,用代数方法研究和解决几何问题.平面解析几何是一元函数微积分的基础,同样,空间解析几何也是学习多元函数微积分不可缺少的.

向量代数是解决数学、物理以及工程技术问题的有力工具.本章首先引入空间向量的概念,通过建立空间直角坐标系给出向量的坐标,将向量的几何运算转化为向量坐标的代数运算,并以向量为工具研究空间平面和直线,最后介绍空间曲面、空间曲线以及二次曲面.

7.1　向量及其线性运算

7.1.1　向量的概念

我们把只有大小的量称为**数量**(或标量),如长度、质量、时间和温度等.把既有大小又有方向的量称为**向量**(或矢量),如位移、速度、加速度、力等.为区别于数量,通常用黑体字母或者上方加箭头的字母来表示向量,如 $\boldsymbol{a},\boldsymbol{s},\boldsymbol{v},\boldsymbol{F}$ 或者 $\vec{a},\vec{s},\vec{v},\vec{F}$ 等.

向量包含**两个要素**——大小和方向,故常用有向线段来表示向量.有向线段的方向表示向量的方向,有向线段的长度表示向量的大小.以起点为 M_1,终点为 M_2 的有向线段所表示的向量记作 $\overrightarrow{M_1M_2}$(图 7.1).如果有向线段 $\overrightarrow{M_1M_2}$ 表示向量 $\boldsymbol{a}$,则称 $\overrightarrow{M_1M_2}$ 是向量 $\boldsymbol{a}$ 的一个几何表示.

向量的大小,叫做向量的**模**.有时也称为向量的**长度**.向量 $\boldsymbol{a}$ 的模,记为 $|\boldsymbol{a}|$,向量 $\overrightarrow{M_1M_2}$ 的模记为 $|\overrightarrow{M_1M_2}|$.

两个向量**方向相同**,是指将它们移到同一起点时,它们在一条直线上,它们的终点都在起点的同一侧.反之,若两个终点分别分布在起点的两侧,则称两向量**方向相反**.图 7.2 中,向量 $\boldsymbol{a},\boldsymbol{b}$ 方向相同,向量 $\boldsymbol{a},\boldsymbol{c}$ 或 $\boldsymbol{b},\boldsymbol{c}$ 方向相反.

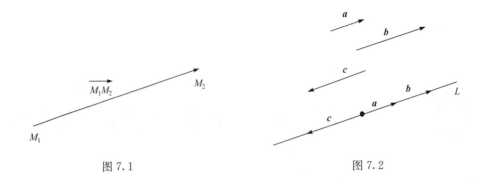

图 7.1   图 7.2

模等于零的向量叫做**零向量**,记作 **0**. 零向量的起点与终点重合,因此零向量的方向是任意的.

如果向量 a,b 的大小相等,方向相同,就称向量 a 与 b **相等**,记为 $a=b$. 也就是说,如果两个有向线段的大小相等、方向相同,则不论它们的起点是否相同,就认为它们表示同一个向量. 这种仅依赖于大小和方向,而与起点位置无关的向量称为**自由向量**. 本书中若无特殊说明,均为自由向量.

由于自由向量可在空间中自由平移,因此两个非零向量 a 与 b 的夹角有如下定义:将 a 与 b 平移,使它们的起点重合后,它们所在的射线正向之间的夹角 $\theta(0\leqslant\theta\leqslant\pi)$ 称为 a 与 b 的**夹角**(图 7.3),记作 $(\widehat{a,b})$ 或 $(\widehat{b,a})$.

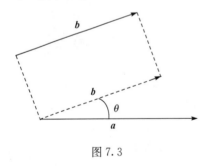

图 7.3

两个非零向量,如果它们的方向相同或者相反,就称这两个向量**平行**(或**共线**). 向量 a 与 b 平行,记作 $a/\!/b$. 如果两个非零向量的夹角为 $90°$,就称这两个向量**垂直**(或**正交**),记作 $a\perp b$. 由于零向量的方向可以看作是任意的,因此可以认为零向量与任意向量既平行又垂直.

类似于两向量共线,还有向量共面的概念. 设有 $k(k\geqslant3)$ 个向量,当把它们的起点放在同一点时,如果 k 个终点和公共起点位于同一个平面上,则称这 k 个向量**共面**.

显然,任意两个向量总是共面的.

7.1.2　向量的线性运算

7.1.2.1　向量的加法

设有两个向量 a 与 b,任取一点 A,作 $\overrightarrow{AB}=a$,再以 B 为起点,作 $\overrightarrow{BC}=b$,连接 AC,则向量 $\overrightarrow{AC}=c$ 称为向量 a 与 b 的和(图 7.4),记作 $a+b$,即

$$c = a + b.$$

上述作出两向量之和的方法称为向量相加的**三角形法则**.

容易看到,向量加法的三角形法则也适用于 a 与 b 平行的情况.

若向量 a 与 b 不平行,那么,也可以用如下**平行四边形法则**求它们的和. 以点 A 为起点,作 $\overrightarrow{AB} = a, \overrightarrow{AD} = b$,以 AB, AD 为边作平行四边形 $ABCD$,连接对角线 AC,显然,向量 $\overrightarrow{AC}$ 等于向量 a 与 b 的和 $a + b$. 这与物理学上求合力的平行四边形法则是一致的(图 7.5).

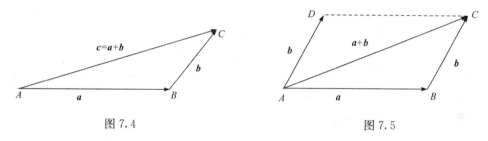

图 7.4　　　　　　　　　　　　　　图 7.5

向量的加法满足下列运算规律:

(1) **交换律**　$a + b = b + a$;

(2) **结合律**　$(a + b) + c = a + (b + c)$.

对于(1),根据向量相加的三角形法则,由图 7.5,有
$$a + b = \overrightarrow{AB} + \overrightarrow{BC} = \overrightarrow{AD} + \overrightarrow{DC} = b + a,$$
所以向量的加法满足交换律.

对于(2),如图 7.6 所示,先作出 $a + b$,再将其与 c 相加,即得和 $(a + b) + c$,如将 a 与 $b + c$ 相加,则得同一结果,所以向量的加法满足结合律.

由于向量的加法满足交换律和结合律,所以 n 个向量 $a_1, a_2, \cdots, a_n (n \geq 3)$ 相加可写成 $a_1 + a_2 + \cdots + a_n$,并可按三角形法则相加如下:使前一向量的终点作为后一向量的起点,相继作向量 $a_1, a_2, \cdots, a_n$,再以第一向量的起点为起点,以最后一向量的终点为终点作一向量,这个向量即为这 n 个向量的和向量. 如图 7.7 所示,有

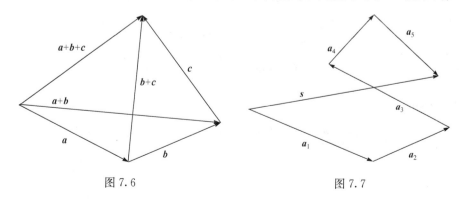

图 7.6　　　　　　　　　　　　　　图 7.7

$$s = a_1 + a_2 + a_3 + a_4 + a_5.$$

设有向量 a,称与 a 的模相等而方向相反的向量为 a 的**负向量**,记作 $-a$. 由此,定义两个向量 b 与 a 的差为

$$b - a = b + (-a).$$

上式表明,向量 b 与 a 的差就是向量 b 与 $-a$ 的和. 特别地,有

$$a - a = a + (-a) = 0.$$

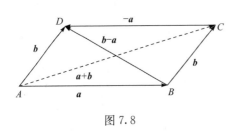

图 7.8

在平行四边形 $ABCD$ 中,以点 A 为起点,作 $\overrightarrow{AB} = a$,$\overrightarrow{AD} = b$,如图 7.8 所示,则 $\overrightarrow{BC} = b$,$\overrightarrow{CD} = -a$. 按照向量和的三角形法则,显然对角线 BD 上的向量 $\overrightarrow{BD} = b + (-a)$,即 $\overrightarrow{BD} = b - a$. 而另一对角线 AD 上的向量 $\overrightarrow{AC} = a + b$.

7.1.2.2 数与向量的乘法

对任意的实数 λ 和向量 a,λ 与 a 的乘积(简称**数乘**)记为 λa. 规定 λa 是一个向量,它的模与方向定义如下:

(1) λa 的模是 a 的模的 $|\lambda|$ 倍,即 $|\lambda a| = |\lambda| \cdot |a|$;

(2) 当 $\lambda > 0$ 时,λa 与 a 的方向相同;当 $\lambda < 0$ 时,λa 与 a 的方向相反.

当 $\lambda = 0$ 时,$|\lambda a| = 0$,即 λa 是零向量,$\lambda a = 0$,它的方向是任意的.

当 $\lambda = \pm 1$ 时,$1a = a$,$(-1)a = -a$.

向量与数的乘法满足下列运算规律:

(1) **结合律** $\lambda(\mu a) = \mu(\lambda a) = (\lambda\mu)a$;

(2) **分配律** $(\lambda + \mu)a = \lambda a + \mu a$; $\lambda(a + b) = \lambda a + \lambda b$.

这些运算规律都可以按照向量与数的乘法的定义来证明.

向量相加及数乘向量统称为**向量的线性运算**.

例 7.1 证明:三角形两边中点的连线平行于第三边,其长度等于第三边长度的一半.

证 如图 7.9 所示,在三角形 ABC 中,D,E 分别为边 AC 和 BC 的中点,即 $\overrightarrow{DC} = \dfrac{1}{2}\overrightarrow{AC}$,

$\overrightarrow{CE} = \dfrac{1}{2}\overrightarrow{CB}$.

因 $\overrightarrow{AB} = \overrightarrow{AC} + \overrightarrow{CB}$,$\overrightarrow{DE} = \overrightarrow{DC} + \overrightarrow{CE}$,则

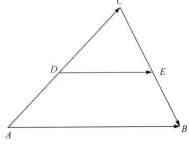

图 7.9

$$\overrightarrow{DE}=\overrightarrow{DC}+\overrightarrow{CE}=\frac{1}{2}\overrightarrow{AC}+\frac{1}{2}\overrightarrow{CB}=\frac{1}{2}(\overrightarrow{AC}+\overrightarrow{CB})=\frac{1}{2}\overrightarrow{AB}.$$

亦即 $\overrightarrow{DE}/\!/\overrightarrow{AB}$ 且 $|\overrightarrow{DE}|=\frac{1}{2}|\overrightarrow{AB}|$.

模等于 1 的向量叫做**单位向量**. 通常把与非零向量 a 方向相同的单位向量称为 a 的单位向量, 记为 e_a.

构造向量 $\frac{1}{|a|}a$.

因 $|a|>0$, 由数乘的定义, $\frac{1}{|a|}a$ 与 a 方向相同;

再考虑 $\frac{1}{|a|}a$ 的长度. 由数乘的定义,

$$\left|\frac{1}{|a|}a\right|=\left|\frac{1}{|a|}\right|\cdot|a|=\frac{1}{|a|}\cdot|a|=1,$$

即 $\frac{1}{|a|}a$ 为单位向量.

综上所述, $\frac{1}{|a|}a$ 是一个与 a 方向相同的单位向量, 因此

$$e_a=\frac{1}{|a|}a \quad 或 \quad a=|a|e_a.$$

注 一个非零向量与它的模的倒数的乘积是一个与原向量同方向的单位向量, 这一运算称为将向量**单位化**.

由向量平行的定义, 对于任意的实数 λ, 向量 λa 总是与 a 平行, 因此可用向量与数的乘积来判定两个向量的平行关系.

定理 7.1 设向量 $a\neq 0$, 则向量 $b/\!/a$ 的**充分必要条件**是存在唯一的实数 λ, 使得 $b=\lambda a$.

证 条件的充分性由数乘的定义即得. 下面证必要性.

设 $b/\!/a$. 若 $b=0$, 则取 $\lambda=0$, 即有 $b=0=0a=\lambda a$.

若 $b\neq 0$, 取 $|\lambda|=\frac{|b|}{|a|}$, 则

$$|\lambda a|=|\lambda||a|=\frac{|b|}{|a|}\cdot|a|=|b|,$$

且当 b 与 a 同向时, 取 $\lambda=\frac{|b|}{|a|}$, 当 b 与 a 反向时, 取 $\lambda=-\frac{|b|}{|a|}$, 故由向量相等的定义, 有 $b=\lambda a$.

如果另有实数 μ 满足 $\boldsymbol{b}=\mu\boldsymbol{a}$,则两式相减得

$$(\lambda-\mu)\boldsymbol{a}=\boldsymbol{0},$$

从而 $|(\lambda-\mu)\boldsymbol{a}|=|(\lambda-\mu)|\cdot|\boldsymbol{a}|=0$,由于 $|\boldsymbol{a}|\neq0$,故 $\lambda=\mu$.

我们知道,确定一条数轴,需要给定一个点、一个方向及单位长度. 由于单位向量既能确定了方向又确定了单位长度,因此,只需要给定一个点及一个单位向量就能确定一条数轴. 此原理是建立数轴的理论依据.

设点 O 及单位向量 $\boldsymbol{i}$ 确定了数轴,如图 7.10 所示,则对于数轴上任意一点 P,对应一个向量 $\overrightarrow{OP}$. 由于 $\overrightarrow{OP}//\boldsymbol{i}$,由定理 7.1,必存在唯一的实数 x,使得

$$\overrightarrow{OP}=x\boldsymbol{i},$$

图 7.10

其中 x 称为数轴上有向线段 $\overrightarrow{OP}$ 的**值**. 这样,向量 $\overrightarrow{OP}$ 就与实数 x 一一对应. 从而

$$点\ P \longleftrightarrow 向量\overrightarrow{OP}=x\boldsymbol{i} \longleftrightarrow 实数\ x,$$

即数轴上的点 P 与实数 x 一一对应. 我们定义实数 x 为数轴上点 P 的**坐标**.

习题 7.1

1. 设 $\boldsymbol{u}=\boldsymbol{a}-\boldsymbol{b}+2\boldsymbol{c}$,$\boldsymbol{v}=-\boldsymbol{a}+3\boldsymbol{b}-\boldsymbol{c}$,试用 $\boldsymbol{a},\boldsymbol{b},\boldsymbol{c}$ 表示向量 $\boldsymbol{d}=2\boldsymbol{u}-3\boldsymbol{v}$.
2. 已知菱形 $ABCD$ 的对角线 $\overrightarrow{AC}=\boldsymbol{a}$,$\overrightarrow{BD}=\boldsymbol{b}$,试用向量 $\boldsymbol{a},\boldsymbol{b}$ 表示 $\overrightarrow{AB},\overrightarrow{BC},\overrightarrow{CD},\overrightarrow{DA}$.
3. 证明:对角线互相平分的四边形是平行四边形.

7.2 空间直角坐标系和向量的坐标

代数运算的基本对象是数,几何图形的基本元素是点,促成它们相互联系的是点的坐标. 在平面解析

7.2 空间直角坐标系和向量的坐标(一)

几何中,平面直角坐标系建立了平面上的点与有序二元实数组之间的一一对应关系,类似地,为了建立空间中的点与有序三元实数组之间的一一对应关系. 需要构建空间直角坐标系.

7.2.1 空间直角坐标系

在空间中任意选取一个定点 O,过点 O 作互相垂直的三条数轴 Ox,Oy,Oz,它们都以 O 为原点且有相同的单位长度,分别叫做 x 轴(横轴),y 轴(纵轴),z 轴(竖轴),统称**坐标轴**. 三个坐标轴的正向符合右手法则,即以右手握住 z 轴,当右手的

四个手指从 x 轴的正向转过 $\dfrac{\pi}{2}$ 角度指向 y 轴的正向时,竖起的大拇指的指向就是 z 轴的正向(图 7.11).这样的三条坐标轴组成了一个空间直角坐标系,称为 $Oxyz$ **坐标系**,点 O 称为**坐标原点**.

每两条坐标轴确定的一个平面,称为**坐标平面**.由 x 轴和 y 轴确定的平面称为 xOy 平面,由 x 轴和 z 轴确定的平面称为 xOz 平面,由 y 轴和 z 轴确定的平面称为 yOz 平面.三个坐标平面将空间分成八个部分,每个部分称为一个**卦限**,分别记为 I,II,III,IV,V,VI,VII,VIII,如图 7.12 所示.

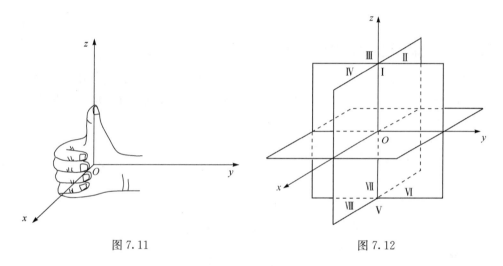

图 7.11   图 7.12

以空间直角坐标系为基础,可以确定空间中任一点的坐标.

设 M 为空间一点,过点 M 分别作垂直于 x 轴,y 轴和 z 轴的平面,这三个平面与三个坐标轴分别交于点 P,Q,R,如图 7.13 所示.

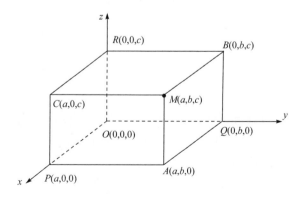

图 7.13

设这三点在 x 轴, y 轴, z 轴上的坐标依次取为 a, b, c, 从而空间一点 M 就唯一确定了一个有序数组 (a,b,c); 反过来, 已知一个有序数组 (a,b,c), 在 x 轴上取坐标为 a 的点 P, 在 y 轴上取坐标为 b 的点 Q, 在 z 轴上取坐标为 c 的点 R, 然后通过点 P,Q,R 分别作垂直于 x 轴, y 轴, z 轴的平面. 这三个平面的交点 M 便是有序数组 (a,b,c) 所唯一确定的点. 这样, 就建立了空间上的点 M 与有序数组 (a,b,c) 之间的一一对应关系.

称该有序数组 (a,b,c) 为点 M 的**坐标**, 记为 $M(a,b,c)$, 称 a,b,c 分别为点 M 的**横坐标**、**纵坐标**和**竖坐标**.

7.2.2　空间两点间的距离

已知空间两点 $M_1(x_1,y_1,z_1)$ 和 $M_2(x_2,y_2,z_2)$, 过点 M_1 和 M_2 各作三个分别垂直于三条坐标轴的平面, 这六个平面围成了一个以 M_1M_2 为对角线的长方体 (图 7.14).

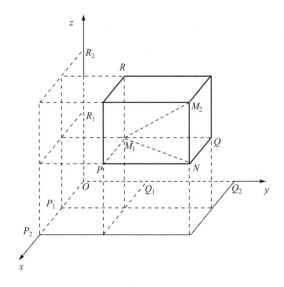

图 7.14

由于 $\triangle M_1NM_2$ 为直角三角形, 其中 $\angle M_1NM_2$ 为直角, 所以
$$|M_1M_2|^2 = |M_1N|^2 + |NM_2|^2.$$
又 $\triangle M_1PN$ 为直角三角形, 且
$$|M_1N|^2 = |M_1P|^2 + |PN|^2,$$
所以
$$|M_1M_2|^2 = |M_1P|^2 + |PN|^2 + |NM_2|^2.$$

又由于
$$|M_1P| = |P_1P_2| = |x_2 - x_1|, \quad |PN| = |Q_1Q_2| = |y_2 - y_1|,$$
$$|NM_2| = |R_1R_2| = |z_2 - z_1|.$$

所以点 M_1 和 M_2 之间的距离为
$$|M_1M_2| = \sqrt{(x_2-x_1)^2 + (y_2-y_1)^2 + (z_2-z_1)^2}. \tag{7-1}$$

特别地,空间一点 $M(x,y,z)$ 到原点 $O(0,0,0)$ 的距离为
$$|OM| = \sqrt{x^2 + y^2 + z^2}. \tag{7-2}$$

例 7.2 动点 $P(x,y,z)$ 与两定点 $A(1,-1,0),B(2,0,-2)$ 的距离相等,求动点 P 的轨迹.

解 由题设,根据式(7-1),得
$$(x-1)^2 + (y+1)^2 + z^2 = (x-2)^2 + y^2 + (z+2)^2,$$
即动点 P 的轨迹方程为
$$x + y - 2z + 3 = 0.$$

7.2.3　向量的坐标表示

7.2.3.1　向径的坐标

在空间直角坐标系 $Oxyz$ 中,分别以 $\boldsymbol{i},\boldsymbol{j},\boldsymbol{k}$ 表示 x 轴,y 轴,z 轴上与该轴正向相同的单位向量.任给向量 $\boldsymbol{a}$,通过平移使其起点位于坐标原点 O,终点记为 M,即 $\overrightarrow{OM} = \boldsymbol{a}$.

以 OM 为对角线作长方体 $RHMK\text{-}OPNQ$(图 7.15),有
$$\overrightarrow{OM} = \overrightarrow{ON} + \overrightarrow{NM} = \overrightarrow{OP} + \overrightarrow{OQ} + \overrightarrow{OR}.$$

设点 M 的坐标为 (a_x, a_y, a_z),则 x 轴上点 P 的坐标为 $(a_x, 0, 0)$,y 轴上点 Q 的坐标为 $(0, a_y, 0)$,z 轴上点 R 的坐标为 $(0, 0, a_z)$,故
$$\overrightarrow{OP} = a_x\boldsymbol{i}, \quad \overrightarrow{OQ} = a_y\boldsymbol{j}, \quad \overrightarrow{OR} = a_z\boldsymbol{k},$$
因此
$$\boldsymbol{a} = a_x\boldsymbol{i} + a_y\boldsymbol{j} + a_z\boldsymbol{k}. \tag{7-3}$$
该式称为向量 $\boldsymbol{a}$ 的**坐标分解式**,$a_x\boldsymbol{i}, a_y\boldsymbol{j}, a_z\boldsymbol{k}$ 称为向量 $\boldsymbol{a}$ 沿三个坐标轴方向的**分向量**.

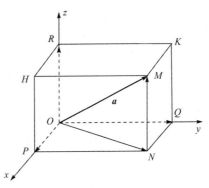

图 7.15

显然,给定向量 $\boldsymbol{a}$,就确定了点 M 及 $\overrightarrow{OP}, \overrightarrow{OQ}, \overrightarrow{OR}$ 三个分向量,进而确定了有序数组 a_x, a_y, a_z;反之,给定了有序数组 a_x, a_y, a_z,也就确定了向量 $\boldsymbol{a}$ 与点 M.于是向

量 $\boldsymbol{a}$ 与有序数组 a_x,a_y,a_z 之间存在着——对应的关系:

$$\boldsymbol{a}=\overrightarrow{OM}=a_x\boldsymbol{i}+a_y\boldsymbol{j}+a_z\boldsymbol{k}\longleftrightarrow\{a_x,a_y,a_z\}.$$

把有序数组 a_x,a_y,a_z 称为**向量 $\boldsymbol{a}$ 的坐标**,记为 $\boldsymbol{a}=\{a_x,a_y,a_z\}$.显然

$$\boldsymbol{a}=\{a_x,a_y,a_z\}\Leftrightarrow\boldsymbol{a}=a_x\boldsymbol{i}+a_y\boldsymbol{j}+a_z\boldsymbol{k}.$$

一般地,空间中的任何一点 $P(x,y,z)$,都对应一个向量 $\boldsymbol{r}=\overrightarrow{OP}=x\boldsymbol{i}+y\boldsymbol{j}+z\boldsymbol{k}$,称为点 P 的**向径**(图 7.16).由向量坐标的定义知 $\boldsymbol{r}=\{x,y,z\}$,即一个点与该点的向径有相同的坐标.为区别起见,记号 (x,y,z) 表示点 P 的坐标,$\{x,y,z\}$ 则表示向量 $\overrightarrow{OP}$ 坐标.

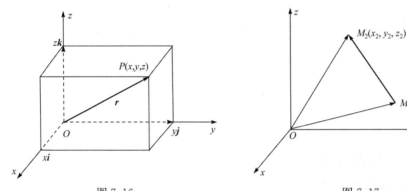

图 7.16　　　　　　　　　　　　图 7.17

7.2.3.2　一般向量的坐标

设 $M_1(x_1,y_1,z_1)$,$M_2(x_2,y_2,z_2)$ 是空间中任意两点.作向径 $\overrightarrow{OM_1}$,$\overrightarrow{OM_2}$,如图 7.17 所示,则

$$\overrightarrow{M_1M_2}=\overrightarrow{OM_2}-\overrightarrow{OM_1}.$$

而 $\overrightarrow{OM_1}=x_1\boldsymbol{i}+y_1\boldsymbol{j}+z_1\boldsymbol{k}$,$\overrightarrow{OM_2}=x_2\boldsymbol{i}+y_2\boldsymbol{j}+z_2\boldsymbol{k}$,由数乘向量的运算律,有

$$\begin{aligned}\overrightarrow{M_1M_2}&=\overrightarrow{OM_2}-\overrightarrow{OM_1}\\&=(x_2\boldsymbol{i}+y_2\boldsymbol{j}+z_2\boldsymbol{k})-(x_1\boldsymbol{i}+y_1\boldsymbol{j}+z_1\boldsymbol{k})\\&=(x_2-x_1)\boldsymbol{i}+(y_2-y_1)\boldsymbol{j}+(z_2-z_1)\boldsymbol{k}\\&=\{x_2-x_1,y_2-y_1,z_2-z_1\},\end{aligned}$$

即

$$\overrightarrow{M_1M_2}=\{x_2-x_1,y_2-y_1,z_2-z_1\}. \tag{7-4}$$

由此可见,**向量 $\overrightarrow{M_1M_2}$ 的坐标等于其终点 M_2 的坐标减去其起点 M_1 的坐标.**

例如,已知空间两点 $A(1,0,-1)$,$B(2,3,1)$,则

$\overrightarrow{AB}=\{2-1,3-0,1-(-1)\}=\{1,3,2\}=\boldsymbol{i}+3\boldsymbol{j}+2\boldsymbol{k}.$

7.2.4　利用坐标进行向量的线性运算

利用向量的坐标,可以得到向量的加法、减法以

7.2　空间直角坐标系和
向量的坐标(二)

及数乘向量的坐标表示.

设
$$a = \{a_x, a_y, a_z\}, \quad b = \{b_x, b_y, b_z\},$$
即
$$a = a_x i + a_y j + a_z k, \quad b = b_x i + b_y j + b_z k,$$
根据向量加法的交换律与结合律,以及数乘向量的结合律与分配律,有
$$a + b = (a_x + b_x)i + (a_y + b_y)j + (a_z + b_z)k,$$
$$a - b = (a_x - b_x)i + (a_y - b_y)j + (a_z - b_z)k,$$
$$\lambda a = (\lambda a_x)i + (\lambda a_y)j + (\lambda a_z)k (\lambda \text{ 为实数}),$$
即
$$a + b = \{a_x + b_x, a_y + b_y, a_z + b_z\},$$
$$a - b = \{a_x - b_x, a_y - b_y, a_z - b_z\},$$
$$\lambda a = \{\lambda a_x, \lambda a_y, \lambda a_z\}.$$

由此可见,对向量进行加、减及数乘运算,只需对向量的各个坐标分别进行相应的数量运算即可.

定理 7.1 指出,当向量 $a \neq 0$ 时,向量 $b // a$ 等价于 $b = \lambda a$. 坐标表示式为
$$\{b_x, b_y, b_z\} = \{\lambda a_x, \lambda a_y, \lambda a_z\}$$
这相当于向量 a, b 对应的坐标成比例,即
$$\frac{b_x}{a_x} = \frac{b_y}{a_y} = \frac{b_z}{a_z}.$$

例 7.3　设 $m = 3i + 5j + 8k, n = 2i - 4j - 7k, p = 5i + j - 4k$,求 $a = 4m + 3n - p$ 在 x 轴上的坐标及在 y 轴上的分向量.

解　因为
$$
\begin{aligned}
a &= 4m + 3n - p \\
&= 4(3i + 5j + 8k) + 3(2i - 4j - 7k) - (5i + j - 4k) \\
&= 13i + 7j + 15k.
\end{aligned}
$$
所以,向量 a 在 x 轴上的坐标为 13. 在 y 轴上的分向量为 $7j$.

例 7.4　已知两点 $A(x_1, y_1, z_1)$, $B(x_2, y_2, z_2)$ 及实数 $\lambda \neq -1$,在直线 AB 上求点 M,使得 $\overrightarrow{AM} = \lambda \overrightarrow{MB}$.

解　如图 7.18 所示,由于
$$\overrightarrow{AM} = \overrightarrow{OM} - \overrightarrow{OA}, \quad \overrightarrow{MB} = \overrightarrow{OB} - \overrightarrow{OM},$$
由 $\overrightarrow{AM} = \lambda \overrightarrow{MB}$,有
$$\overrightarrow{OM} - \overrightarrow{OA} = \lambda(\overrightarrow{OB} - \overrightarrow{OM}),$$
从而

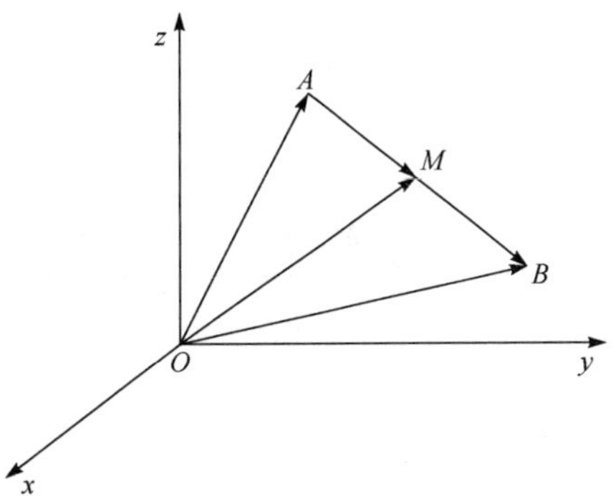

图 7.18

$$\overrightarrow{OM}=\frac{1}{1+\lambda}(\overrightarrow{OA}+\lambda\overrightarrow{OB}).\tag{7-5}$$

因$\overrightarrow{OA}=\{x_1,y_1,z_1\}$,$\overrightarrow{OB}=\{x_2,y_2,z_2\}$,将$\overrightarrow{OA}$,$\overrightarrow{OB}$的坐标代入式(7-5),得

$$\overrightarrow{OM}=\left\{\frac{x_1+\lambda x_2}{1+\lambda},\frac{y_1+\lambda y_2}{1+\lambda},\frac{z_1+\lambda z_2}{1+\lambda}\right\},$$

故所求点 M 的坐标为

$$\left(\frac{x_1+\lambda x_2}{1+\lambda},\frac{y_1+\lambda y_2}{1+\lambda},\frac{z_1+\lambda z_2}{1+\lambda}\right).$$

特别地,当$\lambda=1$时,线段 AB 的中点坐标为

$$\left(\frac{x_1+x_2}{2},\frac{y_1+y_2}{2},\frac{z_1+z_2}{2}\right).$$

7.2.5　向量的模和方向余弦

设向量 $\boldsymbol{a}=\{a_x,a_y,a_z\}$,作$\overrightarrow{OM}=\boldsymbol{a}$,则点 M 的坐标为(a_x,a_y,a_z),根据空间两点间的距离公式(7-2),向量 $\boldsymbol{a}$ 的模为

$$|\boldsymbol{a}|=|\overrightarrow{OM}|=|OM|=\sqrt{a_x^2+a_y^2+a_z^2}.$$

为了表示向量 $\boldsymbol{a}$ 的方向,把向量 $\boldsymbol{a}$ 与 x 轴,y 轴,z 轴正向的夹角分别记为 α、β、γ,称为向量 $\boldsymbol{a}$ 的**方向角**(图 7.19).同时,称 $\cos\alpha,\cos\beta,\cos\gamma$ 为向量 $\boldsymbol{a}$ 的**方向余弦**.

由图 7.20,在 Rt$\triangle OPM$ 中,$|OP|=a_x$,$|\overrightarrow{OM}|=|OM|=\sqrt{a_x^2+a_y^2+a_z^2}$,故

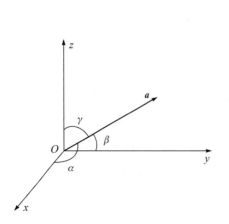

图 7.19

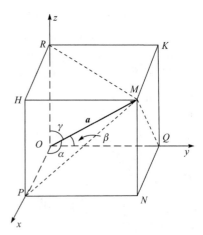

图 7.20

$$\cos\alpha=\frac{a_x}{|\overrightarrow{OM}|}=\frac{a_x}{\sqrt{a_x^2+a_y^2+a_z^2}}. \tag{7-6}$$

同理,在 Rt△OQM 和 Rt△ORM 中,

$$\cos\beta=\frac{a_y}{|\overrightarrow{OM}|}=\frac{a_y}{\sqrt{a_x^2+a_y^2+a_z^2}}, \tag{7-7}$$

$$\cos\gamma=\frac{a_z}{|\overrightarrow{OM}|}=\frac{a_z}{\sqrt{a_x^2+a_y^2+a_z^2}}. \tag{7-8}$$

由公式(7-6)~(7-8),容易得出下面两个重要结论:

(1) 任一非零向量方向余弦的平方和等于 1,即

$$\cos^2\alpha+\cos^2\beta+\cos^2\gamma=1. \tag{7-9}$$

(2) 向量 $\boldsymbol{a}$ 的单位向量 $\boldsymbol{e}_a$ 的三个坐标恰好是它的三个方向余弦,即

$$\boldsymbol{e}_a=\{\cos\alpha,\cos\beta,\cos\gamma\}. \tag{7-10}$$

结论(1)显然. 对于结论(2),是因为

$$\boldsymbol{e}_a=\frac{\boldsymbol{a}}{|\boldsymbol{a}|}=\frac{\{a_x,a_y,a_z\}}{|\boldsymbol{a}|}=\left\{\frac{a_x}{|\boldsymbol{a}|},\frac{a_y}{|\boldsymbol{a}|},\frac{a_z}{|\boldsymbol{a}|}\right\}=\{\cos\alpha,\cos\beta,\cos\gamma\}.$$

例 7.5 已知两点 $A(4,0,5)$ 和 $B(7,1,3)$,求与向量 $\overrightarrow{AB}$ 平行的单位向量.

解　所求向量有两个:一个与 $\overrightarrow{AB}$ 同向,一个与 $\overrightarrow{AB}$ 反向. 因为

$$\overrightarrow{AB}=\{7-4,1-0,3-5\}=\{3,1,-2\},$$

所以 $|\overrightarrow{AB}|=\sqrt{3^2+1^2+(-2)^2}=\sqrt{14}$,故所求向量为

$$\boldsymbol{e}_{\overrightarrow{AB}}=\pm\frac{1}{|\overrightarrow{AB}|}\overrightarrow{AB}=\pm\frac{1}{\sqrt{14}}\{3,1,-2\}=\pm\left\{\frac{3}{\sqrt{14}},\frac{1}{\sqrt{14}},-\frac{2}{\sqrt{14}}\right\}.$$

例 7.6 已知两点 $A(2,2,\sqrt{2})$ 和 $B(1,3,0)$,求向量 $\overrightarrow{AB}$ 的模、方向余弦和方向角.

解　因为 $\overrightarrow{AB}=\{1-2,3-2,0-\sqrt{2}\}=\{-1,1,-\sqrt{2}\}$,所以

$$|\overrightarrow{AB}|=\sqrt{(-1)^2+1^2+(-\sqrt{2})^2}=\sqrt{4}=2,$$

$$\cos\alpha=-\frac{1}{2},\quad \cos\beta=\frac{1}{2},\quad \cos\gamma=-\frac{\sqrt{2}}{2},$$

因此 $\alpha=\dfrac{2\pi}{3},\beta=\dfrac{\pi}{3},\gamma=\dfrac{3\pi}{4}.$

7.2.6　向量在轴上的投影

设点 O 及单位向量 $\boldsymbol{e}$ 确定了数轴 u. 任意给定向量 $\boldsymbol{r}$,作 $\overrightarrow{OM}=\boldsymbol{r}$,再过点 M 作

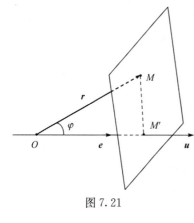

图 7.21

与轴 u 垂直的平面交轴 u 于点 M'(点 M' 叫做点 M 在轴 u 上的投影),称 $\overrightarrow{OM'}$ 为向量 r 在轴 u 上的**分向量**,而 $|r|\cos\varphi$ 为向量 r 在轴 u 上的**投影**,记为 $\mathrm{Prj}_u r$ 或 $(r)_u$(图 7.21).

设向量 $a=\{a_x,a_y,a_z\}$,由方向余弦的公式(7-6)~(7-8),有

$$a_x=|a|\cos\alpha,\quad a_y=|a|\cos\beta,\quad a_z=|a|\cos\gamma,$$

根据投影的定义,向量 a 在空间直角坐标系中的坐标 a_x,a_y,a_z 分别是向量 a 在 x 轴,y 轴,z 轴上的投影,即

$$a_x=\mathrm{Prj}_x a,\quad a_y=\mathrm{Prj}_y a,\quad a_z=\mathrm{Prj}_z a.$$

习题 7.2

1. 在空间直角坐标系中,指出下列各点所在的卦限:
$$A(-3,1,5),\quad B(1,-2,3),\quad C(-2,-3,6),\quad D(1,-2,-4).$$

2. 在空间直角坐标系中,在坐标面和坐标轴上的点的坐标各有什么特征?指出下列各点的位置:
$$A(2,4,0),\quad B(0,-2,3),\quad C(2,0,0),\quad D(0,-2,0).$$

3. 求点 $P(a,b,c)$ 关于各坐标面、各坐标轴以及坐标原点的对称点的坐标.

4. 过点 $P(a,b,c)$ 分别作平行于 z 轴的直线和平行于 xOy 的平面,问在它们上面的点的坐标各有什么特点?

5. 求点 $M_1(6,3,1)$ 和点 $M_2(7,1,2)$ 之间的距离.

6. 证明:以 $A(4,1,9),B(10,-1,6),C(2,4,3)$ 为顶点的三角形是等腰三角形.

7. 在 z 轴上求与点 $A(2,3,4)$ 和 $B(-2,4,1)$ 等距离的点.

8. 求点 $P(5,-3,4)$ 到各坐标轴的距离.

9. 已知两点 $P_1(0,1,2)$ 和 $P_2(1,-1,0)$,试用坐标表达式表示向量 $\overrightarrow{P_1P_2}$ 和 $-2\overrightarrow{P_1P_2}$.

10. 已知点 $M_1(2,-1,3)$ 和 $M_2(3,0,1)$,求与 $\overrightarrow{M_1M_2}$ 方向相同的单位向量.

11. 求与向量 $a=\{16,-15,12\}$ 平行,方向相反,且模为 75 的向量 b.

12. 已知两点 $P_1(4,\sqrt{2},1)$ 和 $P_2(3,0,2)$,求向量 $\overrightarrow{P_1P_2}$ 的模、方向余弦和方向角.

13. 设向量的方向余弦分别满足(1) $\cos\alpha=0$;(2) $\cos\beta=1$;(3) $\cos\alpha=\cos\beta=0$,问这些向量与坐标轴或坐标面的关系如何?

14. 已知向量 a 的模为 6,方向角 $\alpha=\gamma=\dfrac{\pi}{3},\beta=\dfrac{\pi}{4}$,求向量 a.

15. 设向径 $\overrightarrow{OA}$ 与 x 轴,y 轴正向的夹角依次为 $\dfrac{\pi}{3},\dfrac{\pi}{4}$,且 $|\overrightarrow{OA}|=6$,求点 A 的坐标.

16. 设 $a=3i+5j+8k,b=2i-4j-7k,c=5i+j-4k$,求向量 $m=4a+3b-c$ 在 x 轴上的投影以及在 y 轴上的分向量.

17. 已知向量 a 的终点为 $B(2,-1,7)$,它在 x 轴,y 轴和 z 轴上的投影依次为 $4,-4$ 和 7,求向量 a 的起点 A 的坐标.

7.3 向量的数量积、向量积和混合积

7.3.1 向量的数量积

7.3 向量的数量积、向量积和混合积(一)

7.3.1.1 数量积的引入与定义

引例 1 有一方向、大小都不变的常力 F 作用于某物体,使之在常力作用下沿直线从点 M_0 移动到点 M(图 7.22),求力 F 对此物体所做的功.

若用 s 表示位移 $\overrightarrow{M_0M}$,由中学物理学,我们知道,力 F 所做的功是
$$W=|F| \cdot |s|\cos\theta,$$
其中 θ 是 F 与 s 的夹角.

引例 2 某流体流过平面上面积为 A 的区域(图 7.23),流体在该区域上各点处的流速为常量 v,设 e_n 是垂直于平面的单位向量,其正向与 v 正向的夹角为 θ,求单位时间内流过此平面的流体的质量 m(流体的密度为常数 ρ).

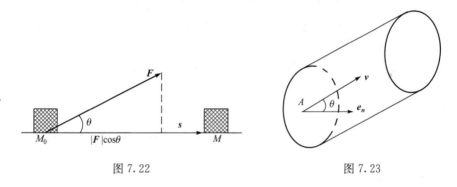

图 7.22   图 7.23

注意到流速的方向 v 与垂直于面积为 A 的平面区域的单位向量 e_n 的夹角为 θ,则单位时间内流过面积为 A 的平面区域的流体即斜柱内的流体,其体积为 $V=A|v|\cos\theta$,故流体的质量为
$$m=V\rho=\rho A|v|\cos\theta=\rho A|e_n||v|\cos\theta.$$

定义 7.1 设 a 与 b 是两个向量,其夹角 $\theta=(\widehat{a,b})$,称实数 $|a||b|\cos\theta$ 为向量 a 与 b 的**数量积**,用 $a \cdot b$ 表示,即
$$a \cdot b=|a||b|\cos\theta. \tag{7-11}$$
向量的数量积也叫做向量的**点积**或**内积**.

由数量积的定义,引例 1 中力 F 对物体所做的功 W 是力 F 与位移 s 的数量积:

$$W=|\boldsymbol{F}||\boldsymbol{s}|\cos\theta=\boldsymbol{F}\cdot\boldsymbol{s}.$$

而引例 2 中单位时间内流过面积为 A 的流体的质量为流速 $\boldsymbol{v}$ 与垂直于平面区域的单位向量 $\boldsymbol{e}_n$ 的数量积再乘以流体的密度 ρ 及平面区域的面积 A,即

$$m=\rho A|\boldsymbol{e}_n||\boldsymbol{v}|\cos\theta=\rho A\boldsymbol{e}_n\cdot\boldsymbol{v}.$$

由于

$$\boldsymbol{a}\cdot\boldsymbol{b}=|\boldsymbol{a}||\boldsymbol{b}|\cos\theta=|\boldsymbol{a}|[|\boldsymbol{b}|\cos(\widehat{\boldsymbol{a},\boldsymbol{b}})]=|\boldsymbol{b}|[|\boldsymbol{a}|\cos(\widehat{\boldsymbol{a},\boldsymbol{b}})],$$

故

$$\boldsymbol{a}\cdot\boldsymbol{b}=|\boldsymbol{a}|\mathrm{Prj}_a\boldsymbol{b}=|\boldsymbol{b}|\mathrm{Prj}_b\boldsymbol{a}.$$

这就是说,两个向量的数量积等于其中一个向量的模与另一个向量在这个向量上的投影的乘积.

7.3.1.2 数量积的性质

性质 7.1 $\boldsymbol{a}\cdot\boldsymbol{a}=|\boldsymbol{a}|^2$.

这是因为 $\boldsymbol{a}\cdot\boldsymbol{a}=|\boldsymbol{a}||\boldsymbol{a}|\cos0=|\boldsymbol{a}|^2$.

由性质 7.1 可得

$$|\boldsymbol{a}|=\sqrt{\boldsymbol{a}\cdot\boldsymbol{a}}.$$

性质 7.2 两个任意向量 $\boldsymbol{a}$ 与 $\boldsymbol{b}$ 正交(或垂直)的充分必要条件是 $\boldsymbol{a}\cdot\boldsymbol{b}=0$.

事实上,设 $\boldsymbol{a},\boldsymbol{b}$ 都是非零向量.若 $\boldsymbol{a}\perp\boldsymbol{b}$,即向量 $\boldsymbol{a}$ 与 $\boldsymbol{b}$ 的夹角 $\theta=\dfrac{\pi}{2}$,则 $\boldsymbol{a}\cdot\boldsymbol{b}=$ $|\boldsymbol{a}||\boldsymbol{b}|\cos\dfrac{\pi}{2}=0$;反之,若 $\boldsymbol{a}\cdot\boldsymbol{b}=0$ 且 $|\boldsymbol{a}|\neq0,|\boldsymbol{b}|\neq0$,则由 $|\boldsymbol{a}||\boldsymbol{b}|\cos\theta=0$ 必有 $\theta=\dfrac{\pi}{2}$.

但当 $\boldsymbol{a},\boldsymbol{b}$ 至少有一个是零向量时,因零向量与任何向量都垂直,因此上述结论显然成立.

不难验证数量积具有下列运算性质:

性质 7.3 如果 $\boldsymbol{a},\boldsymbol{b},\boldsymbol{c}$ 是任意向量,λ,μ 是任意实数,则

(1) **交换律** $\boldsymbol{a}\cdot\boldsymbol{b}=\boldsymbol{b}\cdot\boldsymbol{a}$;

(2) **分配律** $\boldsymbol{a}\cdot(\boldsymbol{b}+\boldsymbol{c})=\boldsymbol{a}\cdot\boldsymbol{b}+\boldsymbol{a}\cdot\boldsymbol{c}$;

(3) **数乘结合律** $(\lambda\boldsymbol{a})\cdot(\mu\boldsymbol{b})=\lambda\mu(\boldsymbol{a}\cdot\boldsymbol{b})$.

7.3.1.3 数量积的坐标表达式

设 $\boldsymbol{a}=\{a_x,a_y,a_z\},\boldsymbol{b}=\{b_x,b_y,b_z\}$,即 $\boldsymbol{a}=a_x\boldsymbol{i}+a_y\boldsymbol{j}+a_z\boldsymbol{k},\boldsymbol{b}=b_x\boldsymbol{i}+b_y\boldsymbol{j}+b_z\boldsymbol{k}$. 因为单位向量 $\boldsymbol{i},\boldsymbol{j},\boldsymbol{k}$ 相互垂直,由数量积的定义,则有

$$\boldsymbol{i}\cdot\boldsymbol{i}=\boldsymbol{j}\cdot\boldsymbol{j}=\boldsymbol{k}\cdot\boldsymbol{k}=1, \quad \boldsymbol{i}\cdot\boldsymbol{j}=\boldsymbol{j}\cdot\boldsymbol{k}=\boldsymbol{k}\cdot\boldsymbol{i}=0.$$

故由数量积运算性质,有

$$\boldsymbol{a}\cdot\boldsymbol{b}=(a_x\boldsymbol{i}+a_y\boldsymbol{j}+a_z\boldsymbol{k})\cdot(b_x\boldsymbol{i}+b_y\boldsymbol{j}+b_z\boldsymbol{k})$$

$$
\begin{aligned}
&= a_x \boldsymbol{i} \cdot (b_x \boldsymbol{i} + b_y \boldsymbol{j} + b_z \boldsymbol{k}) + a_y \boldsymbol{j} \cdot (b_x \boldsymbol{i} + b_y \boldsymbol{j} + b_z \boldsymbol{k}) + a_z \boldsymbol{k} \cdot (b_x \boldsymbol{i} + b_y \boldsymbol{j} + b_z \boldsymbol{k}) \\
&= a_x b_x \boldsymbol{i} \cdot \boldsymbol{i} + a_x b_y \boldsymbol{i} \cdot \boldsymbol{j} + a_x b_z \boldsymbol{i} \cdot \boldsymbol{k} \\
&\quad + a_y b_x \boldsymbol{j} \cdot \boldsymbol{i} + a_y b_y \boldsymbol{j} \cdot \boldsymbol{j} + a_y b_z \boldsymbol{j} \cdot \boldsymbol{k} \\
&\quad + a_z b_x \boldsymbol{k} \cdot \boldsymbol{i} + a_z b_y \boldsymbol{k} \cdot \boldsymbol{j} + a_z b_z \boldsymbol{k} \cdot \boldsymbol{k} \\
&= a_x b_x + a_y b_y + a_z b_z,
\end{aligned}
$$

即

$$
\boldsymbol{a} \cdot \boldsymbol{b} = \{a_x, a_y, a_z\} \cdot \{b_x, b_y, b_z\} = a_x b_x + a_y b_y + a_z b_z. \tag{7-12}
$$

这说明两向量的数量积等于两向量对应坐标乘积之和.

由于 $\boldsymbol{a} \cdot \boldsymbol{b} = |\boldsymbol{a}||\boldsymbol{b}|\cos\theta$，所以当 $\boldsymbol{a}$ 与 $\boldsymbol{b}$ 都是非零向量时，有

$$
\cos\theta = \frac{\boldsymbol{a} \cdot \boldsymbol{b}}{|\boldsymbol{a}||\boldsymbol{b}|}. \tag{7-13}
$$

运用向量的坐标运算，式(7-13)还可以表示为

$$
\cos\theta = \frac{a_x b_x + a_y b_y + a_z b_z}{\sqrt{a_x^2 + a_y^2 + a_z^2}\sqrt{b_x^2 + b_y^2 + b_z^2}}. \tag{7-14}
$$

例 7.7　已知 $\boldsymbol{a} = \{1, 1, -4\}$，$\boldsymbol{b} = \{1, -2, 2\}$，求

(1) $\boldsymbol{a} \cdot \boldsymbol{b}$；　　(2) $\boldsymbol{a}$ 与 $\boldsymbol{b}$ 的夹角 θ；　　(3) $\boldsymbol{a}$ 在 $\boldsymbol{b}$ 上的投影.

解　(1) 由式 (7-12) 得

$$
\boldsymbol{a} \cdot \boldsymbol{b} = 1 \cdot 1 + 1 \cdot (-2) + (-4) \cdot 2 = -9.
$$

(2) 由式(7-14)，因为

$$
\cos\theta = \frac{1 \cdot 1 + 1 \cdot (-2) + (-4) \cdot 2}{\sqrt{1^2 + 1^2 + (-4)^2}\sqrt{1^2 + (-2)^2 + 2^2}} = \frac{-9}{9\sqrt{2}} = -\frac{1}{\sqrt{2}},
$$

所以 $\theta = \dfrac{3\pi}{4}$.

(3) 由 $\boldsymbol{a} \cdot \boldsymbol{b} = |\boldsymbol{b}| \mathrm{Prj}_b \boldsymbol{a}$ 得

$$
\mathrm{Prj}_b \boldsymbol{a} = \frac{\boldsymbol{a} \cdot \boldsymbol{b}}{|\boldsymbol{b}|} = \frac{-9}{\sqrt{1^2 + (-2)^2 + 2^2}} = -3.
$$

例 7.8　已知三点 $M(1,1,1)$，$A(2,2,1)$ 和 $B(2,1,2)$，求 $\angle AMB$.

解　如图 7.24 所示，$\overrightarrow{MA} = \{1, 1, 0\}$，$\overrightarrow{MB} = \{1, 0, 1\}$，由式 (7-14) 得

$$
\cos\angle AMB = \frac{1 \cdot 1 + 1 \cdot 0 + 0 \cdot 1}{\sqrt{1^2 + 1^2 + 0^2}\sqrt{1^2 + 0^2 + 1^2}} = \frac{1}{2},
$$

所以 $\angle AMB = \dfrac{\pi}{3}$.

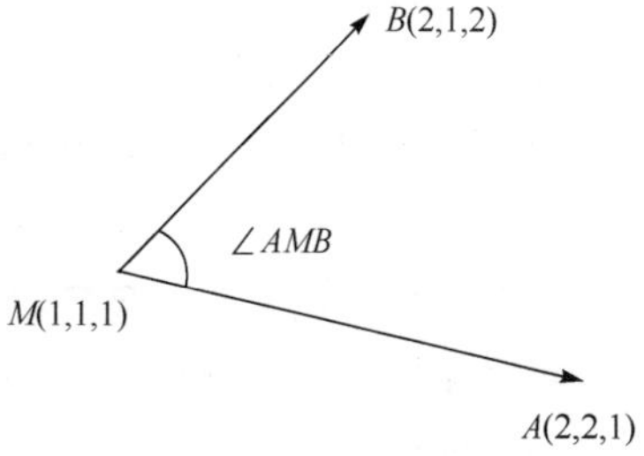

图 7.24

7.3.2 向量的向量积

7.3.2.1 向量积的引入与定义

物理学中还提出了向量的另一类乘法运算. 例如,在研究物体的转动问题时,不但要考虑此物体所受的力,还要分析这些力产生的力矩.

设 O 是一杠杆 L 的支点,力 $\boldsymbol{F}$ 作用在杠杆上的 P 点处,力 $\boldsymbol{F}$ 与 $\overrightarrow{OP}$ 的夹角为 θ (图 7.25). 力 $\boldsymbol{F}$ 对支点 O 的力矩 $\boldsymbol{M}$ 是一个向量,它的大小为

$$|\boldsymbol{M}| = |\boldsymbol{F}||\overrightarrow{OQ}| = |\boldsymbol{F}||\overrightarrow{OP}|\sin\theta,$$

它的方向垂直于 $\overrightarrow{OP}$ 与 $\boldsymbol{F}$ 确定的平面,指向按照右手法则来确定,即当右手的四个手指从 $\overrightarrow{OP}$ 以不超过 π 的转角转向 $\boldsymbol{F}$ 握拳时,大拇指的指向是向量 $\boldsymbol{M}$ 的方向 (图 7.26).

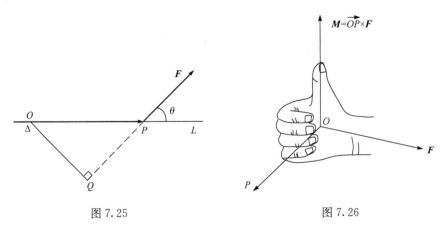

图 7.25　　　　　　　图 7.26

定义 7.2　设 a,b 是两个向量,规定 a 与 b 的**向量积**是一个向量,记作 $a \times b$, 它的模与方向分别为:

(1) $|a \times b| = |a||b|\sin(\widehat{a,b})$;　　　　　　　　(7-15)

(2) $a \times b$ 同时垂直于 a 和 b(即垂直于 a 和 b 所决定的平面),并且 $a \times b$ 的指向是按右手法则从 a 转向 b 来确定. 如图 7.27 所示.

向量的向量积也叫做**叉积**或**外积**.

有了向量积这一概念,力矩就可表示为 $\boldsymbol{M} = \overrightarrow{OP} \times \boldsymbol{F}$.

注　由 $|a \times b| = |a||b|\sin(\widehat{a,b})$,即 $a \times b$ 的模在数值上等于以 a,b 为邻边的平行四边形的面积(图 7.28).

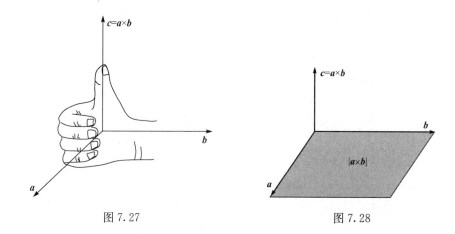

图 7.27　　　　　　　　　　　　　图 7.28

7.3.2.2　向量积的性质

由定义 7.2,对任意的向量 a,b,c 及任意的实数 λ,μ,向量积具有如下性质:

(1) $a\times a=0$;

(2) $0\times a=a\times 0=0$;

(3) $b\times a=-a\times b$;

(4) $(a+b)\times c=a\times c+b\times c$;

(5) $(\lambda a)\times(\mu b)=\lambda\mu(a\times b)$;

(6) 对任意向量 $a,b,a\parallel b$ 的充分必要条件是 $a\times b=0$.

对于(3),是因为按照右手法则,$b\times a$ 的指向与 $a\times b$ 的指向正好相反. 这也表明向量积不满足交换律. 因此,向量积的运算要特别注意向量的先后次序.

对于(6),设 a,b 都是非零向量. 若 $a\parallel b$,则 $(\widehat{a,b})=0$ 或 π,故 $|a\times b|=|a||b|\cdot$ $\sin(\widehat{a,b})=0$,即 $a\times b=0$;反之,若 $a\times b=0$,则 $|a\times b|=0$,因 $0=|a\times b|=|a||b|\cdot$ $\sin(\widehat{a,b})$,故 $\sin(\widehat{a,b})=0$,于是 $(\widehat{a,b})=0$ 或 π,即 $a\parallel b$.

但当 a,b 至少有一个是零向量时,因零向量与任何向量都平行,故对任意向量 $a,b,a\parallel b$ 的充分必要条件是 $a\times b=0$.

7.3.2.3　向量积的坐标表达式

设 $a=\{a_x,a_y,a_z\}$,$b=\{b_x,b_y,b_z\}$,即 $a=a_x i+a_y j+a_z k$,$b=b_x i+b_y j+b_z k$. 因为单位向量 i,j,k 相互垂直,由向量积的定义及性质,有

$$i\times i=j\times j=k\times k=0,$$

$$i\times j=k,\quad j\times k=i,\quad k\times i=j,\quad j\times i=-k,\quad k\times j=-i,\quad i\times k=-j,$$

故

$$a\times b=(a_x i+a_y j+a_z k)\times(b_x i+b_y j+b_z k)$$

$$=a_x i\times(b_x i+b_y j+b_z k)+a_y j\times(b_x i+b_y j+b_z k)+a_z k\times(b_x i+b_y j+b_z k)$$

$$=a_xb_x(\boldsymbol{i}\times\boldsymbol{i})+a_xb_y(\boldsymbol{i}\times\boldsymbol{j})+a_xb_z(\boldsymbol{i}\times\boldsymbol{k})$$
$$+a_yb_x(\boldsymbol{j}\times\boldsymbol{i})+a_yb_y(\boldsymbol{j}\times\boldsymbol{j})+a_yb_z(\boldsymbol{j}\times\boldsymbol{k})$$
$$+a_zb_x(\boldsymbol{k}\times\boldsymbol{i})+a_zb_y(\boldsymbol{k}\times\boldsymbol{j})+a_zb_z(\boldsymbol{k}\times\boldsymbol{k})$$
$$=a_xb_y\boldsymbol{k}+a_xb_z(-\boldsymbol{j})+a_yb_x(-\boldsymbol{k})+a_yb_z\boldsymbol{i}+a_zb_x\boldsymbol{j}+a_zb_y(-\boldsymbol{i})$$
$$=(a_yb_z-a_zb_y)\boldsymbol{i}+(a_zb_x-a_xb_z)\boldsymbol{j}+(a_xb_y-a_yb_x)\boldsymbol{k}.$$

利用三阶行列式,向量积的上述坐标表达式还可以表示为下列形式:

$$\boldsymbol{a}\times\boldsymbol{b}=\begin{vmatrix} \boldsymbol{i} & \boldsymbol{j} & \boldsymbol{k} \\ a_x & a_y & a_z \\ b_x & b_y & b_z \end{vmatrix}. \tag{7-16}$$

例 7.9　设 $\boldsymbol{a}=\{2,1,-1\},\boldsymbol{b}=\{1,-1,2\}$,求同时垂直于向量 $\boldsymbol{a}$ 与 $\boldsymbol{b}$ 的单位向量.

解　由向量积的定义,$\pm\boldsymbol{a}\times\boldsymbol{b}$ 同时垂直于向量 $\boldsymbol{a}$ 与 $\boldsymbol{b}$. 而

$$\boldsymbol{a}\times\boldsymbol{b}=\begin{vmatrix} \boldsymbol{i} & \boldsymbol{j} & \boldsymbol{k} \\ 2 & 1 & -1 \\ 1 & -1 & 2 \end{vmatrix}=\boldsymbol{i}-5\boldsymbol{j}-3\boldsymbol{k}=\{1,-5,-3\},$$

故同时垂直于向量 $\boldsymbol{a}$ 与 $\boldsymbol{b}$ 的单位向量是

$$\pm\frac{\boldsymbol{a}\times\boldsymbol{b}}{|\boldsymbol{a}\times\boldsymbol{b}|}=\pm\frac{\{1,-5,-3\}}{\sqrt{1^2+(-5)^2+(-3)^2}}=\pm\left\{\frac{1}{\sqrt{35}},-\frac{5}{\sqrt{35}},-\frac{3}{\sqrt{35}}\right\}.$$

例 7.10　已知 $\triangle ABC$ 的顶点分别是 $A(1,2,3),B(3,4,5),C(2,4,7)$,求 $\triangle ABC$ 的面积.

解　因 $|\boldsymbol{a}\times\boldsymbol{b}|=|\boldsymbol{a}||\boldsymbol{b}|\sin(\widehat{\boldsymbol{a},\boldsymbol{b}})$ 在数值上等于以 $\boldsymbol{a},\boldsymbol{b}$ 为邻边的平行四边形的面积,故根据向量积的定义,由图 7.29,可知 $\triangle ABC$ 的面积为

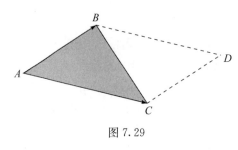

图 7.29

$$S_{\triangle ABC}=\frac{1}{2}|\overrightarrow{AB}||\overrightarrow{AC}|\sin\angle A=\frac{1}{2}|\overrightarrow{AB}\times\overrightarrow{AC}|.$$

由于 $\overrightarrow{AB}=\{2,2,2\}$, $\overrightarrow{AC}=\{1,2,4\}$, 因此

$$\overrightarrow{AB}\times\overrightarrow{AC}=\begin{vmatrix} \boldsymbol{i} & \boldsymbol{j} & \boldsymbol{k} \\ 2 & 2 & 2 \\ 1 & 2 & 4 \end{vmatrix}=4\boldsymbol{i}-6\boldsymbol{j}+2\boldsymbol{k}.$$

于是

$$S_{\triangle ABC}=\frac{1}{2}|4\boldsymbol{i}-6\boldsymbol{j}+2\boldsymbol{k}|=\frac{1}{2}\sqrt{4^2+(-6)^2+2^2}=\sqrt{14}.$$

例 7.11　如图 7.30 所示,以 40N 的力 **F** 用扳手拧紧螺栓,已知施力点 A 距离螺栓中心点 B 25cm,且由 B 到 A 的延长线与力 **F** 的夹角为 75°,求关于螺栓中心的力矩.

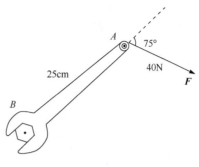

图 7.30

解　因力矩 $\boldsymbol{M}=\overrightarrow{BA}\times\boldsymbol{F}$,而

$$|\boldsymbol{M}|=|\overrightarrow{BA}\times\boldsymbol{F}|=|\overrightarrow{BA}||\boldsymbol{F}|\sin\theta$$
$$=0.25\cdot40\cdot\sin75°\approx9.66(\text{J}).$$

$\boldsymbol{M}$ 的方向按右手法则垂直于纸面向内.

*7.3.3　向量的混合积

设 $\boldsymbol{a},\boldsymbol{b},\boldsymbol{c}$ 是三个向量,先作向量积 $\boldsymbol{a}\times\boldsymbol{b}$,再作 $\boldsymbol{a}\times\boldsymbol{b}$ 与 $\boldsymbol{c}$ 的数量积,这样得到的数量 $(\boldsymbol{a}\times\boldsymbol{b})\cdot\boldsymbol{c}$ 叫做向量 $\boldsymbol{a},\boldsymbol{b},\boldsymbol{c}$ 的**混合积**,记作 $[\boldsymbol{abc}]$.

下面我们来推导混合积的坐标表达式.

设 $\boldsymbol{a}=\{a_x,a_y,a_z\},\boldsymbol{b}=\{b_x,b_y,b_z\},\boldsymbol{c}=\{c_x,c_y,c_z\}$,因为

$$\boldsymbol{a}\times\boldsymbol{b}=\begin{vmatrix} \boldsymbol{i} & \boldsymbol{j} & \boldsymbol{k} \\ a_x & a_y & a_z \\ b_x & b_y & b_z \end{vmatrix}=\begin{vmatrix} a_y & a_z \\ b_y & b_z \end{vmatrix}\boldsymbol{i}+\begin{vmatrix} a_z & a_x \\ b_z & b_x \end{vmatrix}\boldsymbol{j}+\begin{vmatrix} a_x & a_y \\ b_x & b_y \end{vmatrix}\boldsymbol{k}$$

$$=\left\{\begin{vmatrix} a_y & a_z \\ b_y & b_z \end{vmatrix},\begin{vmatrix} a_z & a_x \\ b_z & b_x \end{vmatrix},\begin{vmatrix} a_x & a_y \\ b_x & b_y \end{vmatrix}\right\}.$$

按照向量数量积的坐标表示式及三阶行列式的定义,有

$$(\boldsymbol{a}\times\boldsymbol{b})\cdot\boldsymbol{c}=\left\{\begin{vmatrix} a_y & a_z \\ b_y & b_z \end{vmatrix},\begin{vmatrix} a_z & a_x \\ b_z & b_x \end{vmatrix},\begin{vmatrix} a_x & a_y \\ b_x & b_y \end{vmatrix}\right\}\cdot\{c_x,c_y,c_z\}$$

$$=\begin{vmatrix} a_y & a_z \\ b_y & b_z \end{vmatrix}c_x+\begin{vmatrix} a_z & a_x \\ b_z & b_x \end{vmatrix}c_y+\begin{vmatrix} a_x & a_y \\ b_x & b_y \end{vmatrix}c_z$$

$$=\begin{vmatrix} a_x & a_y & a_z \\ b_x & b_y & b_z \\ c_x & c_y & c_z \end{vmatrix},$$

即

$$(\boldsymbol{a}\times\boldsymbol{b})\cdot\boldsymbol{c}=\begin{vmatrix} a_x & a_y & a_z \\ b_x & b_y & b_z \\ c_x & c_y & c_z \end{vmatrix}. \tag{7-17}$$

向量的混合积的几何意义如下:

$(\boldsymbol{a}\times\boldsymbol{b})\cdot\boldsymbol{c}$ 的绝对值表示以向量 $\boldsymbol{a},\boldsymbol{b},\boldsymbol{c}$ 为棱的平行六面体的体积.

(1) 若向量 a,b,c 组成右手系,即 c 的指向按右手法则从 a 转向 b 来确定(图 7.31),则 $(a×b)·c$ 表示以向量 a,b,c 为棱的平行六面体的体积;

(2) 若向量 a,b,c 组成左手系,即 c 的指向按左手法则从 a 转向 b 来确定(图 7.32),则 $(a×b)·c$ 表示以向量 a,b,c 为棱的平行六面体的体积的负值.

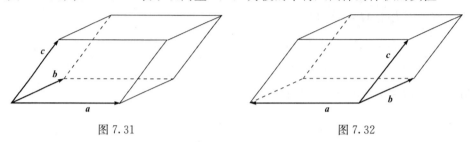

图 7.31 图 7.32

事实上,以向量 a,b,c 为棱作一个平行六面体,并记其高为 h,底面积为 A,再记 $a×b=d$,向量 c 与 d 的夹角为 θ.

若向量 a,b,c 组成右手系,如图 7.33 所示,则 c 与 d 的夹角 $0<\theta<\dfrac{\pi}{2}$,$h=|c|\cos\theta$;

若向量 a,b,c 组成左手系,如图 7.34 所示,则 c 与 d 的夹角 $\dfrac{\pi}{2}<\theta<\pi$ 时,$h=|c|\cos(\pi-\theta)=-|c|\cos\theta$.

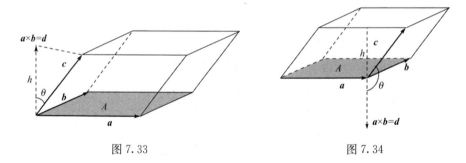

图 7.33 图 7.34

综上所述,$h=|c||\cos\theta|$,而底面积 $A=|a×b|$.这样,平行六面体的体积
$$V=Ah=|a×b||c||\cos\theta|=|(a×b)·c|.$$

根据向量混合积的几何意义,若 $[abc]\neq0$,则能以 a,b,c 三向量为棱构成平行六面体,从而 a,b,c 不共面;反之,a,b,c 不共面,则能以 a,b,c 三向量为棱构成平行六面体,从而 $[abc]\neq0$.于是有如下结论:

三向量 a,b,c 共面(图 7.35)的充分必要条件是 $[abc]=0$,即
$$(a×b)·c=\begin{vmatrix} a_x & a_y & a_z \\ b_x & b_y & b_z \\ c_x & c_y & c_z \end{vmatrix}=0.$$

例 7.12 求以点 $A(1,1,1),B(3,4,4),$ $C(3,5,5)$ 和 $D(2,4,7)$ 为顶点的四面体 AB-CD 的体积.

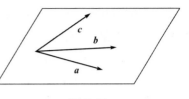

图 7.35

解 由立体几何知,四面体 $ABCD$ 的体积是以 AB,AC,AD 为相邻三棱的平行六面体体积的六分之一. 利用混合积的几何意义,有

$$V_{ABCD}=\frac{1}{6}\,|\,(\overrightarrow{AB}\times\overrightarrow{AC})\cdot\overrightarrow{AD}\,|\,,$$

而 $\overrightarrow{AB}=\{2,3,3\},\overrightarrow{AC}=\{2,4,4\},\overrightarrow{AD}=\{1,3,6\}$,于是

$$(\overrightarrow{AB}\times\overrightarrow{AC})\cdot\overrightarrow{AD}=\begin{vmatrix}2&3&3\\2&4&4\\1&3&6\end{vmatrix}=6,$$

故

$$V_{ABCD}=\frac{1}{6}\,|\,(\overrightarrow{AB}\times\overrightarrow{AC})\cdot\overrightarrow{AD}\,|=1.$$

习题 7.3

1. 设 $a=3i-j-2k,b=i+2j-k$,求

　(1) $a\cdot b$;　　(2) $a\times b$;　　(3) $\mathrm{Prj}_a b$;　　(4) $\mathrm{Prj}_b a$;　　(5) $\cos(\widehat{a,b})$.

2. 设 $|a|=3,|b|=5$,且两向量的夹角 $\theta=\dfrac{\pi}{3}$,求 $(a-2b)\cdot(3a+2b)$.

3. 设力 $F=2i-3j+5k$ 作用在一质点上,求质点由 $M_1(1,1,2)$ 沿直线移动到 $M_2(3,4,5)$ 时,力 F 所做的功.

4. 设 $a=\{3,5,-2\},b=\{2,1,4\}$,问 λ 与 μ 有怎样的关系能使 $\lambda a+\mu b$ 与 z 轴垂直?

5. 设 $a=2i-j+2k$ 与 b 平行,且 $a\cdot b=-36$,求 b.

6. 设 $a=2i-3j+k,b=i-j+3k,c=i-2j$,求

　(1) $(a\times b)\cdot c$;　　(2) $(a+b)\times(b+c)$;　　(3) $(a\cdot b)c-(a\cdot c)b$.

7. 已知 $A(1,-1,2),B(5,-6,2),C(1,3,-1)$,求

　(1) 同时与 $\overrightarrow{AB},\overrightarrow{AC}$ 垂直的单位向量;

　(2) $\triangle ABC$ 的面积;

　(3) 从顶点 B 到边 AC 的高的长度.

7.4 平面及其方程

7.4 平面及其方程(一)

7.4.1 曲面方程的概念

日常生活中有各种各样的曲面,如球面、卫星天线的抛物面、桌面、镜面等. 如

同在平面解析几何中将平面曲线看作是点的轨迹一样,在空间解析几何中,任何曲面都可以看作是点的轨迹.

如果曲面 S 与三元方程 $F(x,y,z)=0$ 有下述关系:

(1) 曲面任意一点的坐标(x,y,z)满足此方程;

(2) 不在曲面 S 上的点不满足此方程,

那么,方程 $F(x,y,z)=0$ 就称为**曲面 S 的方程**,而曲面 S 就叫做**方程 $F(x,y,z)=0$ 的图形**(图 7.36).

本节以向量为工具,研究空间中最常见的曲面——平面.

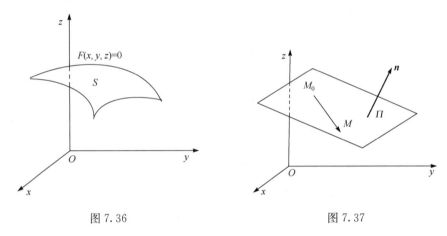

图 7.36　　　　　　　　　　　　图 7.37

7.4.2　平面的点法式方程

我们知道,空间中通过某定点的平面有无限多个,但若限定平面与某已知非零向量垂直,则平面就可以完全确定.

垂直于平面的非零向量叫做该平面的**法向量**. 容易知道,平面上的任一向量均与该平面的法向量垂直.

如图 7.37 所示,设平面 Π 过点 $M_0(x_0,y_0,z_0)$,且以 $\boldsymbol{n}=\{A,B,C\}$ 为法向量.

在平面 Π 内任取一点 $M(x,y,z)$,则有 $\overrightarrow{M_0M}\perp\boldsymbol{n}$,即 $\overrightarrow{M_0M}\cdot\boldsymbol{n}=0$,因为

$$\overrightarrow{M_0M}=\{x-x_0,y-y_0,z-z_0\},$$

所以

$$A(x-x_0)+B(y-y_0)+C(z-z_0)=0. \tag{7-18}$$

由点 M 的任意性知,平面 Π 内任一点的坐标都满足上述方程;反之,任何不在平面 Π 内的点的坐标一定不满足该方程,因为这样的点与点 M_0 所构成的向量 $\overrightarrow{M_0M}$ 与法向量 $\boldsymbol{n}$ 不垂直. 因此,式(7-18)即为平面 Π 的方程. 称它为平面 Π 的**点法式方程**.

　　因为垂直于平面 Π 的任意非零向量都可以作为平面 Π 的法向量,所以法向量不唯一. 但这些法向量是互相平行的,因此它们的坐标成比例,所以经过化简后,最后得到的点法式方程是唯一的.

　　例 7.13　求过点 $M(2,0,-3)$ 且以 $\boldsymbol{n}=\{2,3,-5\}$ 为法向量的平面方程.

　　解　根据平面的点法式方程(7-18),所求平面的方程为
$$2(x-2)+3(y-0)-5[z-(-3)]=0,$$
即
$$2x+3y-5z-19=0.$$

　　例 7.14　已知空间两点 $M_1(1,2,-1),M_2(3,-1,2)$,求过点 M_1 且垂直于线段 M_1M_2 的平面方程.

　　解　显然,向量 $\overrightarrow{M_1M_2}=\{2,-3,3\}$ 就是平面的一个法向量,根据平面的点法式方程(7-18),所求平面的方程为
$$2(x-1)-3(y-2)+3(z-(-1))=0,$$
即
$$2x-3y+3z+7=0.$$

7.4.3　平面的一般方程

　　如果把平面的点法式方程(7-18)展开,便得到关于变量 x,y,z 的一次方程
$$Ax+By+Cz+D=0,$$
其中,$D=-(Ax_0+By_0+Cz_0)$.

　　反过来,设有三元一次方程
$$Ax+By+Cz+D=0,$$
任取满足该方程的一组数 x_0,y_0,z_0,即
$$Ax_0+By_0+Cz_0+D=0,$$
将上述两式相减,得
$$A(x-x_0)+B(y-y_0)+C(z-z_0)=0.$$

　　由此可见,上面的方程就是过点 $M_0(x_0,y_0,z_0)$,且以 $\boldsymbol{n}=\{A,B,C\}$ 为法向量的平面.

　　因为方程 $A(x-x_0)+B(y-y_0)+C(z-z_0)=0$ 与方程 $Ax+By+Cz+D=0$ 是同解方程,所以,若 A,B,C 不同时为零,则任意一个三元一次方程
$$Ax+By+Cz+D=0 \tag{7-19}$$
都是一个平面. 称方程(7-19)为**平面的一般方程**.

　　显然,方程(7-19)中 x,y,z 的系数 A,B,C 是平面的法向量 $\boldsymbol{n}$ 的坐标,即 $\boldsymbol{n}=$

$\{A,B,C\}$ 为平面的一个法向量. 例如,方程 $2x-3y+4z+1=0$ 表示一个平面, $\boldsymbol{n}=\{2,-3,4\}$ 是该平面的一个法向量.

平面的一般方程有几种**特殊情形**.

(1) 若 $D=0$,则方程 $Ax+By+Cz=0$ 通过坐标原点.

(2) 若 $C=0$,则方程为 $Ax+By+D=0$,法向量 $\boldsymbol{n}=\{A,B,0\}$ 垂直于 z 轴,它表示一个平行于 z 轴的平面.

同样,方程 $Ax+Cz+D=0$ 和 $By+Cz+D=0$ 分别表示一个平行于 y 轴和 x 轴的平面.

(3) 若 $B=C=0$,则方程为 $Ax+D=0$,法向量 $\boldsymbol{n}=\{A,0,0\}$ 同时垂直于 y 轴和 z 轴,它表示一个平行于 yOz 面(垂直于 x 轴)的平面.

同样,方程 $By+D=0$ 和 $Cz+D=0$ 分别表示一个平行于 zOx 面和 xOy 面的平面.

例 7.15 求过 x 轴和点 $M_0(5,-6,3)$ 的平面方程.

解 由于平面过原点, $D=0$,故设平面的一般方程为

$$Ax+By+Cz=0. \tag{7-20}$$

又平面过 x 轴,故平面的法向量 $\boldsymbol{n}=\{A,B,C\}$ 垂直于 x 轴上的单位向量 $\boldsymbol{i}$,即 $\boldsymbol{n}\cdot\boldsymbol{i}=0$,于是 $A=0$,代入式(7-20),得平面方程为

$$By+Cz=0. \tag{7-21}$$

又平面过点 $M_0(5,-6,3)$,代入式(7-21),得 $-6B+3C=0$,即 $C=2B$. 以此代入式(7-21)中并消去 B,得到所求平面的方程为

$$y+2z=0.$$

7.4.4 平面的三点式和截距式方程

例 7.16 求过三点 $M_1(-2,5,2)$, $M_2(-1,3,-2)$, $M_3(1,0,-1)$ 的平面方程.

解 方法一 设所求平面方程为 $Ax+By+Cz+D=0$,由点 M_1,M_2,M_3 在平面上,得

$$\begin{cases} -2A+5B+2C+D=0, \\ -A+3B-2C+D=0, \\ A-C+D=0, \end{cases}$$

解得 $A=-\dfrac{14}{15}D, B=-\dfrac{3}{5}D, C=\dfrac{1}{15}D$. 代入原方程 $Ax+By+Cz+D=0$,消去 D,得

$$14x+9y-z-15=0.$$

方法二 求平面的点法式方程.

设平面的法向量为 $\boldsymbol{n}$. 由于 $\boldsymbol{n}$ 与向量 $\overrightarrow{M_1M_2}, \overrightarrow{M_1M_3}$ 都垂直(图 7.38),而

$$\overrightarrow{M_1M_2}=\{1,-2,-4\}, \quad \overrightarrow{M_1M_3}=\{3,-5,-3\},$$

故可取它们的向量积为平面的法向量 $\boldsymbol{n}$,而

$$\boldsymbol{n}=\overrightarrow{M_1M_2}\times\overrightarrow{M_1M_3}=\begin{vmatrix} \boldsymbol{i} & \boldsymbol{j} & \boldsymbol{k} \\ 1 & -2 & -4 \\ 3 & -5 & -3 \end{vmatrix}=-14\boldsymbol{i}-9\boldsymbol{j}+\boldsymbol{k},$$

根据平面的点法式方程(7-18),取点 M_3,则所求平面的方程为

$$-14(x-1)-9(y-0)+(z+1)=0, \quad 即\ 14x+9y-z-15=0.$$

过已知三点 $M_1(x_1,y_1,z_1),M_2(x_2,y_2,z_2),M_3(x_3,y_3,z_3)$ 的平面方程也可直接由混合积的几何意义得到. 由于动点 $M(x,y,z)$ 位于三点 M_1,M_2,M_3 所在平面上的充分必要条件是向量 $\overrightarrow{M_1M_2},\overrightarrow{M_1M_3}$ 与 $\overrightarrow{M_1M}$ 共面,即它们的混合积为零,于是得

$$\begin{vmatrix} x-x_1 & y-y_1 & z-z_1 \\ x_2-x_1 & y_2-y_1 & z_2-z_1 \\ x_3-x_1 & y_3-y_1 & z_3-z_1 \end{vmatrix}=0. \tag{7-22}$$

上式也称为平面的**三点式方程**.

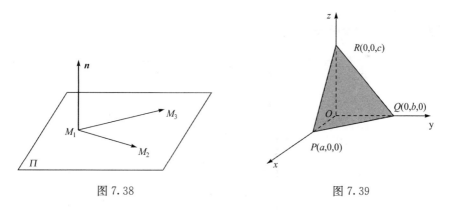

图 7.38   图 7.39

例 7.17 设平面与 x,y,z 轴分别交于三点 $P(a,0,0),Q(0,b,0)$ 与 $R(0,0,c)$ (图 7.39),其中 a,b,c 均不为零,求该平面的方程.

解 设所求的平面方程为

$$Ax+By+Cz+D=0. \tag{7-23}$$

因为点 P,Q,R 在平面上,所以有

$$\begin{cases} aA+D=0, \\ bB+D=0, \\ cC+D=0, \end{cases}$$

解得 $A=-\dfrac{D}{a}$, $B=-\dfrac{D}{b}$, $C=-\dfrac{D}{c}$.

将 A,B,C 的值代入式(7-23)且式子两端同除以 $D(D\neq0)$可得所求平面方程为

$$\frac{x}{a}+\frac{y}{b}+\frac{z}{c}=1. \tag{7-24}$$

称式(7-24)为平面的**截距式方程**,a,b,c 分别称为平面在 x,y,z 轴上的**截距**.

7.4.5 两平面的夹角

两平面的法向量之间的夹角 $\theta\left(0\leqslant\theta\leqslant\dfrac{\pi}{2}\right)$称为两平   7.4 平面及其方程(二)

面的**夹角**.

设有两平面

$$\Pi_1:A_1x+B_1y+C_1z+D_1=0, \quad \boldsymbol{n}_1=\{A_1,B_1,C_1\},$$
$$\Pi_2:A_2x+B_2y+C_2z+D_2=0, \quad \boldsymbol{n}_2=\{A_2,B_2,C_2\},$$

则平面 Π_1 和 Π_2 的夹角 θ 应是 $(\widehat{\boldsymbol{n}_1,\boldsymbol{n}_2})$ 和 $\pi-(\widehat{\boldsymbol{n}_1,\boldsymbol{n}_2})$ 两者中较小的角(图 7.40),因此

$$\cos\theta=|\cos(\widehat{\boldsymbol{n}_1,\boldsymbol{n}_2})|.$$

按照两向量夹角的余弦公式,有

$$\cos\theta=\frac{|A_1A_2+B_1B_2+C_1C_2|}{\sqrt{A_1^2+B_1^2+C_1^2}\sqrt{A_2^2+B_2^2+C_2^2}}. \tag{7-25}$$

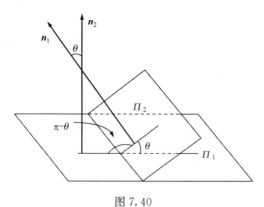

图 7.40

由两向量垂直和平行的充要条件,有

(1) 平面 Π_1 和 Π_2 垂直的充要条件是 $A_1A_2+B_1B_2+C_1C_2=0$;

(2) 平面 Π_1 和 Π_2 平行的充要条件是 $\dfrac{A_1}{A_2}=\dfrac{B_1}{B_2}=\dfrac{C_1}{C_2}$.

例 7.18　讨论以下各组中两平面的位置关系:

(1) $\Pi_1:-x+2y+z+1=0$, 　$\Pi_2:2x-y+z-3=0$;

(2) $\Pi_1:3x+2y-z+4=0$, 　$\Pi_2:x-2y-z-5=0$;

(3) $\Pi_1:2x-y+z-1=0$, 　$\Pi_2:-4x+2y-2z-1=0$.

解　(1) 两平面的法向量分别为 $\boldsymbol{n}_1=\{-1,2,1\}$, 　$\boldsymbol{n}_2=\{2,-1,1\}$, 因为

$$\cos\theta=\frac{|-1\times2+2\times(-1)+1\times1|}{\sqrt{(-1)^2+2^2+1^2}\sqrt{2^2+(-1)^2+1^2}}=\frac{3}{6}=\frac{1}{2},$$

故两平面相交, 且夹角 $\theta=\dfrac{\pi}{3}$.

(2) 两平面的法向量分别为 $\boldsymbol{n}_1=\{3,2,-1\}$, $\boldsymbol{n}_2=\{1,-2,-1\}$, 因为

$$\boldsymbol{n}_1\cdot\boldsymbol{n}_2=3\times1+2\times(-2)+(-1)\times(-1)=0,$$

所以, 这两个平面垂直相交.

(3) 两平面的法向量分别为 $\boldsymbol{n}_1=\{2,-1,1\}$, $\boldsymbol{n}_2=\{-4,2,-2\}$, 因为

$$\boldsymbol{n}_2=-2\boldsymbol{n}_1,$$

故由定理 7.1, 得 $\boldsymbol{n}_2\ /\!/\ \boldsymbol{n}_1$, 所以 $\Pi_1\ /\!/\ \Pi_2$. 但存在点 $M(0,0,1)\in\Pi_1$, $M(0,0,1)\notin\Pi_2$, 故两个平面平行但不重合.

例 7.19　求经过两点 $P_1(3,-2,9)$ 和 $P_2(-6,0,-4)$ 且与平面 $2x-y+4z-8=0$ 垂直的平面的方程.

解　设所求的平面方程 Π 的法向量为

$$\boldsymbol{n}=\{A,B,C\}.$$

因 $\overrightarrow{P_1P_2}=\{-9,2,-13\}$ 在平面 Π 上, 故

$$\overrightarrow{P_1P_2}\cdot\boldsymbol{n}=\{-9,2,-13\}\cdot\{A,B,C\}=0,$$

即

$$-9A+2B-13C=0. \tag{7-26}$$

又因平面 Π 与已知平面 $2x-y+4z-8=0$ 垂直, 故由两平面垂直的充要条件, 有

$$2A-B+4C=0. \tag{7-27}$$

由式(7-26)和(7-27)得

$$A=-C, \quad B=2C.$$

由平面的点法式方程知, 所求平面 Π 的方程为

$$A(x+6)+B(y-0)+C(z+4)=0.$$

将 $A=-C, B=2C$ 代入上式, 并消去 $-C$, 得

$$x-2y-z+2=0,$$

这就是所求的平面方程.

7.4.6　点到平面的距离

设 $P_0(x_0,y_0,z_0)$ 是平面 $\Pi:Ax+By+Cz+D=0$ 外一点, 试求点 P_0 到平面 Π

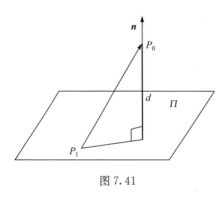

图 7.41

的距离.

如图 7.41 所示,在平面 Π 内任取一点 $P_1(x_1,y_1,z_1)$,作向量 $\overrightarrow{P_1P_0}$ 及平面 Π 的法向量 $\boldsymbol{n}$. 由图 7.41 可见,点 P_0 到平面 Π 的距离 d 等于向量 $\overrightarrow{P_1P_0}$ 在法向量 $\boldsymbol{n}$ 上的投影. 考虑到 $\overrightarrow{P_1P_0}$ 与平面法向量 $\boldsymbol{n}$ 的夹角有可能为钝角,则点 P_0 到平面 Π 的距离 d 等于向量 $\overrightarrow{P_1P_0}$ 在法向量 $\boldsymbol{n}$ 上的投影的绝对值,即

$$d=|\operatorname{Prj}_{\boldsymbol{n}}\overrightarrow{P_1P_0}|=\frac{|\overrightarrow{P_1P_0}\cdot\boldsymbol{n}|}{|\boldsymbol{n}|}. \tag{7-28}$$

由于

$$\boldsymbol{n}=\{A,B,C\},\quad \overrightarrow{P_1P_0}=\{x_0-x_1,y_0-y_1,z_0-z_1\},$$

则

$$\overrightarrow{P_1P_0}\cdot\boldsymbol{n}=Ax_0+By_0+Cz_0-(Ax_1+By_1+Cz_1). \tag{7-29}$$

而 $P_1\in\Pi$,所以 $Ax_1+By_1+Cz_1+D=0$,即 $-(Ax_1+By_1+Cz_1)=D$,代入式(7-29),得

$$\overrightarrow{P_1P_0}\cdot\boldsymbol{n}=Ax_0+By_0+Cz_0+D,$$

于是由式(7-28),点 $P_0(x_0,y_0,z_0)$ 到平面 $\Pi:Ax+By+Cz+D=0$ 的距离为

$$d=\frac{|Ax_0+By_0+Cz_0+D|}{\sqrt{A^2+B^2+C^2}}. \tag{7-30}$$

例 7.20 求点 $(1,2,-3)$ 到平面 $x+y-2z+3=0$ 的距离.

解 由式(7-30),得

$$d=\frac{|Ax_0+By_0+Cz_0+D|}{\sqrt{A^2+B^2+C^2}}=\frac{|1\times1+1\times2-2\times(-3)+3|}{\sqrt{1^2+1^2+(-2)^2}}=\frac{12}{\sqrt{6}}=2\sqrt{6}.$$

习题 7.4

1. 指出下列平面的特殊位置,并画出各平面:

(1) $y=1$;　　　　(2) $z=0$;　　　　(3) $x+2y-3=0$;

(4) $x+2y=0$;　　(5) $x+y+z-1=0$;　　(6) $x+y+z=0$.

2. 求满足下列条件的平面方程:

(1) 过点 $(2,4,-3)$ 且与平面 $x+3y-2z=6$ 平行;

(2) 过点 $(1,2,-3)$ 且平行于向量 $\boldsymbol{a}=\{2,-1,1\}$ 和 $\boldsymbol{b}=\{1,-1,2\}$;

(3) 过三点 $M_1(1,1,2),M_2(3,2,3),M_3(2,0,3)$;

(4) 平行于 xOy 平面且过点 $(2,4,5)$;

(5) 平行于 x 轴且过点 $(2,-1,5)$ 和 $(1,2,3)$.

3. 求两平面 $x-y+2z-6=0$ 与 $2x+y+z-5=0$ 的夹角.

4. 求经过两点 $P_1(1,1,1)$ 和 $P_2(0,1,-1)$ 且与平面 $x+y+z=0$ 垂直平面的方程.

5. 求点 $(2,-1,0)$ 到平面 $2x+3y-5z-6=0$ 的距离.

7.5 直线及其方程

7.5.1 直线的一般方程

7.5 直线及其方程(一)

空间曲线是空间两个曲面的交线.

设曲面 S_1,S_2 的方程分别为 $F_1(x,y,z)=0,F_2(x,y,z)=0$,则称

$$\begin{cases} F_1(x,y,z)=0, \\ F_2(x,y,z)=0 \end{cases} \tag{7-31}$$

为**空间曲线 C 的一般方程**,如图 7.42 所示.

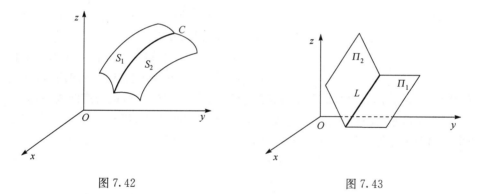

图 7.42　　　　　　　　　　　图 7.43

如同空间曲线可看作两个空间曲面的交线一样,空间直线可看作两个空间平面的交线.

设两个相交平面的方程分别为

$$\Pi_1:A_1x+B_1y+C_1z+D_1=0, \quad \Pi_2:A_2x+B_2y+C_2z+D_2=0,$$

记它们的交线为 L(图 7.43),则 L 上任一点的坐标同时满足这两个平面方程,即满足方程组

$$\begin{cases} A_1x+B_1y+C_1z+D_1=0, \\ A_2x+B_2y+C_2z+D_2=0. \end{cases} \tag{7-32}$$

反之,如果某个点不在直线 L 上,则它不可能同时在这两个平面上,该点的坐标也就不能同时满足这两个平面方程,即不满足方程组(7-32).因此,直线 L 可以用方程组(7-32)来表示.方程组(7-32)称为**空间直线的一般方程**.

通过空间一直线 L 的平面有无限多个,在这无限多个中任选两个,把它们的方程联立起来,都可以作为直线 L 的方程.

7.5.2 直线的对称式方程

设空间一条直线 L 通过点 $M_0(x_0, y_0, z_0)$,且平行于一条非零向量 $s = \{m, n, p\}$,那么这条直线的位置就完全确定. 现在来求这条直线的方程.

如图 7.44 所示,在直线 L 上任取一点 $M(x, y, z)$,则向量 $\overrightarrow{M_0M} = \{x - x_0, y - y_0, z - z_0\}$ 平行于 s,于是有

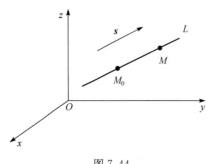

图 7.44

$$\frac{x - x_0}{m} = \frac{y - y_0}{n} = \frac{z - z_0}{p}. \quad (7\text{-}33)$$

如果点 M_1 不在直线 L 上,$\overrightarrow{M_0M_1}$ 就不可能与 s 平行,M_1 的坐标也就不可能满足方程(7-33),所以方程(7-33)就是直线 L 的方程. 由于方程(7-33)为对称形式,称它为直线 L 的**对称式方程**.

由于平行于直线的非零向量 s 确定了直线的方向,所以称 s 为直线的**方向向量**,向量 s 的坐标 m, n, p 称为直线的一组**方向数**. 有时也把方程(7-33)称为**点向式方程**.

因为 s 是非零向量,它的方向数 m, n, p 不会同时为零,但有可能会出现其中一个或两个为零的情形. 例如,当 $m = 0, n, p \neq 0$ 时,对称式方程应理解为

$$\begin{cases} x - x_0 = 0, \\ \dfrac{y - y_0}{n} = \dfrac{z - z_0}{p}. \end{cases}$$

若 m, n, p 中有两个为零,如 $n = p = 0$,则对称式方程应理解为

$$\begin{cases} y - y_0 = 0, \\ z - z_0 = 0. \end{cases}$$

如果直线过两个已知点 $M_1(x_1, y_1, z_1)$ 和 $M_2(x_2, y_2, z_2)$,则直线的一个方向向量为

$$s = \overrightarrow{M_1M_2} = \{x_2 - x_1, y_2 - y_1, z_2 - z_1\},$$

由对称式方程(7-33),所求的直线方程为

$$\frac{x - x_1}{x_2 - x_1} = \frac{y - y_1}{y_2 - y_1} = \frac{z - z_1}{z_2 - z_1},$$

这个方程称为直线的**两点式方程**.

由此可得三点 $M_1(x_1, y_1, z_1), M_2(x_2, y_2, z_2), M_3(x_3, y_3, z_3)$ 共线的充要条

件为

$$\frac{x_3 - x_1}{x_2 - x_1} = \frac{y_3 - y_1}{y_2 - y_1} = \frac{z_3 - z_1}{z_2 - z_1}.$$

7.5.3　直线的参数方程

设

$$\frac{x - x_0}{m} = \frac{y - y_0}{n} = \frac{z - z_0}{p} = t,$$

则有

$$\begin{cases} x = x_0 + mt, \\ y = y_0 + nt, \\ z = z_0 + pt. \end{cases} \tag{7-34}$$

方程(7-34)就是直线的**参数方程**,其中 t 为参数.

直线的一般方程、对称式方程以及参数方程在不同的情况下各有其优点,应熟练掌握这三种形式之间的转换方法.

如果直线 L 由一般方程

$$\begin{cases} A_1 x + B_1 y + C_1 z + D_1 = 0, \\ A_2 x + B_2 y + C_2 z + D_2 = 0 \end{cases}$$

给出. 由于 L 是两个平面的交线,故 L 同时垂直于这两个平面的法向量 $\boldsymbol{n}_1$ 和 $\boldsymbol{n}_2$ (图 7.45),于是可取 L 的方向向量为

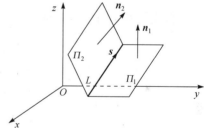

图 7.45

$$\boldsymbol{s} = \boldsymbol{n}_1 \times \boldsymbol{n}_2,$$

再任取满足直线一般方程的一组数 $x_0, y_0,$ z_0 ,这样,由点 (x_0, y_0, z_0) 与 $\boldsymbol{s}$ 就可以写出直线的对称式或参数方程了.

例 7.21　用对称式方程及参数方程表示直线

$$\begin{cases} x - y + z + 1 = 0, \\ 2x + y + 3z + 4 = 0. \end{cases}$$

解　首先在直线上找出一点 (x_0, y_0, z_0) . 不妨取 $x_0 = 1$,代入方程组得

$$\begin{cases} -y_0 + z_0 + 2 = 0, \\ y_0 + 3z_0 + 6 = 0. \end{cases}$$

解得 $y_0 = 0, z_0 = -2$,即得到直线上的一点 $(1, 0, -2)$.

因直线与两平面的法向量都垂直,取方向向量为

$$\boldsymbol{s} = \boldsymbol{n}_1 \times \boldsymbol{n}_2 = \begin{vmatrix} \boldsymbol{i} & \boldsymbol{j} & \boldsymbol{k} \\ 1 & -1 & 1 \\ 2 & 1 & 3 \end{vmatrix} = \{-4, -1, 3\},$$

故直线的对称式方程为

$$\frac{x-1}{-4}=\frac{y-0}{-1}=\frac{z-(-2)}{3},$$

即

$$\frac{x-1}{4}=\frac{y}{1}=\frac{z+2}{-3}.$$

令 $\frac{x-1}{4}=\frac{y}{1}=\frac{z+2}{-3}=t$,则该直线的参数方程为

$$\begin{cases} x=4t+1, \\ y=t, \\ z=-3t-2. \end{cases}$$

7.5.4 有关直线的几个问题

7.5.4.1 直线与直线的夹角

7.5 直线及其方程(二)

两直线的方向向量的夹角 $\varphi\left(0\leqslant\varphi\leqslant\frac{\pi}{2}\right)$ 称为两直线的**夹角**.

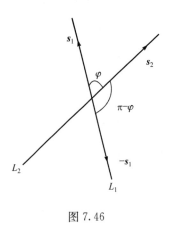

图 7.46

设 $\boldsymbol{s}_1=\{m_1,n_1,p_1\}$, $\boldsymbol{s}_2=\{m_2,n_2,p_2\}$ 分别是直线 L_1,L_2 的方向向量(同样 $-\boldsymbol{s}_1$, $-\boldsymbol{s}_2$ 也分别是直线 L_1,L_2 的方向向量),则 L_1 与 L_2 的夹角 φ 应是 $(\widehat{\boldsymbol{s}_1,\boldsymbol{s}_2})$ 和 $(-\widehat{\boldsymbol{s}_1,\boldsymbol{s}_2})=\pi-(\widehat{\boldsymbol{s}_1,\boldsymbol{s}_2})$ 两者中较小的角(图 7.46).因此,

$$\cos\varphi=|\cos(\widehat{\boldsymbol{s}_1,\boldsymbol{s}_2})|.$$

按照两向量夹角的余弦公式,有

$$\cos\varphi=\frac{|m_1m_2+n_1n_2+p_1p_2|}{\sqrt{m_1^2+n_1^2+p_1^2}\sqrt{m_2^2+n_2^2+p_2^2}}. \quad (7\text{-}35)$$

由两向量垂直和平行的充要条件,有

(1) 直线 L_1 与 L_2 垂直的充要条件是 $m_1m_2+n_1n_2+p_1p_2=0$;

(2) 直线 L_1 与 L_2 平行的充要条件是 $\dfrac{m_1}{m_2}=\dfrac{n_1}{n_2}=\dfrac{p_1}{p_2}$.

例 7.22 求直线 $L_1:\dfrac{x-1}{1}=\dfrac{y-2}{-4}=\dfrac{z+3}{1}$ 和 $L_2:\dfrac{x-1}{2}=\dfrac{y+2}{-2}=\dfrac{z-3}{-1}$ 的夹角.

解 直线 L_1 的方向向量 $\boldsymbol{s}_1=\{1,-4,1\}$,直线 L_1 的方向向量 $\boldsymbol{s}_2=\{2,-2,-1\}$,设 L_1 与 L_2 的夹角为 φ,则由公式(7-35),有

$$\cos\varphi = \frac{|1\times2+(-4)\times(-2)+1\times(-1)|}{\sqrt{1^2+(-4)^2+1^2}\sqrt{2^2+(-2)^2+(-1)^2}} = \frac{1}{\sqrt{2}} = \frac{\sqrt{2}}{2},$$

故 $\varphi = \dfrac{\pi}{4}$.

7.5.4.2　直线与平面的夹角

过直线 L 作平面 Π_1 垂直于平面 Π,称平面 Π 与平面 Π_1 的交线 L' 为直线 L 在平面 Π 上的 **投影直线**.直线 L 和它在平面上的投影直线 L' 的夹角 φ 称为 **直线与平面的夹角**(图 7.47).也可以看作直线与平面的法向量之间夹角 θ 的余角.

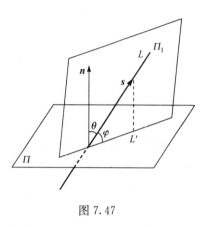

图 7.47

如果直线 L 的方向向量为 $\bm{s} = \{m, n, p\}$,平面 Π 的法向量为 $\bm{n} = \{A, B, C\}$,$\sin\varphi = \sin\left(\dfrac{\pi}{2}-\theta\right)=\cos\theta$,而 $\cos\theta = \dfrac{|\bm{n}\cdot\bm{s}|}{|\bm{n}||\bm{s}|}$,因此,直线与平面的夹角由

$$\sin\varphi = \frac{|\bm{n}\cdot\bm{s}|}{|\bm{n}||\bm{s}|} = \frac{|Am+Bn+Cp|}{\sqrt{A^2+B^2+C^2}\sqrt{m^2+n^2+p^2}} \tag{7-36}$$

给出.

因为直线 L 与平面 Π 垂直相当于直线 L 的方向向量与平面 Π 的法向量平行,故直线 L 与平面 Π 垂直的充要条件是

$$\frac{A}{m}=\frac{B}{n}=\frac{C}{p};$$

而直线 L 与平面 Π 平行相当于直线 L 的方向向量与平面 Π 的法向量垂直,故直线 L 与平面 Π 平行的充要条件是

$$Am+Bn+Cp=0.$$

例 7.23　求直线 $L:\begin{cases} x+y-5=0, \\ 2x-z+8=0 \end{cases}$ 与平面 $\Pi:2x+y+z=3$ 的夹角.

解　直线 L 的方向向量为

$$\bm{s}=\{1,1,0\}\times\{2,0,-1\}=\begin{vmatrix} \bm{i} & \bm{j} & \bm{k} \\ 1 & 1 & 0 \\ 2 & 0 & -1 \end{vmatrix}=\{-1,1,-2\},$$

平面 Π 的法向量为 $\bm{n}=\{2,1,1\}$,由公式(7-36),得

$$\sin\varphi = \frac{|\bm{n}\cdot\bm{s}|}{|\bm{n}||\bm{s}|} = \frac{|2\times(-1)+1\times1+1\times(-2)|}{\sqrt{2^2+1^2+1^2}\sqrt{(-1)^2+1^2+(-2)^2}} = \frac{1}{2},$$

故所求夹角为 $\varphi = \dfrac{\pi}{6}$.

例 7.24 求过点 $(1,-2,3)$,且与平面 $x+2y+6z-3=0$ 垂直的直线方程.

解 因为所求直线垂直于已知平面,故可用已知平面的法向量 $\{1,2,6\}$ 作为所求直线的方向向量,于是所求直线的方程为

$$\frac{x-1}{1}=\frac{y+2}{2}=\frac{z-3}{6}.$$

7.5.4.3 点到直线的距离

设点 $P_1(x_1,y_1,z_1)$ 是直线 $L:\dfrac{x-x_0}{m}=\dfrac{y-y_0}{n}=\dfrac{z-z_0}{p}$ 外一点,求 P_1 到直线 L 的距离.

如图 7.48 所示,$P_0(x_0,y_0,z_0)$ 是直线上的一点,$s=\{m,n,p\}$ 是直线 L 的方向向量.作向量 $\overrightarrow{P_0P_1}$,设向量 $\overrightarrow{P_0P_1}$ 与 s 的夹角为 θ. 则点 P_1 到直线 L 的距离为

$$d=|\overrightarrow{P_0P_1}|\sin\theta=\frac{|\overrightarrow{P_0P_1}||s|\sin\theta}{|s|}.$$

根据向量积的几何意义,$|\overrightarrow{P_0P_1}||s|\sin\theta=|\overrightarrow{P_0P_1}\times s|$,故

$$d=\frac{|\overrightarrow{P_0P_1}\times s|}{|s|}. \tag{7-37}$$

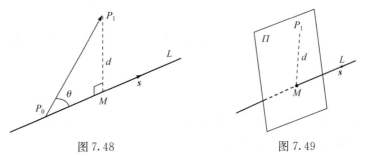

图 7.48   图 7.49

例 7.25 求点 $P_1(1,0,-1)$ 到直线 $L:\dfrac{x-2}{2}=\dfrac{y+1}{-1}=\dfrac{z}{2}$ 的距离.

解 方法一 这里 $P_0(2,-1,0)$ 是直线 L 上一点,$\overrightarrow{P_0P_1}=\{-1,1,-1\}$,$s=\{2,-1,2\}$,且

$$\overrightarrow{P_0P_1}\times s=\begin{vmatrix} \boldsymbol{i} & \boldsymbol{j} & \boldsymbol{k} \\ -1 & 1 & -1 \\ 2 & -1 & 2 \end{vmatrix}=\boldsymbol{i}-\boldsymbol{k},$$

$$|\overrightarrow{P_0P_1}\times s|=|\boldsymbol{i}-\boldsymbol{k}|=\sqrt{1^2+0^2+(-1)^2}=\sqrt{2},$$

由公式(7-37)可知,点 P_1 到直线 L 的距离为

$$d=\frac{|\overrightarrow{P_0P_1}\times s|}{|s|}=\frac{|\boldsymbol{i}-\boldsymbol{k}|}{|s|}=\frac{\sqrt{1^2+(-1)^2}}{\sqrt{2^2+(-1)^2+2^2}}=\frac{\sqrt{2}}{3}.$$

方法二　分三个步骤进行(图 7.49):

(1) 过点 $P_1(1,0,-1)$ 作垂直于直线 L 的平面 Π.

显然直线 L 的方向向量 $\boldsymbol{s}=\{2,-1,2\}$ 即为 Π 的法向量,于是平面 Π 为
$$2(x-1)-y+2(z+1)=0.$$

(2) 求平面 Π 与直线 L 的交点.

令 $\dfrac{x-2}{2}=\dfrac{y+1}{-1}=\dfrac{z}{2}=t$,将直线 L 化为参数形式
$$\begin{cases} x=2t+2, \\ y=-t-1, \\ z=2t. \end{cases}$$

代入平面 Π 的方程,得
$$2(2t+1)+t+1+2(2t+1)=0,$$

解得 $t=-\dfrac{5}{9}$. 将 $t=-\dfrac{5}{9}$ 代回 L 的参数方程,得交点 $M\left(\dfrac{8}{9},-\dfrac{4}{9},-\dfrac{10}{9}\right)$.

(3) 求点 $P_1(1,0,-1)$ 到点 $M\left(\dfrac{8}{9},-\dfrac{4}{9},-\dfrac{10}{9}\right)$ 的距离.
$$d=\sqrt{\left(1-\dfrac{8}{9}\right)^2+\left(0+\dfrac{4}{9}\right)^2+\left(-1+\dfrac{10}{9}\right)^2}=\sqrt{\dfrac{18}{81}}=\dfrac{\sqrt{2}}{3}.$$

这就是点 P_1 到直线 L 的距离.

注　求直线与平面的交点时,通常要将直线的对称式方程化为参数形式.

例 7.26　求平行直线 $L_1:\dfrac{x-1}{2}=\dfrac{y-2}{-1}=\dfrac{z+1}{2}$ 与 $L_2:\dfrac{x-2}{2}=\dfrac{y+1}{-1}=\dfrac{z}{2}$ 之间的距离.

解　在直线 L_2 上取点 $P_0(2,-1,0)$,问题即转化为求点 $P_0(2,-1,0)$ 到直线 L_1 的距离.

在直线 L_1 上取点 $P_1(1,2,-1)$,L_1 的方向向量 $\boldsymbol{s}=\{2,-1,2\}$,$\overrightarrow{P_0P_1}=\{-1,3,-1\}$,故两直线之间的距离为
$$d=\frac{|\overrightarrow{P_0P_1}\times\boldsymbol{s}|}{|\boldsymbol{s}|}=\frac{|5\boldsymbol{i}+4\boldsymbol{j}-5\boldsymbol{k}|}{|\boldsymbol{s}|}=\frac{\sqrt{5^2+4^2+(-5)^2}}{\sqrt{2^2+(-1)^2+2^2}}=\frac{\sqrt{66}}{3}.$$

7.5.4.4　平面束

通过空间直线 L 可以作无限多个平面,所有这些平面的集合称为过直线 L 的**平面束**.

设直线 L 的一般方程为
$$\begin{cases} A_1x+B_1y+C_1z+D_1=0, \\ A_2x+B_2y+C_2z+D_2=0, \end{cases}$$

则方程

$$(A_1x+B_1y+C_1z+D_1)+\lambda(A_2x+B_2y+C_2z+D_2)=0, \qquad (7\text{-}38)$$

称为过直线 L 的**平面束方程**,其中 λ 为参数.

对任一给定的实数 λ,过直线 L 的平面束方程表示一个平面.若点 $M(x,y,z)$ 在直线 L 上,则 x,y,z 满足直线 L 的一般方程,从而满足过直线 L 的平面束方程,故过直线 L 的平面束方程表示通过直线 L 的平面.反之,通过直线 L 的任一平面(除平面 $A_2x+B_2y+C_2z+D_2=0$ 以外)都包含在过直线 L 的平面束方程所表示的一族平面内.

例 7.27 求过点 $M(2,-1,3)$ 且与直线 $L: \dfrac{x+1}{2}=\dfrac{y-1}{2}=\dfrac{z}{-1}$ 垂直相交的直线的方程.

解 首先过点 $M(2,-1,3)$ 且垂直于直线 L 作平面 Π_1(图 7.50).显然直线 L 的方向向量 $\{2,2,-1\}$ 即为 Π_1 的法向量,故 Π_1 的点法式方程为

$$2(x-2)+2(y+1)-(z-3)=0, \quad 即\ 2x+2y-z+1=0.$$

再过点 $M(2,-1,3)$ 且过直线 L 作一平面 Π_2.为此,先将直线 L 的对称式方程改写成一般方程

$$\begin{cases} x-y+2=0, \\ x+2z+1=0. \end{cases}$$

并写出过已知直线的平面束方程

$$x-y+2+\lambda(x+2z+1)=0,$$

将点 $M(2,-1,3)$ 的坐标代入上述方程,解得 $\lambda=-\dfrac{5}{9}$.再将 $\lambda=-\dfrac{5}{9}$ 代入平面束方程,即得到平面 Π_2 的方程为

$$4x-9y-10z+13=0.$$

显然,平面 Π_1 与平面 Π_2 的交线即为所求的直线,其方程为

$$\begin{cases} 2x+2y-z+1=0, \\ 4x-9y-10z+13=0. \end{cases}$$

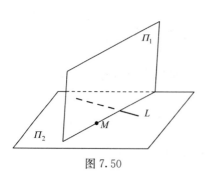

图 7.50

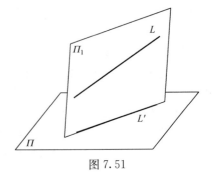

图 7.51

例 7.28　求直线 $L: \begin{cases} x+y-z-1=0, \\ x-y+z+1=0 \end{cases}$ 在平面 $\Pi: x+y+z=0$ 上的投影直线.

解　如图 7.51 所示,过直线 L 且垂直于平面 Π 的平面与平面 Π 的交线 L' 即为直线 L 在平面 Π 上的投影直线.

过直线 L 的平面束为

$$x+y-z-1+\lambda(x-y+z+1)=0,$$

即

$$(1+\lambda)x+(1-\lambda)y+(-1+\lambda)z+(-1+\lambda)=0, \tag{7-39}$$

其中 λ 为待定常数.

为确定该平面束中与已知平面 Π 垂直的平面,利用平面垂直的条件,有

$$1\cdot(1+\lambda)+1\cdot(1-\lambda)+1\cdot(-1+\lambda)=0,$$

解得 $\lambda=-1$. 代入平面束方程(7-39),则得到与平面 Π 垂直的平面 Π_1 的方程为

$$y-z-1=0.$$

所以投影直线 L' 的方程为

$$\begin{cases} x+y+z=0, \\ y-z-1=0. \end{cases}$$

习题 7.5

1. 用对称式方程及参数方程表示直线 $\begin{cases} x-y-z+2=0, \\ x+2y-3z+3=0. \end{cases}$

2. 求满足下列条件的直线方程:

　(1) 过点 $(1,-1,2)$ 且平行于直线 $\dfrac{x-3}{2}=y+1=\dfrac{z-1}{3}$;

　(2) 过两点 $P_1(2,-1,3)$,$P_2(1,0,2)$;

　(3) 过点 $(1,2,3)$ 且与两平面 $3x+y-2z-1=0$ 和 $x+2y-3=0$ 平行;

　(4) 过点 $(1,-3,2)$ 且垂直于平面 $2x+3y-z+1=0$.

3. 试确定下列各组中的直线和平面的位置关系:

　(1) $\dfrac{x+1}{2}=\dfrac{y+2}{5}=\dfrac{z-3}{3}$ 与 $x+2y-4z+3=0$;

　(2) $\dfrac{x-1}{-4}=\dfrac{y+2}{3}=\dfrac{z}{2}$ 与 $8x-6y-4z-9=0$;

　(3) $\dfrac{x-1}{2}=\dfrac{y+4}{1}=\dfrac{z-3}{-2}$ 与 $x+y+5=0$;

　(4) $\dfrac{x-3}{2}=\dfrac{y+2}{-5}=\dfrac{z-5}{3}$ 与 $x+y+z-6=0$.

4. 求直线 $\dfrac{x-1}{-2}=\dfrac{y+2}{1}=\dfrac{z}{2}$ 与平面 $x+y+2z-5=0$ 的交点和夹角.

5. 求过点 $(3,2,2)$ 且通过直线 $\dfrac{x-1}{2}=\dfrac{y+2}{-2}=\dfrac{z}{3}$ 的平面方程.

6. 求直线 L:$\begin{cases} 2x+2y-z-3=0, \\ x-2y+z+5=0 \end{cases}$ 在平面 $2x+y+3z+1=0$ 上的投影直线.

7.6 曲面及其方程

本章 7.4 节讨论了一种最简单的曲面——平面,本节将研究其他常见曲面.

7.6 曲面及其方程(一)

7.6.1 球面

到空间一定点 M_0 的距离为定值 R 的所有点的轨迹称为**球面**. 定点 M_0 称为**球心**,定值 R 称为**半径**.

设球心为 $M_0(x_0,y_0,z_0)$,点 $M(x,y,z)$ 是球面上任一点,则 $|M_0M|=R$,由空间两点间的距离公式,有

$$\sqrt{(x-x_0)^2+(y-y_0)^2+(z-z_0)^2}=R,$$

从而

$$(x-x_0)^2+(y-y_0)^2+(z-z_0)^2=R^2. \tag{7-40}$$

这就是球心在点 $M_0(x_0,y_0,z_0)$,半径为 R 的**球面方程**(图 7.52).

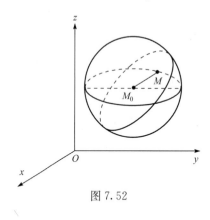

图 7.52

特别地,球心在坐标原点 $O(0,0,0)$,半径为 R 的球面方程为

$$x^2+y^2+z^2=R^2. \tag{7-41}$$

例 7.29 方程 $2x^2+2y^2+2z^2-4x+12y-20z+69=0$ 表示怎样的曲面?

解 通过配方,原方程可以化为

$$(x-1)^2+(y+3)^2+(z-5)^2=\left(\frac{\sqrt{2}}{2}\right)^2,$$

由式(7-40)知,原方程表示球心在点 $M_0(1,-3,5)$,半径为 $\frac{\sqrt{2}}{2}$ 的球面.

一般地,若 $A\neq0, D^2+E^2+F^2-4AG>0$ 时,三元二次方程

$$Ax^2+Ay^2+Az^2+Dx+Ey+Fz+G=0 \tag{7-42}$$

表示球心在 $M_0\left(-\dfrac{D}{2A},-\dfrac{E}{2A},-\dfrac{F}{2A}\right)$,半径为 $\sqrt{\dfrac{D^2+E^2+F^2-4AG}{4A^2}}$ 的球面.

7.6.2 旋转曲面

平面上的曲线 C 绕该平面上的一条定直线 l 旋转一周而形成的曲面叫做**旋转**

曲面,平面曲线 C 叫做旋转曲面的**母线**,定直线 l 叫做旋转曲面的**轴**.

设 C 是 yOz 面上的已知曲线,其方程为
$$f(y,z)=0,$$
C 绕 z 轴旋转一周得一旋转曲面(图 7.53).该旋转曲面方程可由如下方法求得.

设 $P(x,y,z)$ 为曲面上任意一点,则点 P 必位于由 C 上一点 $P_0(0,y_0,z)$ 绕 z 轴旋转一周而得的圆周上,故 P_0 与 P 到 z 轴有相同的距离,即 $|P_0Q|=|PQ|$,亦即

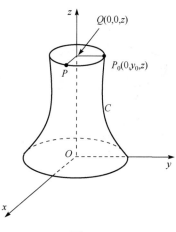

图 7.53

$$\sqrt{(0-0)^2+(y_0-0)^2+(z-z)^2}$$
$$=\sqrt{(x-0)^2+(y-0)^2+(z-z)^2},$$

于是,得

$$|y_0|=\sqrt{x^2+y^2} \quad \text{或} \quad y_0=\pm\sqrt{x^2+y^2}.$$

又因为 $P_0(0,y_0,z)$ 是 C 上的点,满足 $f(y_0,z)=0$,因此得

$$f(\pm\sqrt{x^2+y^2},z)=0. \tag{7-43}$$

这就是旋转曲面的方程.

由此可知,在曲线方程 $f(y,z)=0$ 中,将 y 改写成 $\pm\sqrt{x^2+y^2}$ 而 z 保持不变,即得曲线 $f(y,z)=0$ 绕 z 轴旋转一周所形成的旋转曲面方程.

同理,曲线 $f(y,z)=0$ 绕 y 轴旋转一周所得的旋转曲面的方程为 $f(y,\pm\sqrt{x^2+z^2})=0$.

其他情况可依次类推.

例如,yOz 面上的抛物线 $y^2=2pz$ 绕 z 轴旋转一周所得的旋转曲面的方程是

$$(\pm\sqrt{x^2+y^2})^2=2pz \Rightarrow x^2+y^2=2pz,$$

该曲面叫做**旋转抛物面**(图 7.54);

yOz 面上的椭圆 $\dfrac{y^2}{b^2}+\dfrac{z^2}{c^2}=1$ 绕 y 轴旋转一周所得的旋转曲面的方程是

$$\frac{y^2}{b^2}+\frac{(\pm\sqrt{x^2+z^2})^2}{c^2}=1 \Rightarrow \frac{y^2}{b^2}+\frac{x^2+z^2}{c^2}=1,$$

该曲面叫做**旋转椭球面**(图 7.55);

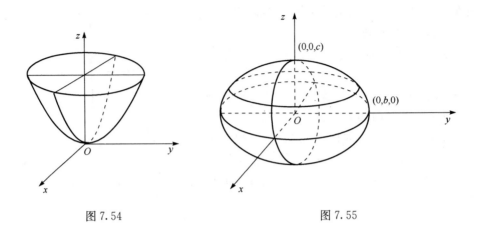

图 7.54   图 7.55

zOx 面上的双曲线 $\dfrac{x^2}{a^2}-\dfrac{z^2}{c^2}=1$ 绕 z 轴旋转一周所得的旋转曲面的方程是

$$\frac{(\pm\sqrt{x^2+y^2})^2}{a^2}-\frac{z^2}{c^2}=1 \Rightarrow \frac{x^2+y^2}{a^2}-\frac{z^2}{c^2}=1,$$

该曲面叫做**单叶旋转双曲面**(图 7.56);

zOx 面上的双曲线 $\dfrac{x^2}{a^2}-\dfrac{z^2}{c^2}=-1$ 绕 z 轴旋转一周所得的旋转曲面的方程是

$$\frac{(\pm\sqrt{x^2+y^2})^2}{a^2}-\frac{z^2}{c^2}=-1 \Rightarrow \frac{x^2+y^2}{a^2}-\frac{z^2}{c^2}=-1,$$

该曲面叫做**双叶旋转双曲面**(图 7.57).

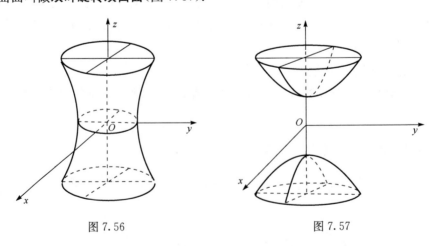

图 7.56   图 7.57

例 7.30 直线 L 绕另一条与它相交的直线 l 旋转一周,所得曲面叫**圆锥面**.

两直线的交点叫做圆锥面的**顶点**,两直线的夹角 $\alpha\left(0<\alpha<\dfrac{\pi}{2}\right)$ 称为圆锥面的**半顶角**.试建立顶点在坐标原点,旋转轴为 z 轴的圆锥面(图 7.58)方程.

　　解　在 yOz 面上,与 z 轴交与坐标原点且与 z 轴的夹角为 α 的直线方程为

$$z=y\cot\alpha.$$

因为旋转轴是 z 轴,所以圆锥面方程为

$$z=\pm\sqrt{x^2+y^2}\cot\alpha$$

或

$$z^2=k^2(x^2+y^2),$$

其中 $k=\cot\alpha$.

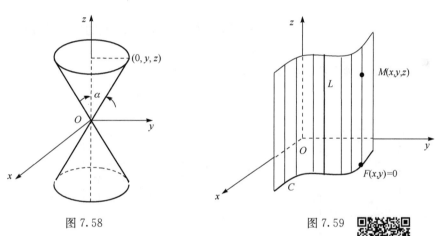

图 7.58　　　　　　　　　　　　　图 7.59

7.6.3　柱面

　　平行于定直线并沿定曲线 C 移动的直线 L 所形成的轨迹称为**柱面**,定曲线 C 叫做柱面的**准线**,动直线 L 称为柱面的**母线**(图 7.59).

　　这里我们只讨论母线平行于坐标轴的柱面.

　　如图 7.59 所示,设 C 是 xOy 面上的曲线

$$\begin{cases} F(x,y)=0, \\ z=0. \end{cases}$$

以 C 为准线,L 为母线,平行于 z 轴移动形成一柱面,显然柱面上任一点 $M(x,y,z)$ 的坐标必满足 $F(x,y)=0$;反过来,满足 $F(x,y)=0$ 的点 $M(x,y,z)$,不管其 z 的坐标是多少,总在此柱面上.因此,方程

$$F(x,y)=0$$

表示母线平行于 z 轴,准线是 xOy 面上的曲线 $F(x,y)=0$ 的柱面方程.

7.6　曲面及其方程(二)

一般地,在空间解析几何中,不含 z 而只含 x,y 的方程 $F(x,y)=0$ 表示一条母线平行于 z 轴的柱面,xOy 面上的曲线 $F(x,y)=0$ 是这个柱面的一条准线.

同理,不含 y 而只含 z,x 的方程 $G(x,z)=0$ 表示一条母线平行于 y 轴的柱面;不含 x 而只含 y,z 的方程 $H(y,z)=0$ 表示一条母线平行于 x 轴的柱面.

下面是几种常见的母线平行于 z 轴的柱面:

(1) $x^2+y^2=R^2$ 表示**圆柱面**,其准线为 xOy 面上的圆 $x^2+y^2=R^2$(图 7.60);

(2) $\dfrac{x^2}{a^2}+\dfrac{y^2}{b^2}=1$ 表示**椭圆柱面**,其准线为 xOy 面上的椭圆 $\dfrac{x^2}{a^2}+\dfrac{y^2}{b^2}=1$;

(3) $\dfrac{x^2}{a^2}-\dfrac{y^2}{b^2}=1$ 表示**双曲柱面**,其准线为 xOy 面上的双曲线 $\dfrac{x^2}{a^2}-\dfrac{y^2}{b^2}=1$(图 7.61);

(4) $x^2=2py(p>0)$ 表示**抛物柱面**,其准线为 xOy 面上的抛物线 $x^2=2py$(图 7.62);

(5) $x-y=0$ 表示**平面柱面**,其准线为 xOy 面上的直线 $x-y=0$(图 7.63).

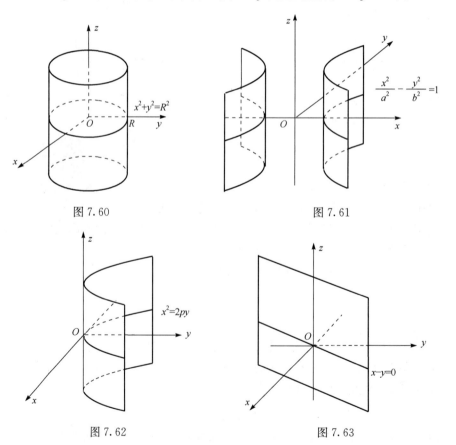

图 7.60　　　　　图 7.61

图 7.62　　　　　图 7.63

需要注意的是,同一个方程 $F(x,y)=0$,在平面直角坐标系 xOy 下表示一条平面曲线,而在空间直角坐标系下,表示的是母线平行于 z 轴并以 xOy 面上的曲线 $F(x,y)=0$ 为准线的柱面.

7.6.4 二次曲面

由三元二次方程 $F(x,y,z)=0$ 所表示的曲面称为**二次曲面**.一般的二次曲面很复杂,而适当选取空间直角坐标系可以得到它们的标准方程.

下面结合二次曲面的九种标准方程,利用**截痕法**来讨论二次曲面的形状.所谓截痕法,就是用一系列平行于坐标面的平面去截割曲面,从而得到这些平面与曲面的交线(即截痕),通过分析这些截痕的形状和性质来认识曲面的全貌.

7.6.4.1 椭球面 $\dfrac{x^2}{a^2}+\dfrac{y^2}{b^2}+\dfrac{z^2}{c^2}=1$

由椭球面的方程可知

$$\frac{x^2}{a^2}\leqslant 1,\frac{y^2}{b^2}\leqslant 1,\frac{z^2}{c^2}\leqslant 1,\text{即 } |x|\leqslant a,|y|\leqslant b,|z|\leqslant c,$$

这说明椭球面包含在由平面 $x=\pm a,y=\pm b,z=\pm c$ 围成的以坐标原点为中心的长方体内.

先考虑椭球面与三个坐标面的交线.把坐标面的方程 $z=0,x=0,y=0$ 分别代入椭球面方程,得到

$$\begin{cases}\dfrac{x^2}{a^2}+\dfrac{y^2}{b^2}=1,\\ z=0;\end{cases} \qquad \begin{cases}\dfrac{y^2}{b^2}+\dfrac{z^2}{c^2}=1,\\ x=0;\end{cases} \qquad \begin{cases}\dfrac{z^2}{c^2}+\dfrac{x^2}{a^2}=1,\\ y=0.\end{cases}$$

这些交线都是坐标面上的椭圆.

再用平行于 xOy 面的平面 $z=h\,(0<|h|\leqslant c)$ 去截这个曲面.得交线的方程为

$$\begin{cases}\dfrac{x^2}{a^2\left(1-\dfrac{h^2}{c^2}\right)}+\dfrac{y^2}{b^2\left(1-\dfrac{h^2}{c^2}\right)}=1,\\[4mm] z=h,\end{cases}$$

该交线是平面 $z=h$ 上的椭圆,它的中心在 z 轴上,两个半轴分别为 $\dfrac{a}{c}\sqrt{c^2-h^2}$ 和 $\dfrac{b}{c}\sqrt{c^2-h^2}$.当 $|h|$ 由零增大到 c 时,椭圆由大到小,最后缩成一点 $(0,0,\pm c)$.同样,用平行于 yOz 面或 zOx 面的平面去截这个曲面,也有类似的结果.

综合上面的讨论,可知椭球面的形状如图 7.64 所示.

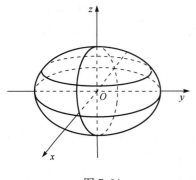

图 7.64

若有两个半轴相等,比如 $a=b$,则椭球面成为旋转椭球面 $\dfrac{x^2+y^2}{a^2}+\dfrac{z^2}{c^2}=1$.

当三个半轴都相等时,椭球面就是球面 $x^2+y^2+z^2=a^2$.

7.6.4.2 抛物面

(1)**椭圆抛物面** $z=\dfrac{x^2}{a^2}+\dfrac{y^2}{b^2}$

曲面过坐标原点且位于 xOy 面上方,与 yOz 面及 xOz 面的交线都是抛物线,而用平面 $z=k(k\neq0)$ 去截时,交线为椭圆,如图 7.65 所示.

当 $a=b$ 时方程变为 $x^2+y^2=a^2z$,它是由 yOz 面上的抛物线 $y^2=a^2z$ 绕 z 轴旋转一周而成的旋转抛物面.

(2)**双曲抛物面** $z=-\dfrac{x^2}{a^2}+\dfrac{y^2}{b^2}$

曲面过坐标原点且与平面 $y=k$ 及 $x=k$ 的交线均为抛物线,与平面 $z=k(k\neq0)$ 的交线为双曲线,如图 7.66 所示.因其形状似马鞍,又称**马鞍面**.

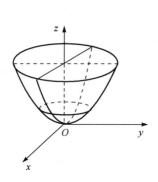

图 7.65

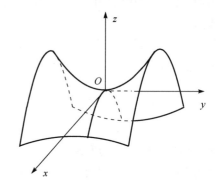

图 7.66

7.6.4.3 双曲面

(1)**单叶双曲面** $\dfrac{x^2}{a^2}+\dfrac{y^2}{b^2}-\dfrac{z^2}{c^2}=1$

曲面与平面 $y=k$ 及 $x=k$ 的交线均为双曲线,与平面 $z=k$ 的交线为椭圆,如图 7.67 所示.

当 $a=b$ 时方程变为 $\dfrac{x^2+y^2}{a^2}-\dfrac{z^2}{c^2}=1$,它是由 yOz 面上的双曲线 $\dfrac{y^2}{a^2}-\dfrac{z^2}{c^2}=1$ 绕 z 轴旋转一周而成的单叶旋转双曲面.

（2）**双叶双曲面**　$\dfrac{x^2}{a^2}+\dfrac{y^2}{b^2}-\dfrac{z^2}{c^2}=-1$

曲面与平面 $y=k$ 及 $x=k$ 的交线均为双曲线，与平面 $z=k(k>c>0)$ 的交线为椭圆，如图 7.68 所示．

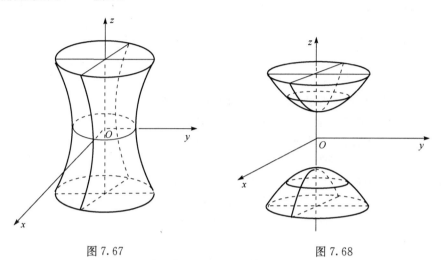

图 7.67　　　　　　　　　　图 7.68

当 $a=b$ 时方程变为 $\dfrac{x^2+y^2}{a^2}-\dfrac{z^2}{c^2}=-1$，它是由

yOz 面上的双曲线 $\dfrac{y^2}{a^2}-\dfrac{z^2}{c^2}=-1$ 绕 z 轴旋转一周

而成的双叶旋转双曲面．

7.6.4.4　椭圆锥面　$\dfrac{x^2}{a^2}+\dfrac{y^2}{b^2}=z^2$

曲面过原点，且当 $k\neq0$ 时，曲面与平面 $z=k$ 的交线为椭圆，当如图 7.69 所示．

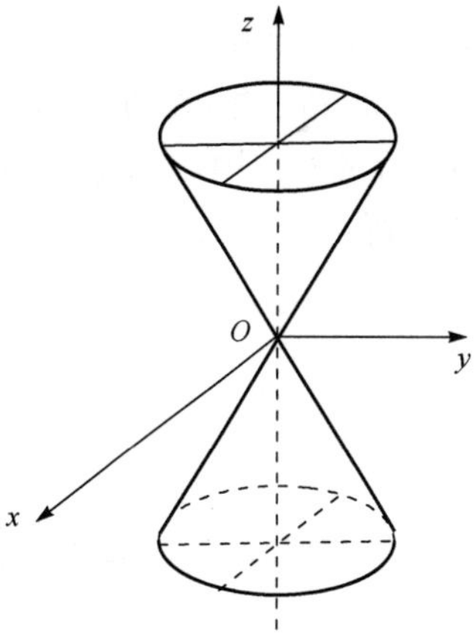

当 $a=b$ 时方程变为 $x^2+y^2=a^2z^2$，它是由 yOz 面上的直线 $y=az$ 绕 z 轴旋转一周而成的圆锥面．

图 7.69

二次曲面除上述六种形式外，还有前文讨论过的三种柱面：椭圆柱面、双曲柱面和抛物柱面，这些柱面的准线都是二次曲线，故归为二次曲面．

习题 7.6

1. 求以点 $P(1,-2,2)$ 为球心，且通过坐标原点的球面方程．

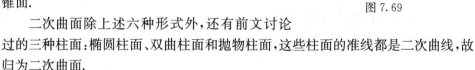

2. 求与坐标原点 O 及点 $(2,3,4)$ 的距离之比为 $1:2$ 的点的全体所组成的曲面的方程.

3. 指出下列方程在平面解析几何中和空间解析几何中分别表示什么图形?

    (1) $x=0$;   (2) $y=x+1$;   (3) $x^2+y^2=4$;   (4) $x^2-y^2=1$.

4. 指出下列各方程表示哪种曲面?

    (1) $x^2+y^2-2z=0$;   (2) $x^2-y^2=0$;   (3) $x^2+y^2=0$;

    (4) $y-\sqrt{3}z=0$;   (5) $y^2-4y+3=0$;   (6) $\dfrac{x^2}{9}+\dfrac{y^2}{16}=1$;

    (7) $x^2-\dfrac{y^2}{9}=1$;   (8) $x^2=4y$;   (9) $z^2-x^2-y^2=0$.

5. 写出下列曲线绕指定轴旋转所生成的旋转曲面的方程:

    (1) zOx 平面上的抛物线 $z^2=5x$ 绕 x 轴旋转;

    (2) xOy 平面上的双曲线 $4x^2-9y^2=36$ 绕 y 轴旋转;

    (3) xOy 平面上的圆 $(x-2)^2+y^2=1$ 绕 y 轴旋转;

    (4) yOz 平面上的直线 $2y-3z+1=0$ 绕 z 轴旋转.

6. 指出下列方程所表示的曲面哪些是旋转曲面,这些旋转曲面是怎样形成的?

    (1) $x^2+y^2+z^2=1$;   (2) $x^2+y+z=1$;

    (3) $x^2-y^2+z^2=1$;   (4) $x^2+y^2-z^2+2z=1$.

7. 写出满足下列条件的动点的轨迹方程,并说明它们分别表示什么曲面?

    (1) 动点到坐标原点的距离等于它到平面 $z=4$ 的距离;

    (2) 动点到点 $(0,0,5)$ 的距离等于它到 x 轴的距离;

    (3) 动点到 x 轴的距离等于它到 yOz 平面的距离的两倍.

8. 下列各题中包含两个曲面,将两个曲面画在同一坐标系中:

    (1) $z=x^2+y^2$, $z=\sqrt{2-x^2-y^2}$;

    (2) $6-3z=x^2+y^2$, $z=\sqrt{x^2+y^2}$.

7.7　曲线及其方程

7.7　曲线及其方程

7.5 节讨论了一种特殊的曲线——直线,本节将研究一般曲线.

7.7.1　空间曲线的一般方程

    我们知道,任何空间曲线总可以看成空间两个曲面的交线.设 $F(x,y,z)=0$ 和 $G(x,y,z)=0$ 是两个空间曲面,它们相交且交线为 C. 则曲线 C 的一般方程为

$$\begin{cases} F(x,y,z)=0, \\ G(x,y,z)=0. \end{cases} \quad (7\text{-}44)$$

例如,方程组 $\begin{cases} x^2+y^2=2, \\ 2x+3z=6 \end{cases}$ 表示柱面 $x^2+y^2=2$

与平面 $2x+3z=6$ 的交线(图 7.70).

显然,一条空间曲线的一般方程是不唯一的.

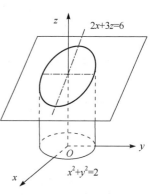

图 7.70

7.7.2　空间曲线的参数方程

空间曲线除了一般方程,还可以用参数方程来
表示,即把曲线上点的直角坐标 x,y,z 分别表示为参数 t 的函数:

$$\begin{cases} x=x(t), \\ y=y(t), \\ z=z(t), \end{cases} \quad (7\text{-}45)$$

给定 $t=t_1$ 时,就得到曲线上一个点 $(x(t_1),y(t_1),z(t_1))$,随着参数 t 的变动,就可
以得到曲线上的全部点.方程组(7-45)称为空间曲线的参数方程.

例 7.31　若空间一点 $M(x,y,z)$ 在圆柱面 $x^2+y^2=a^2(a>0)$ 上以角速度 ω
绕 z 轴旋转,同时又以线速度 v 沿平行于 z 轴的正方向上升(其中 ω,v 都是常数),
那么点 M 的轨迹构成**螺旋线**(图 7.71).试建立其参数方程.

解　取时间 t 为参数,设动点 M 从点 $A(a,0,0)$ 开始运动,经过时间 t 后,动点
到达 $M(x,y,z)$ 的位置.记点 M 在 xOy 面上的投影为点 M',则 M' 的坐标为 $(x,y,$
$0)$.由于动点在圆柱面上以角速度 ω 绕 z 轴旋转,故经过时间 t,$\angle AOM'=\omega t$,由
图 7.72 得

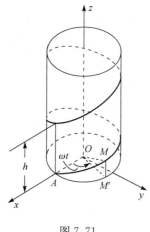

图 7.71

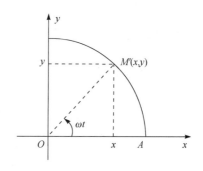

图 7.72

$$x=|OM'|\cos\angle AOM'=a\cos\omega t,$$
$$y=|OM'|\sin\angle AOM'=a\sin\omega t.$$

又因为动点 M 以线速度 v 沿平行于 z 轴的正方向上升,所以

$$z=|MM'|=vt,$$

这样就得到螺旋线的运动轨迹,即螺旋线的参数方程为

$$\begin{cases} x=a\cos\omega t, \\ y=a\sin\omega t, \\ z=vt. \end{cases} \tag{7-46}$$

如果取 $\theta=\omega t$ 作为参数,并记 $b=\dfrac{v}{\omega}$,则螺旋线的参数方程(7-46)又可写作

$$\begin{cases} x=a\cos\theta, \\ y=a\sin\theta, \\ z=b\theta. \end{cases} \tag{7-47}$$

螺旋线是生产实践中常用的曲线. 比如螺丝的外缘曲线就是螺旋线. 当 θ 从 θ_0 变到 $\theta_0+2\pi$ 时,点 M 沿螺旋线上升的高度为 $h=2\pi b$,这一高度在工程技术上叫做**螺距**.

7.7.3 空间曲线在坐标平面上的投影

设空间曲线 C 的一般方程为

$$\begin{cases} F_1(x,y,z)=0, \\ F_2(x,y,z)=0. \end{cases} \tag{7-48}$$

由方程组(7-48)消去变量 z 后得

$$H(x,y)=0. \tag{7-49}$$

它表示一个以 C 为准线,母线平行于 z 轴的柱面(记为 S),S 垂直于 xOy 面. 称 S 为空间曲线 C 关于 xOy 面的**投影柱面**.

S 与 xOy 面的交线 C' 为

$$\begin{cases} H(x,y)=0, \\ z=0. \end{cases} \tag{7-50}$$

称 C' 为空间曲线 C 在 xOy 面上的**投影曲线**(简称**投影**)(图 7.73).

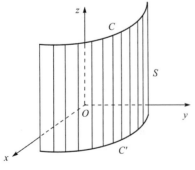

图 7.73

类似地,从方程组 $\begin{cases} F(x,y,z)=0, \\ G(x,y,z)=0 \end{cases}$ 中消去 x 或 y,再分别与 $x=0$ 或 $y=0$ 联立,就可以分别得到曲线 C 在 yOz 面或 zOx 面上的

投影曲线

$$\begin{cases} R(y,z)=0, \\ x=0 \end{cases} \quad \text{或} \quad \begin{cases} T(x,z)=0, \\ y=0. \end{cases}$$

例 7.32 两球面的方程为 $x^2+y^2+z^2=1$ 和 $x^2+(y-1)^2+(z-1)^2=1$,求它们的交线在 xOy 面上的投影.

解 两个方程相减得 $y+z=1$. 将 $z=1-y$ 代入 $x^2+y^2+z^2=1$ 得投影柱面方程为

$$x^2+2y^2-2y=0.$$

于是两球面的交线在 xOy 面上的投影方程为

$$\begin{cases} x^2+2y^2-2y=0, \\ z=0. \end{cases}$$

例 7.33 一个立体在坐标面上的**投影区域**,是指该立体内的所有点在该坐标面上的投影点所组成的平面点集.设一立体由旋转抛物面 $z=2-x^2-y^2$ 和上半锥面 $z=\sqrt{x^2+y^2}$ 所围成(图 7.74),求它在 xOy 面上的投影区域.

解 旋转抛物面与锥面的交线为

$$\begin{cases} z=2-x^2-y^2, \\ z=\sqrt{x^2+y^2}. \end{cases}$$

从方程组中消去 z,得投影柱面方程 $x^2+y^2=1$,将其与 $z=0$ 联立得投影曲线方程为

$$\begin{cases} x^2+y^2=1, \\ z=0. \end{cases}$$

显然,该投影曲线是 xOy 面上的单位圆.于是所求立体在 xOy 面上的投影,就是该圆在 xOy 面上所围的闭区域: $x^2+y^2\leqslant 1$.

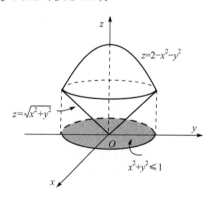

图 7.74

习题 7.7

1. 指出下列方程组在平面解析几何中与在空间解析几何中分别表示什么图形:

(1) $\begin{cases} y=3x-2, \\ y=2x+3; \end{cases}$ (2) $\begin{cases} x^2+9y^2=1, \\ x=\dfrac{1}{2}. \end{cases}$

2. 求曲面 $z=4x^2+9y^2$ 与 yOz 平面的交线.

3. 将下列曲线化为参数方程:

(1) $\begin{cases} x^2+y^2+z^2=16, \\ z=x; \end{cases}$ (2) $\begin{cases} (x-2)^2+y^2+(z+1)^2=5, \\ z=0. \end{cases}$

4. 求下列曲线在 xOy 平面上的投影曲线的方程:

(1) $\begin{cases} x^2+2y^2+3z^2=1, \\ x+z=0; \end{cases}$ (2) $\begin{cases} z=x^2+y^2, \\ 2x+4y+z=1; \end{cases}$ (3) $\begin{cases} x^2+y^2=1, \\ z=x^2. \end{cases}$

5. 求下列曲面所围成的立体在 xOy 平面上的投影区域:

(1) $z=x^2+y^2$ 与 $z=8-x^2-y^2$;

(2) $z=\sqrt{x^2+y^2-1}, x^2+y^2=4$ 与 $z=0$.

综合练习题七

一、判断题(将√或×填入相应的括号内)

(   )1. 设 a,b,c 为非零向量,且 $a \cdot c=b \cdot c$,则 $a=b$;

(   )2. 对于向量 a,b,c,必有 $(a \cdot b) \cdot c=a \cdot (b \cdot c)$;

(   )3. 若向量 a,b 满足 $|a+b|=|a|+|b|$,则 $a \perp b$;

(   )4. 若向量 $a \cdot b=0$,则 $a=0$ 或 $b=0$;

(   )5. 对于向量 a,b,必有 $a \times b=b \times a$;

(   )6. 在空间直角坐标系中,方程 $x^2+y^2=9$ 表示一个圆;

(   )7. 方程 $x^2+y^2+z^2-2x+4y-4z=0$ 代表一个空间球面;

(   )8. 平面 $x+2y+3z+6=0$ 与平面 $x-2y+z-3=0$ 垂直;

(   )9. 直线 $\dfrac{x+1}{-2}=\dfrac{y-2}{5}=\dfrac{z}{3}$ 与平面 $x-2y+4z-3=0$ 平行;

(   )10. 直线 $\dfrac{x-2}{1}=\dfrac{y+1}{2}=\dfrac{z+2}{3}$ 与平面 $x+2y+3z-6=0$ 的交点为 $(1,2,2)$.

二、单项选择题(将正确选项的序号填入括号内)

1. 在空间直角坐标系中,点 $(2,-2,3)$ 所在的卦限为(   ).

(A) Ⅰ;   (B) Ⅲ;   (C) Ⅳ;   (D) Ⅵ.

2. 已知空间两点 $P_1(4,3,2)$ 和 $P_2(3,1,4)$,则向量 $\overrightarrow{P_1P_2}$ 的模为(   ).

(A) 3;   (B) 5;   (C) $\sqrt{6}$;   (D) 9.

3. 设 a,b,c 满足关系 $a+b+c=0$,则 $a \times b+b \times c+c \times a=$(   ).

(A) 0;   (B) $a \times b \times c$;   (C) $3(a \times b)$;   (D) $b \times c$.

4. 方程 $9x^2-4y^2+z^2-36=0$ 表示(   ).

(A) 单叶双曲面;   (B) 双叶双曲面;   (C) 椭圆锥面;   (D) 抛物面.

5. 曲线 $C: \begin{cases} \dfrac{x^2}{2}+\dfrac{y^2}{4}-\dfrac{z^2}{3}=1, \\ 2x-z+3=0 \end{cases}$ 在 xOy 平面上的投影柱面方程是(   ).

(A) $10x^2-3y^2+48x+48=0$;   (B) $6y^2-5z^2-18z+3=0$;

(C) $\begin{cases} 10x^2-3y^2+48x+48=0, \\ z=0; \end{cases}$ (D) $\begin{cases} 6y^2-5z^2-18z+3=0, \\ x=0. \end{cases}$

6. 方程 $\begin{cases} \dfrac{x^2}{4} + \dfrac{y^2}{9} + z^2 = 1, \\ x = 1 \end{cases}$ 表示( ).

(A) 椭球面;　　　　　　　　　　(B) $x=1$ 平面上的椭圆;

(C) 椭圆柱面;　　　　　　　　　　(D) 椭圆柱面在 $x=0$ 上的投影.

7. 设直线 $L_1: \dfrac{x+1}{1} = \dfrac{y-3}{-2} = \dfrac{z+2}{1}, L_2: \begin{cases} x-y+6=0, \\ 2y+z-5=0, \end{cases}$ 则 L_1 与 L_2 的夹角为( ).

(A) $\dfrac{\pi}{6}$;　　　　(B) $\dfrac{\pi}{4}$;　　　　(C) $\dfrac{\pi}{3}$;　　　　(D) $\dfrac{\pi}{2}$.

8. 设有直线 $L: \begin{cases} 2x-3y+z-5=0, \\ x-2y-z+6=0 \end{cases}$ 及平面 $\varPi: 10x+6y-2z+7=0$,则直线 L( ).

(A) 平行于 $\varPi$;　　(B) 在 $\varPi$ 上;　　(C) 垂直于 $\varPi$;　　(D) 与 $\varPi$ 斜交.

9. 点 $M(1,-2,2)$ 到直线 $L: \dfrac{x-1}{2} = \dfrac{y+3}{2} = z-2$ 的距离是( ).

(A) $\dfrac{\sqrt{6}}{2}$;　　　　(B) 2;　　　　(C) $\dfrac{\sqrt{5}}{2}$;　　　　(D) $\dfrac{\sqrt{5}}{3}$.

10. 平行于 y 轴,且通过点 $M(1,-2,2)$ 和 $N(2,-2,-1)$ 的平面是( ).

(A) $3x+y-5=0$;　　　　　　　　(B) $3x+z-5=0$;

(C) $y+3z-5=0$;　　　　　　　　(D) $x+3z-5=0$.

三、填空题

1. 平行于向量 $\boldsymbol{a}=\{3,-4,0\}$ 的单位向量为_____;

2. 设 $\boldsymbol{a}=\{2,1,2\}, \boldsymbol{b}=\{4,-1,10\}, \boldsymbol{c}=\boldsymbol{b}-\lambda\boldsymbol{a}$,且 $\boldsymbol{a}\perp\boldsymbol{c}$,则 $\lambda=$_____;

3. 在 y 轴上且与点 $A(1,-3,7)$ 和点 $B(5,7,-5)$ 等距离的点为_____;

4. 将 xOy 面上的 $x^2+y^2=4x$ 绕 x 轴旋转一周,生成的曲面方程为_____;

5. 设一平面通过原点及 $(5,3,2)$,且与平面 $4x-3y+z+5=0$ 垂直,则此平面方程为_____;

6. 点 $(2,1,-3)$ 到平面 $3x-4y+5z+6=0$ 的距离 $d=$_____;

7. 过点 $M_0(1,0,-1)$ 和直线 $L: \dfrac{x-2}{2} = \dfrac{y-0}{1} = \dfrac{z-1}{1}$ 的平面方程为_____;

8. 经过直线 $L: \begin{cases} x+2y+3z-6=0, \\ x-y+2z+4=0 \end{cases}$ 且与平面 $\varPi: 5x-4y-3z+12=0$ 垂直的平面方程为_____;

9. 直线 $\begin{cases} x+y+3z=0, \\ x-y-z=0 \end{cases}$ 与平面 $x-y+2z+1=0$ 的夹角为_____;

10. 两条直线的方程是 $L_1: \dfrac{x+1}{1} = \dfrac{y-2}{2} = \dfrac{z+3}{-1}, L_2: \dfrac{x-2}{2} = \dfrac{y-1}{-1} = \dfrac{z}{3}$,则过 L_1 且平行于 L_2 的平面方程为_____.

四、计算题

1. 设 $\boldsymbol{a}=3\boldsymbol{i}+\boldsymbol{j}-2\boldsymbol{k}, \boldsymbol{b}=\boldsymbol{i}+2\boldsymbol{j}-\boldsymbol{k}$,求 $(-2\boldsymbol{a})\cdot 3\boldsymbol{b}, \boldsymbol{a}\times(-2\boldsymbol{b})$ 及 $\boldsymbol{a}, \boldsymbol{b}$ 的夹角余弦.

2. 已知三点 $M_1(1,-1,4)$，$M_2(3,3,1)$，$M_3(3,1,3)$，求与 $\overrightarrow{M_1M_2}$，$\overrightarrow{M_2M_3}$ 同时垂直的单位向量.

3. 求点 $(3,-1,2)$ 在平面 $2x+y-3z-6=0$ 上的投影.

4. 求直线 $L: \dfrac{x-1}{2}=\dfrac{y}{3}=\dfrac{z-1}{-1}$ 在平面 $\Pi: x-y+2z-1=0$ 上的投影直线 L_0 的方程.

5. 设有球面 $\Sigma: x^2+y^2+z^2-2x+4y-6z-8=0$，平面 Π 过球面 Σ 的球心且垂直于直线 $L:$ $\begin{cases} 2x-y+z+1=0, \\ x+y-2z+3=0. \end{cases}$ 求 Σ 与 Π 的交线在 yOz 平面上的投影.

6. 求直线 $L_1: \dfrac{x-1}{0}=\dfrac{y}{-1}=\dfrac{z}{-1}$ 与直线 $L_2: \dfrac{x}{2}=\dfrac{y}{-3}=\dfrac{z+2}{-1}$ 的最短距离.

五、证明题

1. 设向量 a,b,c 有相同起点，且 $\alpha a+\beta b+\gamma c=\mathbf{0}$，其中 $\alpha+\beta+\gamma=0$，α,β,γ 不全为零，证明：a,b,c 终点共线.

2. 已知 a,b,c 为非零向量且 $a+b+c=\mathbf{0}$，证明：$a\times b=b\times c=c\times a$.

第8章 多元函数微分学

前面各章所讨论的函数只有一个自变量,称为一元函数.但在实际问题中,常常会遇到含有两个或更多个自变量的函数,即多元函数.本章将在一元函数微分学的基础上,讨论二元函数微分学及其应用,然后把结果推广到一般的多元函数.

8.1 多元函数的极限与连续

8.1 多元函数的极限与连续(一)

8.1.1 平面点集的基本概念

8.1.1.1 平面点集

一元函数的定义域是实数轴上的点集,二元函数的定义域是坐标平面上的点集.

在平面解析几何中,当平面上引入了一个直角坐标系后,平面上的点 P 与有序二元实数组 (x,y) 之间就建立了一一对应关系,于是,平面上的点 $P(x,y)$ 与有序二元实数组 (x,y) 可视为同等的.这种建立了坐标系的平面称为**坐标平面**.有序二元实数组 (x,y) 的全体,即 $\mathbf{R}^2 = \mathbf{R} \times \mathbf{R} = \{(x,y) \mid x,y \in \mathbf{R}\}$ 称为 $\mathbf{R}^2$ 空间.$\mathbf{R}^2$ 空间中具有某种性质 T 的点的集合,称为平面点集,记作

$$E = \{(x,y) \mid (x,y) \text{具有性质 } T\}.$$

例 8.1 在 $\mathbf{R}^2$ 空间中,$E_1 = \{(x,y) \mid x > 0, y > 0\}$,$E_2 = \{(x,y) \mid x^2 + y^2 \leqslant 1\}$,$E_3 = \{(x,y) \mid x > 1, y > -2 \text{ 或 } x < 1, y < -2\}$ 都是平面点集,分别如图 8.1~图 8.3 所示.

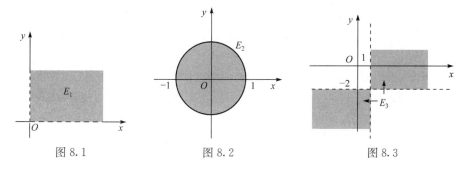

图 8.1   图 8.2   图 8.3

8.1.1.2 邻域

设 $P_0(x_0,y_0)$ 是 $\mathbf{R}^2$ 中的一点,δ 是一正数,与 $P_0(x_0,y_0)$ 的距离小于 δ 的全体点 $P(x,y)$ 构成的集合,称为点 P_0 的 δ 邻域,记为 $U(P_0,\delta)$,即

$$U(P_0,\delta)=\{(x,y)\mid\sqrt{(x-x_0)^2+(y-y_0)^2}<\delta\};\qquad(8-1)$$

不包含点 P_0 的邻域称为去心邻域,点 P_0 的去心邻域记作 $\mathring{U}(P_0,\delta)$,即

$$\mathring{U}(P_0,\delta)=\{(x,y)\mid 0<\sqrt{(x-x_0)^2+(y-y_0)^2}<\delta\}.\qquad(8-2)$$

从几何上看,点 P_0 的 δ 邻域即为平面上以 $P_0(x_0,y_0)$ 为圆心,δ 为半径的圆的内部点 $P(x,y)$ 的全体. 点 P_0 的去心邻域即为平面上以 $P_0(x_0,y_0)$ 为圆心,δ 为半径的圆内部除去圆心 $P_0(x_0,y_0)$ 的点 $P(x,y)$ 的全体.

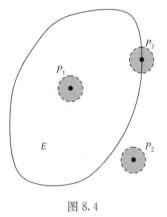

图 8.4

$\mathbf{R}^2$ 上的点 P_0 与平面点集 E 之间有如下三种关系:

(1) **内点**　如果存在 P_0 的一个邻域 $U(P_0,\delta)$,使 $U(P_0,\delta)\subset E$,则称 P_0 为 E 的**内点**. 图 8.4 中,P_1 为 E 的内点.

(2) **外点**　如果存在 P_0 的某个邻域 $U(P_0,\delta)$,使得 $U(P_0,\delta)\bigcap E=\varnothing$,则称 P_0 为 E 的**外点**. 图 8.4 中,P_2 为 E 的外点.

(3) **边界点**　如果 P_0 的任一邻域内既含有 E 的点又含有不属于 E 的点,则称 P_0 为 E 的**边界点**. 图 8.4 中,P_3 为 E 的边界点.

E 的边界点的全体称为 E 的**边界**,记为 ∂E.

8.1.1.3 区域

如果平面点集 E 中的每一点均为它的内点,则称平面点集 E 为**开集**.

如果平面点集 E 的边界 $\partial E\subset E$,则称平面点集 E 为**闭集**.

例 8.1 中,E_1,E_3 为开集,E_2 为闭集. 而 $D=\{(x,y)\mid x>0,y\geqslant 0\}$ 既非开集也非闭集.

如果平面点集 E 内任意两点都可用全在 E 中的折线连接起来,则称 E 为**连通集**.

连通的开集称为**开区域**,简称**区域**. 开区域连同其边界所构成的集合称为**闭区域**.

例 8.1 中,E_1 为开区域,E_2 为闭区域,而 E_3 虽为开集但不连通,故不是区域.

如果存在某一正数 r,使平面点集 E 有:$E\subset U(O,r)$(其中 O 为坐标原点),则称 E 为**有界集**. 否则称 E 为**无界集**.

例 8.1 中,E_2 为有界闭区域,而 E_1,E_3 为无界集.

8.1　多元函数的
极限与连续(二)

8.1.2　多元函数的概念

先看几个例子.

例 8.2　圆柱体的体积 V 和它的底面半径 r、高 h 之间具有关系

$$V = \pi r^2 h,$$

当 r,h 在一定范围($r > 0, h > 0$)内取定一对值(r,h)时,就有唯一确定的 V 的值与之对应.

例 8.3　某商品的销售收益 R 与其销售单价 P 及销售量 Q 之间满足关系

$$R = PQ,$$

当 P,Q 在一定范围($P > 0, Q \geqslant 0$)内取定一对值(P,Q)时,就有唯一确定的 R 的值与之对应.

8.1.2.1　二元函数的定义

定义 8.1　设 D 为 $\mathbf{R}^2$ 的非空子集,若对于 D 中的任一点 $P(x,y)$,按照某一对应法则 f,总有唯一确定的实数 z 与之对应,则称 f 为 D 上的**二元函数**,记为

$$z = f(x,y),$$

其中 x,y 为**自变量**,z 为**因变量**. D 为函数的**定义域**,$\{z \mid z = f(x,y), (x,y) \in D\}$ 为函数的**值域**.

类似地,可以定义 $n(n \geqslant 2)$ 元以上的函数,统称为**多元函数**.

8.1.2.2　二元函数的定义域

与一元函数类似,讨论用解析式表示的二元函数时,其定义域 D 是指使得该解析式有意义的一切点(x,y)的集合.

例 8.4　求函数 $z = \dfrac{1}{\sqrt{1-x^2-y^2}}$ 的定义域.

解　要使这个解析式有意义,x,y 必须满足

$$1 - x^2 - y^2 > 0,$$

于是 $D = \{(x,y) \mid x^2 + y^2 < 1\}$.

点集 D 在 xOy 平面上表示一个以原点为圆心的单位圆域,如图 8.5 所示.

例 8.5　求函数 $z = \dfrac{1}{\sqrt{x}} \ln(y-x)$ 的定义域.

解　要使这个解析式有意义,x,y 必须满足

$$x > 0 \text{ 且 } y - x > 0,$$

于是 $D = \{(x,y) \mid x > 0, y > x\}$.

点集 D 表示 xOy 右半平面位于直线 $y = x$ 上方的部分(阴影部分),如图 8.6

所示.

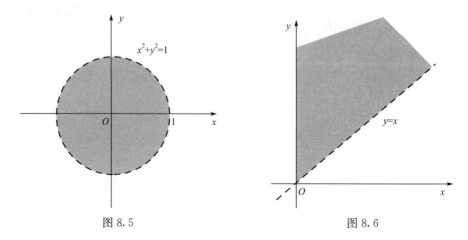

图 8.5   图 8.6

例 8.6 求函数 $z = \ln(y^2 + x^2 - 1) - \sqrt{9 - x^2 - y^2}$ 的定义域.

解 要使这个解析式有意义,x, y 必须同时满足

$$y^2 + x^2 - 1 > 0 \text{ 和 } 9 - x^2 - y^2 \geqslant 0,$$

即 $D = \{(x, y) \mid 1 < x^2 + y^2 \leqslant 9\}$.

点集 D 在 xOy 平面上表示以原点为圆心的单位圆与原点为圆心,半径为 3 的圆所围成的圆环域,如图 8.7 所示.

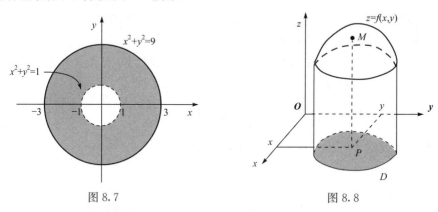

图 8.7   图 8.8

8.1.2.3 二元函数的图形

设函数 $z = f(x, y)$ 的定义域为 D,任取点 $P(x, y) \in D$,对应的函数值为 $z = f(x, y)$,这样,以 x 为横坐标,y 为纵坐标,z 为竖坐标在空间就确定一点 $M(x, y, z)$,当 (x, y) 取遍 D 上的一切点时,得到一个空间点集

$$\{(x, y, z) \mid z = f(x, y), (x, y) \in D\},$$

这个点集称为二元函数 $z = f(x, y)$ 的**图形**.

二元函数 $z=f(x,y)$ 的图形为 $\mathbf{R}^3$ 上的一张曲面,其定义域 D 是该曲面在 xOy 坐标面上的投影(阴影部分)(图 8.8).

例如,函数 $z=6-3x-2y$ 的图形是一张平面(图 8.9).函数 $z=5-x^2-2y^2$ 的图形是一张椭圆抛物面(图 8.10).

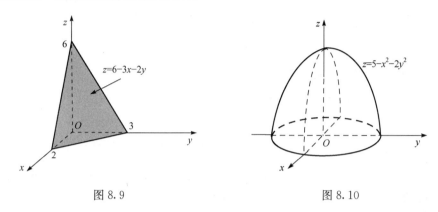

图 8.9　　　　　　　　　　　　　图 8.10

8.1.3　多元函数的极限

我们以二元函数为例研究多元函数的极限.下面讨论二元函数 $z=f(x,y)$ 当 $(x,y)\rightarrow(x_0,y_0)$,也就是点 $P(x,y)$ 趋向于点 $P_0(x_0,y_0)$ 时,函数 $z=f(x,y)$ 的变化趋势.

我们知道,$\lim\limits_{x\to x_0}f(x)=A$ 的充分必要条件是 $f(x_0-0)=f(x_0+0)=A$,也就是说,当点 x_0 附近的动点 x 以所有方式趋向于点 x_0 时,函数 $f(x)$ 总是趋向于一个确定的常数 A.相应地,可给出二元函数极限的直观定义.

定义 8.2　设函数 $z=f(x,y)$ 在 $P_0(x_0,y_0)$ 的某去心邻域 $\mathring{U}(P_0,\delta)$ 内有定义,如果当动点 $P(x,y)$ 以任意方式趋向于 $P_0(x_0,y_0)$ 时,函数 $z=f(x,y)$ 总趋向于一个确定的常数 A,则称 A 是二元函数 $z=f(x,y)$ 当点 $P(x,y)$ 趋向于点 $P_0(x_0,y_0)$ 时的**极限**,记为

$$\lim\limits_{\substack{x\to x_0\\y\to y_0}}f(x,y)=A \text{ 或 } \lim\limits_{P\to P_0}f(P)=A. \tag{8-3}$$

为区别于一元函数的极限,把二元函数的极限叫做**二重极限**.

需要注意:

(1) 二元函数的极限存在,是指动点 $P(x,y)$ 以任何方式趋向于 $P_0(x_0,y_0)$ 时,函数都趋近于同一个常数 A.

(2) 如果当点 $P(x,y)$ 以不同方式趋向于 $P_0(x_0,y_0)$ 时,函数趋向于不同的值,则可断定函数在点 $P_0(x_0,y_0)$ 处的极限不存在.

例 8.7 讨论二元函数

$$f(x,y)=\begin{cases} \dfrac{xy}{x^2+y^2}, & x^2+y^2\neq 0, \\ 0, & x^2+y^2=0 \end{cases}$$

当 $(x,y)\to(0,0)$ 时的极限是否存在.

解 当 (x,y) 沿直线 $y=kx$ 趋于 $(0,0)$ 时,

$$\lim_{\substack{x\to 0 \\ y\to 0}} f(x,y)=\lim_{\substack{x\to 0 \\ y\to 0}}\frac{xy}{x^2+y^2}=\lim_{\substack{x\to 0 \\ y=kx\to 0}}\frac{kx^2}{(1+k^2)x^2}=\frac{k}{1+k^2}.$$

可见,当 $(x,y)\to(0,0)$ 时,函数 $f(x,y)$ 的变化趋势与 k 有关,它随着 k 的变化而变化. 所以当 $(x,y)\to(0,0)$ 时,$f(x,y)$ 的极限不存在.

如果二元函数极限存在,则二元函数的极限也有与一元函数极限类似的运算法则与有关结论. 例如,极限的四则运算法则、有界量与无穷小之积仍为无穷小、两个重要极限、夹逼定理等结论在二元函数极限运算中仍然成立.

例 8.8 求下列极限:

(1) $\lim\limits_{\substack{x\to 0 \\ y\to 0}}\dfrac{\sin(x^2 y)}{xy}$;   (2) $\lim\limits_{\substack{x\to 0 \\ y\to 0}}\dfrac{1-\cos(x+y)}{x+y}$.

解 (1) $\lim\limits_{\substack{x\to 0 \\ y\to 0}}\dfrac{\sin(x^2 y)}{xy}=\lim\limits_{\substack{x\to 0 \\ y\to 0}}\left[\dfrac{\sin(x^2 y)}{x^2 y}x\right]=\lim\limits_{\substack{x\to 0 \\ y\to 0}}\dfrac{\sin(x^2 y)}{x^2 y}\cdot\lim\limits_{\substack{x\to 0 \\ y\to 0}}x=1\cdot 0=0;$

(2) $\lim\limits_{\substack{x\to 0 \\ y\to 0}}\dfrac{1-\cos(x+y)}{x+y}\xlongequal{1-\cos(x+y)\sim\frac{1}{2}(x+y)^2}\lim\limits_{\substack{x\to 0 \\ y\to 0}}\dfrac{\frac{1}{2}(x+y)^2}{x+y}=\lim\limits_{\substack{x\to 0 \\ y\to 0}}\dfrac{1}{2}(x+y)=0.$

以上关于二元函数极限的概念,可相应地推广到 n 元函数 $u=f(P)$ 上去,其中 P 为 n 维空间的点.

8.1.4 多元函数的连续性

定义 8.3 设函数 $z=f(x,y)$ 在 $P_0(x_0,y_0)$ 的某邻域 $U(P_0,\delta)$ 内有定义,如果

$$\lim_{\substack{x\to x_0 \\ y\to y_0}} f(x,y)=f(x_0,y_0), \tag{8-4}$$

则称二元函数 $z=f(x,y)$ 在点 $P_0(x_0,y_0)$ 处**连续**.

如果函数 $z=f(x,y)$ 在开区域(或闭区域)D 内每一点都连续,则称函数**在 D 内连续**,或者称函数是区域 D 内的**连续函数**.

如果函数 $z=f(x,y)$ 在点 $P_0(x_0,y_0)$ 处不连续,则称点 $P_0(x_0,y_0)$ 为函数 $f(x,y)$ 的**不连续点**或**间断点**.

与一元函数类似,若函数 $z=f(x,y)$ 在点 $P_0(x_0,y_0)$ 处没有定义,或 $\lim\limits_{\substack{x\to x_0 \\ y\to y_0}} f(x,y)$ 不存在,或 $\lim\limits_{\substack{x\to x_0 \\ y\to y_0}} f(x,y)$ 虽然存在但极限值不等于该点的函数值 $f(x_0,y_0)$,则 $P_0(x_0,y_0)$ 都是函数的间断点.

例如,函数

$$f(x,y)=\begin{cases} \dfrac{xy}{x^2+y^2}, & x^2+y^2\neq 0, \\ 0, & x^2+y^2=0, \end{cases}$$

由例 8.7 知,$\lim\limits_{\substack{x\to 0 \\ y\to 0}} f(x,y)=\lim\limits_{\substack{x\to 0 \\ y\to 0}} \dfrac{xy}{x^2+y^2}$ 不存在,所以点 $(0,0)$ 就是该函数的间断点.

又如,函数 $f(x,y)=\dfrac{1}{x-y^2}$ 在抛物线 $y^2=x$ 上没有定义,则抛物线 $y^2=x$ 上每一点都是它的间断点.

以上关于二元函数连续性的概念,可相应推广到 n 元函数上去.

与闭区间上的一元连续函数一样,有界闭区域上的多元连续函数,也有如下性质.

性质 8.1(最大最小值定理)　在有界闭区域 D 上连续的多元函数,在 D 上必有最大值和最小值.

性质 8.2(介值定理)　在有界闭区域 D 上连续的多元函数,必能取得介于函数最大值和最小值之间的任何值.

前面已经指出:一元函数中关于极限的运算法则,对于多元函数仍然适用;由多元连续极限的运算法则,可以证明多元连续函数的和、差、积均为连续函数;连续函数的商(分母不为零)是连续函数;多元连续函数的复合函数也是连续函数.

与一元函数类似,**多元初等函数**是指能用一个式子表示的多元函数,这个式子是由常数及具有不同自变量的一元基本初等函数经过有限次的四则运算和复合运算得到的.例如,$\cos(3x^2+y)$,$\ln(xy)+\mathrm{e}^{x^2+y^2-2z}$,$\dfrac{3x^2yz^4+5y^3z^2-8xz}{1+\arctan^2(x+y+z)}$ 等都是多元初等函数.

一切多元初等函数在其定义区域内连续. 所谓定义区域是指包含在定义域内的区域或闭区域.

一般地,若求极限 $\lim\limits_{P \to P_0} f(P)$,如果 $f(P)$ 是初等函数,而点 P_0 是其定义域的内点,那么 $f(P)$ 在点 P_0 处连续,即 $\lim\limits_{P \to P_0} f(P) = f(P_0)$.

例 8.9 求 $\lim\limits_{\substack{x \to 1 \\ y \to 1}} \dfrac{\sin\pi x + \ln(x^2 + e^y)}{xy}$.

解 由于 $f(x,y) = \dfrac{\sin\pi x + \ln(x^2 + e^y)}{xy}$ 在其定义域 $D = \{(x,y) \mid x \neq 0 \text{ 且 } y \neq 0\}$ 内连续,而 $P_0(1,1)$ 为 D 的内点,故 $f(x,y)$ 在点 $P_0(1,1)$ 处连续,所以

$$\lim_{\substack{x \to 1 \\ y \to 1}} \frac{\sin\pi x + \ln(x^2 + e^y)}{xy} = f(1,1) = \ln(1 + e).$$

例 8.10 求 $\lim\limits_{\substack{x \to 0 \\ y \to 0}} \dfrac{\sqrt{xy+1} - 1}{xy}$.

解
$$\lim_{\substack{x \to 0 \\ y \to 0}} \frac{\sqrt{xy+1} - 1}{xy} = \lim_{\substack{x \to 0 \\ y \to 0}} \frac{(\sqrt{xy+1} - 1)(\sqrt{xy+1} + 1)}{xy(\sqrt{xy+1} + 1)} = \lim_{\substack{x \to 0 \\ y \to 0}} \frac{1}{\sqrt{xy+1} + 1}$$
$$= \frac{1}{2}.$$

上述运算的最后一步利用了初等函数 $\dfrac{1}{\sqrt{xy+1}+1}$ 在点 $(0,0)$ 处的连续性.

习题 8.1

1. 求下列函数的定义域:

(1) $z = \dfrac{1}{x^2 + 2y^2}$;

(2) $z = \ln(x - 2y + 1)$;

(3) $z = \sqrt{1 - \dfrac{x^2}{a^2} - \dfrac{y^2}{b^2}}$;

(4) $z = \dfrac{1}{\sqrt{x+1}} + \dfrac{1}{\sqrt{x-y}}$;

(5) $z = \sqrt{x - \sqrt{y}}$;

(6) $z = \arcsin\dfrac{y}{x}$.

2. 若 $f(x,y) = \sqrt{x^4 + y^4} - 2xy$,证明 $f(tx,ty) = t^2 f(x,y)$.

3. 已知 $f(x,y) = x^3 - 2xy + 3y^2$,求:

(1) $f(2,3)$;

(2) $f\left(\dfrac{1}{x}, \dfrac{2}{y}\right)$;

(3) $f\left(1, \dfrac{y}{x}\right)$;

(4) $\dfrac{f(x, y+h) - f(x,y)}{h}$.

4. 设 $F(x,y) = \dfrac{1}{x} f(x-y)$,$F(1,y) = y^2 - 2y$,求 $f(x)$.

5. 求下列极限:

(1) $\lim\limits_{\substack{x \to 0 \\ y \to 1}} \dfrac{1-xy}{x^2+y^2}$;

(2) $\lim\limits_{\substack{x \to 0 \\ y \to 0}} (x+y) \sin \dfrac{1}{x^2+y^2}$;

(3) $\lim\limits_{\substack{x \to 0 \\ y \to 0}} \dfrac{2-\sqrt{xy+4}}{xy}$;

(4) $\lim\limits_{\substack{x \to 0 \\ y \to 2}} \left[\dfrac{\sin(xy)}{x} + (x+y)^2 \right]$;

(5) $\lim\limits_{\substack{x \to 0 \\ y \to \pi}} [1+\sin(xy)]^{\frac{y}{x}}$;

(6) $\lim\limits_{\substack{x \to 0 \\ y \to 0}} \dfrac{1-e^{x^2+y^2}}{\ln(1+2x^2+2y^2)}$.

6. 证明下列极限不存在:

(1) $\lim\limits_{\substack{x \to 0 \\ y \to 0}} \dfrac{x^2 y}{x^4+y^2}$;

(2) $\lim\limits_{\substack{x \to 0 \\ y \to 0}} \dfrac{x+y}{x-y}$.

7. 求下列函数的间断点:

(1) $f(x,y) = \dfrac{y^2+2x}{x^2-y^2}$;

(2) $f(x,y) = \ln(1-x^2-y^2)$.

8.2 偏 导 数

8.2 偏导数

8.2.1 偏导数的定义

一定质量的理想气体,其体积 V 是温度 T 和压强 p 的二元函数,即

$$V = f(T,p) = \frac{RT}{p} \quad (\text{其中 } R \text{ 为常数}).$$

如果研究在等压过程中体积 V 关于温度 T 的变化率问题,即是固定一个变量 p,研究函数 V 关于另一个变量 T 的变化率. 这种固定多元函数的其他自变量,将多元函数仅对某一个自变量来求导数,称为求偏导数.

定义 8.4 设函数 $z = f(x,y)$ 在点 (x_0,y_0) 的某一邻域内有定义,当 y 固定在 y_0,而 x 在 x_0 处有增量 Δx 时,相应地函数有增量

$$f(x_0+\Delta x, y_0) - f(x_0, y_0).$$

如果

$$\lim_{\Delta x \to 0} \frac{f(x_0+\Delta x, y_0) - f(x_0, y_0)}{\Delta x} \tag{8-5}$$

存在,则称此极限为函数 $z = f(x,y)$ 在点 (x_0,y_0) 处对 x 的**偏导数**,记为

$$\frac{\partial z}{\partial x}\bigg|_{\substack{x=x_0 \\ y=y_0}}, \quad \frac{\partial f}{\partial x}\bigg|_{\substack{x=x_0 \\ y=y_0}}, \quad z_x\bigg|_{\substack{x=x_0 \\ y=y_0}} \quad \text{或} \quad f_x(x_0,y_0).$$

类似地,函数 $z = f(x,y)$ 在点 (x_0,y_0) 处对 y 的偏导数定义为

$$\lim_{\Delta y \to 0} \frac{f(x_0, y_0+\Delta y) - f(x_0, y_0)}{\Delta y}, \tag{8-6}$$

记作

$$\frac{\partial z}{\partial y}\bigg|_{\substack{x=x_0 \\ y=y_0}}, \quad \frac{\partial f}{\partial y}\bigg|_{\substack{x=x_0 \\ y=y_0}}, \quad z_y\bigg|_{\substack{x=x_0 \\ y=y_0}} \quad 或 \quad f_y(x_0,y_0).$$

如果函数 $z=f(x,y)$ 在区域 D 内每一点 (x,y) 处对 x 的偏导数都存在,这个偏导数仍然是 x,y 的函数,称为函数 $z=f(x,y)$ 对自变量 x 的**偏导函数**,记为

$$\frac{\partial z}{\partial x}, \quad \frac{\partial f}{\partial x}, \quad z_x \quad 或 \quad f_x(x,y).$$

类似地,可以定义函数 $z=f(x,y)$ 对自变量 y 的偏导函数,记为

$$\frac{\partial z}{\partial y}, \quad \frac{\partial f}{\partial y}, \quad z_y \quad 或 \quad f_y(x,y).$$

以后,在不至于引起混淆的地方也把偏导函数称为偏导数.

显然,偏导数 $f_x(x_0,y_0)$ 就是偏导函数 $f_x(x,y)$ 在 (x_0,y_0) 处的函数值, $f_y(x_0,y_0)$ 也是如此.

偏导数的概念可以推广到二元以上函数.

如三元函数 $u=f(x,y,z)$ 在 (x,y,z) 处对三个自变量的偏导数分别为

$$f_x(x,y,z)=\lim_{\Delta x\to 0}\frac{f(x+\Delta x,y,z)-f(x,y,z)}{\Delta x},$$

$$f_y(x,y,z)=\lim_{\Delta y\to 0}\frac{f(x,y+\Delta y,z)-f(x,y,z)}{\Delta y},$$

$$f_z(x,y,z)=\lim_{\Delta z\to 0}\frac{f(x,y,z+\Delta z)-f(x,y,z)}{\Delta z}.$$

由偏导数的定义可知,求偏导数本质上是求一元函数的导数. 函数对某一个变量求偏导数时,只需要把其余的自变量看作常数. 因此一元函数微分法的求导法则全部适用于多元函数的偏导数.

例 8.11 求 $f(x,y)=x^4+xy^2-x^2y+\ln(x^2+y^2)$ 在点 $(0,1)$ 处的偏导数.

解 把 y 看作常数对 x 求导,得

$$f_x(x,y)=4x^3+y^2-2xy+\frac{2x}{x^2+y^2};$$

把 x 看作常数对 y 求导,得

$$f_y(x,y)=2xy-x^2+\frac{2y}{x^2+y^2}.$$

故

$$f_x(0,1)=\left[4x^3+y^2-2xy+\frac{2x}{x^2+y^2}\right]_{\substack{x=0 \\ y=1}}=1;$$

$$f_y(0,1)=\left[2xy-x^2+\frac{2y}{x^2+y^2}\right]_{\substack{x=0 \\ y=1}}=2.$$

例 8.12　求 $u=\sqrt{x^2+y^2+z^2}$ 的偏导数.

解　视 y,z 为常数,u 对 x 求导,得

$$\frac{\partial u}{\partial x}=\frac{x}{\sqrt{x^2+y^2+z^2}};$$

由于该函数中,自变量 x,y,z 互换位置函数仍保持不变(称该函数对自变量具有**对称性**),则根据 $\dfrac{\partial u}{\partial x}$ 的结果,类似地有

$$\frac{\partial u}{\partial y}=\frac{y}{\sqrt{x^2+y^2+z^2}},\quad \frac{\partial u}{\partial z}=\frac{z}{\sqrt{x^2+y^2+z^2}}.$$

例 8.13　设 $pV=RT$(R 为常数),求 $\dfrac{\partial p}{\partial V}\cdot\dfrac{\partial V}{\partial T}\cdot\dfrac{\partial T}{\partial p}$.

解　因 $p=\dfrac{RT}{V}$,所以 $\dfrac{\partial p}{\partial V}=-\dfrac{RT}{V^2}$;因 $V=\dfrac{RT}{p}$,所以 $\dfrac{\partial V}{\partial T}=\dfrac{R}{p}$;因 $T=\dfrac{pV}{R}$,所以 $\dfrac{\partial T}{\partial p}=\dfrac{V}{R}$.因此

$$\frac{\partial p}{\partial V}\cdot\frac{\partial V}{\partial T}\cdot\frac{\partial T}{\partial p}=-\frac{RT}{V^2}\cdot\frac{R}{p}\cdot\frac{V}{R}=-\frac{RT}{pV}=-1.$$

我们知道,一元函数的导数 $\dfrac{\mathrm{d}y}{\mathrm{d}x}$ 可以看作函数的微分 $\mathrm{d}y$ 与自变量的微分 $\mathrm{d}x$ 之商,而例 8.13 表明,偏导数的记号是一个整体记号,不可拆分.

例 8.14　设 $z=x^y$($x>0,x\neq1$),证明 $\dfrac{x}{y}\dfrac{\partial z}{\partial x}+\dfrac{1}{\ln x}\dfrac{\partial z}{\partial y}=2z$.

证　因为 $\dfrac{\partial z}{\partial x}=yx^{y-1}$,$\dfrac{\partial z}{\partial y}=x^y\ln x$,所以

$$\frac{x}{y}\frac{\partial z}{\partial x}+\frac{1}{\ln x}\frac{\partial z}{\partial y}=\frac{x}{y}yx^{y-1}+\frac{1}{\ln x}x^y\ln x=2x^y=2z.$$

例 8.15　求函数

$$f(x,y)=\begin{cases}\dfrac{xy}{x^2+y^2},&x^2+y^2\neq0,\\0,&x^2+y^2=0\end{cases}$$

在点 $(0,0)$ 处的偏导数,并讨论其在点 $(0,0)$ 处的连续性.

解　下面用两种方法求偏导数.

方法一　根据偏导数的定义

$$f_x(0,0)=\lim_{\Delta x\to0}\frac{f(0+\Delta x,0)-f(0,0)}{\Delta x}=\lim_{\Delta x\to0}\frac{\frac{(0+\Delta x)\cdot0}{(0+\Delta x)^2+0^2}-0}{\Delta x}=0.$$

根据变量的对称性,同理可得,$f_y(0,0)=0$.

方法二 先将 $y=0$ 代入 $f(x,y)$ 的表达式,得 $f(x,0)\equiv0$,于是 $f_x(0,0)=0$;同理,将 $x=0$ 代入 $f(x,y)$ 的表达式,得 $f(0,y)\equiv0$,于是 $f_y(0,0)=0$.

由例 8.7,极限 $\lim\limits_{\substack{x\to0\\y\to0}}f(x,y)$ 不存在,所以 $f(x,y)$ 在点 $(0,0)$ 处不连续.

例 8.15 说明,二元函数在某点的偏导数存在并不能保证二元函数在该点一定连续.这是因为偏导数描述的只是多元函数在某点处沿各坐标轴方向变化的分析性质,而不是在该点变化的整体性质.这是一元函数与多元函数的重要区别之一.

8.2.2 偏导数的几何意义

根据偏导数的定义,二元函数 $z=f(x,y)$ 在点 (x_0,y_0) 处对 x 的偏导数 $f_x(x_0,y_0)$,其实就是一元函数 $z=f(x,y_0)$ 在 x_0 处的导数 $\dfrac{\mathrm{d}}{\mathrm{d}x}f(x,y_0)\Big|_{x=x_0}$.

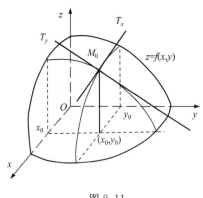

图 8.11

设点 (x_0,y_0) 对应着曲面 $z=f(x,y)$ 上的点 $M_0(x_0,y_0,f(x_0,y_0))$,过点 M_0 作平面 $y=y_0$,这平面在曲面上截得一条曲线 $\begin{cases}z=f(x,y),\\y=y_0,\end{cases}$ 即平面 $y=y_0$ 上的曲线 $z=f(x,y_0)$,由导数的几何意义可知,$\dfrac{\mathrm{d}}{\mathrm{d}x}f(x,y_0)\Big|_{x=x_0}$ 即 $f_x(x_0,y_0)$ 就是这条曲线在点 M_0 处的切线 M_0T_x 对 x 轴的斜率(图 8.11).

同理,$f_y(x_0,y_0)$ 是曲面 $z=f(x,y)$ 与平面 $x=x_0$ 的交线在点 M_0 处的切线 M_0T_y 对 y 轴的斜率.

注 两条相交切线 M_0T_x 与 M_0T_y 所确定的平面称为曲面上过点 M_0 的**切平面**.

8.2.3 高阶偏导数

设函数 $z=f(x,y)$ 在区域 D 内具有偏导数

$$\frac{\partial z}{\partial x}=f_x(x,y),\qquad\frac{\partial z}{\partial y}=f_y(x,y),$$

那么在 D 内,它们都是 x,y 的函数.如果这两个函数的偏导数也存在,则称它们是函数 $z=f(x,y)$ 的**二阶偏导数**.按照对变量求导的不同次序有以下四个二阶偏导数:

$$\frac{\partial}{\partial x}\left(\frac{\partial z}{\partial x}\right)=\frac{\partial^2 z}{\partial x^2}=f_{xx}(x,y), \quad \frac{\partial}{\partial y}\left(\frac{\partial z}{\partial x}\right)=\frac{\partial^2 z}{\partial x\partial y}=f_{xy}(x,y),$$

$$\frac{\partial}{\partial x}\left(\frac{\partial z}{\partial y}\right)=\frac{\partial^2 z}{\partial y\partial x}=f_{yx}(x,y), \quad \frac{\partial}{\partial y}\left(\frac{\partial z}{\partial y}\right)=\frac{\partial^2 z}{\partial y^2}=f_{yy}(x,y).$$

其中 $f_{xy}(x,y)$ 和 $f_{yx}(x,y)$ 称为**混合偏导数**,前者是先对 x 后对 y 求导,后者是先对 y 后对 x 求导.同样可得三阶、四阶直至 n 阶偏导数.二阶及二阶以上的偏导数统称为**高阶偏导数**.

例 8.16　设 $z=x+5y-\sqrt{x^2+y^2}$,求 $\dfrac{\partial^2 z}{\partial x^2}, \dfrac{\partial^2 z}{\partial y\partial x}, \dfrac{\partial^2 z}{\partial x\partial y}, \dfrac{\partial^2 z}{\partial y^2}$.

解　因 $\dfrac{\partial z}{\partial x}=1-\dfrac{x}{\sqrt{x^2+y^2}}, \quad \dfrac{\partial z}{\partial y}=5-\dfrac{y}{\sqrt{x^2+y^2}}$,则

$$\frac{\partial^2 z}{\partial x^2}=-\frac{y^2}{(x^2+y^2)^{\frac{3}{2}}}, \quad \frac{\partial^2 z}{\partial y^2}=-\frac{x^2}{(x^2+y^2)^{\frac{3}{2}}},$$

$$\frac{\partial^2 z}{\partial x\partial y}=\frac{xy}{(x^2+y^2)^{\frac{3}{2}}}, \quad \frac{\partial^2 z}{\partial y\partial x}=\frac{xy}{(x^2+y^2)^{\frac{3}{2}}}.$$

在例 8.16 中,两个二阶混合偏导数是相等的,即 $\dfrac{\partial^2 z}{\partial x\partial y}=\dfrac{\partial^2 z}{\partial y\partial x}$.但在一般情况下并非如此.

例 8.17　设 $f(x,y)=\begin{cases}xy\dfrac{x^2-y^2}{x^2+y^2}, & (x,y)\neq(0,0), \\ 0, & (x,y)=(0,0),\end{cases}$ 证明 $f_{xy}(0,0)\neq f_{yx}(0,0)$.

证　当 $(x,y)\neq(0,0)$ 时,

$$f_x(x,y)=\frac{y(x^4-y^4+4x^2y^2)}{(x^2+y^2)^2}, \quad f_y(x,y)=\frac{y(x^4-y^4-4x^2y^2)}{(x^2+y^2)^2};$$

当 $(x,y)=(0,0)$ 时,按定义求导,得

$$f_x(0,0)=\lim_{\Delta x\to 0}\frac{f(0+\Delta x,0)-f(0,0)}{\Delta x}=0,$$

$$f_y(0,0)=\lim_{\Delta y\to 0}\frac{f(0,0+\Delta y)-f(0,0)}{\Delta y}=0.$$

故

$$f_x(x,y)=\begin{cases}\dfrac{y(x^4-y^4+4x^2y^2)}{(x^2+y^2)^2}, & (x,y)\neq(0,0), \\ 0, & (x,y)=(0,0).\end{cases}$$

$$f_y(x,y)=\begin{cases}\dfrac{x(x^4-y^4+4x^2y^2)}{(x^2+y^2)^2}, & (x,y)\neq(0,0), \\ 0, & (x,y)=(0,0).\end{cases}$$

从而

$$f_{xy}(0,0)=\lim_{\Delta y\to 0}\frac{f_x(0,0+\Delta y)-f_x(0,0)}{\Delta y}=\lim_{\Delta y\to 0}\frac{f_x(0,\Delta y)}{\Delta y}=\lim_{\Delta y\to 0}\frac{-\Delta y}{\Delta y}=-1,$$

$$f_{yx}(0,0)=\lim_{\Delta x\to 0}\frac{f_y(0+\Delta x,\Delta y)-f_y(0,0)}{\Delta x}\lim_{\Delta x\to 0}\frac{f_y(\Delta x,0)}{\Delta x}=\lim_{\Delta x\to 0}\frac{\Delta x}{\Delta x}=1.$$

显然, $f_{xy}(0,0)\neq f_{yx}(0,0)$.

定理 8.1 如果函数 $z=f(x,y)$ 的两个二阶混合偏导数在区域 D 内连续,那么在该区域内有 $\dfrac{\partial^2 z}{\partial x\partial y}=\dfrac{\partial^2 z}{\partial y\partial x}$.

定理 8.1 说明,二阶混合偏导数在连续的条件下与求导的次序无关.

对于三元以上的函数也可类似地定义高阶偏导数,而且在偏导数连续时,混合偏导数也与求偏导数的次序无关.

例 8.18 证明函数 $u=\dfrac{1}{\sqrt{x^2+y^2+z^2}}$ 满足拉普拉斯(Laplace)方程

$$\frac{\partial^2 u}{\partial x^2}+\frac{\partial^2 u}{\partial y^2}+\frac{\partial^2 u}{\partial z^2}=0.$$

证 首先求得 $\dfrac{\partial u}{\partial x}=-\dfrac{x}{(x^2+y^2+z^2)^{\frac{3}{2}}}$.

注意到该函数对变量 x,y,z 对称,因此

$$\frac{\partial u}{\partial y}=-\frac{y}{(x^2+y^2+z^2)^{\frac{3}{2}}},\qquad \frac{\partial u}{\partial z}=-\frac{z}{(x^2+y^2+z^2)^{\frac{3}{2}}}.$$

于是

$$\frac{\partial^2 u}{\partial x^2}=\frac{\partial}{\partial x}\left(\frac{\partial u}{\partial x}\right)=\frac{\partial}{\partial x}\left[-\frac{x}{(x^2+y^2+z^2)^{\frac{3}{2}}}\right]$$

$$=-\frac{(x^2+y^2+z^2)^{\frac{3}{2}}-3x^2(x^2+y^2+z^2)^{\frac{1}{2}}}{(x^2+y^2+z^2)^3}=\frac{2x^2-y^2-z^2}{(x^2+y^2+z^2)^{\frac{5}{2}}}.$$

同理 $\dfrac{\partial^2 u}{\partial y^2}=\dfrac{2y^2-x^2-z^2}{(x^2+y^2+z^2)^{\frac{5}{2}}},\dfrac{\partial^2 u}{\partial z^2}=\dfrac{2z^2-y^2-x^2}{(x^2+y^2+z^2)^{\frac{5}{2}}}.$ 所以

$$\frac{\partial^2 u}{\partial x^2}+\frac{\partial^2 u}{\partial y^2}+\frac{\partial^2 u}{\partial z^2}=\frac{2x^2-y^2-z^2}{(x^2+y^2+z^2)^{\frac{5}{2}}}+\frac{2y^2-x^2-z^2}{(x^2+y^2+z^2)^{\frac{5}{2}}}+\frac{2z^2-y^2-x^2}{(x^2+y^2+z^2)^{\frac{5}{2}}}=0.$$

习题 8.2

1. 求下列函数的一阶偏导数:

(1) $z=x^3 y-y^3 x$; (2) $z=\sqrt{\ln(xy)}$;

(3) $z=\sin\dfrac{x}{y}+x\mathrm{e}^{-xy}$;　　　　　(4) $u=\left(\dfrac{x}{y}\right)^{z}$.

2. 求所给函数在指定点的偏导数:

(1) $f(x,y)=(1+xy)^{y}$ 在点 $(1,1)$ 处;

(2) $f(x,y)=\sin\dfrac{x}{y}\cos\dfrac{y}{x}$ 在点 $(2,\pi)$ 处.

3. 求下列函数的高阶偏导数:

(1) $z=\tan\dfrac{x^{2}}{y}$, 求 $\dfrac{\partial^{2}z}{\partial x^{2}},\dfrac{\partial^{2}z}{\partial y^{2}},\dfrac{\partial^{2}z}{\partial x\partial y}$;

(2) $z=\dfrac{x}{\sqrt{x^{2}+y^{2}}}$, 求 $\dfrac{\partial^{2}z}{\partial x^{2}},\dfrac{\partial^{2}z}{\partial y^{2}}$;

(3) $u=\mathrm{e}^{xyz}$, 求 $\dfrac{\partial^{3}u}{\partial x\partial y\partial z}$.

4. 设 $z=\mathrm{e}^{\frac{x}{y^{2}}}$, 求证 $2x\dfrac{\partial z}{\partial x}+y\dfrac{\partial z}{\partial y}=0$.

8.3 全 微 分

8.3　全微分

对于一元函数 $y=f(x)$, 当自变量在点 x 处有增量 Δx 时,若函数的增量 $\Delta y=f(x+\Delta x)-f(x)$ 可表示为两个部分的和:一部分是关于 Δx 的线性主要部分 $A\Delta x$,另一部分是比 Δx 高阶的无穷小量 $o(\Delta x)$,即

$$\Delta y=A\Delta x+o(\Delta x),$$

则称函数 $y=f(x)$ 在点 x 处可微,并把线性主要部分 $A\Delta x$ 定义为 $y=f(x)$ 在点 x 处的微分,即

$$\mathrm{d}y=A\Delta x=f'(x)\Delta x.$$

类似地,可以给出二元函数全微分的定义.

8.3.1　偏增量与全增量

设二元函数 $z=f(x,y)$ 在点 (x,y) 的某邻域内有定义且偏导数 $f_{x}(x,y)$, $f_{y}(x,y)$ 存在. 当变量 x,y 分别有增量 $\Delta x,\Delta y$ 时,由一元函数增量与微分的关系,得

$$f(x+\Delta x,y)-f(x,y)\approx f_{x}(x,y)\Delta x,$$
$$f(x,y+\Delta y)-f(x,y)\approx f_{y}(x,y)\Delta y,$$

其中

$$f(x+\Delta x,y)-f(x,y),\quad f(x,y+\Delta y)-f(x,y)$$

分别称为二元函数对 x 和对 y 的**偏增量**;而

$$f_x(x,y)\Delta x, \quad f_y(x,y)\Delta y$$

分别称为二元函数对 x 和对 y 的**偏微分**；将

$$\Delta z = f(x+\Delta x, y+\Delta y) - f(x,y) \tag{8-7}$$

称为函数 $f(x,y)$ 在点 (x,y) 处的**全增量**.

8.3.2 全微分的定义

定义 8.5 若函数 $z=f(x,y)$ 在点 (x,y) 处的全增量

$$\Delta z = f(x+\Delta x, y+\Delta y) - f(x,y)$$

可以表示为

$$\Delta z = A\Delta x + B\Delta y + o(\rho), \tag{8-8}$$

其中 A,B 不依赖于 $\Delta x, \Delta y$，只与 x,y 有关，$\rho=\sqrt{(\Delta x)^2+(\Delta y)^2}$，$o(\rho)$ 是当 $\rho \to 0$ 时比 ρ 高阶的无穷小量，则称函数 $z=f(x,y)$ 在点 (x,y) 处**可微**，而称 $A\Delta x + B\Delta y$ 为函数 $z=f(x,y)$ 在点 (x,y) 处的**全微分**，记作

$$dz = A\Delta x + B\Delta y. \tag{8-9}$$

如果函数在区域 D 内各点处都可微，则称函数在**区域 D 内可微**.

8.3.3 可微的条件

8.3.3.1 可微的必要条件

定理 8.2 如果函数 $z=f(x,y)$ 在点 (x,y) 处可微，则函数在该点连续.

证 因函数 $z=f(x,y)$ 在点 (x,y) 处可微，则由全微分的定义知

$$\Delta z = f(x+\Delta x, y+\Delta y) - f(x,y) = A\Delta x + B\Delta y + o(\rho),$$

其中 $\rho=\sqrt{(\Delta x)^2+(\Delta y)^2}$，$o(\rho)$ 是当 $\rho \to 0$ 时比 ρ 高阶的无穷小量. 于是

$$\lim_{\substack{\Delta x \to 0 \\ \Delta y \to 0}} \Delta z = \lim_{\substack{\Delta x \to 0 \\ \Delta y \to 0}} [f(x+\Delta x, y+\Delta y) - f(x,y)] = \lim_{\substack{\Delta x \to 0 \\ \Delta y \to 0}} [A\Delta x + B\Delta y + o(\rho)] = 0,$$

即

$$\lim_{\substack{\Delta x \to 0 \\ \Delta y \to 0}} f(x+\Delta x, y+\Delta y) = f(x,y),$$

因此函数 $z=f(x,y)$ 在点 (x,y) 处连续.

定理 8.3 如果函数 $z=f(x,y)$ 在点 (x,y) 处可微，则函数在该点的偏导数 $\dfrac{\partial z}{\partial x}, \dfrac{\partial z}{\partial y}$ 必存在，且 $z=f(x,y)$ 在点 (x,y) 处的全微分为

$$dz = \frac{\partial z}{\partial x}\Delta x + \frac{\partial z}{\partial y}\Delta y. \tag{8-10}$$

证　因函数 $z=f(x,y)$ 在点 (x,y) 处可微,即

$$\Delta z=f(x+\Delta x,y+\Delta y)-f(x,y)=A\Delta x+B\Delta y+o(\rho),$$

其中 $\rho=\sqrt{(\Delta x)^2+(\Delta y)^2}$,$o(\rho)$ 是当 $\rho\to 0$ 时比 ρ 高阶的无穷小量.

令 $\Delta y=0$,则

$$\Delta z=f(x+\Delta x,y)-f(x,y)=A\Delta x+o(|\Delta x|),$$

所以

$$\lim_{\Delta x\to 0}\frac{f(x+\Delta x,y)-f(x,y)}{\Delta x}=A+\lim_{\Delta x\to 0}\frac{o(|\Delta x|)}{\Delta x}=A,$$

即 $\dfrac{\partial z}{\partial x}$ 存在且等于 A.

同理,令 $\Delta x=0$,得 $\dfrac{\partial z}{\partial y}=B$. 所以式(8-10)成立.

注 1　一元函数 $y=f(x)$ 在点 x 处可微和在点 x 处可导是等价的,但对于多元函数来说,偏导数存在是函数可微的必要条件而非充分条件.

由例 8.15 知,函数

$$f(x,y)=\begin{cases}\dfrac{xy}{x^2+y^2}, & x^2+y^2\neq 0,\\ 0, & x^2+y^2=0\end{cases}$$

在点 $(0,0)$ 处的两个偏导数都存在,但在点 $(0,0)$ 处不连续. 由定理 8.2 的逆否命题知,该函数在点 $(0,0)$ 处不可微.

注 2　式(8-10)成立的前提是函数可微. 当函数的各个偏导数都存在时,虽能从形式上写出 $\dfrac{\partial z}{\partial x}\Delta x+\dfrac{\partial z}{\partial y}\Delta y$,但只有函数可微时,才有 $\mathrm{d}z=\dfrac{\partial z}{\partial x}\Delta x+\dfrac{\partial z}{\partial y}\Delta y$.

例 8.19　证明函数 $f(x,y)=\begin{cases}\dfrac{xy}{\sqrt{x^2+y^2}}, & (x,y)\neq(0,0),\\ 0, & (x,y)=(0,0)\end{cases}$ 在点 $(0,0)$ 处偏导数存在,但不可微.

证　由偏导数的定义可知,

$$\lim_{\Delta x\to 0}\frac{f(0+\Delta x,0)-f(0,0)}{\Delta x}=\lim_{\Delta x\to 0}\frac{\dfrac{(0+\Delta x)\cdot 0}{\sqrt{(0+\Delta x)^2+0^2}}-0}{\Delta x}=0,$$

即 $f_x(0,0)=0$,同理 $f_y(0,0)=0$. 即 $f(x,y)$ 在点 $(0,0)$ 处的偏导数存在. 因此

$$\Delta z-[f_x(0,0)\Delta x+f_y(0,0)\Delta y]=\frac{\Delta x\Delta y}{\sqrt{(\Delta x)^2+(\Delta y)^2}}.$$

考虑极限

$$\lim_{\rho \to 0} \frac{\Delta z - [f_x(0,0)\Delta x + f_y(0,0)\Delta y]}{\rho} = \lim_{\substack{\Delta x \to 0 \\ \Delta y \to 0}} \frac{\Delta x \Delta y}{(\Delta x)^2 + (\Delta y)^2},$$

当动点 $(\Delta x, \Delta y)$ 依 $\Delta y = \Delta x$ 趋于点 $(0,0)$ 时,

$$\lim_{\substack{\Delta x \to 0 \\ \Delta y = \Delta x \to 0}} \frac{\Delta x \Delta y}{(\Delta x)^2 + (\Delta y)^2} = \lim_{\substack{\Delta x \to 0 \\ \Delta y = \Delta x \to 0}} \frac{\Delta x \Delta x}{(\Delta x)^2 + (\Delta x)^2} = \frac{1}{2},$$

它没有随着 $\rho \to 0$ 而趋于 0,也就是说,当 $\rho \to 0$ 时,

$$\Delta z - [f_x(0,0)\Delta x + f_y(0,0)\Delta y] \neq o(\rho),$$

由全微分的定义知,该函数在点 $(0,0)$ 处不可微.

注 3 一元函数 $y = f(x)$ 在点 x 处连续是在点 x 处可微的必要条件而非充分条件,对于多元函数来说,同样如此.

例如,函数 $f(x,y) = |x+y|$ 在点 $(0,0)$ 处连续,但由于极限

$$\lim_{\Delta x \to 0} \frac{f(0+\Delta x, 0) - f(0,0)}{\Delta x} = \lim_{\Delta x \to 0} \frac{|(0+\Delta x)+0| - 0}{\Delta x} = \lim_{\Delta x \to 0} \frac{|\Delta x|}{\Delta x}$$

不存在,即 $f_x(0,0)$ 不存在,由定理 8.3,函数在点 $(0,0)$ 处不可微.

综上所述,对于多元函数来说,连续、可导只是函数可微的必要条件.那么,多元函数在什么条件下一定可微呢?

可以证明,如果函数的各个偏导数存在且连续,则该函数必可微.

8.3.3.2 可微的充分条件

定理 8.4 如果函数 $z = f(x,y)$ 在点 (x,y) 处的两个偏导数 $\dfrac{\partial z}{\partial x}, \dfrac{\partial z}{\partial y}$ 存在且连续,则函数在该点可微.

注 偏导数连续是函数可微的充分条件而不是必要条件,可以验证,函数

$$f(x,y) = \begin{cases} (x^2 + y^2)\sin\dfrac{1}{x^2 + y^2}, & x^2 + y^2 \neq 0, \\ 0, & x^2 + y^2 = 0 \end{cases}$$

在点 $(0,0)$ 处可微,但点 $(0,0)$ 却是 $f_x(x,y), f_y(x,y)$ 的间断点.

通常,我们用 dx, dy 来表示 $\Delta x, \Delta y$,则全微分公式(8-10)可以写成

$$dz = f_x(x,y)dx + f_y(x,y)dy, \tag{8-11}$$

即全微分等于它的两个偏微分之和,即二元函数的全微分符合**叠加原理**.

叠加原理可以推广到三元及其以上的函数.如三元函数 $u = f(x,y,z)$ 的全微分为

$$du = \frac{\partial u}{\partial x}dx + \frac{\partial u}{\partial y}dy + \frac{\partial u}{\partial z}dz. \tag{8-12}$$

二元函数的连续性、偏导数、全微分之间的关系可以用图 8.12 表示.

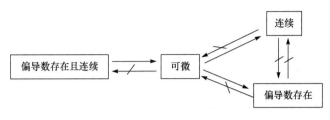

图 8.12

例 8.20 求 $z = x^3 y - 3x^2 y^2 + \dfrac{x}{y}$ 在点 $(1,1)$ 处的全微分.

解 因为 $\dfrac{\partial z}{\partial x} = 3x^2 y - 6xy^2 + \dfrac{1}{y}, \dfrac{\partial z}{\partial y} = x^3 - 6x^2 y - \dfrac{x}{y^2}$,所以

$$\dfrac{\partial z}{\partial x}\bigg|_{(1,1)} = -2, \quad \dfrac{\partial z}{\partial y}\bigg|_{(1,1)} = -6,$$

于是 $\mathrm{d}z = -2\mathrm{d}x - 6\mathrm{d}y$.

例 8.21 求函数 $u = x - \cos \dfrac{y}{2} + \arctan \dfrac{z}{y}$ 的全微分.

解 因为 $\dfrac{\partial u}{\partial x} = 1, \dfrac{\partial u}{\partial y} = \dfrac{1}{2}\sin\dfrac{y}{2} - \dfrac{z}{y^2 + z^2}, \dfrac{\partial u}{\partial z} = \dfrac{y}{y^2 + z^2}$,所以

$$\mathrm{d}u = \mathrm{d}x + \left(\dfrac{1}{2}\sin\dfrac{y}{2} - \dfrac{z}{y^2 + z^2} \right)\mathrm{d}y + \dfrac{y}{y^2 + z^2}\mathrm{d}z.$$

*8.3.4 全微分在近似计算中的应用

设函数 $z = f(x,y)$ 在点 (x,y) 可微,则全增量

$$\Delta z = f(x + \Delta x, y + \Delta y) - f(x,y) = f_x(x,y)\Delta x + f_y(x,y)\Delta y + o(\rho),$$

因此,当 $|\Delta x|, |\Delta y|$ 很小时,有

$$\Delta z \approx f_x(x,y)\Delta x + f_y(x,y)\Delta y,$$

即 $\Delta z \approx \mathrm{d}z$,于是有如下近似公式:

$$f(x + \Delta x, y + \Delta y) - f(x,y) \approx f_x(x,y)\Delta x + f_y(x,y)\Delta y \qquad (8\text{-}13)$$

或

$$f(x + \Delta x, y + \Delta y) \approx f(x,y) + f_x(x,y)\Delta x + f_y(x,y)\Delta y. \qquad (8\text{-}14)$$

例 8.22 计算 $\sqrt{1.02^3 + 1.97^3}$ 的近似值.

解 设函数 $f(x,y) = \sqrt{x^3 + y^3}$,所计算的值可看作是函数在 $x = 1.02, y = 1.97$ 处的函数值. 取 $x_0 = 1, \Delta x = 0.02, y_0 = 2, \Delta y = -0.03$,则

$$f_x(x,y) = \dfrac{3x^2}{2\sqrt{x^3 + y^3}}, \quad f_y(x,y) = \dfrac{3y^2}{2\sqrt{x^3 + y^3}}.$$

而 $f(x_0,y_0)=f(1,2)=3, f_x(1,2)=\dfrac{1}{2}, f_y(1,2)=2$,所以,

$$\sqrt{1.02^3+1.97^3}\approx3+\dfrac{1}{2}\times0.02+2\times(-0.03)=2.95.$$

例 8.23 一圆柱形的铁罐,内半径为 5cm,内高为 12cm,壁厚均为 0.2cm,估计制作这个铁罐(包括上、下底)所需材料的体积大约是多少?

解 圆柱体的体积 $V=\pi r^2 h$,其中 r 为底半径,h 为高. 依题意,该铁罐所需材料的体积为

$$\Delta V=\pi(r+\Delta r)^2(h+\Delta h)-\pi r^2 h.$$

这里 $r=5\text{cm}, h=12\text{cm}, \Delta r=0.2\text{cm}, \Delta h=0.4\text{cm}.$

由于 $\Delta r,\Delta h$ 都比较小,可用全微分近似代替全增量,即

$$\Delta V\approx\mathrm{d}V=\dfrac{\partial V}{\partial r}\Delta r+\dfrac{\partial V}{\partial h}\Delta h=2\pi r h\Delta r+\pi r^2\Delta h=\pi r(2h\Delta r+r\Delta h),$$

于是

$$\Delta V\Big|_{\substack{r=5,h=12\\ \Delta r=0.2,\Delta h=0.4}}\approx5\pi(24\times0.2+5\times0.4)=34\pi(\text{cm}^3)\approx106.8(\text{cm}^3).$$

即所需材料的体积大约为 $106.8\text{cm}^3.$

习题 8.3

1. 求函数 $z=\dfrac{y}{x}$ 当 $x=2, y=1, \Delta x=0.1, \Delta y=-0.2$ 时的全增量和全微分.

2. 求下列函数的全微分:

 (1) $z=xy+\dfrac{x}{y}$;   (2) $z=\arcsin(xy)$;

 (3) $z=\ln\sqrt{x^2+y^2}$;   (4) $z=\displaystyle\int_x^y \mathrm{e}^{t^2}\,\mathrm{d}t$;

 (5) $u=x\tan(yz)$;   (6) $u=\mathrm{e}^x(x^2+y^2+z^2).$

3. 设函数 $f(x,y,z)=\sqrt[z]{\dfrac{x}{y}}$,求 $\mathrm{d}f(1,1,1).$

4. 计算 $\sin31°\cdot\tan44°$ 的近似值.

8.4 多元复合函数的求导法则

8.4.1 多元复合函数的求导法则

我们知道,如果一元复合函数 $y=f[\varphi(x)]$ 由简单函数 $y=f(u)$ 及 $u=\varphi(x)$ 复合而成,则复合函数的因变量 y,自变量 x 与中间变量 u 具有关系链

$$y \longrightarrow u \longrightarrow x,$$

因而复合函数的求导满足如下链式法则：

$$\frac{\mathrm{d}y}{\mathrm{d}x} = \frac{\mathrm{d}y}{\mathrm{d}u} \cdot \frac{\mathrm{d}u}{\mathrm{d}x}.$$

现在将这种链式法则推广到多元复合函数.

情形一　$z = f(x,y)$, 而 $x = \varphi(t), y = \psi(t)$.

定理 8.5　设 $x = \varphi(t), y = \psi(t)$ 均在点 t 处可微, $z = f(x,y)$ 在对应点 (x,y) 可微, 则复合函数 $z = f[\varphi(t), \psi(t)]$ 在点 t 处可微, 且有

$$\frac{\mathrm{d}z}{\mathrm{d}t} = \frac{\partial z}{\partial x} \cdot \frac{\mathrm{d}x}{\mathrm{d}t} + \frac{\partial z}{\partial y} \cdot \frac{\mathrm{d}y}{\mathrm{d}t}. \tag{8-15}$$

函数的链式结构如图 8.13 所示.

证　设 Δt 是 t 的增量, 相应地 x, y 有增量 $\Delta x, \Delta y$, 从而 z 有增量 Δz. 由于 $z = f(x,y)$ 在对应点 (x,y) 可微, 根据式 (8-8) 有

$$\Delta z = \frac{\partial z}{\partial x} \cdot \Delta x + \frac{\partial z}{\partial y} \cdot \Delta y + o(\rho),$$

其中 $\rho = \sqrt{(\Delta x)^2 + (\Delta y)^2}$.

上式两边同时除以 Δt, 得

$$\frac{\Delta z}{\Delta t} = \frac{\partial z}{\partial x} \cdot \frac{\Delta x}{\Delta t} + \frac{\partial z}{\partial y} \cdot \frac{\Delta y}{\Delta t} + \frac{o(\rho)}{\Delta t},$$

由于 $x = \varphi(t), y = \psi(t)$ 均在点 t 处可微, 因而连续, 故当 $\Delta t \to 0$ 时, $\Delta x \to 0, \Delta y \to 0$, 所以

$$\rho \to 0 \quad \text{且} \quad \lim_{\Delta t \to 0} \frac{\Delta x}{\Delta t} = \frac{\mathrm{d}x}{\mathrm{d}t}, \quad \lim_{\Delta t \to 0} \frac{\Delta y}{\Delta t} = \frac{\mathrm{d}y}{\mathrm{d}t}.$$

而

$$\frac{o(\rho)}{\Delta t} = \frac{o(\rho)}{\rho} \cdot \frac{\rho}{\Delta t} = \pm \frac{o(\rho)}{\rho} \cdot \sqrt{\left(\frac{\Delta x}{\Delta t}\right)^2 + \left(\frac{\Delta y}{\Delta t}\right)^2} \to 0 \quad (\Delta t \to 0).$$

即 $\lim\limits_{\Delta t \to 0} \frac{o(\rho)}{\Delta t} = 0$, 所以

$$\frac{\mathrm{d}z}{\mathrm{d}t} = \lim_{\Delta t \to 0} \frac{\Delta z}{\Delta t} = \frac{\partial z}{\partial x} \cdot \lim_{\Delta t \to 0} \frac{\Delta x}{\Delta t} + \frac{\partial z}{\partial y} \cdot \lim_{\Delta t \to 0} \frac{\Delta y}{\Delta t} + \lim_{\Delta t \to 0} \frac{o(\rho)}{\Delta t}$$

$$= \frac{\partial z}{\partial x} \cdot \frac{\mathrm{d}x}{\mathrm{d}t} + \frac{\partial z}{\partial y} \cdot \frac{\mathrm{d}y}{\mathrm{d}t}.$$

式 (8-15) 形式上可以看作式 (8-11) 两端除以 $\mathrm{d}t$ 而得. 常称 $\frac{\mathrm{d}z}{\mathrm{d}t}$ 为**全导数**.

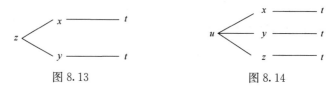

图 8.13   图 8.14

式(8-15)可以推广为

若复合函数 $u=f[\varphi(t),\psi(t),\omega(t)]$ 由简单函数 $u=f(x,y,z)$ 及 $x=\varphi(t),y=\psi(t),z=\omega(t)$ 复合而成,且满足可微的条件,则

$$\frac{\mathrm{d}u}{\mathrm{d}t}=\frac{\partial u}{\partial x}\cdot\frac{\mathrm{d}x}{\mathrm{d}t}+\frac{\partial u}{\partial y}\cdot\frac{\mathrm{d}y}{\mathrm{d}t}+\frac{\partial u}{\partial y}\cdot\frac{\mathrm{d}y}{\mathrm{d}t}. \tag{8-16}$$

该函数的链式结构如图 8.14 所示.

例 8.24 设 $y=u\,(x)^{v(x)}$,求 $\dfrac{\mathrm{d}y}{\mathrm{d}x}$.

解 该函数为幂指函数,在上册第 2 章是采用对数求导法求解的.若从多元函数的角度来看,该函数的链式结构如图 8.15 所示.故

$$\frac{\mathrm{d}y}{\mathrm{d}x}=\frac{\partial y}{\partial u}\cdot\frac{\mathrm{d}u}{\mathrm{d}x}+\frac{\partial y}{\partial v}\cdot\frac{\mathrm{d}v}{\mathrm{d}x}.$$

而

$$\frac{\partial y}{\partial u}=v(x)u\,(x)^{v(x)-1},\quad\frac{\partial y}{\partial v}=u\,(x)^{v(x)}\ln u(x),\quad\frac{\mathrm{d}u}{\mathrm{d}x}=u'(x),\quad\frac{\mathrm{d}v}{\mathrm{d}x}=v'(x),$$

所以

$$\frac{\mathrm{d}y}{\mathrm{d}x}=\frac{\partial y}{\partial u}\cdot\frac{\mathrm{d}u}{\mathrm{d}x}+\frac{\partial y}{\partial v}\cdot\frac{\mathrm{d}v}{\mathrm{d}x}=v(x)u\,(x)^{v(x)-1}\cdot u'(x)+u\,(x)^{v(x)}\ln u(x)\cdot v'(x)$$

$$=u\,(x)^{v(x)}\left[\frac{v(x)}{u(x)}u'(x)+\ln u(x)\cdot v'(x)\right].$$

图 8.15   图 8.16

例 8.25 设 $u=\mathrm{e}^{ax}(y-z),y=a\sin x,z=\cos x(a$ 为常数),求 $\dfrac{\mathrm{d}u}{\mathrm{d}x}$.

解 该函数关系的链式结构如图 8.16 所示,故有

$$\frac{\mathrm{d}u}{\mathrm{d}x}=\frac{\partial u}{\partial x}+\frac{\partial u}{\partial y}\cdot\frac{\mathrm{d}y}{\mathrm{d}x}+\frac{\partial u}{\partial z}\cdot\frac{\mathrm{d}z}{\mathrm{d}x}.$$

而

$$\frac{\partial u}{\partial x}=a\mathrm{e}^{ax}(y-z),\quad \frac{\partial u}{\partial y}=\mathrm{e}^{ax},\quad \frac{\partial u}{\partial z}=-\mathrm{e}^{ax},\quad \frac{\mathrm{d}y}{\mathrm{d}x}=a\cos x,\quad \frac{\mathrm{d}z}{\mathrm{d}x}=-\sin x,$$

所以

$$\begin{aligned}
\frac{\mathrm{d}u}{\mathrm{d}x}&=a\mathrm{e}^{ax}(y-z)+\mathrm{e}^{ax}\cdot a\cos x+(-\mathrm{e}^{ax})\cdot(-\sin x)\\
&=a\mathrm{e}^{ax}(a\sin x-\cos x)+a\mathrm{e}^{ax}\cos x+\mathrm{e}^{ax}\sin x\\
&=(a^2+1)\mathrm{e}^{ax}\sin x.
\end{aligned}$$

注 1　运用链式法则的关键是画出函数的链式结构图. 利用函数的链式结构图,能够方便地写出链式求导公式. 从链式法则与链式结构图的对应关系可见,在一条链上,各个项之间是乘积关系;不同的链之间,是求和关系.

注 2　对于具体的复合函数来说,直接求导可能会比运用链式法则更简单. 比如例 8.25,该函数其实就是一元函数 $u=\mathrm{e}^{ax}(a\sin x-\cos x)$,应用链式法则求导并不简单. 但对于抽象的函数来说,应用链式法则求导往往能够使思路或结构更清晰.

例 8.26　设 $z=f(x^2,\mathrm{e}^x)$,求 $\dfrac{\mathrm{d}z}{\mathrm{d}x}$.

解　记 $u=x^2,v=\mathrm{e}^x$,则 $z=f(u,v)$,该函数关系的链式结构如图 8.17 所示,故有

$$\frac{\mathrm{d}z}{\mathrm{d}x}=\frac{\partial z}{\partial u}\cdot\frac{\mathrm{d}u}{\mathrm{d}x}+\frac{\partial z}{\partial v}\cdot\frac{\mathrm{d}v}{\mathrm{d}x}=\frac{\partial z}{\partial u}\cdot 2x+\frac{\partial z}{\partial v}\cdot \mathrm{e}^x=2x\frac{\partial z}{\partial u}+\mathrm{e}^x\frac{\partial z}{\partial v}.$$

为表达简洁,常记 $\dfrac{\partial z}{\partial u}=f_1',\dfrac{\partial z}{\partial v}=f_2'$,这里的下标 1 表示对第一个变量 u 求偏导,下标 2 表示对第二个变量 v 求偏导. 这样,例 8.26 的求导结果可写为

$$\frac{\mathrm{d}z}{\mathrm{d}x}=2xf_1'+\mathrm{e}^xf_2'.$$

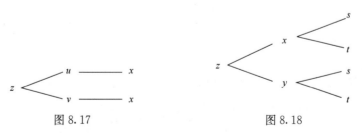

图 8.17　　　　　　　　　　　　图 8.18

情形二　$z=f(x,y)$,而 $x=\varphi(s,t),y=\psi(s,t)$.

定理 8.6　设 $x=\varphi(s,t),y=\psi(s,t)$ 在点 (s,t) 处有偏导数,$z=f(x,y)$ 在对应点 (x,y) 有连续的偏导数,则复合函数 $z=f[\varphi(s,t),\psi(s,t)]$ 在点 (s,t) 处有偏导数,且

$$\frac{\partial z}{\partial s}=\frac{\partial z}{\partial x}\cdot\frac{\partial x}{\partial s}+\frac{\partial z}{\partial y}\cdot\frac{\partial y}{\partial s},\quad \frac{\partial z}{\partial t}=\frac{\partial z}{\partial x}\cdot\frac{\partial x}{\partial t}+\frac{\partial z}{\partial y}\cdot\frac{\partial y}{\partial t}. \tag{8-17}$$

该情形函数的链式结构如图 8.18 所示.

一般地,如果 $u=f(x,y,z)$,而 $x=x(s,t),y=y(s,t),z=z(s,t)$,满足定理 8.6 的条件,则复合函数 $u=f[x(s,t),y(s,t),z(s,t)]$ 关于 s,t 的偏导数存在,且

$$\frac{\partial u}{\partial s}=\frac{\partial u}{\partial x}\cdot\frac{\partial x}{\partial s}+\frac{\partial u}{\partial y}\cdot\frac{\partial y}{\partial s}+\frac{\partial u}{\partial z}\cdot\frac{\partial z}{\partial s},$$

$$\frac{\partial u}{\partial t}=\frac{\partial u}{\partial x}\cdot\frac{\partial x}{\partial t}+\frac{\partial u}{\partial y}\cdot\frac{\partial y}{\partial t}+\frac{\partial u}{\partial z}\cdot\frac{\partial z}{\partial t}. \tag{8-18}$$

例 8.27 设 $z=u^2v-uv^2,u=x\sin y,v=x\cos y$,求 $\dfrac{\partial z}{\partial x},\dfrac{\partial z}{\partial y}$.

解 该函数关系的链式结构如图 8.19 所示,故有

$$\begin{aligned}
\frac{\partial z}{\partial x}&=\frac{\partial z}{\partial u}\cdot\frac{\partial u}{\partial x}+\frac{\partial z}{\partial v}\cdot\frac{\partial v}{\partial x}\\
&=(2uv-v^2)\cdot\sin y+(u^2-2uv)\cdot\cos y\\
&=3x^2\sin^2 y\cos y-3x^2\cos^2 y\sin y.
\end{aligned}$$

$$\begin{aligned}
\frac{\partial z}{\partial y}&=\frac{\partial z}{\partial u}\cdot\frac{\partial u}{\partial y}+\frac{\partial z}{\partial v}\cdot\frac{\partial v}{\partial y}\\
&=(2uv-v^2)\cdot x\cos y+(u^2-2uv)\cdot(-x\sin y)\\
&=x^3(2\sin y\cos^2 y+2\sin^2 y\cos y-\cos^3 y-\sin^3 y).
\end{aligned}$$

以上两种情形是多元复合函数的链式结构的基本情形. 而函数关系是多种多样的,只要正确把握函数关系的链式结构,以上述两种情形为基本原则,就能够给出正确的链式法则.

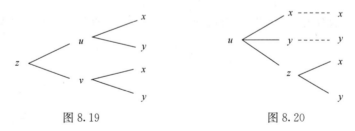

图 8.19   图 8.20

例 8.28 设 $u=f(x,y,z)=\tan(x^2+y^2+z^2),z=x^2\sin y$,求 $\dfrac{\partial u}{\partial x},\dfrac{\partial u}{\partial y}$.

解 该函数关系的链式结构如图 8.20 所示,故有

$$\frac{\partial u}{\partial x}=\left(\frac{\partial u}{\partial x}\right)+\frac{\partial u}{\partial z}\cdot\frac{\partial z}{\partial x},\quad\frac{\partial u}{\partial y}=\left(\frac{\partial u}{\partial y}\right)+\frac{\partial u}{\partial z}\cdot\frac{\partial z}{\partial y}.$$

需要注意的是,第一个式子右端的 $\left(\dfrac{\partial u}{\partial x}\right)$ 与式子左端的 $\dfrac{\partial u}{\partial x}$ 意义不同. $\dfrac{\partial u}{\partial x}$ 是指固定 y 对 x 求偏导,而 $\left(\dfrac{\partial u}{\partial x}\right)$ 是指固定 y,z 对 x 求偏导.

由图 8.20 来看,$\dfrac{\partial u}{\partial x}$ 对应最终变量 x 和 y,而 $\left(\dfrac{\partial u}{\partial x}\right)$ 对应中间变量 x,y,z. 第二个式子同理. 因此

$$\begin{aligned}\frac{\partial u}{\partial x}&=\left(\frac{\partial u}{\partial x}\right)+\frac{\partial u}{\partial z}\cdot\frac{\partial z}{\partial x}\\&=\sec^2(x^2+y^2+z^2)\cdot 2x+\sec^2(x^2+y^2+z^2)\cdot 2z\cdot 2x\sin y\\&=2x\sec^2(x^2+y^2+x^4\sin^2 y)(1+2x^2\sin^2 y).\end{aligned}$$

$$\begin{aligned}\frac{\partial u}{\partial y}&=\left(\frac{\partial u}{\partial y}\right)+\frac{\partial u}{\partial z}\cdot\frac{\partial z}{\partial y}\\&=\sec^2(x^2+y^2+z^2)\cdot 2y+\sec^2(x^2+y^2+z^2)\cdot 2z\cdot x^2\cos y\\&=2\sec^2(x^2+y^2+x^4\sin^2 y)(y+x^4\sin y\cos y).\end{aligned}$$

例 8.29　设 $z=f(u,v,t)=u^2v+\mathrm{e}^t,u=\sin t,v=\cos t$,求 $\dfrac{\mathrm{d}z}{\mathrm{d}t}$.

解　该函数关系的链式结构如图 8.21 所示,故有

$$\begin{aligned}\frac{\mathrm{d}z}{\mathrm{d}t}&=\frac{\partial z}{\partial u}\cdot\frac{\mathrm{d}u}{\mathrm{d}t}+\frac{\partial z}{\partial v}\cdot\frac{\mathrm{d}v}{\mathrm{d}t}+\frac{\partial z}{\partial t}\\&=2uv\cdot\cos t+u^2\cdot(-\sin t)+\mathrm{e}^t\\&=2\sin t\cos^2 t-\sin^3 t+\mathrm{e}^t.\end{aligned}$$

本题中 $\dfrac{\partial z}{\partial t}=\mathrm{e}^t$,它和 $\dfrac{\mathrm{d}z}{\mathrm{d}t}$ 是不同的.

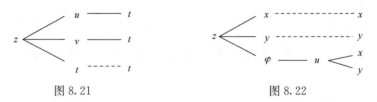

图 8.21　　　　　　　　　　　图 8.22

例 8.30　设 $z=xy+x\varphi(u),u=\dfrac{y}{x},\varphi(u)$ 是可导函数,证明 $x\dfrac{\partial z}{\partial x}+y\dfrac{\partial z}{\partial y}=z+xy$.

证　该函数关系的链式结构如图 8.22 所示,故有

$$\begin{aligned}\frac{\partial z}{\partial x}&=\left(\frac{\partial z}{\partial x}\right)+\frac{\partial z}{\partial\varphi}\cdot\frac{\mathrm{d}\varphi}{\mathrm{d}u}\cdot\frac{\partial u}{\partial x}=[y+\varphi(u)]+x\cdot\varphi'(u)\cdot\left(-\frac{y}{x^2}\right)\\&=y+\varphi(u)-\frac{y\varphi'(u)}{x},\end{aligned}$$

$$\frac{\partial z}{\partial y}=\left(\frac{\partial z}{\partial y}\right)+\frac{\partial z}{\partial\varphi}\cdot\frac{\mathrm{d}\varphi}{\mathrm{d}u}\cdot\frac{\partial u}{\partial y}=x+x\cdot\varphi'(u)\cdot\frac{1}{x}=x+\varphi'(u),$$

所以

$$x\frac{\partial z}{\partial x}+y\frac{\partial z}{\partial y}=x\left[y+\varphi(u)-\frac{y\varphi'(u)}{x}\right]+y[x+\varphi'(u)]xy$$

$$+x\varphi(u)-y\varphi'(u)+xy+y\varphi'(u).$$

$$=[xy+x\varphi(u)]+xy$$

$$=z+xy.$$

例 8.31 设 $w=f(x+y+z,xyz)$，f 具有二阶连续偏导数，求 $\dfrac{\partial^2 w}{\partial x\partial z}$.

解 令 $u=x+y+z$，$v=xyz$，则函数关系的链式结构如图 8.23 所示.

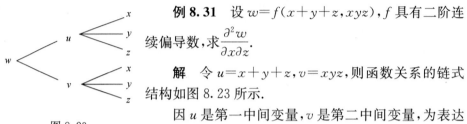

图 8.23

因 u 是第一中间变量，v 是第二中间变量，为表达方便，引入以下记号：

$$f_1'=\frac{\partial w}{\partial u}, \quad f_2'=\frac{\partial w}{\partial v}, \quad f_{12}''=\frac{\partial^2 w}{\partial u\partial v}, \quad f_{21}''=\frac{\partial^2 w}{\partial v\partial u}, \quad f_{11}''=\frac{\partial^2 w}{\partial u^2}, \quad f_{22}''=\frac{\partial^2 w}{\partial v^2}.$$

由图 8.23，有

$$\frac{\partial w}{\partial x}=\frac{\partial w}{\partial u}\cdot\frac{\partial u}{\partial x}+\frac{\partial w}{\partial v}\cdot\frac{\partial v}{\partial x}=f_1'\cdot1+f_2'\cdot yz=f_1'+yzf_2'.$$

从而

$$\frac{\partial^2 w}{\partial x\partial z}=\frac{\partial}{\partial z}\left(\frac{\partial w}{\partial x}\right)=\frac{\partial}{\partial z}(f_1'+yzf_2')=\frac{\partial f_1'}{\partial z}+\frac{\partial}{\partial z}(yzf_2').$$

注意到 $f_1'=\dfrac{\partial w}{\partial u}$，$f_2'=\dfrac{\partial w}{\partial v}$，所以 f_1'，f_2' 仍然是以 u,v 为中间变量，以 x,y,z 为最终自变量的复合函数，它们函数关系的链式结构与函数 w 相同，所以，由图 8.23，有

$$\frac{\partial f_1'}{\partial z}=\frac{\partial f_1'}{\partial u}\cdot\frac{\partial u}{\partial z}+\frac{\partial f_1'}{\partial v}\cdot\frac{\partial v}{\partial z}=f_{11}''\cdot1+f_{12}''\cdot xy=f_{11}''+xyf_{12}''.$$

$$\frac{\partial}{\partial z}(yzf_2')=y\frac{\partial}{\partial z}(zf_2')=y\left(1\cdot f_2'+z\frac{\partial f_2'}{\partial z}\right)=yf_2'+yz\frac{\partial f_2'}{\partial z}$$

$$=yf_2'+yz\left(\frac{\partial f_2'}{\partial u}\cdot\frac{\partial u}{\partial z}+\frac{\partial f_2'}{\partial v}\cdot\frac{\partial v}{\partial z}\right)$$

$$=yf_2'+yz(f_{21}''\cdot1+f_{22}''\cdot xy)=yf_2'+yzf_{21}''+xy^2zf_{22}''.$$

于是

$$\frac{\partial^2 w}{\partial x\partial z}=\frac{\partial f_1'}{\partial z}+\frac{\partial}{\partial z}(yzf_2')=f_{11}''+xyf_{12}''+yf_2'+yzf_{21}''+xy^2zf_{22}''$$

$$=f_{11}''+(xy+yz)f_{12}''+yf_2'+xy^2zf_{22}''.$$

此处，因为 f_{12}'' 与 f_{21}'' 连续，故 $f_{12}''=f_{21}''$.

8.4.2　全微分的形式不变性

一元函数的一阶微分具有形式不变性,利用这种性质可以给微分运算带来方便.同样,多元函数的一阶全微分也具有形式不变性.

设函数 $z=f(u,v)$,如果 $z=f(u,v)$ 非复合函数,则由全微分公式,有

$$\mathrm{d}z=\frac{\partial z}{\partial u}\mathrm{d}u+\frac{\partial z}{\partial v}\mathrm{d}v.$$

如果在 $z=f(u,v)$ 中,u,v 为中间变量,且 $u=\varphi(x,y)$,$v=\psi(x,y)$,即 $z=f[\varphi(x,y),\psi(x,y)]$,于是由全微分公式和复合函数求导的链式法则,有

$$\mathrm{d}z=\frac{\partial z}{\partial x}\mathrm{d}x+\frac{\partial z}{\partial y}\mathrm{d}y=\left(\frac{\partial z}{\partial u}\cdot\frac{\partial u}{\partial x}+\frac{\partial z}{\partial v}\cdot\frac{\partial v}{\partial x}\right)\mathrm{d}x+\left(\frac{\partial z}{\partial u}\cdot\frac{\partial u}{\partial y}+\frac{\partial z}{\partial v}\cdot\frac{\partial v}{\partial y}\right)\mathrm{d}y$$

$$=\frac{\partial z}{\partial u}\cdot\left(\frac{\partial u}{\partial x}\mathrm{d}x+\frac{\partial u}{\partial y}\mathrm{d}y\right)+\frac{\partial z}{\partial v}\cdot\left(\frac{\partial v}{\partial x}\mathrm{d}x+\frac{\partial v}{\partial y}\mathrm{d}y\right)$$

$$=\frac{\partial z}{\partial u}\mathrm{d}u+\frac{\partial z}{\partial v}\mathrm{d}v.$$

可见,不论 u,v 是否中间变量,全微分 $\mathrm{d}z$ 都是一样的形式,这种性质称为**一阶全微分的形式不变性**.

利用一阶全微分的形式不变性,可由全微分同时求得偏导数,有时非常方便.

例 8.32　设 $u=\ln\sqrt{x^2+y^2+z^2}$,求 $\mathrm{d}u,\dfrac{\partial u}{\partial x},\dfrac{\partial u}{\partial y},\dfrac{\partial u}{\partial z}$.

解　$\mathrm{d}u=\mathrm{d}\left[\dfrac{1}{2}\ln(x^2+y^2+z^2)\right]=\dfrac{1}{2}\cdot\dfrac{1}{x^2+y^2+z^2}\mathrm{d}(x^2+y^2+z^2)$

$$=\frac{x\mathrm{d}x+y\mathrm{d}y+z\mathrm{d}z}{x^2+y^2+z^2}.$$

从而

$$\frac{\partial u}{\partial x}=\frac{x}{x^2+y^2+z^2},\quad\frac{\partial u}{\partial y}=\frac{y}{x^2+y^2+z^2},\quad\frac{\partial u}{\partial z}=\frac{z}{x^2+y^2+z^2}.$$

多元函数的求微分法则与一元函数完全相同,这里不再叙述.

习题 8.4

1. 求下列复合函数的导数:

(1) 设 $z=(x-y)^2$,而 $x=2t,y=\mathrm{e}^{3t}$,求 $\dfrac{\mathrm{d}z}{\mathrm{d}t}$;

(2) 设 $z=\arcsin\dfrac{x}{y}$,而 $y=\sqrt{x^2+1}$,求 $\dfrac{\mathrm{d}z}{\mathrm{d}x}$;

(3) 设 $u=(x-y)\sin z$,而 $y=x^2$,$z=\cos x$,求 $\dfrac{\mathrm{d}u}{\mathrm{d}x}$;

(4) 设 $z=x^2y-xy^2$,而 $x=u\cos v$,$y=u\sin v$,求 $\dfrac{\partial z}{\partial u}$,$\dfrac{\partial z}{\partial v}$;

(5) 设 $u=x^2+y^2+z^2$,而 $z=x^2\cos y$,求 $\dfrac{\partial u}{\partial x}$,$\dfrac{\partial u}{\partial y}$.

2. 求下列函数的一阶偏导数(其中 f 具有一阶连续偏导数):

(1) $z=f(x+y)$; 　　　　　　 (2) $z=f(x+y,x-y)$;

(3) $z=f(\mathrm{e}^xy^2,y-x^2)$; 　　　 (4) $u=f\left(\dfrac{x}{y},\dfrac{y}{z},\dfrac{z}{x}\right)$.

3. 设 $z=x^2f\left(\dfrac{y}{x^2}\right)$,$f$ 为可微函数,证明 $x\dfrac{\partial z}{\partial x}+2y\dfrac{\partial z}{\partial y}=2z$.

4. 求下列函数的二阶偏导数(其中 f 具有二阶连续偏导数):

(1) 设 $z=f(x^2-y^2,\mathrm{e}^{xy})$,求 $\dfrac{\partial z}{\partial x}$,$\dfrac{\partial z}{\partial y}$,$\dfrac{\partial^2 z}{\partial x^2}$;

(2) 设 $u=f(x^2+y^2+z^2)$,求 $\dfrac{\partial u}{\partial x}$,$\dfrac{\partial^2 u}{\partial x\partial y}$,$\dfrac{\partial^3 u}{\partial x\partial y\partial z}$.

8.5　隐函数的求导公式

8.5　隐函数的求导公式

在一元函数微分法中,我们以一元复合函数的求导方法为基础解决了由 $F(x,y)=0$ 确定的隐函数 $y=f(x)$ 的导数.本节由多元函数的复合函数的求导法给出多元隐函数的导数公式.

8.5.1　一个方程的情形

定理 8.7　设方程 $F(x,y)=0$ 唯一确定了隐函数 $y=f(x)$,且 $F(x,y)$ 关于 x,y 的偏导数 F_x,F_y 存在且连续,则当 $F_y\neq 0$ 时,有

$$\frac{\mathrm{d}y}{\mathrm{d}x}=-\frac{F_x}{F_y}=-\frac{\dfrac{\partial F}{\partial x}}{\dfrac{\partial F}{\partial y}}. \tag{8-19}$$

证明　由于 $y=f(x)$ 由 $F(x,y)=0$ 确定,故

$$F[x,f(x)]\equiv 0.$$

其左端可以看成是一个关于 x 的复合函数,该函数关系的链式结构如图 8.24 所示.所以

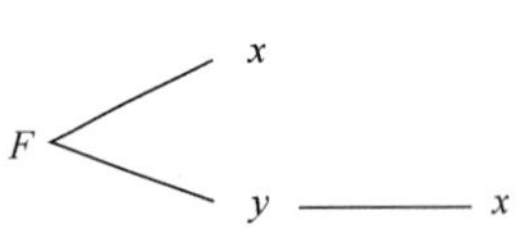

$$\frac{\mathrm{d}F}{\mathrm{d}x}=\frac{\partial F}{\partial x}+\frac{\partial F}{\partial y}\cdot\frac{\mathrm{d}y}{\mathrm{d}x}.$$

图 8.24

由于恒等式两端求导仍相等,故

$$\frac{\partial F}{\partial x}+\frac{\partial F}{\partial y}\cdot\frac{\mathrm{d}y}{\mathrm{d}x}=0.$$

因$\dfrac{\partial F}{\partial y}\neq0$,所以有

$$\frac{\mathrm{d}y}{\mathrm{d}x}=-\frac{\dfrac{\partial F}{\partial x}}{\dfrac{\partial F}{\partial y}}.$$

例 8.33 求由方程 $\cos y+\mathrm{e}^x-xy^2=3$ 所确定的隐函数 $y=f(x)$ 的导数.

解 方法一 令 $F(x,y)=\cos y+\mathrm{e}^x-xy^2-3$,则

$$F_x=\mathrm{e}^x-y^2,\quad F_y=-\sin y-2xy,$$

故

$$\frac{\mathrm{d}y}{\mathrm{d}x}=-\frac{F_x}{F_y}=\frac{\mathrm{e}^x-y^2}{\sin y+2xy}.$$

方法二 注意到 y 是 x 的函数.方程两端对自变量 x 求导,得

$$-\sin y\frac{\mathrm{d}y}{\mathrm{d}x}+\mathrm{e}^x-y^2-2xy\frac{\mathrm{d}y}{\mathrm{d}x}=0,$$

所以$\dfrac{\mathrm{d}y}{\mathrm{d}x}=\dfrac{\mathrm{e}^x-y^2}{\sin y+2xy}.$

方法三 方程两端取微分,有

$$\mathrm{d}(\cos y+\mathrm{e}^x-xy^2)=\mathrm{d}(3),$$
$$-\sin y\mathrm{d}y+\mathrm{e}^x\mathrm{d}x-y^2\mathrm{d}x-2xy\mathrm{d}y=0,$$

所以$\dfrac{\mathrm{d}y}{\mathrm{d}x}=\dfrac{\mathrm{e}^x-y^2}{\sin y+2xy}.$

定理 8.8 设方程 $F(x,y,z)=0$ 唯一确定了二元隐函数 $z=f(x,y)$,且 $F(x,y,z)$ 关于 x,y,z 的偏导数 F_x,F_y,F_z 存在且连续,则当 $F_z\neq0$ 时,有

$$\frac{\partial z}{\partial x}=-\frac{F_x}{F_z},\quad \frac{\partial z}{\partial y}=-\frac{F_y}{F_z}. \qquad (8\text{-}20)$$

证 由于 $z=f(x,y)$ 由 $F(x,y,z)=0$ 确定,故

$$F[x,y,z(x,y)]\equiv0.$$

其左端可以看成是一个关于 x,y 的复合函数,该函数关系的链式结构如图 8.25 所示. 所以

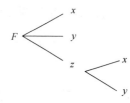

图 8.25

$$\frac{\partial F}{\partial x}=\left(\frac{\partial F}{\partial x}\right)+\frac{\partial F}{\partial z}\cdot\frac{\partial z}{\partial x},\quad \frac{\partial F}{\partial y}=\left(\frac{\partial F}{\partial y}\right)+\frac{\partial F}{\partial z}\cdot\frac{\partial z}{\partial y}.$$

由于恒等式两端求导仍相等,故

$$\frac{\partial F}{\partial x}+\frac{\partial F}{\partial z} \cdot \frac{\partial z}{\partial x}=0, \quad \frac{\partial F}{\partial y}+\frac{\partial F}{\partial z} \cdot \frac{\partial z}{\partial y}=0,$$

因 $\dfrac{\partial F}{\partial z}\neq 0$,所以有

$$\frac{\partial z}{\partial x}=-\frac{\dfrac{\partial F}{\partial x}}{\dfrac{\partial F}{\partial z}}, \quad \frac{\partial z}{\partial y}=-\frac{\dfrac{\partial F}{\partial y}}{\dfrac{\partial F}{\partial z}},$$

亦即

$$\frac{\partial z}{\partial x}=-\frac{F_x}{F_z}, \quad \frac{\partial z}{\partial y}=-\frac{F_y}{F_z}.$$

例 8.34 设 $\dfrac{x}{z}=\ln\dfrac{z}{y}$,求 $\dfrac{\partial z}{\partial x}$,$\dfrac{\partial z}{\partial y}$ 及 $\dfrac{\partial^2 z}{\partial x^2}$.

解　方法一　设 $F(x,y,z)=\dfrac{x}{z}-\ln\dfrac{z}{y}$,则

$$F_x=\frac{1}{z}, \quad F_y=-\frac{y}{z} \cdot \left(-\frac{z}{y^2}\right)=\frac{1}{y}, \quad F_z=-\frac{x}{z^2}-\frac{y}{z} \cdot \frac{1}{y}=-\frac{x+z}{z^2},$$

所以,由式(8-20)得

$$\frac{\partial z}{\partial x}=-\frac{F_x}{F_z}=\frac{z}{x+z}, \quad \frac{\partial z}{\partial y}=-\frac{F_x}{F_z}=\frac{z^2}{xy+yz}.$$

而

$$\frac{\partial^2 z}{\partial x^2}=\frac{\partial}{\partial x}\left(\frac{\partial z}{\partial x}\right)=\frac{\partial}{\partial x}\left(\frac{z}{x+z}\right)=\frac{\dfrac{\partial z}{\partial x}(x+z)-z \cdot \left(1+\dfrac{\partial z}{\partial x}\right)}{(x+z)^2}$$

$$=\frac{x\dfrac{\partial z}{\partial x}-z}{(x+z)^2}=\frac{x\dfrac{z}{x+z}-z}{(x+z)^2}=-\frac{z^2}{(x+z)^3}.$$

方法二　注意到 z 是 x,y 的函数. 方程两边分别对 x,y 求偏导,得

$$\frac{z-x \cdot \dfrac{\partial z}{\partial x}}{z^2}=\frac{y}{z} \cdot \frac{1}{y} \cdot \frac{\partial z}{\partial x}, \quad -\frac{x}{z^2} \cdot \frac{\partial z}{\partial y}=\frac{y}{z} \cdot \frac{\dfrac{\partial z}{\partial y} \cdot y-z}{y^2},$$

解得 $\dfrac{\partial z}{\partial x}=\dfrac{z}{x+z}$,$\dfrac{\partial z}{\partial y}=\dfrac{z^2}{xy+yz}$.

求 $\dfrac{\partial^2 z}{\partial x^2}$ 与方法一相同.

方法三　利用一阶全微分形式的不变性,方程两边求微分,得

$$d\left(\frac{x}{z}\right)=d\left(\ln\frac{z}{y}\right),$$

$$\frac{z\mathrm{d}x-x\mathrm{d}z}{z^2}=\frac{y}{z}\mathrm{d}\left(\frac{z}{y}\right),$$

$$\frac{z\mathrm{d}x-x\mathrm{d}z}{z^2}=\frac{y}{z}\cdot\frac{y\mathrm{d}z-z\mathrm{d}y}{y^2},$$

于是,得 $\mathrm{d}z=\dfrac{z}{x+z}\mathrm{d}x+\dfrac{z^2}{xy+yz}\mathrm{d}y$,即有

$$\frac{\partial z}{\partial x}=\frac{z}{x+z},\qquad\frac{\partial z}{\partial y}=\frac{z^2}{xy+yz}.$$

求 $\dfrac{\partial^2 z}{\partial x^2}$ 与方法一相同.

例 8.35　设二元函数 $z=z(x,y)$ 由方程 $G\left(\dfrac{x}{z},\dfrac{y}{z}\right)=0$ 确定,且 G 可微,求 $\dfrac{\partial z}{\partial x}$,
$\dfrac{\partial z}{\partial y}$.

解　方法一　令 $G\left(\dfrac{x}{z},\dfrac{y}{z}\right)=G(u,v)$,其中 $u=\dfrac{x}{z}$,$v=\dfrac{y}{z}$,则该函数关系的链式结构如图 8.26 所示.

方程 $G\left(\dfrac{x}{z},\dfrac{y}{z}\right)=0$ 两端对 x 求偏导数,得

$$G_x=G_1'\cdot\frac{\partial u}{\partial x}+G_1'\cdot\frac{\partial u}{\partial z}\cdot\frac{\partial z}{\partial x}+G_2'\cdot\frac{\partial v}{\partial z}\cdot\frac{\partial z}{\partial x}=0$$

即

$$G_1'\cdot\frac{1}{z}+G_1'\cdot\left(-\frac{x}{z^2}\right)\cdot\frac{\partial z}{\partial x}+G_2'\cdot\left(-\frac{y}{z^2}\right)\cdot\frac{\partial z}{\partial x}=0,$$

解得 $\dfrac{\partial z}{\partial x}=\dfrac{zG_1'}{xG_1'+yG_2'}$. 同理 $\dfrac{\partial z}{\partial y}=\dfrac{zG_2'}{xG_1'+yG_2'}$.

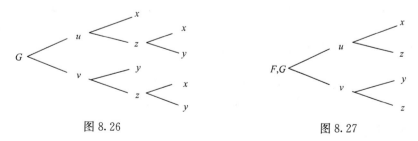

图 8.26　　　　　　　　　　　　　图 8.27

方法二　令 $F(x,y,z)=G\left(\dfrac{x}{z},\dfrac{y}{z}\right)=G(u,v)$,其中 $u=\dfrac{x}{z}$,$v=\dfrac{y}{z}$. 该函数关系

的链式结构如图 8.27 所示,由定理 8.8,因

$$F_x = G_1' \cdot \frac{\partial u}{\partial x} = G_1' \cdot \frac{1}{z} = \frac{G_1'}{z}, \quad F_y = G_2' \cdot \frac{\partial v}{\partial y} = G_2' \cdot \frac{1}{z} = \frac{G_2'}{z},$$

$$F_z = G_1' \cdot \frac{\partial u}{\partial z} + G_2' \cdot \frac{\partial v}{\partial z} = G_1' \cdot \left(-\frac{x}{z^2}\right) + G_2' \cdot \left(-\frac{y}{z^2}\right) = -\frac{xG_1' + yG_2'}{z^2},$$

故

$$\frac{\partial z}{\partial x} = -\frac{F_x}{F_z} = -\frac{\dfrac{G_1'}{z}}{-\dfrac{xG_1' + yG_2'}{z^2}} = \frac{zG_1'}{xG_1' + yG_2'},$$

$$\frac{\partial z}{\partial y} = -\frac{F_y}{F_z} = -\frac{\dfrac{G_2'}{z}}{-\dfrac{xG_1' + yG_2'}{z^2}} = \frac{zG_2'}{xG_1' + yG_2'}.$$

*8.5.2 方程组的情形

设方程组 $\begin{cases} F(x,y,u,v)=0, \\ G(x,y,u,v)=0 \end{cases}$ 确定函数 $u=u(x,y)$,$v=v(x,y)$,且 u,v 关于

x,y 的偏导数存在,求 $\dfrac{\partial u}{\partial x}, \dfrac{\partial v}{\partial x}, \dfrac{\partial u}{\partial y}, \dfrac{\partial v}{\partial y}$.

显然,上述函数关系的链式结构如图 8.28 所示.

将方程 $F(x,y,u,v)=0$ 与 $G(x,y,u,v)=0$ 两边分

别对 x 求偏导数,得

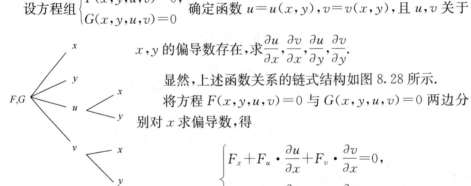

图 8.28

$$\begin{cases} F_x + F_u \cdot \dfrac{\partial u}{\partial x} + F_v \cdot \dfrac{\partial v}{\partial x} = 0, \\ G_x + G_u \cdot \dfrac{\partial u}{\partial x} + G_v \cdot \dfrac{\partial v}{\partial x} = 0. \end{cases}$$

这是关于 $\dfrac{\partial u}{\partial x}, \dfrac{\partial v}{\partial x}$ 的线性方程组. 解此方程组得

$$\frac{\partial u}{\partial x} = -\frac{F_x G_v - F_v G_x}{F_u G_v - F_v G_u}, \quad \frac{\partial v}{\partial x} = -\frac{F_u G_x - F_x G_u}{F_u G_v - F_v G_u}.$$

同理,可得

$$\frac{\partial u}{\partial y} = -\frac{F_y G_v - F_v G_y}{F_u G_v - F_v G_u}, \quad \frac{\partial v}{\partial y} = -\frac{F_u G_y - F_y G_u}{F_u G_v - F_v G_u}.$$

例 8.36 设 $\begin{cases} xu-yv=0, \\ yu+xv=1 \end{cases}$ 确定函数 $u=u(x,y)$ 和 $v=v(x,y)$，求 $\dfrac{\partial u}{\partial x}, \dfrac{\partial v}{\partial x}$.

解 方程组中每个方程两边分别对 x 求偏导数(此时固定变量 y)，得

$$\begin{cases} 1 \cdot u + x \cdot \dfrac{\partial u}{\partial x} - y \cdot \dfrac{\partial v}{\partial x} = 0, \\ y \cdot \dfrac{\partial u}{\partial x} + 1 \cdot v + x \cdot \dfrac{\partial v}{\partial x} = 0. \end{cases}$$

整理得

$$\begin{cases} x \dfrac{\partial u}{\partial x} - y \dfrac{\partial v}{\partial x} = -u, \\ y \dfrac{\partial u}{\partial x} + x \dfrac{\partial v}{\partial x} = -v. \end{cases}$$

解此方程组，当 $x^2+y^2 \neq 0$ 时，有

$$\frac{\partial u}{\partial x} = -\frac{xu+yv}{x^2+y^2}, \quad \frac{\partial v}{\partial x} = \frac{yu-xv}{x^2+y^2}.$$

例 8.37 设 $\begin{cases} xyz=1, \\ x^2+y^2-2z=0 \end{cases}$ 确定了 y,z 为 x 的函数，求 $\dfrac{\mathrm{d}y}{\mathrm{d}x}$ 及 $\dfrac{\mathrm{d}z}{\mathrm{d}x}$.

解 将方程组中每个方程两边分别对 x 求导数，有

$$\begin{cases} yz + xz \dfrac{\mathrm{d}y}{\mathrm{d}x} + xy \dfrac{\mathrm{d}z}{\mathrm{d}x} = 0, \\ 2x + 2y \dfrac{\mathrm{d}y}{\mathrm{d}x} - 2 \dfrac{\mathrm{d}z}{\mathrm{d}x} = 0. \end{cases}$$

整理得

$$\begin{cases} xz \dfrac{\mathrm{d}y}{\mathrm{d}x} + xy \dfrac{\mathrm{d}z}{\mathrm{d}x} = -yz, \\ 2y \dfrac{\mathrm{d}y}{\mathrm{d}x} - 2 \dfrac{\mathrm{d}z}{\mathrm{d}x} = -2x. \end{cases}$$

解此方程组，当 $-2x(z+y^2) \neq 0$ 时，有

$$\frac{\mathrm{d}y}{\mathrm{d}x} = -\frac{y(z+x^2)}{x(z+y^2)}, \quad \frac{\mathrm{d}z}{\mathrm{d}x} = \frac{z(x^2-y^2)}{x(z+y^2)}.$$

习题 8.5

1. 求下列隐函数的导数或偏导数：

(1) $\sin y + \mathrm{e}^x - xy^2 = 0$，求 $\dfrac{\mathrm{d}y}{\mathrm{d}x}$；

(2) $x + 2y + 2z - 2\sqrt{xyz} = 0$，求 $\dfrac{\partial z}{\partial x}, \dfrac{\partial z}{\partial y}$；

(3) $e^z - xyz = 0$，求 $\dfrac{\partial^2 z}{\partial x^2}, \dfrac{\partial^2 z}{\partial x \partial y}$.

2. 设 $F(x, x+y, x+y+z) = 0$，求 $\dfrac{\partial z}{\partial x}, \dfrac{\partial z}{\partial y}$.

3. 设 $\varphi(u, v)$ 具有连续偏导数，证明由方程 $\varphi(cx - az, cy - bz) = 0$ 所确定的函数 $z = f(x, y)$ 满足 $a\dfrac{\partial z}{\partial x} + b\dfrac{\partial z}{\partial y} = c$.

* 4. 设 $\begin{cases} x = e^u + u\sin v, \\ y = e^u - u\cos v, \end{cases}$ 求 $\dfrac{\partial u}{\partial x}, \dfrac{\partial v}{\partial x}$.

* 5. 已知 $\begin{cases} x + y + z = 0, \\ x^2 + y^2 + z^2 = 1, \end{cases}$ 求 $\dfrac{dy}{dx}$ 及 $\dfrac{dz}{dx}$.

8.6 方向导数与梯度

8.6.1 方向导数

8.6 方向导数与梯度(一)

在许多实际问题中，常常需要考虑函数 $z = f(x, y)$ 在一点 P_0 处沿某一方向的变化率. 例如，预报某地的风向和风力就必须知道气压在该处沿各个方向的变化率. 这就需要用方向导数来研究.

8.6.1.1 方向导数的定义

定义 8.6 设函数 $z = f(x, y)$ 在点 $P_0(x_0, y_0)$ 的某一邻域 $U(P_0)$ 内有定义，自 $P_0(x_0, y_0)$ 点引射线 l，在 l 上任取一点 $P(x_0 + \Delta x, y_0 + \Delta y), P \in U(P_0)$（图 8.29）.

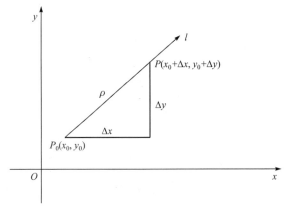

图 8.29

若 P 沿 l 趋近于 P_0 时，即当

$$\rho = \sqrt{(\Delta x)^2 + (\Delta y)^2} \to 0$$

时，极限

$$\lim_{\rho \to 0^+} \frac{f(x_0+\Delta x, y_0+\Delta y)-f(x_0,y_0)}{\rho}$$

存在,则称此极限为函数 $f(x,y)$ 在点 P_0 处沿方向 $\boldsymbol{l}$ 的**方向导数**,记作 $\dfrac{\partial f}{\partial l}\bigg|_{(x_0,y_0)}$,即

$$\frac{\partial f}{\partial l}\bigg|_{(x_0,y_0)} = \lim_{\rho \to 0^+} \frac{f(x_0+\Delta x, y_0+\Delta y)-f(x_0,y_0)}{\rho}. \tag{8-21}$$

显然,如果函数 $z=f(x,y)$ 在点 $P_0(x_0,y_0)$ 的偏导数存在,则偏导数就是函数沿坐标轴正向的方向导数:

(1) 若 $\boldsymbol{l}$ 的方向为 x 轴的正向,此时 $\Delta y=0, \rho=\sqrt{(\Delta x)^2+(\Delta y)^2}=\Delta x$,则

$$\frac{\partial f}{\partial l}\bigg|_{(x_0,y_0)} = \lim_{\Delta x \to 0^+} \frac{f(x_0+\Delta x, y_0)-f(x_0,y_0)}{\Delta x} = f_x(x_0,y_0);$$

(2) 若 $\boldsymbol{l}$ 的方向为 y 轴的正向,此时 $\Delta x=0, \rho=\sqrt{(\Delta x)^2+(\Delta y)^2}=\Delta y$,则

$$\frac{\partial f}{\partial l}\bigg|_{(x_0,y_0)} = \lim_{\Delta y \to 0^+} \frac{f(x_0, y_0+\Delta y)-f(x_0,y_0)}{\Delta y} = f_y(x_0,y_0);$$

(3) 若 $\boldsymbol{l}$ 的方向为 x 轴的负向,此时 $\Delta y=0, \rho=\sqrt{(\Delta x)^2+(\Delta y)^2}=\Delta x$,则

$$\frac{\partial f}{\partial l}\bigg|_{(x_0,y_0)} = \lim_{-\Delta x \to 0^+} \frac{f(x_0-\Delta x, y_0)-f(x_0,y_0)}{\Delta x} = -f_x(x_0,y_0);$$

(4) 若 $\boldsymbol{l}$ 的方向为 y 轴的负向,此时 $\Delta x=0, \rho=\sqrt{(\Delta x)^2+(\Delta y)^2}=\Delta y$,则

$$\frac{\partial f}{\partial l}\bigg|_{(x_0,y_0)} = \lim_{-\Delta y \to 0^+} \frac{f(x_0, y_0-\Delta y)-f(x_0,y_0)}{\Delta y} = -f_y(x_0,y_0).$$

8.6.1.2　方向导数的计算

定理 8.9　如果函数 $z=f(x,y)$ 在点 $P_0(x_0,y_0)$ 可微分,那么函数在该点沿任一方向 $\boldsymbol{l}$ 的方向导数都存在,且有

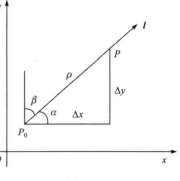

$$\frac{\partial f}{\partial l}\bigg|_{(x_0,y_0)} = f_x(x_0,y_0)\cos\alpha + f_y(x_0,y_0)\cos\beta, \tag{8-22}$$

其中 $\cos\alpha, \cos\beta$ 是方向 $\boldsymbol{l}$ 的方向余弦(图 8.30).

证　因为函数 $z=f(x,y)$ 在点 $P_0(x_0,y_0)$ 可微分,所以有

图 8.30

$$f(x_0+\Delta x, y_0+\Delta y)-f(x_0,y_0) = f_x(x_0,y_0)\Delta x + f_y(x_0,y_0)\Delta y + o(\rho).$$

上式两端同除以 ρ 并令 $\rho \to 0$,且注意到 $\dfrac{\Delta x}{\rho}=\cos\alpha, \dfrac{\Delta y}{\rho}=\cos\beta$,得

$$\lim_{\rho \to 0} \frac{f(x_0 + \Delta x, y_0 + \Delta y) - f(x_0, y_0)}{\rho}$$

$$= \lim_{\rho \to 0} f_x(x_0, y_0) \frac{\Delta x}{\rho} + \lim_{\rho \to 0} f_y(x_0, y_0) \frac{\Delta y}{\rho} + \lim_{\rho \to 0} \frac{o(\rho)}{\rho}$$

$$= f_x(x_0, y_0) \cos\alpha + f_y(x_0, y_0) \cos\beta.$$

这就证明了方向导数的存在性,且

$$\frac{\partial f}{\partial l}\bigg|_{(x_0, y_0)} = f_x(x_0, y_0) \cos\alpha + f_y(x_0, y_0) \cos\beta.$$

注 因 $\cos\alpha$, $\cos\beta$ 是方向 l 的方向余弦,若将方向 l 上的单位向量记为 e_l,则 $e_l = \{\cos\alpha, \cos\beta\}$.

例 8.38 求函数 $z = x e^{2y}$ 在点 $P(1,0)$ 沿从点 $P(1,0)$ 到点 $Q(2,-1)$ 方向的方向导数.

解 这里方向 l 即向量 $\overrightarrow{PQ} = \{1,-1\}$ 的方向,故

$$\cos\alpha = \frac{1}{\sqrt{1^2 + (-1)^2}} = \frac{1}{\sqrt{2}}, \quad \cos\beta = \frac{-1}{\sqrt{1^2 + (-1)^2}} = -\frac{1}{\sqrt{2}}.$$

因为函数可微,且

$$\frac{\partial z}{\partial x}\bigg|_{(1,0)} = e^{2y}\big|_{(1,0)} = 1, \quad \frac{\partial z}{\partial y}\bigg|_{(1,0)} = 2x\, e^{2y}\big|_{(1,0)} = 2,$$

于是所求方向导数为

$$\frac{\partial z}{\partial l}\bigg|_{(1,0)} = 1 \cdot \frac{1}{\sqrt{2}} + 2 \cdot \left(-\frac{1}{\sqrt{2}}\right) = -\frac{\sqrt{2}}{2}.$$

三元函数 $f(x,y,z)$ 在空间一点 $P_0(x_0, y_0, z_0)$ 沿方向 l 的方向导数同样定义为

$$\frac{\partial f}{\partial l}\bigg|_{(x_0, y_0, z_0)} = \lim_{\rho \to 0^+} \frac{f(x_0 + \Delta x, y_0 + \Delta y, z_0 + \Delta z) - f(x_0, y_0, z_0)}{\rho}, \quad (8\text{-}23)$$

其中 $\rho = \sqrt{(\Delta x)^2 + (\Delta y)^2 + (\Delta z)^2}$.

如果函数 $f(x,y,z)$ 在点 $P_0(x_0, y_0, z_0)$ 处可微,则函数在该点沿方向 $e_l = \{\cos\alpha, \cos\beta, \cos\gamma\}$ 的方向导数为

$$\frac{\partial f}{\partial l}\bigg|_{(x_0, y_0, z_0)} = f_x(x_0, y_0, z_0)\cos\alpha + f_y(x_0, y_0, z_0)\cos\beta + f_z(x_0, y_0, z_0)\cos\gamma.$$

$$(8\text{-}24)$$

例 8.39 求 $f(x,y,z) = xy + yz + zx$ 在点 $P(1,1,2)$ 沿方向 l 的方向导数,其中方向 l 的方向角为 $60°, 45°, 60°$.

解 因方向 l 的方向角为 $60°, 45°, 60°$,故方向 l 的方向余弦为 $\cos 60°$, $\cos 45°, \cos 60°$,于是与方向 l 同方向的单位向量为

$$e_l = \{\cos 60°, \cos 45°, \cos 60°\} = \left\{ \frac{1}{2}, \frac{\sqrt{2}}{2}, \frac{1}{2} \right\}.$$

因函数可微,而且

$$f_x(1,1,2) = (y+z)\big|_{(1,1,2)} = 3,$$
$$f_y(1,1,2) = (x+z)\big|_{(1,1,2)} = 3,$$
$$f_z(1,1,2) = (y+x)\big|_{(1,1,2)} = 2,$$

由公式(8-24),得

$$\frac{\partial f}{\partial l}\bigg|_{(1,1,2)} = 3 \cdot \frac{1}{2} + 3 \cdot \frac{\sqrt{2}}{2} + 2 \cdot \frac{1}{2} = \frac{1}{2}(5 + 3\sqrt{2}).$$

8.6.2 梯度

8.6.2.1 梯度的定义

8.6 方向导数与梯度(二)

定义 8.7 设函数 $z = f(x,y)$ 在平面区域 D 内具有一阶连续偏导数,则对于每一点 $P_0(x_0, y_0) \in D$ 都可确定一个向量

$$f_x(x_0, y_0)\boldsymbol{i} + f_y(x_0, y_0)\boldsymbol{j},$$

该向量称为函数 $z = f(x,y)$ 在点 $P_0(x_0, y_0)$ 的**梯度**. 记作 $\mathbf{grad} f(x_0, y_0)$ 或 $\nabla f(x_0, y_0)$,即

$$\mathbf{grad} f(x_0, y_0) = f_x(x_0, y_0)\boldsymbol{i} + f_y(x_0, y_0)\boldsymbol{j} = \{f_x(x_0, y_0), f_y(x_0, y_0)\}.$$

$$(8\text{-}25)$$

梯度概念可以推广到三元函数的情形.

设函数 $f(x,y,z)$ 在空间区域 G 内具有一阶连续偏导数,则对于每一点 $P_0(x_0, y_0, z_0) \in G$ 都可确定一个向量

$$f_x(x_0, y_0, z_0)\boldsymbol{i} + f_y(x_0, y_0, z_0)\boldsymbol{j} + f_z(x_0, y_0, z_0)\boldsymbol{k},$$

该向量称为函数 $f(x,y,z)$ 在点 $P_0(x_0, y_0, z_0)$ 的梯度,记为 $\mathbf{grad} f(x_0, y_0, z_0)$,即

$$\mathbf{grad} f(x_0, y_0, z_0) = f_x(x_0, y_0, z_0)\boldsymbol{i} + f_y(x_0, y_0, z_0)\boldsymbol{j} + f_z(x_0, y_0, z_0)\boldsymbol{k}$$

$$(8\text{-}26)$$

或

$$\mathbf{grad} f(x_0, y_0, z_0) = \{f_x(x_0, y_0, z_0), f_y(x_0, y_0, z_0), f_z(x_0, y_0, z_0)\}. \quad (8\text{-}27)$$

8.6.2.2 梯度与方向导数的关系

设 $e_l = \{\cos\alpha, \cos\beta\}$ 是与方向 l 同方向的单位向量,则由方向导数的计算公式(8-22)得

$$\frac{\partial f}{\partial l}\bigg|_{(x_0, y_0)} = f_x(x_0, y_0)\cos\alpha + f_y(x_0, y_0)\cos\beta$$
$$= \{f_x(x_0, y_0), f_y(x_0, y_0)\} \cdot \{\cos\alpha, \cos\beta\}$$

$$=\mathbf{grad}f(x_0,y_0)\cdot e_l=\left|\mathbf{grad}f(x_0,y_0)\right|\cos\theta, \tag{8-28}$$

其中 θ 为 $\mathbf{grad}f(x_0,y_0)$ 与向量 e_l 的夹角.

由式(8-28)可知:

(1) 当 $\theta=0$, 即方向 e_l 与梯度 $\mathbf{grad}f(x_0,y_0)$ 的方向相同时, 方向导数 $\left.\dfrac{\partial f}{\partial l}\right|_{(x_0,y_0)}$ 取得最大值, 也就是函数 $f(x,y)$ 增加得最快, 这个最大值就是梯度 $\mathbf{grad}f(x_0,y_0)$ 的模, 即 $\left|\mathbf{grad}f(x_0,y_0)\right|$.

也就是说, 函数 $z=f(x,y)$ 在一点的梯度 $\mathbf{grad}f$ 是这样的一个向量: 它的方向是函数在这点的方向导数取得最大值的方向, 也就是函数值增加最快的方向, 它的模就等于方向导数的最大值.

(2) 当 $\theta=\pi$, 即方向 e_l 与梯度 $\mathbf{grad}f(x_0,y_0)$ 的方向相反时, 方向导数 $\left.\dfrac{\partial f}{\partial l}\right|_{(x_0,y_0)}$ 取得最小值, 也就是函数 $f(x,y)$ 减少得最快, 这个最小值就是 $-\left|\mathbf{grad}f(x_0,y_0)\right|$.

(3) 当 $\theta=\dfrac{\pi}{2}$, 即方向 e_l 与梯度 $\mathbf{grad}f(x_0,y_0)$ 的方向正交(即垂直)时, 方向导数 $\left.\dfrac{\partial f}{\partial l}\right|_{(x_0,y_0)}$ 为零, 也就是函数 $f(x,y)$ 的变化率为零.

例 8.40 设 $f(x,y,z)=x^2+2y^2+3z^2+xy+3x-2y-6z$, 求 $\mathbf{grad}f(0,0,0)$ 及 $\mathbf{grad}f(1,1,1)$.

解 由式(8-27), 有

$$\mathbf{grad}f(0,0,0)=\{2x+y+3,4y+x-2,6z-6\}|_{(0,0,0)}=\{3,-2,-6\},$$
$$\mathbf{grad}f(1,1,1)=\{2x+y+3,4y+x-2,6z-6\}|_{(1,1,1)}=\{6,3,0\}.$$

例 8.41 问函数 $u=xy^2z$ 在点 $P(1,-2,2)$ 处沿什么方向的方向导数最大? 并求此方向导数的最大值.

解 由式(8-28)知, 在点 $P(1,-2,2)$ 处沿梯度方向的方向导数最大且方向导数的最大值为梯度的模.

点 $P(1,-2,2)$ 处的梯度为

$$\mathbf{grad}u(1,-2,2)=\left\{\frac{\partial u}{\partial x},\frac{\partial u}{\partial y},\frac{\partial u}{\partial z}\right\}\Bigg|_{(1,-2,2)}=\{y^2z,2xyz,xy^2\}|_{(1,-2,2)}=\{8,-8,4\}.$$

点 $P(1,-2,2)$ 处的梯度的模为

$$\left.\frac{\partial u}{\partial l}\right|_{\max}=\left|\mathbf{grad}u(1,-2,2)\right|=\left|\{8,-8,4\}\right|=\sqrt{64+64+16}=12.$$

例 8.42 设函数 $f(x,y,z)=\dfrac{1}{2}(x^2+y^2)$, $P_0(1,1)$, 求

(1) $f(x,y)$ 在 P_0 处增加最快的方向以及沿这个方向的方向导数;

(2) $f(x,y)$ 在 P_0 处减少最快的方向以及沿这个方向的方向导数;

（3）$f(x,y)$ 在 P_0 处变化率为零的方向.

解　（1）由式(8-28)知，$f(x,y)$ 在点 $P_0(1,1)$ 处沿梯度 $\mathbf{grad}f(1,1)$ 方向增加最快，这个方向的方向导数就是梯度 $\mathbf{grad}f(1,1)$ 的模 $|\mathbf{grad}f(1,1)|$. 而

$$\mathbf{grad}f(1,1)=\left\{\frac{\partial f}{\partial x},\frac{\partial f}{\partial y}\right\}\bigg|_{(1,1)}=\{x,y\}|_{(1,1)}=\{1,1\}.$$

故所取方向可取为

$$\boldsymbol{n}=\frac{\mathbf{grad}f(1,1)}{|\mathbf{grad}f(1,1)|}=\frac{\{1,1\}}{|\{1,1\}|}=\frac{\{1,1\}}{\sqrt{1^2+1^2}}=\left\{\frac{1}{\sqrt{2}},\frac{1}{\sqrt{2}}\right\}.$$

方向导数为

$$|\mathbf{grad}f(1,1)|=|\{1,1\}|=\sqrt{1^2+1^2}=\sqrt{2}.$$

（2）由式(8-28)知，$f(x,y)$ 在点 $P_0(1,1)$ 处沿梯度反向 $-\mathbf{grad}f(1,1)$ 减少最快，这个方向可取为

$$\boldsymbol{n}_1=-\boldsymbol{n}=\left\{-\frac{1}{\sqrt{2}},-\frac{1}{\sqrt{2}}\right\},$$

方向导数为

$$-|\mathbf{grad}f(1,1)|=-|\{1,1\}|=-\sqrt{1^2+1^2}=-\sqrt{2}.$$

（3）由式(8-28)知，$f(x,y)$ 在点 $P_0(1,1)$ 处沿垂直于梯度 $\mathbf{grad}f(1,1)$ 的方向变化率为零. 设垂直于梯度 $\mathbf{grad}f(1,1)$ 的方向为 $\boldsymbol{s}=\{x,y\}$，因 $\boldsymbol{s}\cdot\mathbf{grad}f(1,1)=0$，即

$$\boldsymbol{s}\cdot\mathbf{grad}f(1,1)=\{x,y\}\cdot\{1,1\}=x+y=0,$$

故与 $\boldsymbol{s}=\{x,y\}$ 同方向的单位向量为

$$\boldsymbol{n}_2=\left\{-\frac{1}{\sqrt{2}},\frac{1}{\sqrt{2}}\right\},\quad \boldsymbol{n}_3=\left\{\frac{1}{\sqrt{2}},-\frac{1}{\sqrt{2}}\right\}.$$

8.6.2.3　梯度的几何意义

我们知道，在空间解析几何中，二元函数 $z=f(x,y)$ 表示一个空间曲面，该曲面与平面 $z=c$(c 是常数)的交线 L 的方程为

$$\begin{cases}z=f(x,y),\\ z=c.\end{cases}$$

而曲线 L 在 xOy 面上的投影是一条平面曲线 L^*，它在 xOy 平面上的方程为

$$f(x,y)=c.$$

对于曲线 L^* 上的一切点，其函数值都是 c，称平面曲线 L^* 为函数 $z=f(x,y)$ 的**等值线**或**等量线**. 如地形图上的等高线、气象图中的等温线都是等值线.

由隐函数的求导法则，令 $F(x,y)=f(x,y)-c$，则

$$\frac{\mathrm{d}y}{\mathrm{d}x}=-\frac{F_x}{F_y}=-\frac{f_x}{f_y},$$

即等值线 $f(x,y)=c$ 上任一点 $P(x,y)$ 处切线的斜率为 $\dfrac{\mathrm{d}y}{\mathrm{d}x}=-\dfrac{f_x}{f_y}$，故 $P(x,y)$ 处的切线方程为

$$Y-y=-\frac{f_x}{f_y}(X-x)\Rightarrow\frac{X-x}{f_y}=\frac{Y-y}{-f_x},$$

可见，$P(x,y)$ 处切线的方向向量为 $\boldsymbol{s}=\{f_y,-f_x\}$.

而二元函数 $z=f(x,y)$ 上任一点 $P(x,y)$ 处的梯度为 $f_x\boldsymbol{i}+f_y\boldsymbol{j}$，即 $\mathbf{grad}f=\{f_x,f_y\}$，于是等值线 $f(x,y)=c$ 上任一点 $P(x,y)$ 处切线的方向向量 $\boldsymbol{s}$ 与函数 $z=f(x,y)$ 在该点梯度 $\mathbf{grad}f$ 的数量积为

$$\boldsymbol{s}\cdot\mathbf{grad}f=\{f_y,-f_x\}\cdot\{f_x,f_y\}=f_yf_x-f_xf_y=0,$$

因此，函数 $z=f(x,y)$ 在点 $P(x,y)$ 处的梯度垂直于等值线 $f(x,y)=c$ 在点 $P(x,y)$ 处的切线. 也就是说，函数 $z=f(x,y)$ 在点 $P(x,y)$ 处的梯度是等值线上 $P(x,y)$ 处的法向量(图 8.31).

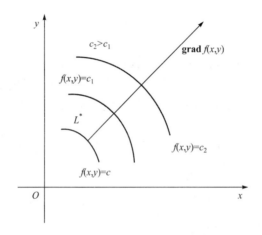

图 8.31

因此，梯度与等值线、方向导数有如下关系：

函数在一点的梯度方向与等值线在这点的法线方向相同，它的指向为从数值较低的等值线指向数值较高的等值线，梯度的模就等于函数在这个法线方向的方向导数(图 8.31). 等间距画等值线时，等值线较密时梯度的模较大，等值线较疏时，梯度的模较小.

习题 8.6

1. 求下列函数在指定点和指定方向的方向导数：

(1) $z=x^2-2xy$ 在点 $P(1,0)$ 处沿该点到点 $Q(4,4)$ 的方向；

(2) $u=x^2-xy+z^2$ 在点 $P(1,0,1)$ 处沿该点到点 $Q(3,-1,3)$ 的方向；

(3) $u = xy^2 + z^3 - xyz$ 在点 $P(1,1,2)$ 处沿方向角为 $60°, 45°, 60°$ 的方向.

2. 求函数 $u = xy^2 + z^3 - xyz$ 在点 $P(1,1,2)$ 处的梯度.

3. 设 $z = x^2 - xy + y^2$, 求在点 $(1,1)$ 处的梯度, 并问函数 z 在该点沿什么方向的方向导数:
(1) 取最大值; (2) 取最小值; (3) 等于零.

4. 如果一座山的表面可表示为 $z = 1000 - 0.01x^2 - 0.02y^2$, 某人正处在坐标为 $(60,100, 764)$ 的位置. 为了尽快到达山顶, 应选择哪个方向行进?

8.7 多元函数微分学的几何应用

8.7.1 空间曲线的切线与法平面

8.7 多元函数微分学的
几何应用(一)

设空间曲线 Γ 的参数方程为

$$\begin{cases} x = \varphi(t) \\ y = \psi(t), \quad t \in [\alpha, \beta]. \\ z = \omega(t) \end{cases}$$

这里假定 $\varphi(t), \psi(t), \omega(t)$ 都在 $[\alpha, \beta]$ 上可导.

设 $M_0(x_0, y_0, z_0)$ 为曲线 Γ 上对应于参数 $t = t_0$ 的一点, 即 $M_0(\varphi(t_0), \psi(t_0), \omega(t_0))$. 如同得到平面曲线的切线一样, 空间曲线 Γ 在点 $M_0(x_0, y_0, z_0)$ 处的切线也可以通过曲线 Γ 在点 M_0 处的割线 M_0M 的极限来获得, 其中曲线 Γ 上的点 $M(x, y, z)$ 对应于参数 $t = t$, 即 $M(\varphi(t), \psi(t), \omega(t))$. 当点 $M(\varphi(t), \psi(t), \omega(t))$ 沿曲线 Γ 逼近于 $M_0(\varphi(t_0), \psi(t_0), \omega(t_0))$ 时, 亦即 $t \to t_0$ 时, 割线 M_0M 的极限位置 M_0T 就是曲线 Γ 在点 M_0 处的切线(图 8.32).

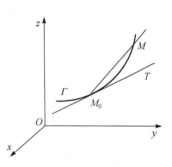

图 8.32

设 $P(x, y, z)$ 为割线 M_0M 上任意一点, 因为割线 M_0M 的方向向量 $\boldsymbol{s} = \overrightarrow{M_0M} = \{\varphi(t) - \varphi(t_0), \psi(t) - \psi(t_0), \omega(t) - \omega(t_0)\}$, 故割线 M_0M 的方程为

$$\frac{x - x_0}{\varphi(t) - \varphi(t_0)} = \frac{y - y_0}{\psi(t) - \psi(t_0)} = \frac{z - z_0}{\omega(t) - \omega(t_0)},$$

也可以表示成

$$\frac{x - x_0}{\dfrac{\varphi(t) - \varphi(t_0)}{t - t_0}} = \frac{y - y_0}{\dfrac{\psi(t) - \psi(t_0)}{t - t_0}} = \frac{z - z_0}{\dfrac{\omega(t) - \omega(t_0)}{t - t_0}}.$$

令 $t \to t_0$, 由导数定义, 便得到切线方程

$$\frac{x - x_0}{\varphi'(t_0)} = \frac{y - y_0}{\psi'(t_0)} = \frac{z - z_0}{\omega'(t_0)}. \tag{8-29}$$

这表明,曲线 Γ 在点 $M_0(\varphi(t_0),\psi(t_0),\omega(t_0))$ 处的切线的方向向量是

$$\boldsymbol{T}=\{\varphi'(t_0),\psi'(t_0),\omega'(t_0)\}. \tag{8-30}$$

称其为曲线 Γ 在点 $M_0(x_0,y_0,z_0)$ 处的切向量.

通过点 $M_0(x_0,y_0,z_0)$ 且与切线垂直的平面称为曲线 Γ 在点 M_0 处的**法平面**. 法平面方程为

$$\varphi'(t_0)(x-x_0)+\psi'(t_0)(y-y_0)+\omega'(t_0)(z-z_0)=0. \tag{8-31}$$

例 8.43 求曲线 $x=t,y=t^2,z=t^3$ 在点 $(1,1,1)$ 处的切线及法平面方程.

解 因为 $x_t'=1,y_t'=2t,z_t'=3t^2$,而点 $(1,1,1)$ 对应于参数 $t=1$,所以当 $t=1$ 时,曲线 Γ 在点 $(1,1,1)$ 处的切向量为 $\boldsymbol{T}=\{1,2,3\}$.

于是点 $(1,1,1)$ 处的切线方程为

$$\frac{x-1}{1}=\frac{y-1}{2}=\frac{z-1}{3},$$

法平面方程为

$$(x-1)+2(y-1)+3(z-1)=0, \quad 即 \ x+2y+3z=6.$$

例 8.44 求曲线 $\begin{cases} y^2=2x, \\ z^2=3-x \end{cases}$ 在点 $(2,2,1)$ 处的切线及法平面方程.

解 取 x 为参数,将曲线表示为参数形式

$$\begin{cases} x=x, \\ y^2=2x, \\ z^2=3-x, \end{cases}$$

由隐函数求导法则,对隐函数 $y^2=2x,z^2=3-x$ 两端分别关于 x 求导,得 $2y\dfrac{\mathrm{d}y}{\mathrm{d}x}=2,2z\dfrac{\mathrm{d}z}{\mathrm{d}x}=-1$,有 $\dfrac{\mathrm{d}y}{\mathrm{d}x}=\dfrac{1}{y},\dfrac{\mathrm{d}z}{\mathrm{d}x}=-\dfrac{1}{2z}$. 由式(8-30),曲线在点 $(2,2,1)$ 处的切向量是

$$\boldsymbol{T}=\left\{\frac{\mathrm{d}x}{\mathrm{d}x},\frac{\mathrm{d}y}{\mathrm{d}x},\frac{\mathrm{d}z}{\mathrm{d}x}\right\}\Big|_{(2,2,1)}=\left\{1,\frac{1}{y},-\frac{1}{2z}\right\}\Big|_{(2,2,1)}=\left\{1,\frac{1}{2},-\frac{1}{2}\right\}.$$

于是点 $(2,2,1)$ 处的切线方程为

$$\frac{x-2}{1}=\frac{y-2}{\dfrac{1}{2}}=\frac{z-1}{-\dfrac{1}{2}}, \quad 即 \ x-2=2(y-2)=-2(z-1).$$

法平面方程为

$$(x-2)+\frac{1}{2}(y-2)-\frac{1}{2}(z-1)=0, \quad 即 \ 2x+y-z=5.$$

例 8.45 求曲线 $\begin{cases} x^2+y^2+z^2=6, \\ x+y+z=0 \end{cases}$ 在点 $(1,-2,1)$ 处的切线及法平面方程.

解　为求切向量,将所给方程两端对 x 求导,得

$$
\begin{cases}
2x+2y\dfrac{\mathrm{d}y}{\mathrm{d}x}+2z\dfrac{\mathrm{d}z}{\mathrm{d}x}=0,\\[2mm]
1+\dfrac{\mathrm{d}y}{\mathrm{d}x}+\dfrac{\mathrm{d}z}{\mathrm{d}x}=0,
\end{cases}
$$

解方程组得 $\dfrac{\mathrm{d}y}{\mathrm{d}x}=\dfrac{z-x}{y-z},\dfrac{\mathrm{d}z}{\mathrm{d}x}=\dfrac{x-y}{y-z}$. 从而曲线在点 $(1,-2,1)$ 处的切向量是

$$
\boldsymbol{T}=\left\{\dfrac{\mathrm{d}x}{\mathrm{d}x},\dfrac{\mathrm{d}y}{\mathrm{d}x},\dfrac{\mathrm{d}z}{\mathrm{d}x}\right\}\Bigg|_{(1,-2,1)}=\left\{1,\dfrac{z-x}{y-z},\dfrac{x-y}{y-z}\right\}\Bigg|_{(1,-2,1)}=\{1,0,-1\}.
$$

于是点 $(1,-2,1)$ 处的切线方程为

$$
\frac{x-1}{1}=\frac{y+2}{0}=\frac{z-1}{-1},
$$

法平面方程为

$$
(x-1)+0\cdot(y+2)-(z-1)=0,\quad 即\ x-z=0.
$$

8.7.2　空间曲面的切平面与法线

设曲面 Σ 的方程为 $F(x,y,z)=0,M_0(x_0,y_0,z_0)$ 是曲面 Σ 上的一点. 又设函数 $F(x,y,z)$ 的偏导数在该点连续且不同时为零.

在曲面 Σ 上通过点 M_0 任意引一条曲线 Γ(图 8.33),假定曲线 Γ 的参数方程为
$x=\varphi(t)$,　$y=\psi(t)$,　$z=\omega(t)(\alpha\leqslant t\leqslant\beta)$,
$t=t_0$ 对应于点 $M_0(x_0,y_0,z_0)$,且 $\varphi'(t_0)$,
$\psi'(t_0),\omega'(t_0)$ 不全为零,则曲线在点 $M_0(x_0,y_0,z_0)$ 处的切向量为

$$
\boldsymbol{T}=\{\varphi'(t_0),\psi'(t_0),\omega'(t_0)\}.
$$

考虑曲面方程 $F(x,y,z)=0$ 两端在 $t=t_0$ 处的全导数,由复合函数求导的链式法则,得

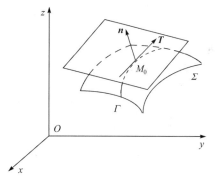

图 8.33

$$
F_x(x_0,y_0,z_0)\varphi'(t_0)+F_y(x_0,y_0,z_0)\psi'(t_0)+F_z(x_0,y_0,z_0)\omega'(t_0)=0.
$$

$$(8\text{-}32)$$

引入向量

$$
\boldsymbol{n}=\{F_x(x_0,y_0,z_0),F_y(x_0,y_0,z_0),F_z(x_0,y_0,z_0)\},\qquad (8\text{-}33)
$$

由式(8-32)知,$\boldsymbol{T}$ 与 $\boldsymbol{n}$ 垂直. 因为曲线 Γ 是曲面 Σ 上通过点 M_0 的任意一条曲线,它们在点 M_0 的切线都与同一向量 $\boldsymbol{n}$ 垂直,所以曲面上通过点 M_0 的一切曲线在点

M_0 的切线都在同一个平面上. 这个平面称为曲面 Σ 在点 M_0 的**切平面**. 该切平面的法向量为 $\boldsymbol{n}$,故切平面的点法式方程为

$$F_x(x_0,y_0,z_0)(x-x_0)+F_y(x_0,y_0,z_0)(y-y_0)+F_z(x_0,y_0,z_0)(z-z_0)=0.$$
$$(8\text{-}34)$$

通过点 $M_0(x_0,y_0,z_0)$ 且垂直于切平面的直线称为曲面在该点的**法线**. 因法线的方向向量为 $\boldsymbol{n}$,故法线的点向式方程为

$$\frac{x-x_0}{F_x(x_0,y_0,z_0)}=\frac{y-y_0}{F_y(x_0,y_0,z_0)}=\frac{z-z_0}{F_z(x_0,y_0,z_0)}.\qquad(8\text{-}35)$$

垂直于曲面上切平面的向量称为**曲面的法向量**. 向量

$$\boldsymbol{n}=\{F_x(x_0,y_0,z_0),F_y(x_0,y_0,z_0),F_z(x_0,y_0,z_0)\},$$

就是曲面 Σ 在点 M_0 处的一个法向量.

例 8.46 求球面 $x^2+y^2+z^2=14$ 在点 $(1,2,3)$ 处的切平面及法线方程.

解 令 $F(x,y,z)=x^2+y^2+z^2-14$,则 $F_x=2x,F_y=2y,F_z=2z$,所以球面在点 $(1,2,3)$ 处的法向量为

$$\boldsymbol{n}=\{F_x,F_y,F_z\}\big|_{(1,2,3)}=\{2x,2y,2z\}\big|_{(1,2,3)}=\{2,4,6\}.$$

故所求切平面方程为

$$2(x-1)+4(y-2)+6(z-3)=0,\quad 即\ x+2y+3z-14=0.$$

法线方程为

$$\frac{x-1}{1}=\frac{y-2}{2}=\frac{z-3}{3}.$$

例 8.47 求旋转抛物面 $z=x^2+y^2-1$ 在点 $(1,1,1)$ 处的切平面及法线方程.

解 令 $F(x,y,z)=z-x^2-y^2+1$,则 $F_x=-2x,F_y=-2y,F_z=1$,所以旋转抛物面在点 $(1,1,1)$ 处的法向量为

$$\boldsymbol{n}=\{F_x,F_y,F_z\}\big|_{(1,1,1)}=\{-2x,-2y,1\}\big|_{(1,1,1)}=\{-2,-2,1\}.$$

故所求切平面方程为

$$-2(x-1)-2(y-1)+(z-1)=0,\quad 即\ 2x+2y-z-3=0.$$

法线方程为

$$\frac{x-1}{-2}=\frac{y-1}{-2}=\frac{z-1}{1}.$$

习题 8.7

1. 求下列曲线在给定点处的切线和法平面方程:

(1) 曲线 $\begin{cases} x=a\sin^2 t, \\ y=b\sin t\cos t, \\ z=c\cos^2 t, \end{cases}$ 在 $t=\dfrac{\pi}{6}$ 处;

(2) 曲线 $\begin{cases} x=\displaystyle\int_{t}^{\frac{\pi}{4}}\cot u\,\mathrm{d}u, \\ y=2t+1, \\ z=3\mathrm{e}^{t-\frac{\pi}{4}}, \end{cases}$ 在 $t=\dfrac{\pi}{4}$ 处；

(3) 曲线 $\begin{cases} x^2+y^2-z=0, \\ y=1, \end{cases}$ 在点 $(1,1,2)$ 处；

(4) 曲线 $\begin{cases} x^2+y^2=R^2, \\ x^2+z^2=R^2, \end{cases}$ 在 $\left(\dfrac{R}{\sqrt{2}},\dfrac{R}{\sqrt{2}},\dfrac{R}{\sqrt{2}}\right)$ 处.

2. 在曲线 $x=t,y=t^2,z=t^3$ 上求一点,使经该点的切线平行于平面 $x+2y+z=6$,并写出对应的切线方程.

3. 求下列曲面在给定点处的切平面和法线方程:

(1) 曲面 $z=x+2y^3$ 在点 $(0,1,2)$ 处;

(2) 曲面 $xy+yz+zx=1$ 在点 $(3,-1,2)$ 处.

4. 求曲面 $x^2+2y^2+z^2=4$ 的切平面方程,使其平行于 $x+2y+z=1$.

5. 已知曲面 $z=f(x,y)$ 之法线的方向余弦为 $\cos\alpha,\cos\beta,\cos\gamma$,证明

$$\frac{\partial z}{\partial x}=-\frac{\cos\alpha}{\cos\gamma}, \quad \frac{\partial z}{\partial y}=-\frac{\cos\beta}{\cos\gamma}.$$

8.8　多元函数的极值

与一元函数类似,多元函数也有相应的极值问题,它是多元函数微分学的重要应用.下面以二元函数为例讨论极值问题,一般的多元的函数的极值问题可以类推.

8.8.1　多元函数的极值

8.8.1.1　极值的定义

定义 8.8　设函数 $z=f(x,y)$ 在点 (x_0,y_0) 的某邻域内有定义,如果对于该邻域内异于 (x_0,y_0) 的任意一点 (x,y),都满足不等式

$$f(x,y)<f(x_0,y_0),$$

则称函数 $f(x,y)$ 在点 (x_0,y_0) 处有**极大值** $f(x_0,y_0)$,称点 (x_0,y_0) 为**极大值点**；

如果都满足不等式

$$f(x,y)>f(x_0,y_0),$$

则称函数 $f(x,y)$ 在点 (x_0,y_0) 处有**极小值** $f(x_0,y_0)$,称点 (x_0,y_0) 为**极小值点**.

极大值、极小值统称为**极值**,极大值点、极小值点统称为**极值点**.

例如,函数 $z=5-x^2-2y^2$ 在点 $(0,0)$ 处取得极大值 5(图 8.34).函数 $z=1-$

$\sqrt{1-x^2-y^2}$ 在点 $(0,0)$ 处取得极小值 0(图 8.35).

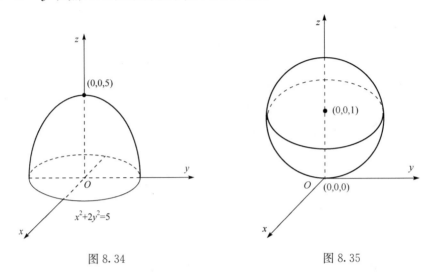

图 8.34　　　　　　　　　　　　　图 8.35

8.8.1.2　极值存在的必要条件

定理 8.10　设函数 $z=f(x,y)$ 在点 (x_0,y_0) 处具有偏导数,且在点 (x_0,y_0) 处取得极值,则它在该点的两个偏导数必然为零,即

$$f_x(x_0,y_0)=0,\quad f_y(x_0,y_0)=0.$$

证　不妨设函数 $z=f(x,y)$ 在点 (x_0,y_0) 处取得极大值.则由极大值的定义,对于 (x_0,y_0) 的某邻域内异于 (x_0,y_0) 的任意一点 (x,y),都满足不等式

$$f(x,y)<f(x_0,y_0).$$

特别地,在该邻域内取 $y=y_0$,而 $x\neq x_0$ 的点 (x,y_0),则有

$$f(x,y_0)<f(x_0,y_0),$$

这表示一元函数 $f(x,y_0)$ 在点 x_0 处取得极大值.因为 $f(x,y)$ 在点 (x_0,y_0) 处的偏导数存在,所以

$$\left.\frac{\mathrm{d}f(x,y_0)}{\mathrm{d}x}\right|_{x=x_0}=f_x(x_0,y_0)=0.$$

同理,可得 $f_y(x_0,y_0)=0$.

与一元函数相同,使 $f_x(x,y)=f_y(x,y)=0$ 的点,称为函数 $f(x,y)$ 的**驻点**.

8.8.1.3　极值存在的充分条件

定理 8.10 说明,具有偏导数的函数的极值点必是驻点,然而驻点却不一定是极值点.

例如,点 $(0,0)$ 是函数 $z=-x^2+y^2$ 的驻点,但不是极值点(图 8.36).

事实上,设 $f(x,y)=-x^2+y^2$,则 $f_x(0,0)=-2x\big|_{(0,0)}=0$,$f_y(0,0)=2y\big|_{(0,0)}=0$,即 $(0,0)$ 是驻点;但在原点 $(0,0)$ 附近,在 $|x|>|y|$ 的点 (x,y) 处,$f(x,y)<0$,而在 $|x|<|y|$ 的点 (x,y) 处,$f(x,y)>0$. 可见点 $(0,0)$ 既不是极大值点,也不是极小值点.

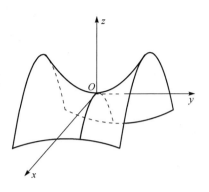

图 8.36

那么,如何判定一个驻点是否极值点呢? 定理 8.11 部分地回答了这一问题.

定理 8.11　设函数 $z=f(x,y)$ 在点 (x_0,y_0) 的某邻域内连续且具有一阶及二阶连续偏导数,又 $f_x(x_0,y_0)=0,f_y(x_0,y_0)=0$. 记

$$f_{xx}(x_0,y_0)=A,\quad f_{xy}(x_0,y_0)=B,\quad f_{yy}(x_0,y_0)=C,$$

则

(1) 当 $B^2-AC<0$ 时,$f(x,y)$ 在点 (x_0,y_0) 处有极值,且当 $A<0$ 时有极大值,$A>0$ 时有极小值;

(2) 当 $B^2-AC>0$ 时,$f(x,y)$ 在点 (x_0,y_0) 处没有极值;

(3) 当 $B^2-AC=0$ 时,$f(x,y)$ 在点 (x_0,y_0) 处是否有极值需要用其他方法判别.

定理证明略.

综合定理 8.10 和定理 8.11,求**二元函数 $z=f(x,y)$ 的极值**的步骤如下:

(1) 解方程组 $\begin{cases}f_x(x,y)=0,\\ f_y(x,y)=0,\end{cases}$ 求出函数的驻点 (x_0,y_0);

(2) 对每一个驻点 (x_0,y_0),计算 A,B,C;

(3) 根据 B^2-AC 及 A 的符号,确定点 (x_0,y_0) 是极大值点还是极小值点,并求出极值.

例 8.48　求 $f(x,y)=x^2+y^2-3x^2y$ 的极值.

解　$f_x(x,y)=2x-6xy,f_y(x,y)=2y-3x^2$,解方程组

$$\begin{cases}2x-6xy=0,\\ 2y-3x^2=0,\end{cases}$$

得三个驻点为 $(0,0)$,$\left(\dfrac{\sqrt{2}}{3},\dfrac{1}{3}\right)$,$\left(-\dfrac{\sqrt{2}}{3},\dfrac{1}{3}\right)$.

而 $f_{xx}(x,y)=2-6y,f_{xy}(x,y)=-6x,f_{yy}(x,y)=2$.

对于驻点 $(0,0)$,$B^2-AC=0^2-2\times2=-4<0$,且 $A=2>0$,所以点 $(0,0)$ 是极小值点,极小值为 $f(0,0)=0$;

对于驻点 $\left(\dfrac{\sqrt{2}}{3},\dfrac{1}{3}\right)$ 及 $\left(-\dfrac{\sqrt{2}}{3},\dfrac{1}{3}\right)$,都有 $B^2-AC=8>0$,所以此二点均不是极值点.

在讨论极值问题时,如果函数在所考虑的区域内偏导数存在,则由定理 8.10,极值只可能在驻点处取得.然而如果函数在个别点处的偏导数不存在,这些点就不是驻点,但仍可能是极值点.例如圆锥面 $z=\sqrt{x^2+y^2}$ 在点 $(0,0)$ 处偏导数不存在,但点 $(0,0)$ 是函数的极小值点.因此在讨论函数的极值问题时,除了寻找函数的驻点外,还要考虑偏导数不存在的点.

8.8.2 多元函数的最大值和最小值

类似于一元函数,可由极值来求得多元函数的最大值、最小值.

8.1 节指出,在有界闭区域 D 上连续的二元函数 $z=f(x,y)$,一定在区域 D 上取得最大值和最小值.使函数取得最值的点既可能在区域 D 的内部,也可能在 D 的边界上.具体求解时,将函数 $f(x,y)$ 在区域 D 内部的可能的极值点(驻点以及偏导数不存在的点)的函数值与函数在区域 D 边界上的最大值和最小值计算出来,其中最大者为最大值,最小者为最小值.

例 8.49 求 $f(x,y)=x^2-y^2$ 在闭区域 $D=\{(x,y)\,|\,x^2+4y^2\leqslant 4\}$ 上的最大值和最小值.

解 (1) 求区域 D 内部可能的极值点的函数值.

由 $f_x(x,y)=2x,f_y(x,y)=-2y$,解方程组 $\begin{cases}2x=0,\\-2y=0,\end{cases}$ 得驻点 $(0,0)$,且 $f(0,0)=0$.

(2) 求区域 D 边界上的最大值和最小值.

在边界 $x^2+4y^2=4$ 上,
$$f(x,y)=x^2-y^2=(4-4y^2)-y^2=4-5y^2,\quad y\in[-1,1].$$
现在求一元函数 $f(x,y)=4-5y^2$ 在闭区间 $[-1,1]$ 上的最值:

令 $\dfrac{\mathrm{d}f}{\mathrm{d}y}=-10y=0$,得驻点 $y=0$.在边界 $x^2+4y^2=4$ 上,$y=0$ 对应 $x=\pm 2$,故得边界上的点 $(\pm 2,0)$,其函数值 $f(\pm 2,0)=4$;

闭区间 $[-1,1]$ 的端点 $y=\pm 1$,对应边界 $x^2+4y^2=4$ 上的点 $(0,\pm 1)$,其函数值 $f(0,\pm 1)=-1$.

综合(1)和(2),函数在 D 上的最小值为 $f(0,\pm 1)=-1$,最大值为 $f(\pm 2,0)=4$.

在实际问题中,若可以根据问题的性质推断函数的最值一定在区域内部取得,而函数在区域的内部又只有唯一的可能的极值点,那么就可以肯定该点处的函数值就是函数的最大值或最小值.

例 8.50　要用铁板做成一个容积为 V 的有盖长方体水箱,问长、宽、高各为多少时,使用材料最少?

解　设水箱的长为 x,宽为 y,则其高为 $\dfrac{V}{xy}$,故水箱的表面积为

$$S = 2\left(xy + x \cdot \frac{V}{xy} + y \cdot \frac{V}{xy}\right) = 2\left(xy + \frac{V}{x} + \frac{V}{y}\right),$$

S 的定义域为 $D = \{(x,y) \mid x > 0, y > 0\}$.

由

$$\frac{\partial S}{\partial x} = 2\left(y - \frac{V}{x^2}\right), \quad \frac{\partial S}{\partial y} = 2\left(x - \frac{V}{y^2}\right),$$

得 D 内唯一的驻点 $(\sqrt[3]{V}, \sqrt[3]{V})$.

根据问题的实际意义,水箱所用材料的最小值一定存在. 又 $(\sqrt[3]{V}, \sqrt[3]{V})$. 是函数唯一的驻点,所以该驻点就是 S 取得最小值的点.

即当 $x = y = z = \sqrt[3]{V}$ 时,函数 S 取得最小值 $6V^{\frac{2}{3}}$,也即当盒子的长、宽、高相等时,所用材料最少.

8.8.3　条件极值与拉格朗日乘数法

前面讨论的极值,除了自变量限制在定义域内取值外,无其他条件限制,这类问题称为**无条件极值**. 但在实际问题中,函数的自变量往往要受到某些条件的约束,这类附加约束条件的极值问题称为**条件极值**.

例 8.51　某企业生产两种型号的数控机床,总成本函数为

$$C(x,y) = x^2 + 2y^2 - xy(单位:万元),$$

其中 x, y(单位:台)分别表示两种型号数控机床的产量. 根据市场调查,这两种机床的需求量共 32 台,问应如何安排生产,才能使总成本最小?

分析　因为总成本函数中的自变量 x, y 受到市场需求的限制,$x + y = 32$,故该问题可描述为

在约束条件 $x + y = 32$ 的限制下求函数 $C(x,y) = x^2 + 2y^2 - xy$ 的极小值,即求函数 $C(x,y)$ 在条件 $x + y = 32$ 约束下的条件极值.

在本例中,可由条件 $x + y = 32$ 解出 $y = 32 - x$ 代入 $C(x,y)$,则条件极值问题可化为一元函数

$$C(x,y) = x^2 + 2(32 - x)^2 - x(32 - x) = 4x^2 - 160x + 2048$$

的无条件极值问题.

但在很多情形下,如果约束条件是隐函数或者约束条件不止一个,则将条件极值化为无条件极值是很困难的.下面介绍一种求条件极值的常用方法——**拉格朗日乘数法**.

用拉格朗日乘数法求函数 $z=f(x,y)$ 在约束条件 $\varphi(x,y)=0$ 下极值的步骤为

(1) 构造**拉格朗日函数**

$$F(x,y)=f(x,y)+\lambda\varphi(x,y), \tag{8-36}$$

其中 λ 称为**拉格朗日乘数**.

(2) 求解方程组

$$\begin{cases} F_x=f_x(x,y)+\lambda\varphi_x(x,y)=0, \\ F_y=f_y(x,y)+\lambda\varphi_y(x,y)=0, \\ \varphi(x,y)=0. \end{cases} \tag{8-37}$$

由此方程组解出 x,y,点 (x,y) 即是函数 $z=f(x,y)$ 在条件 $\varphi(x,y)=0$ 下可能的极值点.

至于所得的点是否为极值点,通常可根据问题的实际意义来判定.

对于自变量个数或约束条件个数多于两个的情形,也有类似的结果.

如求三元函数 $u=f(x,y,z)$ 在条件 $\varphi(x,y,z)=0$ 以及 $\psi(x,y,z)=0$ 下的极值,则构造拉格朗日函数

$$F(x,y,z)=f(x,y,z)+\lambda_1\varphi(x,y,z)+\lambda_2\psi(x,y,z), \tag{8-38}$$

λ_1,λ_2 为拉格朗日乘数.

解方程组

$$\begin{cases} F_x=f_x(x,y,z)+\lambda_1\varphi_x(x,y,z)+\lambda_2\psi_x(x,y,z)=0, \\ F_y=f_y(x,y,z)+\lambda_1\varphi_y(x,y,z)+\lambda_2\psi_y(x,y,z)=0, \\ F_z=f_z(x,y,z)+\lambda_1\varphi_z(x,y,z)+\lambda_2\psi_z(x,y,z)=0, \\ \varphi(x,y,z)=0, \\ \psi(x,y,z)=0 \end{cases} \tag{8-39}$$

可得到可能的极值点.

例 8.52 用拉格朗日乘数法求解例 8.51,即求函数 $C(x,y)=x^2+2y^2-xy$ 在条件 $x+y=32$ 下的极值.

解 构造函数

$$F(x,y)=x^2+2y^2-xy+\lambda(x+y-32),$$

解方程组

$$\begin{cases} F_x=2x-y+\lambda=0, \\ F_y=4y-x+\lambda=0, \\ x+y-32=0, \end{cases}$$

得 $x=20,y=12$,故点 $(20,12)$ 是函数 $C(x,y)$ 在条件 $x+y=32$ 下的可能的极值点.

因为点 $(20,12)$ 是 $C(x,y)$ 唯一可能的极值点,且该问题必有最小值,所以点 $(20,12)$ 也是函数 $C(x,y)$ 的最小值点,最小值为

$$C(20,12)=20^2+2\times12^2-20\times12=448(\text{万元}).$$

例 8.53 某厂生产甲乙两种产品,产量分别为 x,y(单位:千只),其利润函数为

$$f(x,y)=-x^2-4y^2+8x+24y-15(\text{单位:万元}),$$

现有原料 15000kg(不要求用完),生产两种产品每千只消耗原料 2000kg. 求:

(1) 利润最大时的产量和最大利润;

(2) 如果原料只有 12000kg,求利润最大时的产量和最大利润.

解 (1) 解方程组

$$\begin{cases} f_x(x,y)=-2x+8=0, \\ f_y(x,y)=-8y+24=0, \end{cases}$$

得驻点 $(4,3)$,此时需要的原材料为

$$4\times2000+3\times2000=14000(\text{kg})<15000(\text{kg}),$$

即原料在使用限额内.

因驻点唯一,且该问题必有最大值,点 $(4,3)$ 为最大值点. 即甲乙两种产品产量分别为 4 千只和 3 千只时利润最大,最大利润为 $f(4,3)=37$ 万元.

(2) 当原料为 12000kg 时,若按(1)的方式生产,原料不足,故应考虑在约束 $2000x+2000y=12000$,即 $x+y=6$ 之下,求 $f(x,y)$ 的最大值.

构造拉格朗日函数

$$F(x,y)=-x^2-4y^2+8x+24y-15+\lambda(6-x-y),$$

解方程组

$$\begin{cases} F_x=-2x+8-\lambda=0, \\ F_y=-8y+24-\lambda=0, \\ 6-x-y=0, \end{cases}$$

得函数 $f(x,y)$ 在条件 $x+y=6$ 下唯一可能的极值点 $(3.2,2.8)$,也就是该问题的最大值点,此时 $f(3.2,2.8)=36.2$.

所以,在原料为 12000kg 时,甲乙两种产品分别生产 3.2 和 2.8 千只时利润最大,最大利润为 36.2 万元.

习题 8.8

1. 求下列函数的极值:

(1) $f(x,y)=4(x-y)-x^2-y^2$;

(2) $f(x,y)=e^{2x}(x+y^2+2y)$.

2. 求 $f(x,y)=1-x^2-4y^2$ 在闭区域 $D=\{(x,y)|x^2+y^2\leqslant1\}$ 上的最大值和最小值.

3. 求函数 $z = x^2 + y^2$ 在条件 $\dfrac{x}{a} + \dfrac{y}{b} = 1$ 下的极值.

4. 要制造一个无盖的长方体水槽,已知底部造价为 18 元/m^2,侧面造价为 6 元/m^2,设计的总造价为 216 元,问如何选取尺寸,才能使容积最大?

5. 某工厂生产产品 A 需用两种原料,其价格分别为 2 万元/kg 和 1 万元/kg. 当这两种原料的投入量分别为 x kg 和 y kg 时,可生产产品 z kg,且

$$z = 20 - x^2 + 10x - 2y^2 + 5y.$$

若 A 产品价格为 5 万元/kg,试确定投入量,使利润最大.

综合练习题八

一、判断题(将√或×填入相应的括号内)

( )1. 若动点 (x, y) 沿所有直线路径趋于定点 (x_0, y_0) 时,$f(x, y)$ 都无限逼近于常数 A,则极限 $\lim\limits_{(x,y) \to (x_0, y_0)} f(x, y) = A$;

( )2. 若 $z = f(x, y)$ 在点 (x_0, y_0) 处连续,则在该点必有极限;

( )3. 若 $z = f(x, y)$ 在点 (x_0, y_0) 处的一阶偏导数都存在,则在该点连续;

( )4. 若 $z = f(x, y)$ 在点 (x_0, y_0) 处连续,则在该点的一阶偏导数都存在;

( )5. 若 $z = f(x, y)$ 在点 (x_0, y_0) 处的一阶偏导数都存在,则在该点可微;

( )6. 若 $z = f(x, y)$ 在点 (x_0, y_0) 处可微,则在该点必有极限;

( )7. 若 $z = f(x, y)$ 在点 (x_0, y_0) 处的一阶偏导数连续,则在该点可微;

( )8. 梯度是函数值变化最快的方向;

( )9. 若函数 $z = f(x, y)$ 在点 (x_0, y_0) 处取得极值,则 $f_x(x_0, y_0) = f_y(x_0, y_0)$;

( )10. 若可微函数 $z = f(x, y)$ 在点 (x_0, y_0) 处取得极值,则 $dz(x_0, y_0) = 0$.

二、单项选择题(将正确选项的序号填入括号内)

1. 二元函数 $z = \dfrac{\arccos(x + y - 1)}{\ln(1 - x^2 - y^2)}$ 的定义域是(   ).

(A) $D = \{(x, y) \mid x^2 + y^2 \leqslant 1, -x < y < 2 - x\}$;

(B) $D = \{(x, y) \mid x^2 + y^2 < 1, -x \leqslant y \leqslant 2 - x, x^2 + y^2 \neq 0\}$;

(C) $D = \{(x, y) \mid x^2 + y^2 < 1, -x < y < 2 - x\}$;

(D) $D = \{(x, y) \mid x^2 + y^2 \leqslant 1, -x \leqslant y \leqslant 2 - x, x^2 + y^2 \neq 0\}$.

2. 设 $f(x, y) = \dfrac{xy}{x^2 + y^2}$,则下列选项式中正确的是(   ).

(A) $f(x, xy^2) = f(x, y)$; (B) $f(x + y, x - y) = f(x, y)$;

(C) $f(y, x) = f(x, y)$; (D) $f(x, -y) = f(x, y)$.

3. 函数 $z = f(x, y)$ 在点 (x_0, y_0) 处的偏导数存在,则 $\lim\limits_{\Delta x \to 0} \dfrac{f(x_0 + \Delta x, y_0) - f(x_0 - \Delta x, y_0)}{\Delta x} =$

(   ).

(A) $f_x(x_0, y_0)$; (B) $f_x(2x_0, y_0)$; (C) $2f_x(x_0, y_0)$; (D) $\dfrac{1}{2} f_x(x_0, y_0)$.

4. 已知 $(axy^3 - y^2\cos x)dx + (1 + by\sin x + 3x^2y^2)dy$ 为某一函数 $f(x,y)$ 的全微分, 则 a 和 b 分别是 (　　).

　　(A) $-2,2$；　　　　　(B) $2,-2$；　　　　　(C) $2,2$；　　　　　(D) $-2,-2$.

5. 设 $f(x,y) = \varphi(x+y) + \psi(x-y)$, 则 (　　).

　　(A) $f_{xx}(x,y) + f_{yy}(x,y) = 0$；　　　　　(B) $f_{xx}(x,y) - f_{yy}(x,y) = 0$；

　　(C) $f_{xy}(x,y) = 0$；　　　　　(D) $f_{xx}(x,y) + f_{xy}(x,y) = 0$.

6. 设 $u = f(x, xy, xyz)$, 则 $\dfrac{\partial^2 u}{\partial y \partial z} = $ (　　).

　　(A) $xyf''_{13} + x^2yf''_{23} + xyzf''_{33}$；　　　　　(B) $x^2yf''_{23} + x^2yzf''_{33}$；

　　(C) $x^2yf''_{23} + x^2yzf''_{33} + f'_3$；　　　　　(D) $x^2yf''_{23} + x^2yzf''_{33} + xf'_3$.

7. 设可微函数 $f(x,y)$ 在点 (x_0, y_0) 处取得极小值, 则下列结论正确的是 (　　).

　　(A) $f(x_0, y)$ 在点 $y = y_0$ 处的导数等于零；

　　(B) $f(x_0, y)$ 在点 $y = y_0$ 处的导数大于零；

　　(C) $f(x_0, y)$ 在点 $y = y_0$ 处的导数小于零；

　　(D) $f(x_0, y)$ 在点 $y = y_0$ 处的导数不等于零.

8. 设 $f(x + az, y + bz) = 0$, 则 $a\dfrac{\partial z}{\partial x} + b\dfrac{\partial z}{\partial y} = $ (　　).

　　(A) 0；　　　　　(B) 1；　　　　　(C) -1；　　　　　(D) $2ab$.

9. 考虑二元函数 $f(x,y)$ 如下 4 条性质:

　　① $f(x,y)$ 在点 (x_0, y_0) 处连续；

　　② $f(x,y)$ 在点 (x_0, y_0) 处的两个偏导数连续；

　　③ $f(x,y)$ 在点 (x_0, y_0) 处可微；

　　④ $f(x,y)$ 在点 (x_0, y_0) 处的两个偏导数存在.

则正确的逻辑关系是 (　　).

　　(A) ②⇒③⇒①；　　　　　(B) ③⇒②⇒①；

　　(C) ③⇒④⇒①；　　　　　(D) ③⇒①⇒④.

10. 函数 $z = x^2 - y^2 + 2x$ 在点 $P(1,1)$ 处的梯度是 (　　).

　　(A) $2x - 2y + 2$；　　(B) $\{x+1, -y\}$；　　(C) $\{2, -1\}$；　　　　　(D) $\{4, -2\}$.

三、填空题

1. $\lim\limits_{(x,y) \to (0,0)} \dfrac{\arcsin(x^2 + y^2)}{x^2 + y^2} = $ ＿＿＿＿＿＿＿；

2. 设 $f(x,y) = y + x\arcsin(xy)$, 则 $f_x\left(1, \dfrac{1}{2}\right) = $ ＿＿＿＿＿＿＿；

3. 设 $z = xy + e^x y^2$, 则 $dz(0,1) = $ ＿＿＿＿＿＿＿；

4. 设 $f(xy, x-y) = x^2 + y^2$, 则 $\dfrac{\partial f(x,y)}{\partial x} + \dfrac{\partial f(x,y)}{\partial y} = $ ＿＿＿＿＿＿＿；

5. 设 $e^{-xy} + 2z + e^z = 0$, 则 $\dfrac{\partial z}{\partial x} = $ ＿＿＿＿＿＿＿；

6. 设 $z = f\left(\dfrac{y}{x}, xy\right)$, f 具有一阶连续偏导数, 则 $\dfrac{\partial z}{\partial x} = $ ＿＿＿＿＿＿＿；

7. 设 $f(x,y,z)=e^x yz^2$,其中 $z=z(x,y)$ 由 $x+y+z+xyz=0$ 确定,则 $f_x(0,1,-1)$ =＿＿＿＿＿＿;

8. 曲线 $x=t,y=\dfrac{t}{1+t},z=2t$ 上 $t=1$ 处的切线方程为＿＿＿＿＿＿;

9. 曲面 $z^2=xy-1$ 在点 $(0,1,-1)$ 处的切平面方程为＿＿＿＿＿＿;

10. 函数 $z=x^3+y^3-3x^2-3y^2$ 的极小值点为＿＿＿＿＿＿.

四、计算题

1. 设 $u=f(x,z)$,而 $z(x,y)$ 由方程 $z=x+y\varphi(z)$ 确定,其中 f,φ 都有连续的导数,求 $\mathrm{d}u$, $\dfrac{\partial u}{\partial x},\dfrac{\partial u}{\partial y}$.

2. 设 $z=f(x,y)$ 由方程 $xy+yz+xz=1$ 所确定,求 $\dfrac{\partial^2 z}{\partial x \partial y}$.

3. 设 $z=f(x^y,y+3)$,f 具有二阶连续偏导数,求 $\dfrac{\partial^2 z}{\partial x \partial y}$.

4. 求函数 $f(x,y)=x^4+y^4-x^2-2xy-y^2$ 的极值.

5. 求函数 $z=xy$ 在区域 $x^2+y^2 \leqslant 1$ 上的最值.

6. 某工厂要建造一座长方体形状的平顶厂房,其体积为 4.05 万 m^3. 已知前墙和屋顶的每单位面积的造价分别是其他墙身造价的 3 倍和 1.5 倍,问厂房前墙的长度和厂房的高度为多少时,厂房的造价最小.

7. 设 $\boldsymbol{n}$ 是曲面 $3x^2+2y^2+z^2=6$ 在点 $P(1,1,1)$ 处指向外侧的法向量,求函数 $u=z\ln \dfrac{x^2+y^2}{2}$ 在此处沿方向 $\boldsymbol{n}$ 的方向导数.

五、证明题

1. 证明函数 $f(x,y)=\sqrt{|xy|}$ 在点 $(0,0)$ 处的两个偏导数都存在,但在该点不可微.

2. 设 $F(x,y)=0$ 确定函数 $y=f(x)$,且 $F(x,y)$ 存在二阶连续偏导数,证明

$$\frac{\mathrm{d}^2 y}{\mathrm{d}x^2}=\frac{-F_{xx}F_y^2+2F_{xy}F_x F_y-F_{yy}F_x^2}{F_y^3}.$$

第9章 重 积 分

定积分是定义在有限区间上的一元函数积分和的极限. 若将被积函数推广到多元函数,同时将积分区间推广到平面区域或空间区域,就得到重积分的概念. 当积分区域是平面区域时,二元函数积分和的极限是二重积分;当积分区域是空间区域时,三元函数积分和的极限则是三重积分.

本章将给出二重积分、三重积分的定义和性质,并着重研究二重积分与三重积分的计算与应用.

9.1 二重积分的概念与性质

9.1.1 实际背景

例 9.1 曲顶柱体的体积.

9.1 二重积分的概念与性质(一)

设函数 $z=f(x,y)$ 为有界闭区域 D 上的非负函数. 称以曲面 $z=f(x,y)$ 为顶,xOy 平面上的有界闭区域 D 为底,以区域 D 的边界为准线且母线平行于 z 轴的柱面为侧面的立体为**曲顶柱体**(图 9.1).

对于平顶柱体,其体积等于其底面积与高的乘积. 而曲顶柱体的顶面 $f(x,y)$ 是变量 x,y 的函数,即曲顶柱体的高不是常数,所以其体积不能用平顶柱体的体积公式来计算.

不妨设 $f(x,y)$ 是连续函数,则在区域 D 的一个小的范围内,函数值 $f(x,y)$ 变化不大,于是可仿照定积分求曲边梯形面积的办法,先求出曲顶柱体体积的近似值,再用求极限的方法得到曲顶柱体的体积. 具体过程如下:

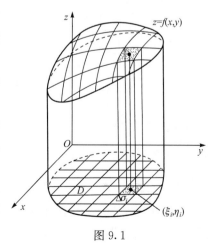

图 9.1

(1) **分割**　用任一组曲线网把区域 D 分割为 n 个小区域 $\Delta\sigma_i(i=1,2,\cdots,n)$，并且 $\Delta\sigma_i$ 也表示第 i 个小区域的面积，每个小区域对应着一个小曲顶柱体. $\Delta\sigma_i$ 上任意两点之间距离的最大值，称为 $\Delta\sigma_i$ 的直径，记为 $d_i(i=1,2,\cdots,n)$.

(2) **近似**　在 $\Delta\sigma_i(i=1,2,\cdots,n)$ 上任取一点 (ξ_i,η_i)，显然 $f(\xi_i,\eta_i)\Delta\sigma_i$ 表示以 $\Delta\sigma_i$ 为底，$f(\xi_i,\eta_i)$ 为高的平顶柱体的体积，它近似于以 $\Delta\sigma_i$ 为底，$z=f(x,y)$ 为顶的小曲顶柱体的体积.

(3) **求和**　将所有小平顶柱体的体积加起来，则 $\displaystyle\sum_{i=1}^{n}f(\xi_i,\eta_i)\Delta\sigma_i$ 就是所求曲顶柱体的体积 V 的近似值，即

$$V \approx \sum_{i=1}^{n}f(\xi_i,\eta_i)\Delta\sigma_i.$$

(4) **取极限**　令 $\lambda=\max_{1\leqslant i\leqslant n}\{d_i\}$. 显然，如果这些小区域的最大直径 λ 趋于零，即曲线网充分细密，所得的极限 $\displaystyle\lim_{\lambda\to 0}\sum_{i=1}^{n}f(\xi_i,\eta_i)\Delta\sigma_i$ 便自然地定义为该曲顶柱体的体积 V，即

$$V = \lim_{\lambda\to 0}\sum_{i=1}^{n}f(\xi_i,\eta_i)\Delta\sigma_i.$$

例 9.2　平面薄板的质量.

设一块密度非均匀的平面薄板位于 xOy 坐标平面的有界闭区域 D 上，它在点 (x,y) 处的面密度为 $\mu(x,y)$，这里 $\mu(x,y)>0$，且在 D 上连续，求该薄板的质量 M.

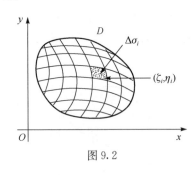

图 9.2

与上例类似，先把薄板区域 D 任意分割为 n 个小区域 $\Delta\sigma_i(i=1,2,\cdots,n)$. 根据面密度 $\mu(x,y)$ 的连续性，当小区域 $\Delta\sigma_i$ 的直径很小时，薄板小块就可以近似看做密度均匀的薄板. 在 $\Delta\sigma_i$ 上任取一点 (ξ_i,η_i)，则 $\mu(\xi_i,\eta_i)\Delta\sigma_i(i=1,2,\cdots,n)$ 就是第 i 个薄板小块质量的近似值(图 9.2). 从而整个薄板质量的近似值为 $\displaystyle\sum_{i=1}^{n}\mu(\xi_i,\eta_i)\Delta\sigma_i$.

当这些小区域的最大直径 λ 趋于零时，极限值 $\displaystyle\lim_{\lambda\to 0}\sum_{i=1}^{n}\mu(\xi_i,\eta_i)\Delta\sigma_i$ 即为该平面薄板的质量 M，即

$$M = \lim_{\lambda\to 0}\sum_{i=1}^{n}\mu(\xi_i,\eta_i)\Delta\sigma_i.$$

以上两个例子的实际背景虽然各不相同，但都可以通过"分割、近似、求和、取极限"的步骤最终归结为具有相同结构的和式的极限问题. 我们抛开这些问题的实

际背景,抓住它们的共同本质并加以抽象概括就得到如下二重积分的定义.

9.1.2 二重积分的定义

定义 9.1 设函数 $z=f(x,y)$ 在平面有界闭区域 D 上有定义. 将区域 D 任意分成 n 个小区域 $\Delta\sigma_i(i=1,2,\cdots,n)$,其中 $\Delta\sigma_i$ 也表示第 i 个小区域的面积. 在 $\Delta\sigma_i$ 上任取一点 (ξ_i,η_i),并作出和式

$$\sum_{i=1}^{n} f(\xi_i,\eta_i)\Delta\sigma_i. \tag{9-1}$$

记 $\lambda=\max\limits_{1\leqslant i\leqslant n}\{d_i\,|\,d_i\ \text{为}\ \Delta\sigma_i\ \text{的直径}\}$. 若无论区域 D 的分法如何,也无论点 (ξ_i,η_i) 如何选取,当 $\lambda\to 0$ 时,和式(9-1)总有确定的极限 I,则称此极限为函数 $f(x,y)$ 在区域 D 上的**二重积分**,记为 $\iint\limits_{D}f(x,y)\mathrm{d}\sigma$,即

$$\iint\limits_{D}f(x,y)\mathrm{d}\sigma=\lim_{\lambda\to 0}\sum_{i=1}^{n}f(\xi_i,\eta_i)\Delta\sigma_i, \tag{9-2}$$

其中 $f(x,y)$ 称为**被积函数**,$f(x,y)\mathrm{d}\sigma$ 称为**被积表达式**,$\mathrm{d}\sigma$ 称为**面积元素**,x,y 称为**积分变量**,D 称为**积分区域**.

由二重积分的定义,当 $f(x,y)\geqslant 0$ 时,二重积分 $\iint\limits_{D}f(x,y)\mathrm{d}\sigma$ 就是例 9.1 所示的曲顶柱体的体积;而当 $f(x,y)<0$ 时,曲顶柱体位于 xOy 坐标平面的下方,二重积分 $\iint\limits_{D}f(x,y)\mathrm{d}\sigma$ 则等于相应之曲顶柱体的体积的负值;若 $f(x,y)$ 在区域 D 的部分区域上取正值,而在其他部分区域上取负值,则二重积分 $\iint\limits_{D}f(x,y)\mathrm{d}\sigma$ 等于区域 D 上曲顶柱体体积的代数和. 这就是二重积分的**几何意义**.

同样,例 9.2 所表示的平面薄板的质量也可以写成二重积分

$$M=\iint\limits_{D}\mu(x,y)\mathrm{d}\sigma.$$

关于二重积分存在的条件,我们略去证明给出以下结论:

定理 9.1 若函数 $f(x,y)$ 在有界闭区域 D 上连续,则 $f(x,y)$ 在 D 上的二重积分存在.

更一般的结论:若函数 $f(x,y)$ 在有界闭区域 D 上有界,且在 D 上除去有限个点或有限条光滑曲线外都连续,则 $f(x,y)$ 在 D 上可积.

9.1.3 二重积分的性质

二重积分与定积分有着类似的性质,现叙述如下:

设 $f(x,y),g(x,y)$ 在闭区域 D 上的二重积分存在,则

性质 9.1 $\iint\limits_{D}kf(x,y)\mathrm{d}\sigma = k\iint\limits_{D}f(x,y)\mathrm{d}\sigma$,其中 k 为常数.

9.1 二重积分的概念与性质(二)

性质 9.2 $\iint\limits_{D}[f(x,y)\pm g(x,y)]\mathrm{d}\sigma = \iint\limits_{D}f(x,y)\mathrm{d}\sigma \pm \iint\limits_{D}g(x,y)\mathrm{d}\sigma.$

性质 9.3(区域可加性) 如果 $D=D_1\bigcup D_2,D_1\bigcap D_2=\varnothing$,则

$$\iint\limits_{D}f(x,y)\mathrm{d}\sigma = \iint\limits_{D_1}f(x,y)\mathrm{d}\sigma + \iint\limits_{D_2}f(x,y)\mathrm{d}\sigma.$$

性质 9.4 若 σ 为区域 D 的面积,则 $\sigma = \iint\limits_{D}\mathrm{d}\sigma.$

这表明,高为 1 的平顶柱体的体积在数值上等于其底面积.

性质 9.5 若在 D 上恒有 $f(x,y)\leqslant g(x,y)$,则

$$\iint\limits_{D}f(x,y)\mathrm{d}\sigma \leqslant \iint\limits_{D}g(x,y)\mathrm{d}\sigma.$$

性质 9.6 设 $f(x,y)$ 在 D 上有最大值 M,最小值 m,σ 是 D 的面积,则

$$m\sigma \leqslant \iint\limits_{D}f(x,y)\mathrm{d}\sigma \leqslant M\sigma.$$

性质 9.7(积分中值定理) 设 $f(x,y)$ 在有界闭区域 D 上连续,σ 是区域 D 的面积,则在 D 上至少存在一点 (ξ,η),使得

$$\iint\limits_{D}f(x,y)\mathrm{d}\sigma = f(\xi,\eta)\sigma.$$

证 因 $f(x,y)$ 在有界闭区域 D 上连续,故在 D 上取得最大值 M 和最小值 m. 显然 $\sigma\neq0$,由性质 9.6 得

$$m \leqslant \frac{1}{\sigma}\iint\limits_{D}f(x,y)\mathrm{d}\sigma \leqslant M.$$

即 $\dfrac{1}{\sigma}\iint\limits_{D}f(x,y)\mathrm{d}\sigma$ 是介于 $f(x,y)$ 的最大值 M 和最小值 m 之间的一个值. 根据闭区域上连续函数的介值定理,在 D 上至少存在一点 (ξ,η),使得

$$\frac{1}{\sigma}\iint\limits_{D}f(x,y)\mathrm{d}\sigma = f(\xi,\eta).$$

上式两端乘以 σ,即得性质 9.7.

这个性质的几何意义是:对任何一个曲顶柱体总可以找到一个与其底相同的平顶柱体,使两者的体积相等.

称 $f(\xi,\eta)=\dfrac{1}{\sigma}\iint\limits_{D}f(x,y)\mathrm{d}\sigma$ 为函数 $f(x,y)$ 在 D 上的**平均值**.

例 9.3 利用二重积分的性质,比较 $\iint\limits_{D}(x+y)^2\mathrm{d}\sigma$ 与 $\iint\limits_{D}(x+y)^3\mathrm{d}\sigma$ 的大小,其中 D 是由圆 $(x-2)^2+(y-1)^2=2$ 所围成的闭区域.

解 积分域 D 的边界为圆周:
$$(x-2)^2+(y-1)^2=2,$$
它与 x 轴交于点 $(1,0)$,且与直线 $x+y=1$ 相切于点 $(1,0)$,区域 D 位于直线的上方(图 9.3),故在 D 上 $x+y>1$,从而有 $(x+y)^2\leqslant(x+y)^3$,由性质 9.5 得
$$\iint\limits_{D}(x+y)^2\mathrm{d}\sigma\leqslant\iint\limits_{D}(x+y)^3\mathrm{d}\sigma.$$

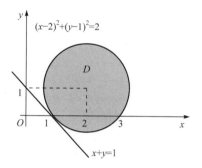

图 9.3

例 9.4 估计二重积分 $\iint\limits_{D}(x^2-y^2)\mathrm{d}\sigma$ 的值,其中 D 是由曲线 $x^2+y^2-2x=0$ 所围成的闭区域.

解 根据性质 9.6,只需求出被积函数 $f(x,y)=x^2-y^2$ 在 D 上的最大值 M、最小值 m 以及 D 的面积 σ.

D 的面积 $\sigma=\pi\cdot 1^2=\pi$. 下面求 $f(x,y)=x^2-y^2$ 在 D 上的最大、最小值.

在开区域 $\{(x,y)\mid(x-1)^2+y^2<1\}$ 内,由
$$\begin{cases}\dfrac{\partial f}{\partial x}=2x=0,\\[2mm]\dfrac{\partial f}{\partial y}=-2y=0.\end{cases}$$
得驻点 $(0,0)$,而 $(0,0)$ 不在该区域内,即函数 $f(x,y)=x^2-y^2$ 在区域 $\{(x,y)\mid(x-1)^2+y^2<1\}$ 内无极值点.

在 D 的边界 $\{(x,y)\mid(x-1)^2+y^2=1\}$ 上,问题归结为一个有约束的最优化问题——求函数 $f(x,y)=x^2-y^2$ 在边界 $x^2+y^2-2x=0$ 上的最值.

构造拉格朗日函数
$$F(x,y)=x^2-y^2+\lambda(x^2+y^2-2x),$$
由
$$\begin{cases}F_x=2x+2\lambda x-2\lambda=0,\\ F_y=-2y+2\lambda y=0,\\ x^2+y^2-2x=0\end{cases}$$

解得可能的极值点为 $(0,0),(2,0),\left(\dfrac{1}{2},\pm\dfrac{\sqrt{3}}{2}\right)$. 计算得

$$f(0,0)=0,\quad f(2,0)=4,\quad f\left(\dfrac{1}{2},\pm\dfrac{\sqrt{3}}{2}\right)=-\dfrac{1}{2}.$$

即 $f(x,y)=x^2-y^2$ 在 D 上的最小、最大值分别为 $f\left(\dfrac{1}{2},\pm\dfrac{\sqrt{3}}{2}\right)=-\dfrac{1}{2},f(2,0)=4$,故

$$-\dfrac{\pi}{2}\leqslant\iint\limits_{D}f(x,y)\mathrm{d}\sigma\leqslant 4\pi.$$

习题 9.1

1. 用二重积分表示下列立体的体积:

(1) 上半球体:$\{(x,y,z)\mid x^2+y^2+z^2\leqslant R^2,z\geqslant 0\}$;

(2) 由抛物面 $z=2-x^2-y^2$,柱面 $x^2+y^2=1$ 及 xOy 面所围成的空间立体.

2. 根据二重积分的性质,比较下列积分的大小:

(1) $\iint\limits_{D}(x+y)\mathrm{d}\sigma$ 与 $\iint\limits_{D}(x+y)^2\mathrm{d}\sigma$,其中 D 是由 x 轴,y 轴及直线 $x+y=1$ 所围成的闭区域;

(2) $\iint\limits_{D}\ln(x+y)\mathrm{d}\sigma$ 与 $\iint\limits_{D}[\ln(x+y)]^2\mathrm{d}\sigma$,其中 D 是三角形闭区域,三个顶点分别为 $(1,0)$,$(1,1),(2,0)$.

3. 利用二重积分的性质估计下列积分的值.

(1) $I=\iint\limits_{D}x(x+y+1)\mathrm{d}\sigma$,其中 D 是矩形闭区域 $\{(x,y)\mid 0\leqslant x\leqslant 1,0\leqslant y\leqslant 1\}$;

(2) $I=\iint\limits_{D}(2x^2+y^2+1)\mathrm{d}\sigma$,其中 D 是圆形闭区域 $\{(x,y)\mid x^2+y^2\leqslant 1\}$.

4. 计算 $\lim\limits_{r\to 0}\dfrac{1}{\pi r^2}\iint\limits_{D}\mathrm{e}^{x^2-y^2}\cos(x+y)\mathrm{d}\sigma$,其中 $D=\{(x,y)\mid x^2+y^2\leqslant r^2\}$.

9.2 二重积分的计算

9.2.1 直角坐标系下二重积分的计算

9.2 二重积分的计算(一)

除了一些特殊情形,利用定义来计算二重积分是非常困难的. 通常的方法是将二重积分化为两次定积分即累次积分来计算.

由二重积分的定义可知,若 $f(x,y)$ 在区域 D 上的二重积分存在,则和式的极限(即二重积分的值)与区域 D 的分法无关. 因此在直角坐标系中可以用平行于坐标轴的直线网把区域 D 分成若干个矩形小区域(图 9.4).

设矩形小区域 $\Delta\sigma_i$ 的边长为 Δx_i 和 Δy_i
则 $\Delta\sigma_i = \Delta x_i \cdot \Delta y_i$,所以在直角坐标系中,常
把面积元素 $\mathrm{d}\sigma$ 记作 $\mathrm{d}x\mathrm{d}y$,于是二重积分可表
示为

$$\iint\limits_{D} f(x,y)\mathrm{d}\sigma = \iint\limits_{D} f(x,y)\mathrm{d}x\mathrm{d}y. \quad (9\text{-}3)$$

先讨论在以下两类特殊区域 D 上的二重
积分的计算:

(1) **X 型区域** 区域 D 可表示为不等式
$a \leqslant x \leqslant b, \varphi_1(x) \leqslant y \leqslant \varphi_2(x)$. 如图 9.5 所示.

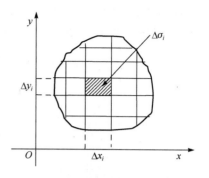

图 9.4

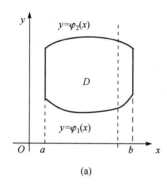

(a)

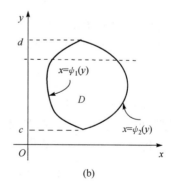

(b)

图 9.5

(2) **Y 型区域** 区域 D 可表示为不等式 $c \leqslant y \leqslant d, \psi_1(y) \leqslant x \leqslant \psi_2(y)$. 如图 9.6
所示.

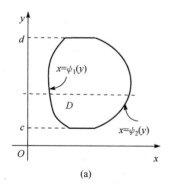

(a)

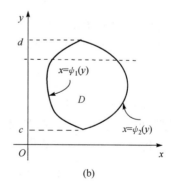

(b)

图 9.6

X 型区域的特点是:垂直于 x 轴的直线 $x = x_0 (a < x_0 < b)$ 与 D 的边界至多只
有两个交点;Y 型区域也有类似的特点. 许多常见的区域都可分解为有限个 X 型
区域或 Y 型区域.

定理 9.2 若 $f(x,y)$ 在 X 型区域 $D=\{(x,y)\,|\,a\leqslant x\leqslant b,\varphi_1(x)\leqslant y\leqslant\varphi_2(x)\}$ 上连续,其中 $\varphi_1(x),\varphi_2(x)$ 在 $[a,b]$ 上连续,则

$$\iint\limits_D f(x,y)\mathrm{d}\sigma=\int_a^b\left[\int_{\varphi_1(x)}^{\varphi_2(x)}f(x,y)\mathrm{d}y\right]\mathrm{d}x.$$

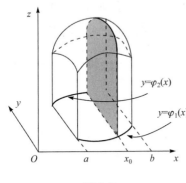

图 9.7

证 在区间 $[a,b]$ 上任取一定点 x_0,作平行于 yOz 面的平面 $x=x_0$,该平面截曲顶柱体所得截面是一个以区间 $[\varphi_1(x_0),\varphi_2(x_0)]$ 为底、曲边为曲线 $z=f(x_0,y)$ 的曲边梯形(图 9.7 中阴影部分),由定积分的几何意义,该截面的面积为

$$A(x_0)=\int_{\varphi_1(x_0)}^{\varphi_2(x_0)}f(x_0,y)\mathrm{d}y.$$

把定点 x_0 改为任意点 x,则过区间 $[a,b]$ 上任意一点 x 且平行于 yOz 面的平面截曲顶柱体的截面积为

$$A(x)=\int_{\varphi_1(x)}^{\varphi_2(x)}f(x,y)\mathrm{d}y.$$

由平行截面面积已知的立体的体积公式,该曲顶柱体的体积为 $\int_a^b A(x)\mathrm{d}x$,即

$$V=\int_a^b A(x)\mathrm{d}x=\int_a^b\left[\int_{\varphi_1(x)}^{\varphi_2(x)}f(x,y)\mathrm{d}y\right]\mathrm{d}x$$

所以

$$\iint\limits_D f(x,y)\mathrm{d}\sigma=\int_a^b\left[\int_{\varphi_1(x)}^{\varphi_2(x)}f(x,y)\mathrm{d}y\right]\mathrm{d}x. \tag{9-4}$$

这就是直角坐标系下二重积分的计算公式,它把二重积分化为累次积分. 在 X 型积分区域下,它是一个先对 y 后对 x 的累次积分. 公式(9-4)也可记为

$$\iint\limits_D f(x,y)\mathrm{d}\sigma=\int_a^b\mathrm{d}x\int_{\varphi_1(x)}^{\varphi_2(x)}f(x,y)\mathrm{d}y. \tag{9-5}$$

同理,可得如下结论.

定理 9.3 若 $f(x,y)$ 在 Y 型区域 $D=\{(x,y)\,|\,c\leqslant y\leqslant d,\psi_1(y)\leqslant x\leqslant\psi_2(y)\}$ 上连续,其中 $\psi_1(y),\psi_2(y)$ 在 $[c,d]$ 上连续,则

$$\iint\limits_D f(x,y)\mathrm{d}\sigma=\int_c^d\left[\int_{\psi_1(y)}^{\psi_2(y)}f(x,y)\mathrm{d}x\right]\mathrm{d}y. \tag{9-6}$$

这是一个先对 x 后对 y 的累次积分.

公式(9-6)也可记为

$$\iint\limits_D f(x,y)\mathrm{d}\sigma=\int_c^d\mathrm{d}y\int_{\psi_1(y)}^{\psi_2(y)}f(x,y)\mathrm{d}x. \tag{9-7}$$

若积分区域 D 既是 X 型区域又是 Y 型区域,显然

$$\iint\limits_{D} f(x,y)\mathrm{d}\sigma = \int_{a}^{b}\mathrm{d}x\int_{\varphi_1(x)}^{\varphi_2(x)} f(x,y)\mathrm{d}y = \int_{c}^{d}\mathrm{d}y\int_{\psi_1(y)}^{\psi_2(y)} f(x,y)\mathrm{d}x.$$

若积分区域 D 既非 X 型区域又非 Y 型区域,则需用平行于 x 轴或 y 轴的直线将区域 D 划分成若干 X 型区域或 Y 型区域.

图 9.8 中,将 D 分割成了三个 X 型小区域 D_1,D_2,D_3. 由二重积分的性质得

$$\iint\limits_{D} f(x,y)\mathrm{d}\sigma = \iint\limits_{D_1} f(x,y)\mathrm{d}\sigma + \iint\limits_{D_2} f(x,y)\mathrm{d}\sigma + \iint\limits_{D_3} f(x,y)\mathrm{d}\sigma.$$

在实际计算中,化二重积分为累次积分,选用何种积分次序,不但要考虑积分区域 D 的类型,还要考虑被积函数的特点.

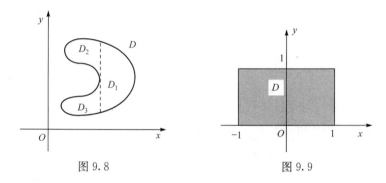

图 9.8   图 9.9

例 9.5 计算 $\iint\limits_{D}(x+y+3)\mathrm{d}x\mathrm{d}y$,其中 $D=\{(x,y)\,|-1\leqslant x\leqslant 1,0\leqslant y\leqslant 1\}$(图 9.9).

解 区域 D 是矩形域,该区域既是 X 型区域又是 Y 型区域.

若按 X 型区域积分,则 $D=\{(x,y)\,|-1\leqslant x\leqslant 1,0\leqslant y\leqslant 1\}$. 于是

$$\begin{aligned}
\iint\limits_{D}(x+y+3)\mathrm{d}x\mathrm{d}y &= \int_{-1}^{1}\left[\int_{0}^{1}(x+y+3)\mathrm{d}y\right]\mathrm{d}x \\
&= \int_{-1}^{1}\left[xy+\frac{y^2}{2}+3y\right]_{0}^{1}\mathrm{d}x \\
&= \int_{-1}^{1}\left(x+\frac{7}{2}\right)\mathrm{d}x = 7.
\end{aligned}$$

若按 Y 型区域积分,则 $D=\{(x,y)\,|0\leqslant y\leqslant 1,-1\leqslant x\leqslant 1\}$. 于是

$$\iint\limits_{D}(x+y+3)\mathrm{d}x\mathrm{d}y = \int_{0}^{1}\left[\int_{-1}^{1}(x+y+3)\mathrm{d}x\right]\mathrm{d}y = \int_{0}^{1}\left[\frac{x^2}{2}+xy+3x\right]_{-1}^{1}\mathrm{d}y$$

$$= 2\int_0^1 (y+3)\mathrm{d}y = 7.$$

积分的结果是相同的.

例 9.6 计算 $\iint\limits_{D}(x^2 + y^2)\mathrm{d}x\mathrm{d}y$, 其中 D 是 $y = x$ 与 $y = x^2$ 所围的闭区域 (图 9.10).

解 区域 D 既是 X 型区域又是 Y 型区域.

若按 X 型区域积分, 则

$$D = \{(x,y) \mid 0 \leqslant x \leqslant 1, x^2 \leqslant y \leqslant x\},$$

于是

$$\iint\limits_{D}(x^2 + y^2)\mathrm{d}x\mathrm{d}y = \int_0^1 \mathrm{d}x \int_{x^2}^x (x^2 + y^2)\mathrm{d}y$$

$$= \int_0^1 \left[x^2(x - x^2) + \frac{1}{3}(x^3 - x^6) \right]\mathrm{d}x$$

$$= \int_0^1 \left(\frac{4}{3}x^3 - x^4 - \frac{1}{3}x^6 \right)\mathrm{d}x$$

$$= \frac{1}{3} - \frac{1}{5} - \frac{1}{21} = \frac{3}{35}.$$

若按 Y 型区域积分, 则 $D = \{(x,y) \mid 0 \leqslant y \leqslant 1, y \leqslant x \leqslant \sqrt{y}\}$, 于是

$$\iint\limits_{D}(x^2 + y^2)\mathrm{d}x\mathrm{d}y = \int_0^1 \mathrm{d}y \int_y^{\sqrt{y}} (x^2 + y^2)\mathrm{d}x$$

$$= \int_0^1 \left[\frac{1}{3}(y^{\frac{3}{2}} - y^3) + y^2(\sqrt{y} - y) \right]\mathrm{d}y$$

$$= \int_0^1 \left(\frac{1}{3}y^{\frac{3}{2}} - \frac{4}{3}y^3 + y^{\frac{5}{2}} \right)\mathrm{d}y = \frac{2}{15} - \frac{1}{3} + \frac{2}{7} = \frac{3}{35}.$$

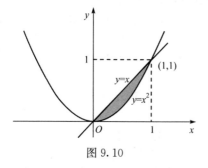

图 9.10

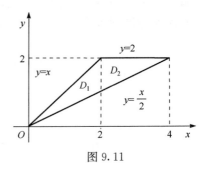

图 9.11

例 9.7 计算 $\iint\limits_{D}(x^2 + y^2 - y)\mathrm{d}x\mathrm{d}y$, 其中 D 是由 $y = x$, $y = \frac{1}{2}x$, $y = 2$ 所围成的闭区域(图 9.11).

解 区域 D 是 Y 型区域,不是 X 型区域.

若按 Y 型区域积分,则
$$D = \{(x,y) \mid 0 \leqslant y \leqslant 2, y \leqslant x \leqslant 2y\},$$
于是
$$\iint\limits_{D} (x^2 + y^2 - y)\mathrm{d}x\mathrm{d}y = \int_0^2 \mathrm{d}y \int_y^{2y} (x^2 + y^2 - y)\mathrm{d}x$$
$$= \int_0^2 \left[\frac{1}{3}x^3 + xy^2 - yx\right]_y^{2y} \mathrm{d}y = \int_0^2 \left(\frac{10}{3}y^3 - y^2\right)\mathrm{d}y = \frac{32}{3}.$$

若按 X 型区域积分,则需将 D 分成 D_1, D_2 两个区域. 其中
$$D_1 = \left\{(x,y) \mid 0 \leqslant x \leqslant 2, \frac{x}{2} \leqslant y \leqslant x\right\}, \quad D_2 = \left\{(x,y) \mid 2 \leqslant x \leqslant 4, \frac{x}{2} \leqslant y \leqslant 2\right\}.$$

于是
$$\iint\limits_{D} (x^2 + y^2 - y)\mathrm{d}x\mathrm{d}y = \iint\limits_{D_1} (x^2 + y^2 - y)\mathrm{d}x\mathrm{d}y + \iint\limits_{D_2} (x^2 + y^2 - y)\mathrm{d}x\mathrm{d}y$$
$$= \int_0^2 \mathrm{d}x \int_{\frac{x}{2}}^{x} (x^2 + y^2 - y)\mathrm{d}y + \int_2^4 \mathrm{d}x \int_{\frac{x}{2}}^{2} (x^2 + y^2 - y)\mathrm{d}y$$
$$= \int_0^2 \left[x^2 y + \frac{1}{3}y^3 - \frac{1}{2}y^2\right]_{\frac{x}{2}}^{x} \mathrm{d}x + \int_2^4 \left[x^2 y + \frac{1}{3}y^3 - \frac{1}{2}y^2\right]_{\frac{x}{2}}^{2} \mathrm{d}x$$
$$= \int_0^2 \left(\frac{19}{24}x^3 - \frac{3}{8}x^2\right)\mathrm{d}x + \int_2^4 \left(-\frac{13}{24}x^3 + \frac{17}{8}x^2 + \frac{2}{3}\right)\mathrm{d}x$$
$$= \frac{13}{6} + \frac{51}{6} = \frac{32}{3}.$$

由此可见,本题按 X 型区域的积分要比 Y 型区域的积分烦琐. 因此求二重积分时,应根据积分区域的特点,选择合适的积分方法.

例 9.8 计算 $\iint\limits_{D} x\mathrm{d}x\mathrm{d}y$,其中 D 是以点 $O(0,0), A(1,2), B(2,1)$ 为顶点的三角形闭区域.

解 积分区域如图 9.12 所示,其中直线 OA 的方程为 $y = 2x$,直线 OB 的方程为 $y = \frac{1}{2}x$,直线 AB 的方程为 $y = 3 - x$.

由于该积分区域既不是 X 型区域,也不是 Y 型区域,因此,要对 D 进行划分. 过点 A 作垂直于 x 轴的直线 AC,将区域 D 分成 D_1 和 D_2,它们都是 X 型区域:

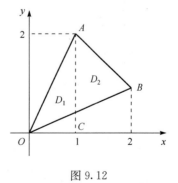

图 9.12

$$D_1 = \left\{(x,y) \mid 0 \leqslant x \leqslant 1, \frac{x}{2} \leqslant y \leqslant 2x\right\}, \quad D_2 = \left\{(x,y) \mid 1 \leqslant x \leqslant 2, \frac{x}{2} \leqslant y \leqslant 3 - x\right\}.$$

故

$$\iint\limits_{D} x\,\mathrm{d}x\mathrm{d}y = \iint\limits_{D_1} x\,\mathrm{d}x\mathrm{d}y + \iint\limits_{D_2} x\,\mathrm{d}x\mathrm{d}y = \int_0^1 \mathrm{d}x \int_{\frac{x}{2}}^{2x} x\,\mathrm{d}y + \int_1^2 \mathrm{d}x \int_{\frac{x}{2}}^{3-x} x\,\mathrm{d}y$$

$$= \int_0^1 x\left(2x - \frac{x}{2}\right)\mathrm{d}x + \int_1^2 x\left(3 - x - \frac{x}{2}\right)\mathrm{d}x = \frac{3}{2}.$$

例 9.9 计算二重积分 $\iint\limits_{D} \mathrm{e}^{-y^2}\,\mathrm{d}x\mathrm{d}y$，$D$ 是由直线 $y = x$，$y = 1$，$x = 0$ 所围成的闭区域(图 9.13).

解 若按 X 型区域积分，则

$$D = \{(x,y) \mid 0 \leqslant x \leqslant 1, x \leqslant y \leqslant 1\},$$

故

$$\iint\limits_{D} \mathrm{e}^{-y^2}\,\mathrm{d}x\mathrm{d}y = \int_0^1 \left[\int_x^1 \mathrm{e}^{-y^2}\,\mathrm{d}y\right]\mathrm{d}x.$$

上式中，若因先对 y 积分，而 e^{-y^2} 的原函数不能用初等函数表示，故上述积分无法求出.

改变积分次序，按 Y 型区域积分，则 $D = \{(x,y) \mid 0 \leqslant y \leqslant 1, 0 \leqslant x \leqslant y\}$，故

$$\iint\limits_{D} \mathrm{e}^{-y^2}\,\mathrm{d}x\mathrm{d}y = \int_0^1 \left[\int_0^y \mathrm{e}^{-y^2}\,\mathrm{d}x\right]\mathrm{d}y = \int_0^1 \left[\mathrm{e}^{-y^2}(y - 0)\right]\mathrm{d}y$$

$$= \int_0^1 y\mathrm{e}^{-y^2}\,\mathrm{d}y = \frac{1}{2}\left(1 - \frac{1}{\mathrm{e}}\right).$$

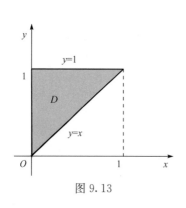

图 9.13

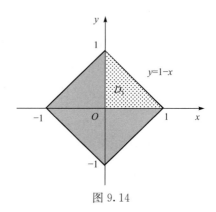

图 9.14

例 9.10 计算二重积分 $\iint\limits_{D}(x^2 + y^2)\,\mathrm{d}x\mathrm{d}y$，其中 $D = \{(x,y) \mid |x| + |y| \leqslant 1\}$.

解 积分区域如图 9.14 所示. 显然该区域分别关于 x 轴和 y 轴对称，而且被积函数 $f(x,y) = x^2 + y^2$ 关于自变量 x 或 y 都是偶函数，即 $z = f(x,y) = x^2 + y^2$ 的图形对称于 zOx 平面和 yOz 平面，故所求的积分是被积函数在区域 D_1(第一象限)上积分的 4 倍，即

$$\iint\limits_{D}(x^2+y^2)\mathrm{d}x\mathrm{d}y = 4\iint\limits_{D_1}(x^2+y^2)\mathrm{d}x\mathrm{d}y$$

$$= 4\int_0^1\mathrm{d}x\int_0^{1-x}(x^2+y^2)\mathrm{d}y$$

$$= 4\int_0^1\left[x^2y+\frac{1}{3}y^3\right]_0^{1-x}\mathrm{d}x$$

$$= 4\int_0^1\left(2x^2-x-\frac{4}{3}x^3+\frac{1}{3}\right)\mathrm{d}x = \frac{2}{3}.$$

利用对称性计算二重积分往往能使计算简化. 一般地, 有以下结论:

设被积函数 $f(x,y)$ 在闭区域 D 上连续, 且积分区域 D 关于 x 轴对称, D 位于 x 轴上方的部分为 D_1 (图 9.15).

(1) 若在 D_1 上 $f(x,-y)=f(x,y)$, 则 $\iint\limits_{D}f(x,y)\mathrm{d}x\mathrm{d}y = 2\iint\limits_{D_1}f(x,y)\mathrm{d}x\mathrm{d}y$;

(2) 若在 D_1 上 $f(x,-y)=-f(x,y)$, 则 $\iint\limits_{D}f(x,y)\mathrm{d}x\mathrm{d}y = 0$.

当积分区域 D 关于 y 轴对称, 被积函数 $f(x,y)$ 关于变量 x 具有奇偶性时, 也有类似的结论.

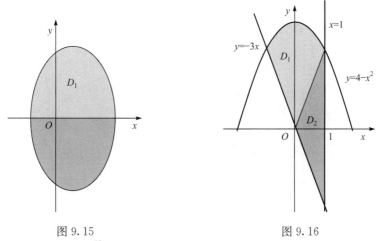

图 9.15   图 9.16

例 9.11 计算 $I=\iint\limits_{D}x\ln(y+\sqrt{1+y^2})\mathrm{d}x\mathrm{d}y$, 其中 D 由 $y=4-x^2$, $y=-3x$, $x=1$ 所围成的闭区域 (图 9.16).

解 令 $f(x,y)=x\ln(y+\sqrt{1+y^2})$. 如图 9.16, 将积分区域 D 划分为 D_1 和 D_2 两个部分. 显然在 D_1 上, $f(-x,y)=-f(x,y)$; 在 D_2 上, $f(x,-y)=-f(x,y)$. 于是, 有

$$I=\iint\limits_{D}x\ln(y+\sqrt{1+y^2})\mathrm{d}x\mathrm{d}y$$

$$= \iint\limits_{D_1} x\ln(y + \sqrt{1+y^2})\mathrm{d}x\mathrm{d}y$$

$$+ \iint\limits_{D_2} x\ln(y + \sqrt{1+y^2})\mathrm{d}x\mathrm{d}y$$

$$= 0 + 0 = 0.$$

例 9.12 计算 $I = \iint\limits_{D} |y - x^2|\mathrm{d}x\mathrm{d}y$,其中 $D = \{(x,y) \,|-1 \leqslant x \leqslant 1, 0 \leqslant y \leqslant 1\}$.

解 作辅助线 $y = x^2$ 把 D 分为 D_1 和 D_2 两个部分(图 9.17),则

$$I = \iint\limits_{D_1} |y - x^2|\mathrm{d}x\mathrm{d}y + \iint\limits_{D_2} |y - x^2|\mathrm{d}x\mathrm{d}y$$

$$= \iint\limits_{D_1} (y - x^2)\mathrm{d}x\mathrm{d}y - \iint\limits_{D_2} (y - x^2)\mathrm{d}x\mathrm{d}y$$

$$= \int_{-1}^{1} \mathrm{d}x \int_{x^2}^{1} (y - x^2)\mathrm{d}y - \int_{-1}^{1} \mathrm{d}x \int_{0}^{x^2} (y - x^2)\mathrm{d}y$$

$$= \int_{-1}^{1} \left[\frac{1}{2}y^2 - x^2 y\right]_{x^2}^{1} \mathrm{d}x - \int_{-1}^{1} \left[\frac{1}{2}y^2 - x^2 y\right]_{0}^{x^2} \mathrm{d}x = \frac{11}{15}.$$

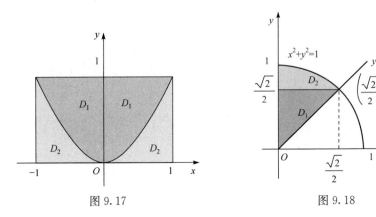

图 9.17   图 9.18

例 9.13 交换积分次序,将 $\iint\limits_{D} f(x,y)\mathrm{d}x\mathrm{d}y = \int_{0}^{\frac{\sqrt{2}}{2}} \mathrm{d}x \int_{x}^{\sqrt{1-x^2}} f(x,y)\mathrm{d}y$ 化为先 x 后 y 的积分.

解 根据 $\iint\limits_{D} f(x,y)\mathrm{d}x\mathrm{d}y = \int_{0}^{\frac{\sqrt{2}}{2}} \mathrm{d}x \int_{x}^{\sqrt{1-x^2}} f(x,y)\mathrm{d}y$,画出积分区域 D(图 9.18).

积分区域 D 不是 Y 型区域,欲将该积分化为先 x 后 y 的积分,需要将区域 D 进行划分.过点 $\left(\frac{\sqrt{2}}{2}, \frac{\sqrt{2}}{2}\right)$ 作平行于 x 轴的直线,将 D 分为 D_1 和 D_2(图 9.18).其中

$$D_1 = \left\{ (x,y) \mid 0 \leqslant y \leqslant \frac{\sqrt{2}}{2}, 0 \leqslant x \leqslant y \right\}, \quad D_2 = \left\{ (x,y) \mid \frac{\sqrt{2}}{2} \leqslant y \leqslant 1, 0 \leqslant x \leqslant \sqrt{1-y^2} \right\}.$$

于是

$$\iint\limits_D f(x,y)\mathrm{d}x\mathrm{d}y = \int_0^{\frac{\sqrt{2}}{2}} \mathrm{d}y \int_0^y f(x,y)\mathrm{d}x + \int_{\frac{\sqrt{2}}{2}}^1 \mathrm{d}y \int_0^{\sqrt{1-y^2}} f(x,y)\mathrm{d}x.$$

9.2.2 极坐标系下二重积分的计算

9.2 二重积分的计算(二)

 有些二重积分,其积分区域的边界曲线用极坐标
方程表示比较方便,或被积函数用极坐标变量 r,θ 表示比较简单,这时就可以考虑
用极坐标来计算.

 现给定一平面区域 D,如果用 $r=$ 常数的一簇同心圆和 $\theta=$ 常数的一簇过极点
的射线来分割区域 D(图 9.19),将 D 分为 n 个小块 $\Delta\sigma_k$,且小块 $\Delta\sigma_k$ 的面积仍记为
$\Delta\sigma_k(k=1,2,\cdots,n)$(图 9.20),则

$$\Delta\sigma_k = \frac{1}{2}\left[(r_k+\Delta r_k)^2 \cdot \Delta\theta_k - r_k^2 \cdot \Delta\theta_k\right] = \frac{1}{2}(2r_k+\Delta r_k)\Delta r_k \cdot \Delta\theta_k$$

$$= r_k\Delta r_k \cdot \Delta\theta_k + \frac{1}{2}\Delta r_k^2 \cdot \Delta\theta_k.$$

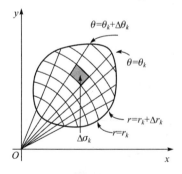

图 9.19

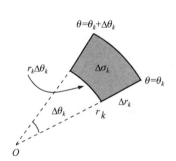

图 9.20

 如果上式中高阶无穷小量 $\frac{1}{2}\Delta r_k^2 \Delta\theta_k$ 忽略不计,则有 $\Delta\sigma_k = r_k\Delta\theta_k\Delta r_k$. 由此得到
面积元素 $\mathrm{d}\sigma = r\mathrm{d}\theta\mathrm{d}r$,从而

$$\iint\limits_D f(x,y)\mathrm{d}\sigma = \iint\limits_D f(r\cos\theta, r\sin\theta)r\mathrm{d}r\mathrm{d}\theta. \tag{9-8}$$

 极坐标系下的二重积分,同样可以化为二次积分来计算. 一般分三种情形:

 (1) 极点 O 在区域 D 外. 设

$$D = \{(r,\theta) \mid \alpha \leqslant \theta \leqslant \beta, \varphi_1(\theta) \leqslant r \leqslant \varphi_2(\theta)\}.$$

如图 9.21 所示.

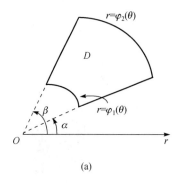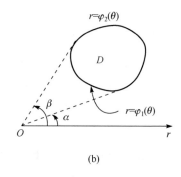

(a)　　　　　　　　　　　(b)

图 9.21

则

$$\iint\limits_{D} f(r\cos\theta,r\sin\theta)r\mathrm{d}r\mathrm{d}\theta = \int_{\alpha}^{\beta}\mathrm{d}\theta\int_{\varphi_1(\theta)}^{\varphi_2(\theta)} f(r\cos\theta,r\sin\theta)r\mathrm{d}r.$$

(2) 极点 O 在区域 D 的边界上. 设

$$D=\{(r,\theta)\,|\,\alpha\leqslant\theta\leqslant\beta,0\leqslant r\leqslant\varphi(\theta)\}.$$

如图 9.22 所示.

则

$$\iint\limits_{D} f(r\cos\theta,r\sin\theta)r\mathrm{d}r\mathrm{d}\theta = \int_{\alpha}^{\beta}\mathrm{d}\theta\int_{0}^{\varphi(\theta)} f(r\cos\theta,r\sin\theta)r\mathrm{d}r.$$

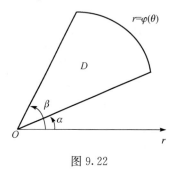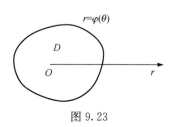

图 9.22　　　　　　　　图 9.23

(3) 极点 O 在区域 D 内. 设

$$D=\{(r,\theta)\,|\,0\leqslant\theta\leqslant 2\pi,0\leqslant r\leqslant\varphi(\theta)\}.$$

如图 9.23 所示,则

$$\iint\limits_{D} f(r\cos\theta,r\sin\theta)r\mathrm{d}r\mathrm{d}\theta$$
$$= \int_{0}^{2\pi}\mathrm{d}\theta\int_{0}^{\varphi(\theta)} f(r\cos\theta,r\sin\theta)r\mathrm{d}r.$$

例 9.14 计算 $\iint\limits_{D}\sqrt{x^2+y^2}\mathrm{d}\sigma$,其中 D 是圆周 $x^2+y^2=2y$ 围成的闭区域.

解 积分区域 D 如图 9.24 所示,作极坐标变换 $x=r\cos\theta, y=r\sin\theta$,则圆周 $x^2+y^2=2y$ 的极坐标方程为 $r=2\sin\theta, 0\leqslant\theta\leqslant\pi$.积分区域 D 的极坐标表示式为
$$D=\{(r,\theta)\mid 0\leqslant\theta\leqslant\pi, 0\leqslant r\leqslant 2\sin\theta\}.$$
故有
$$\iint\limits_{D}\sqrt{x^2+y^2}\,\mathrm{d}\sigma=\int_{0}^{\pi}\mathrm{d}\theta\int_{0}^{2\sin\theta}r\cdot r\mathrm{d}r=\frac{8}{3}\int_{0}^{\pi}\sin^3\theta\mathrm{d}\theta$$
$$=\frac{8}{3}\int_{0}^{\pi}(\cos^2\theta-1)\mathrm{d}\cos\theta=\frac{8}{3}\left[\frac{1}{3}\cos^3\theta-\cos\theta\right]_{0}^{\pi}=\frac{32}{9}.$$

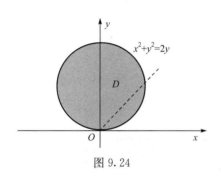

图 9.24

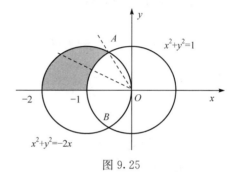

图 9.25

例 9.15 计算 $\iint\limits_{D}\dfrac{y}{x}\mathrm{d}\sigma$,其中 $D=\{(x,y)\mid 1\leqslant x^2+y^2\leqslant -2x, y\geqslant 0\}$.

解 积分区域 D 如图 9.25 所示.

圆 $x^2+y^2=-2x$ 与圆 $x^2+y^2=1$ 的交点为 $A\left(-\dfrac{1}{2},\dfrac{\sqrt{3}}{2}\right), B\left(-\dfrac{1}{2},-\dfrac{\sqrt{3}}{2}\right)$,

OA 与 x 轴正向夹角为 $\dfrac{2\pi}{3}$.作极坐标变换 $x=r\cos\theta, y=r\sin\theta$,则积分区域 D 的极坐标表示式为
$$D=\left\{(r,\theta)\mid \frac{2\pi}{3}\leqslant\theta\leqslant\pi, 1\leqslant r\leqslant -2\cos\theta\right\}.$$
故有
$$\iint\limits_{D}\frac{y}{x}\mathrm{d}\sigma=\int_{\frac{2\pi}{3}}^{\pi}\mathrm{d}\theta\int_{1}^{-2\cos\theta}\tan\theta\cdot r\mathrm{d}r=\int_{\frac{2\pi}{3}}^{\pi}\tan\theta\left(2\cos^2\theta-\frac{1}{2}\right)\mathrm{d}\theta$$
$$=\left[-\frac{1}{2}\cos2\theta+\frac{1}{2}\ln|\cos\theta|\right]_{\frac{2\pi}{3}}^{\pi}=-\frac{3}{4}+\frac{1}{2}\ln 2.$$

例 9.16 设区域 $D=\{(x,y)\mid x^2+y^2\leqslant 1, x\geqslant 0\}$,计算 $I=\iint\limits_{D}\dfrac{1+xy}{1+x^2+y^2}\mathrm{d}x\mathrm{d}y$.

解 积分区域 D 如图 9.26 所示. $D=\left\{(r,\theta)\mid -\dfrac{\pi}{2}\leqslant\theta\leqslant\dfrac{\pi}{2}, 0\leqslant r\leqslant 1\right\}$.则

$$I = \iint\limits_{D} \frac{1}{1+x^2+y^2} \mathrm{d}x\mathrm{d}y + \iint\limits_{D} \frac{xy}{1+x^2+y^2} \mathrm{d}x\mathrm{d}y$$
$$= I_1 + I_2.$$
$$I_1 = \int_{-\frac{\pi}{2}}^{\frac{\pi}{2}} \mathrm{d}\theta \int_0^1 \frac{1}{1+r^2} r \mathrm{d}r = \left[\frac{\pi}{2} \ln(1+r^2) \right]_0^1$$
$$= \frac{\pi}{2} \ln 2.$$

由于 D 关于 x 轴对称,且函数 $\dfrac{xy}{1+x^2+y^2}$ 是关于 y 的奇函数,故 $I_2 = 0$,所以

$$I = I_1 + I_2 = \frac{\pi}{2} \ln 2.$$

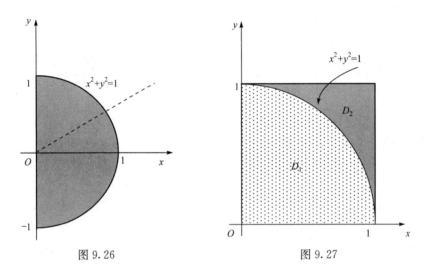

图 9.26　　　　　　　　　　图 9.27

例 9.17　计算 $I = \iint\limits_{D} |\,x^2+y^2-1\,| \mathrm{d}x\mathrm{d}y$,其中 $D = \{(x,y) \mid 0 \leqslant x \leqslant 1,$
$0 \leqslant y \leqslant 1\}$.

解　如图 9.27 所示,作单位圆将 D 分为 D_1 和 D_2 两部分,则

$$I = \iint\limits_{D_1} (1-x^2-y^2) \mathrm{d}x\mathrm{d}y + \iint\limits_{D_2} (x^2+y^2-1) \mathrm{d}x\mathrm{d}y,$$

其中

$$\iint\limits_{D_1} (1-x^2-y^2) \mathrm{d}x\mathrm{d}y = \int_0^{\frac{\pi}{2}} \mathrm{d}\theta \int_0^1 (1-r^2) r \mathrm{d}r = \frac{\pi}{8},$$

$$\iint\limits_{D_2} (x^2+y^2-1) \mathrm{d}x\mathrm{d}y = \int_0^1 \mathrm{d}x \int_{\sqrt{1-x^2}}^1 (x^2+y^2-1) \mathrm{d}y$$

$$= \int_0^1 \left[x^2 y + \frac{1}{3} y^3 - y \right]_{\sqrt{1-x^2}}^1 \mathrm{d}x$$

$$= \int_0^1 \left[x^2 - \frac{2}{3} + \frac{2}{3} (1-x^2)^{\frac{3}{2}} \right] \mathrm{d}x$$

$$= -\frac{1}{3} + \frac{\pi}{8},$$

故 $I = \frac{\pi}{8} - \frac{1}{3} + \frac{\pi}{8} = \frac{\pi}{4} - \frac{1}{3}$.

例 9.18 设 D 是由圆 $x^2 + y^2 = 4$ 和 $(x+1)^2 + y^2 = 1$ 所围成的平面区域,计算 $\iint\limits_D (\sqrt{x^2+y^2} + y) \mathrm{d}\sigma$.

解 区域 D 如图 9.28 所示,令

$$D_1 = \{(x,y) \mid x^2 + y^2 \leqslant 4\},$$
$$D_2 = \{(x,y) \mid (x+1)^2 + y^2 \leqslant 1\},$$

则有 $D = D_1 - D_2$.

由对称性,知 $\iint\limits_D y \mathrm{d}\sigma = 0$,于是有

$$\iint\limits_D (\sqrt{x^2+y^2} + y) \mathrm{d}\sigma = \iint\limits_D \sqrt{x^2+y^2} \mathrm{d}\sigma = \iint\limits_{D_1} \sqrt{x^2+y^2} \mathrm{d}\sigma - \iint\limits_{D_2} \sqrt{x^2+y^2} \mathrm{d}\sigma$$

$$= \int_0^{2\pi} \mathrm{d}\theta \int_0^2 r^2 \mathrm{d}r - \int_{\frac{\pi}{2}}^{\frac{3\pi}{2}} \mathrm{d}\theta \int_0^{-2\cos\theta} r^2 \mathrm{d}r = \frac{16}{9}(3\pi - 2).$$

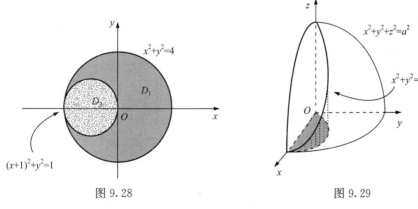

图 9.28　　　　　　　图 9.29

例 9.19 求球面 $x^2 + y^2 + z^2 = a^2$ 与圆柱面 $x^2 + y^2 = ax$ 所围立体的体积.

解 如图 9.29 所示,所求的体积为第一卦限内体积的 4 倍,因此只要求出第一卦限内部分体积即可. 而在第一卦限内的立体是以 $z = \sqrt{a^2 - x^2 - y^2}$ 为曲顶的柱体,其定义域为 $D = \{(x,y) \mid x^2 + y^2 \leqslant ax, y \geqslant 0\}$(图中阴影部分).

利用极坐标变换,有

$$V = 4\iint\limits_{D} \sqrt{a^2 - x^2 - y^2}\,dxdy = 4\iint\limits_{D} \sqrt{a^2 - r^2}\,rdrd\theta.$$

其中 $D = \left\{ (r,\theta) \mid 0 \leqslant \theta \leqslant \dfrac{\pi}{2}, 0 \leqslant r \leqslant a\cos\theta \right\}$,故

$$V = 4\int_0^{\frac{\pi}{2}} d\theta \int_0^{a\cos\theta} \sqrt{a^2 - r^2}\,rdr = \frac{4a^3}{3}\int_0^{\frac{\pi}{2}} (1 - \sin^3\theta)d\theta = \frac{4a^3}{3}\left(\frac{\pi}{2} - \frac{2}{3}\right).$$

9.2.3　二重积分的换元法与广义二重积分

定理9.4　设 $f(x,y)$ 在 D 上连续,$x = x(u,v)$,y 9.2　二重积分的计算(三)
$= y(u,v)$ 在平面 uOv 上的某区域 D^* 上具有连续的一阶偏导数且雅可比行列式

$$J = \begin{vmatrix} x_u & x_v \\ y_u & y_v \end{vmatrix} \neq 0,$$

D^* 对应于 xOy 平面上的区域 D,则

$$\iint\limits_{D} f(x,y)dxdy = \iint\limits_{D^*} f[x(u,v),y(u,v)]\,|J|\,dudv. \tag{9-9}$$

公式(9-9)称为二重积分的**换元积分公式**.

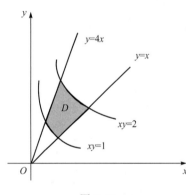

图 9.30

例 9.20　计算 $\iint\limits_{D} x^2 y^2\,dxdy$,其中 D 是由曲线 $xy = 1$,$xy = 2$ 和直线 $y = x$,$y = 4x$ 所围成的第一象限的区域(图 9.30).

解　根据积分区域边界曲线的形式,作变换

$$xy = u,\ \frac{y}{x} = v,\ \text{即}\ x = \sqrt{\frac{u}{v}},\ y = \sqrt{uv}.$$

则与 D 相应的区域为

$$D^* = \{(u,v) \mid 1 \leqslant u \leqslant 2, 1 \leqslant v \leqslant 4\}.$$

且

$$J = \begin{vmatrix} x_u & x_v \\ y_u & y_v \end{vmatrix} = \begin{vmatrix} \dfrac{1}{2v\sqrt{\dfrac{u}{v}}} & -\dfrac{u}{2v^2\sqrt{\dfrac{u}{v}}} \\ \dfrac{v}{2\sqrt{uv}} & \dfrac{u}{2\sqrt{uv}} \end{vmatrix} = \frac{1}{2\sqrt{\dfrac{u}{v}}} \cdot \frac{1}{2\sqrt{uv}} \begin{vmatrix} \dfrac{1}{v} & -\dfrac{u}{v^2} \\ v & u \end{vmatrix}$$

$$= \frac{1}{4u} \cdot \frac{2u}{v} = \frac{1}{2v}.$$

于是

$$\iint\limits_{D} x^2 y^2 \,\mathrm{d}x\mathrm{d}y = \iint\limits_{D^*} u^2 \cdot \frac{1}{2v}\mathrm{d}u\mathrm{d}v = \frac{1}{2}\int_1^2 u^2 \,\mathrm{d}u \int_1^4 \frac{1}{v}\mathrm{d}v$$

$$= \frac{1}{2}\left[\frac{1}{3}u^3\right]_1^2 \cdot \left[\ln v\right]_1^4 = \frac{7}{3}\ln 2.$$

例 9.21 计算 $\iint\limits_{D}\mathrm{d}x\mathrm{d}y$,其中 D 为椭圆 $\dfrac{x^2}{a^2} + \dfrac{y^2}{b^2} = 1$ 所围成的闭区域.

解 作广义极坐标变换

$$\begin{cases} x = ar\cos\theta, \\ y = br\sin\theta. \end{cases}$$

其中 $a>0, b>0, r\geqslant 0, 0\leqslant\theta\leqslant 2\pi$. 在此代换下,与 D 相应的区域

$$D^* = \{(r,\theta)\,|\,0\leqslant r\leqslant 1, 0\leqslant\theta\leqslant 2\pi\},$$

雅可比行列式

$$J = \begin{vmatrix} x_r & x_\theta \\ y_r & y_\theta \end{vmatrix} = \begin{vmatrix} a\cos\theta & -ar\sin\theta \\ b\sin\theta & br\cos\theta \end{vmatrix} = abr,$$

从而

$$\iint\limits_{D}\mathrm{d}x\mathrm{d}y = \iint\limits_{D^*}|J|\,\mathrm{d}r\mathrm{d}\theta = \int_0^{2\pi}\mathrm{d}\theta\int_0^1 abr\,\mathrm{d}r = \pi ab.$$

前面我们讨论的都是有界区域 D 上有界函数的二重积分. 若将积分区域推广到无界区域,或者被积函数有无穷型间断点,则有广义二重积分. 其定义与一元函数的广义积分类似.

定义 9.2 设函数 $z = f(x,y)$ 在 xOy 平面上的无界区域 D 连续,在 D 上任取一有界区域 D_1,则 $z = f(x,y)$ 在 D_1 上的二重积分存在. 若此积分当 $D_1 \to D$ 时的极限存在,则称该极限为无界区域 D 上的广义二重积分,即

$$\iint\limits_{D} f(x,y)\mathrm{d}\sigma = \lim_{D_1\to D}\iint\limits_{D_1} f(x,y)\mathrm{d}\sigma.$$

可以证明,若 $z = f(x,y)$ 在 D 上不变号,则广义二重积分的值与 $D_1 \to D$ 的方式无关.

例 9.22 证明概率积分 $\displaystyle\int_{-\infty}^{+\infty}\mathrm{e}^{-x^2}\,\mathrm{d}x = \sqrt{\pi}$.

证 考虑广义二重积分 $\iint\limits_{D}\mathrm{e}^{-x^2-y^2}\mathrm{d}\sigma$,其中 D 是 xOy 平面.

如图 9.31 所示,在 xOy 坐标面上,作圆心在原点,半径为 R 的圆,记为 D_1;再作一个

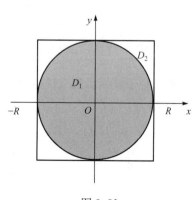

图 9.31

边长为 $2R$,对称中心为坐标原点的正方形,记为 D_2. 而

$$\iint\limits_{D_1} e^{-x^2-y^2}\,\mathrm{d}x\mathrm{d}y = \int_0^{2\pi}\left[\int_0^R e^{-r^2}r\mathrm{d}r\right]\mathrm{d}\theta = -\frac{1}{2}\int_0^{2\pi}\left[e^{-r^2}\right]_0^R\mathrm{d}\theta$$

$$= -\frac{1}{2}(e^{-R^2}-1)\int_0^{2\pi}\mathrm{d}\theta = \pi(1-e^{-R^2}).$$

故

$$\iint\limits_{D} e^{-x^2-y^2}\,\mathrm{d}\sigma = \lim_{D_1\to D}\iint\limits_{D_1} e^{-x^2-y^2}\,\mathrm{d}x\mathrm{d}y = \lim_{R\to+\infty}\pi(1-e^{-R^2}) = \pi.$$

另一方面

$$\iint\limits_{D_2} e^{-x^2-y^2}\,\mathrm{d}x\mathrm{d}y = \int_{-R}^{R}\left[\int_{-R}^{R}e^{-x^2-y^2}\,\mathrm{d}y\right]\mathrm{d}x = \left(\int_{-R}^{R}e^{-x^2}\,\mathrm{d}x\right)\left(\int_{-R}^{R}e^{-y^2}\,\mathrm{d}y\right)$$

$$= \left(\int_{-R}^{R}e^{-x^2}\,\mathrm{d}x\right)^2.$$

故

$$\pi = \iint\limits_{D} e^{-x^2-y^2}\,\mathrm{d}x\mathrm{d}y = \lim_{D_2\to D}\iint\limits_{D_2} e^{-x^2-y^2}\,\mathrm{d}x\mathrm{d}y = \lim_{R\to+\infty}\left(\int_{-R}^{R}e^{-x^2}\,\mathrm{d}x\right)^2$$

$$= \left(\lim_{R\to+\infty}\int_{-R}^{R}e^{-x^2}\,\mathrm{d}x\right)^2 = \left(\int_{-\infty}^{+\infty}e^{-x^2}\,\mathrm{d}x\right)^2,$$

于是

$$\int_{-\infty}^{+\infty}e^{-x^2}\,\mathrm{d}x = \sqrt{\pi}.$$

若函数 $z=f(x,y)$ 在 xOy 平面上的有界区域 D 上有无穷间断点,或在 D 内的某一条曲线上有无穷间断点,此时,可取 $D_1\subset D$,而 $f(x,y)$ 在 D_1 上连续,定义广义二重积分

$$\iint\limits_{D}f(x,y)\,\mathrm{d}\sigma = \lim_{D_1\to D}\iint\limits_{D_1}f(x,y)\,\mathrm{d}\sigma.$$

例 9.23　计算广义积分 $\iint\limits_{D}\dfrac{\mathrm{d}\sigma}{\sqrt{x^2+y^2}}$,其中 $D=\{(x,y)\mid x^2+y^2\leqslant R^2\}$.

解　对于被积函数来说,点 $(0,0)$ 为其无穷间断点. 设 $0<a<R$,则在环型区域 $D_1=\{(x,y)\mid a^2\leqslant x^2+y^2\leqslant R^2\}$ 上,被积函数连续,且当 $D_1\to D$ 时,$a\to 0$,于是

$$\iint\limits_{D}\frac{\mathrm{d}\sigma}{\sqrt{x^2+y^2}} = \lim_{D_1\to D}\iint\limits_{D_1}\frac{\mathrm{d}\sigma}{\sqrt{x^2+y^2}} = \lim_{a\to 0}\int_0^{2\pi}\mathrm{d}\theta\int_a^R\frac{1}{\sqrt{r^2}}r\mathrm{d}r$$

$$= \lim_{a\to 0}2\pi(R-a) = 2\pi R.$$

9.2.4 曲面的面积

9.2 二重积分的计算(四)

设曲面 S 由方程 $z=f(x,y)$ 给出,D 为 S 在 xOy 面上的投影区域,$f(x,y)$ 在 D 上有连续偏导数. 计算曲面 S 的面积.

在闭区域 D 上任取一直径很小的闭区域 $d\sigma$(其面积也记为 $d\sigma$). 在 $d\sigma$ 上任取一点 $P(x,y)$,S 上对应地有一点 $M(x,y,f(x,y))$,点 M 在 xOy 面上的投影为 P. 设曲面 S 在点 M 的切平面为 T(图 9.32). 以小闭区域 $d\sigma$ 的边界为准线作母线平行于 z 轴的柱面,这个柱面在曲面 S 上截出一小片曲面,在切平面 T 上截出一小片平面. 由于 $d\sigma$ 的直径很小,切平面 T 上的那小片平面的面积 dA 可以近似代替对应的那小片曲面的面积. 设曲面 S 在点 M 的法向量 $\boldsymbol{n}$ 与 z 轴正向所成的角为 γ,则

$$dA = \frac{d\sigma}{\cos\gamma}.$$

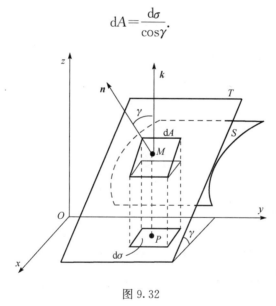

图 9.32

因为

$$\cos\gamma = \frac{1}{\sqrt{1+f_x^2(x,y)+f_y^2(x,y)}},$$

所以

$$dA = \sqrt{1+f_x^2(x,y)+f_y^2(x,y)}\,d\sigma.$$

这就是曲面 S 的面积元素. 以它为被积表达式在闭区域 D 上积分,便可得到曲面的面积

$$A = \iint\limits_{D} \sqrt{1 + f_x^2(x,y) + f_y^2(x,y)}\,\mathrm{d}\sigma. \qquad (9\text{-}10)$$

如果曲面方程为 $x = x(y,z)$ 或 $y = y(x,z)$,则可以把曲面投影到 yOz 或 zOx 坐标平面上,投影区域记为 D_{yz} 或 D_{xz},相应地有曲面面积公式

$$A = \iint\limits_{D_{yz}} \sqrt{1 + x_y^2(y,z) + x_z^2(y,z)}\,\mathrm{d}y\mathrm{d}z.$$

或

$$A = \iint\limits_{D_{xz}} \sqrt{1 + y_x^2(z,x) + y_z^2(z,x)}\,\mathrm{d}z\mathrm{d}x.$$

例 9.24 求半径为 a 的球的表面积.

解 设球心在坐标原点,则上半球面的方程为 $z = \sqrt{a^2 - x^2 - y^2}$,其在 xOy 面上的投影区域为 $D = \{(x,y) \mid x^2 + y^2 \leqslant a^2\}$,且

$$z_x = \frac{-x}{\sqrt{a^2 - x^2 - y^2}}, \quad z_y = \frac{-y}{\sqrt{a^2 - x^2 - y^2}}, \quad \sqrt{1 + z_x^2 + z_y^2} = \frac{a}{\sqrt{a^2 - x^2 - y^2}},$$

由式(9-10)得,球的表面积为

$$A = 2\iint\limits_{D} \sqrt{1 + z_x^2 + z_y^2}\,\mathrm{d}\sigma = 2a\iint\limits_{D} \frac{\mathrm{d}\sigma}{\sqrt{a^2 - x^2 - y^2}} = 2a\int_0^{2\pi}\mathrm{d}\theta\int_0^a \frac{1}{\sqrt{a^2 - r^2}} \cdot r\mathrm{d}r$$

$$= 2a \cdot 2\pi \cdot \left[-\sqrt{a^2 - r^2}\right]_0^a = 4\pi a^2.$$

习题 9.2

1. 计算下列二重积分:

(1) $\iint\limits_{D} x\mathrm{e}^{xy}\,\mathrm{d}x\mathrm{d}y$,其中 D 为 $\{(x,y) \mid 0 \leqslant x \leqslant 1, -1 \leqslant y \leqslant 0\}$;

(2) $\iint\limits_{D} \frac{\mathrm{d}x\mathrm{d}y}{(x-y)^2}$,其中 D 为 $\{(x,y) \mid 1 \leqslant x \leqslant 2, 3 \leqslant y \leqslant 4\}$;

(3) $\iint\limits_{D} \mathrm{e}^{x+y}\,\mathrm{d}x\mathrm{d}y$,其中 D 为 $\{(x,y) \mid 0 \leqslant x \leqslant 1, 0 \leqslant y \leqslant 1\}$;

(4) $\iint\limits_{D} x^2 y\cos(xy^2)\,\mathrm{d}x\mathrm{d}y$,其中 D 为 $\left\{(x,y) \mid 0 \leqslant x \leqslant \frac{\pi}{2}, 0 \leqslant y \leqslant 2\right\}$.

2. 按照指定的区域 D,将二重积分 $\iint\limits_{D} f(x,y)\mathrm{d}x\mathrm{d}y$ 化为二次积分.

(1) D:$x+y=1, x-y=1, x=0$ 所围成的闭区域;

(2) D:$y=x, y=3x, x=3$ 所围成的闭区域;

(3) D:$y-2x=0, 2y-x=0, xy=2$ 在第一象限所围成的闭区域;

(4) D:$x=3, x=5, 3x-2y+4=0, 3x-2y+1=0$ 所围成的闭区域;

(5) D:$(x-2)^2 + (y-3)^2 = 4$ 所围成的闭区域.

3. 改变下列二次积分的积分次序:

(1) $\int_0^1 \mathrm{d}y \int_y^{\sqrt{y}} f(x,y)\mathrm{d}x$;   (2) $\int_1^{\mathrm{e}} \mathrm{d}x \int_0^{\ln x} f(x,y)\mathrm{d}y$;

(3) $\int_{-1}^1 \mathrm{d}x \int_0^{\sqrt{1-x^2}} f(x,y)\mathrm{d}y$;

(4) $\int_0^1 \mathrm{d}x \int_0^{x^2} f(x,y)\mathrm{d}y + \int_1^3 \mathrm{d}x \int_0^{\frac{1}{2}(3-x)} f(x,y)\mathrm{d}y$;

(5) $\int_{-1}^1 \mathrm{d}x \int_{-\sqrt{1-x^2}}^{1-x^2} f(x,y)\mathrm{d}y$;   (6) $\int_0^{2a} \mathrm{d}x \int_{\sqrt{2ax-x^2}}^{\sqrt{2ax}} f(x,y)\mathrm{d}y$.

4. 计算下列二重积分:

(1) $\iint\limits_D (x+6y)\mathrm{d}x\mathrm{d}y$, 其中 D 为 $y=x,y=5x,x=1$ 所围成的闭区域;

(2) $\iint\limits_D \dfrac{y}{x}\mathrm{d}x\mathrm{d}y$, 其中 D 为 $y=2x,y=x,x=4,x=2$ 所围成的闭区域;

(3) $\iint\limits_D \dfrac{x^2}{y^2}\mathrm{d}x\mathrm{d}y$, 其中 D 为 $y=2,y=x,xy=1$ 所围成的闭区域;

(4) $\iint\limits_D (x^2+y^2)\mathrm{d}x\mathrm{d}y$, 其中 D 为 $y=x,y=x+a,y=a,y=3a(a>0)$ 所围成的闭区域.

5. 证明:

(1) $\int_0^1 \mathrm{d}y \int_{\sqrt{y}}^1 \mathrm{e}^y f(x)\mathrm{d}x = \int_0^1 (\mathrm{e}-\mathrm{e}^{x^2}) f(x)\mathrm{d}x$;

(2) $\iint\limits_D f\left(\dfrac{x}{a}\right) f\left(\dfrac{y}{b}\right)\mathrm{d}x\mathrm{d}y = ab\left[\int_{-1}^1 f(x)\mathrm{d}x\right]^2$, 其中 $D = \{(x,y) \mid |x| \leqslant a, |y| \leqslant b\}$.

6. 把下列直角坐标形式的二次积分变换为极坐标形式的二次积分:

(1) $\int_0^{2R} \mathrm{d}y \int_0^{\sqrt{2Ry-y^2}} f(x,y)\mathrm{d}x$;

(2) $\int_0^R \mathrm{d}x \int_0^{\sqrt{R^2-x^2}} f(x^2+y^2)\mathrm{d}y$;

(3) $\int_0^{\frac{R}{\sqrt{1+R^2}}} \mathrm{d}x \int_0^{Rx} f\left(\dfrac{y}{x}\right)\mathrm{d}y + \int_{\frac{R}{\sqrt{1+R^2}}}^R \mathrm{d}x \int_0^{\sqrt{R^2-x^2}} f\left(\dfrac{y}{x}\right)\mathrm{d}y$.

7. 将下列二重积分变换成极坐标形式,并计算其值:

(1) $\iint\limits_D \ln(1+x^2+y^2)\mathrm{d}x\mathrm{d}y$, D 为圆 $x^2+y^2=1$ 所围成的第一象限的闭区域;

(2) $\iint\limits_D \sqrt{R^2-x^2-y^2}\mathrm{d}x\mathrm{d}y$, D 为圆 $x^2+y^2=Rx$ 所围成的闭区域;

(3) $\iint\limits_D \arctan\dfrac{y}{x}\mathrm{d}x\mathrm{d}y$, D 为圆 $x^2+y^2=4,x^2+y^2=1$ 及直线 $y=x,y=0$ 所围成的在第一象限中的闭区域;

(4) $\iint\limits_D \sin\sqrt{x^2+y^2}\mathrm{d}x\mathrm{d}y$, $D = \{(x,y) \mid \pi^2 \leqslant x^2+y^2 \leqslant 4\pi^2\}$.

8. 作适当的变换,计算下列二重积分:

(1) $\iint\limits_{D} e^{\frac{y-x}{y+x}} dx dy$,其中 D 是由 x 轴,y 轴和直线 $x+y=2$ 所围成的闭区域;

(2) $\iint\limits_{D} \sqrt{1-\dfrac{x^2}{a^2}-\dfrac{y^2}{b^2}} dx dy$,其中 D 为椭圆 $\dfrac{x^2}{a^2}+\dfrac{y^2}{b^2}=1$ 所围成的闭区域;

(3) $\iint\limits_{D}(x-y)^2 \sin^2(x+y) dx dy$,其中 D 是平行四边形闭区域,它的四个顶点是 $(\pi,0)$,$(2\pi,\pi)$,$(\pi,2\pi)$ 和 $(0,\pi)$.

9. 利用二重积分求由下列曲线所围成的闭区域的面积:

(1) $x=y^2-4$, $x+3y=0$;

(2) $y^2=\dfrac{9}{4}x$, $y=\dfrac{3}{2}x$;

(3) $x+y=1$, $x+y=2$, $y=3x$, $y=4x$.

10. 证明下列等式:

(1) $\iint\limits_{D} f(x+y) dx dy = \int_{-1}^{1} f(u) du$, $D=\{(x,y) \mid |x|+|y| \leqslant 1\}$;

(2) $\iint\limits_{D} f(xy) dx dy = \ln 2 \int_{1}^{2} f(u) du$, D 是由 $xy=1$,$xy=2$,$y=x$ 及 $y=4x$ 所围成的第一象限内的闭区域.

11. 计算抛物面 $z=x^2+y^2$ 在平面 $z=1$ 下方的面积.

9.3 三重积分

9.3.1 三重积分的概念与性质

9.3 三重积分(一)

将二元被积函数在平面积分区域 D 上的二重积分推广到三元函数及空间区域 Ω,则有三元被积函数在空间积分区域 Ω 上的三重积分.

定义 9.3 设 $f(x,y,z)$ 是空间闭区域 Ω 上的有界函数,将 Ω 任意地分划成 n 个小区域 $\Delta v_1,\Delta v_2,\cdots,\Delta v_n$,其中 Δv_i 表示第 i 个小区域,也表示它的体积. 在每个小区域 Δv_i 上任取一点 (ξ_i,η_i,ζ_i),作乘积 $f(\xi_i,\eta_i,\zeta_i)\Delta v_i$ 并作和式 $\sum\limits_{i=1}^{n} f(\xi_i,\eta_i,\zeta_i)\Delta v_i$. 若各个小区域直径的最大值 λ 趋于零时,这和的极限 $\lim\limits_{\lambda \to 0}\sum\limits_{i=1}^{n} f(\xi_i,\eta_i,\zeta_i)\Delta v_i$ 总存在,则称此极限值为函数 $f(x,y,z)$ 在区域 Ω 上的三重积分,记作

$$\iiint\limits_{\Omega} f(x,y,z) dv,$$

即

$$\iiint\limits_{\Omega} f(x,y,z)\mathrm{d}v = \lim_{\lambda \to 0} \sum_{i=1}^{n} f(\xi_i, \eta_i, \zeta_i)\Delta v_i,$$

其中函数 $f(x,y,z)$ 称为**被积函数**,区域 Ω 称为**积分区域**,$\mathrm{d}v$ 称为**体积元素**.

三重积分与定积分、二重积分有类似的性质,现叙述如下:

性质 9.8 设 α,β 为常数,则

$$\iiint\limits_{\Omega} [\alpha f(x,y,z) + \beta g(x,y,z)]\mathrm{d}v = \alpha\iiint\limits_{\Omega} f(x,y,z)\mathrm{d}v + \beta\iiint\limits_{\Omega} g(x,y,z)\mathrm{d}v.$$

性质 9.9 若将区域 Ω 用光滑曲面分成两个区域 Ω_1,Ω_2,则

$$\iiint\limits_{\Omega} f(x,y,z)\mathrm{d}v = \iiint\limits_{\Omega_1} f(x,y,z)\mathrm{d}v + \iiint\limits_{\Omega_2} f(x,y,z)\mathrm{d}v.$$

性质 9.10 若在区域 Ω 上,有 $f(x,y,z) \leqslant g(x,y,z)$,则

$$\iiint\limits_{\Omega} f(x,y,z)\mathrm{d}v \leqslant \iiint\limits_{\Omega} g(x,y,z)\mathrm{d}v.$$

性质 9.11 若 V 为 Ω 的体积,则

$$V = \iiint\limits_{\Omega} \mathrm{d}v.$$

性质 9.12 设 M,m 分别是 $f(x,y,z)$ 在有界闭区域 Ω 的最大值,最小值,V 为 Ω 的体积,则

$$mV \leqslant \iiint\limits_{\Omega} f(x,y,z)\mathrm{d}v \leqslant MV.$$

性质 9.13(积分中值定理) 设 $f(x,y,z)$ 在有界闭区域 Ω 上连续,则在 Ω 上至少有一点 (ξ,η,ζ),使得

$$\iiint\limits_{\Omega} f(x,y,z)\mathrm{d}v = f(\xi,\eta,\zeta)V,$$

其中 V 为 Ω 的体积.

关于三重积分,还需要作如下说明.

(1) 三重积分存在的条件.

定理 9.5 若三元函数 $f(x,y,z)$ 在空间有界闭区域 Ω 上连续,则 $f(x,y,z)$ 在 Ω 上必可积.

(2) 三重积分的物理意义.

若某空间立体 Ω 的体密度为连续函数 $\mu(x,y,z)$,则该空间立体的质量 M 为

$$M = \iiint\limits_{\Omega} \mu(x,y,z)\mathrm{d}v.$$

(3) 直角坐标系中体积元素的表达式.

根据三重积分的定义,当函数 $f(x,y,z)$ 在积分区域 Ω 上的三重积分存在时,三重积分的值与对区域 Ω 的分法无关,所以在直角坐标系中经常用平行于坐标平

面的三族平面来分割 Ω,这样得到的小区域 Δv_i 除了包含边界点的小区域外都是小长方体. 若 Δv_i 的三条棱长记为 $\Delta x_i,\Delta y_i,\Delta z_i$,则 $\Delta v_i = \Delta x_i \Delta y_i \Delta z_i$. 因此在直角坐标系下,三重积分记号中的体积元素 $\mathrm{d}v$ 常写成 $\mathrm{d}x\mathrm{d}y\mathrm{d}z$,即

$$\iiint\limits_{\Omega} f(x,y,z)\mathrm{d}v = \iiint\limits_{\Omega} f(x,y,z)\mathrm{d}x\mathrm{d}y\mathrm{d}z.$$

9.3.2 利用直角坐标计算三重积分

计算二重积分要将二重积分化为二次积分,同样,计算三重积分要将三重积分化为三次积分. 与二次积分类似,配置三次积分的积分限需要对空间积分区域 Ω 进行讨论.

9.3.2.1 投影法

如图 9.33 所示,设积分区域 Ω 是由母线平行于 z 轴的柱面以及曲面 $S_1:z = z_1(x,y),S_2:z = z_2(x,y)$ 所围成,这里 $z_1(x,y) \leqslant z_2(x,y)$. Ω 在 xOy 面上的投影区域为有界闭区域 D_{xy},且 $z_1(x,y),z_2(x,y)$ 是 D_{xy} 上的连续函数.

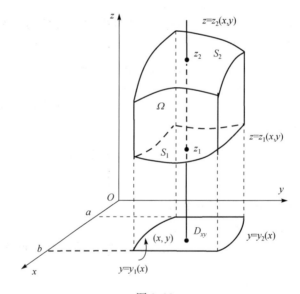

图 9.33

上述区域 Ω 称为 **XY 型区域**,即,过 D_{xy} 上任意一点,作平行于 z 轴的直线穿过 Ω 内部,直线与 Ω 的边界曲面相交不多于两点.

XY 型区域 Ω 可表示为

$$\Omega = \{(x,y,z) \mid z_1(x,y) \leqslant z \leqslant z_2(x,y),x,y \in D_{xy}\}.$$

将 x,y 看成定值,则 $f(x,y,z)$ 是变量 z 的一元函数,在闭区间 $[z_1(x,y),$

$z_2(x,y)$〕上对 z 积分,积分结果是 x,y 的函数,记为

$$F(x,y) = \int_{z_1(x,y)}^{z_2(x,y)} f(x,y,z)\mathrm{d}z.$$

继续计算二元函数 $F(x,y)$ 在平面闭区域 D_{xy} 上的二重积分,即

$$\iint_{D_{xy}} F(x,y)\mathrm{d}x\mathrm{d}y = \iint_{D_{xy}} \left[\int_{z_1(x,y)}^{z_2(x,y)} f(x,y,z)\mathrm{d}z\right]\mathrm{d}x\mathrm{d}y. \tag{9-11}$$

如果 D_{xy} 为 X 型区域:$a\leqslant x\leqslant b, y_1(x)\leqslant y\leqslant y_2(x)$,如图 9.33 所示. 此时积分区域 Ω 可表示为

$$\Omega = \{(x,y,z) \,|\, a\leqslant x\leqslant b, y_1(x)\leqslant y\leqslant y_2(x), z_1(x,y)\leqslant z\leqslant z_2(x,y)\},$$

于是三重积分最终化成为**三次积分**:

$$\iiint_{\Omega} f(x,y,z)\mathrm{d}v = \int_a^b \left[\int_{y_1(x)}^{y_2(x)} \left(\int_{z_1(x,y)}^{z_2(x,y)} f(x,y,z)\mathrm{d}z\right)\mathrm{d}y\right]\mathrm{d}x. \tag{9-12}$$

即

$$\iiint_{\Omega} f(x,y,z)\mathrm{d}v = \int_a^b \mathrm{d}x \int_{y_1(x)}^{y_2(x)} \mathrm{d}y \int_{z_1(x,y)}^{z_2(x,y)} f(x,y,z)\mathrm{d}z. \tag{9-13}$$

这就是三重积分的计算公式,它将三重积分化成先对 z,后对 y,再对 x 的三次积分.

如果 D_{xy} 为 Y 型区域:$c\leqslant y\leqslant d, x_1(y)\leqslant x\leqslant x_2(y)$,则积分区域 Ω 可表示为

$$\Omega = \{(x,y,z) \,|\, c\leqslant y\leqslant d, x_1(y)\leqslant x\leqslant x_2(y), z_1(x,y)\leqslant z\leqslant z_2(x,y)\},$$

于是三重积分可化为三次积分:

$$\iiint_{\Omega} f(x,y,z)\mathrm{d}v = \int_c^d \left[\int_{x_1(y)}^{x_2(y)} \left(\int_{z_1(x,y)}^{z_2(x,y)} f(x,y,z)\mathrm{d}z\right)\mathrm{d}x\right]\mathrm{d}y. \tag{9-14}$$

即

$$\iiint_{\Omega} f(x,y,z)\mathrm{d}v = \int_c^d \mathrm{d}y \int_{x_1(y)}^{x_2(y)} \mathrm{d}x \int_{z_1(x,y)}^{z_2(x,y)} f(x,y,z)\mathrm{d}z. \tag{9-15}$$

这是一个先对 z,后对 x,再对 y 的三次积分.

如果平行于 z 轴且穿过 Ω 内部的直线与边界曲面的交点多于两个,可仿照二重积分计算中所采用的方法,将 Ω 剖分成若干个部分,使在 Ω 上的三重积分化为各部分区域上的三重积分的和.

显然,上述三次积分的积分限可用**投影法**获得. 即,首先将空间积分区域 Ω 投影到某一坐标平面上,得到该坐标面上的平面区域 D;再将平面区域 D 投影到所在坐标平面的某一坐标轴上,得到该坐标轴上的积分区间.

由上可见,上述计算三重积分的方法是先计算一个定积分,然后再计算一个二重积分,故上述方法也称为**"先一后二"法**.

例 9.25 计算 $\iiint_{\Omega} xyz\mathrm{d}x\mathrm{d}y\mathrm{d}z$,其中 Ω 为球面 $x^2+y^2+z^2=1$ 及三个坐标面所

围成的位于第一卦限的立体闭区域.

解 （1）画出空间闭区域 Ω，如图 9.34 所示.

（2）将 Ω 向 xOy 面投影，画出投影区域.

如图 9.35 所示，Ω 在 xOy 面上的投影区域为

$$D_{xy} = \{(x,y) \mid x^2+y^2 \leqslant 1, x \geqslant 0, y \geqslant 0\}.$$

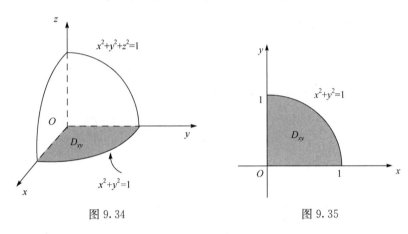

图 9.34　　　　　　　　　　图 9.35

（3）确定另一积分变量 z 的变化范围.

在 D_{xy} 内任取一点 (x,y)，过此点作平行于 z 轴的直线沿 z 轴正向穿过区域 Ω，该直线通过平面 $z=0$ 穿入区域 Ω 内，再通过曲面 $z=\sqrt{1-x^2-y^2}$ 穿出 Ω 外，于是该直线与区域 Ω 的边界曲面的两个交点的竖坐标依次为 $z=0$，$z=\sqrt{1-x^2-y^2}$，即 z 的变化范围是

$$0 \leqslant z \leqslant \sqrt{1-x^2-y^2}.$$

（4）选择适当的积分次序，化三重积分为三次积分.

如图 9.35 所示，D_{xy} 既是 X 型区域又是 Y 型区域. 若按 X 型区域作二次积分，则 D_{xy} 为：$0 \leqslant x \leqslant 1, 0 \leqslant y \leqslant \sqrt{1-x^2}$，此时，积分区域 Ω 可表示为

$$\Omega = \{(x,y,z) \mid 0 \leqslant x \leqslant 1, 0 \leqslant y \leqslant \sqrt{1-x^2}, 0 \leqslant z \leqslant \sqrt{1-x^2-y^2}\},$$

于是

$$\iiint\limits_{\Omega} xyz\,\mathrm{d}x\mathrm{d}y\mathrm{d}z = \int_0^1 \mathrm{d}x \int_0^{\sqrt{1-x^2}} \mathrm{d}y \int_0^{\sqrt{1-x^2-y^2}} xyz\,\mathrm{d}z = \int_0^1 \left[\int_0^{\sqrt{1-x^2}} \left(\int_0^{\sqrt{1-x^2-y^2}} xyz\,\mathrm{d}z\right)\mathrm{d}y\right]\mathrm{d}x$$

$$= \int_0^1 \left[\int_0^{\sqrt{1-x^2}} \left(\left[\frac{1}{2}xyz^2\right]_0^{\sqrt{1-x^2-y^2}}\right)\mathrm{d}y\right]\mathrm{d}x$$

$$= \int_0^1 \left[\int_0^{\sqrt{1-x^2}} \left(\frac{1}{2}xy - \frac{1}{2}x^3y - \frac{1}{2}xy^3\right)\mathrm{d}y\right]\mathrm{d}x$$

$$= \int_0^1 \left(\left[\frac{1}{4}xy^2 - \frac{1}{4}x^3y^2 - \frac{1}{8}xy^4 \right]_0^{\sqrt{1-x^2}} \right) dx$$

$$= \frac{1}{8} \int_0^1 (x - 2x^3 + x^5) dx = \frac{1}{48}.$$

若 D_{xy} 按 Y 型区域作二次积分,则 D_{xy} 为 $0 \leqslant y \leqslant 1, 0 \leqslant x \leqslant \sqrt{1-y^2}$,此时,积分区域 Ω 可表示为

$$\Omega = \left\{ (x,y,z) \,\middle|\, 0 \leqslant y \leqslant 1, 0 \leqslant x \leqslant \sqrt{1-y^2}, 0 \leqslant z \leqslant \sqrt{1-x^2-y^2} \right\},$$

于是

$$\iiint\limits_{\Omega} xyz \,dx\,dy\,dz = \int_0^1 dy \int_0^{\sqrt{1-y^2}} dx \int_0^{\sqrt{1-x^2-y^2}} xyz \,dz$$

$$= \int_0^1 \left[\int_0^{\sqrt{1-y^2}} \left(\int_0^{\sqrt{1-x^2-y^2}} xyz \,dz \right) dx \right] dy = \frac{1}{48}.$$

同样,该积分也可以将积分区域 Ω 投影到 yOz 面或 zOx 面来计算,留给读者完成.

9.3.2.2　截面法

设空间区域 Ω 介于两个平面 $z = c_1$ 和 $z = c_2$ 之间 $(c_1 < c_2)$,如图 9.36 所示.过点 $(0, 0, z)(z \in [c_1, c_2])$作垂直于 z 轴的平面与 Ω 相截,截得一平面闭区域 D_z,于是空间区域 Ω 可表示为

$$\Omega = \{ (x,y,z) \,|\, (x,y) \in D_z, c_1 \leqslant z \leqslant c_2 \},$$

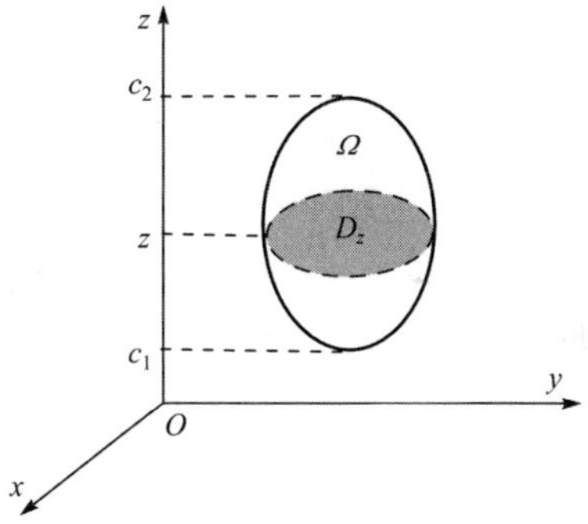

于是

图 9.36

$$\iiint\limits_{\Omega} f(x,y,z) \,dv = \int_{c_1}^{c_2} dz \iint\limits_{D_z} f(x,y,z) \,dx\,dy$$

$$= \int_{c_1}^{c_2} \left[\iint\limits_{D_z} f(x,y,z) \,dx\,dy \right] dz. \tag{9-16}$$

由此可见,利用截面法,三重积分可以化为先计算一个二重积分,然后再计算一个定积分,因此截面法又称作**"先二后一"法**.

在式(9-16)中,若函数 $f(x,y,z)$ 仅是变量 z 的函数,即 $f(x,y,z) = g(z)$,且截面 D_z 的面积容易求得时(设 D_z 的面积为 σ),则

$$\iint\limits_{D_z} f(x,y,z) \,dx\,dy = \iint\limits_{D_z} g(z) \,dx\,dy = g(z) \iint\limits_{D_z} dx\,dy = g(z)\sigma.$$

因此,在计算三重积分时,若被积函数只含有一个变量,宜采用截面法计算.

例 9.26 求 $\iiint\limits_\Omega z\mathrm{d}x\mathrm{d}y\mathrm{d}z$,其中 Ω 是三个坐标平面及平面 $x+y+z=1$ 所围成的空间闭区域.

解 空间区域 Ω 介于两个平面 $z=0$ 和 $z=1$ 之间. 过点 $(0,0,z)(z\in[0,1])$ 作垂直于 z 轴的平面与 Ω 相截,截得一平面闭区域 D_z:
$$D_z=\{(x,y)\,|\,x\geqslant0,y\geqslant0,x+y\leqslant1-z\},$$
如图 9.37 所示. 于是空间区域 Ω 可表示为
$$\Omega=\{(x,y,z)\,|\,(x,y)\in D_z,0\leqslant z\leqslant1\},$$
从而由式(9-16)得
$$\iiint\limits_\Omega z\mathrm{d}x\mathrm{d}y\mathrm{d}z=\int_0^1\mathrm{d}z\iint\limits_{D_z}z\mathrm{d}x\mathrm{d}y=\int_0^1 z\Big(\iint\limits_{D_z}\mathrm{d}x\mathrm{d}y\Big)\mathrm{d}z$$
$$=\int_0^1 z\cdot\frac{1}{2}(1-z)^2\mathrm{d}z=\frac{1}{24}.$$

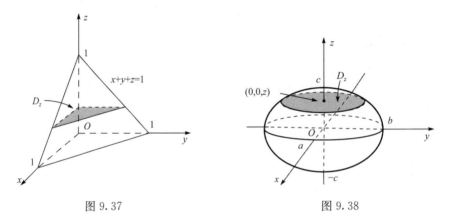

图 9.37   图 9.38

例 9.27 求 $\iiint\limits_\Omega z^2\mathrm{d}x\mathrm{d}y\mathrm{d}z$,其中 Ω 是椭球面 $\dfrac{x^2}{a^2}+\dfrac{y^2}{b^2}+\dfrac{z^2}{c^2}=1$ 所围成的空间闭区域.

解 空间区域 Ω 介于两个平面 $z=-c$ 和 $z=c$ 之间. 过点 $(0,0,z)(z\in[-c,c])$ 作垂直于 z 轴的平面与 Ω 相截,截得一平面闭区域 D_z:
$$D_z=\Big\{(x,y)\,\Big|\,\frac{x^2}{a^2}+\frac{y^2}{b^2}\leqslant1-\frac{z^2}{c^2}\Big\},$$
如图 9.38 所示. 于是空间区域 Ω 可表示为
$$\Omega=\Big\{(x,y,z)\,\Big|\,\frac{x^2}{a^2}+\frac{y^2}{b^2}\leqslant1-\frac{z^2}{c^2},-c\leqslant z\leqslant c\Big\},$$

于是由式(9-16)得

$$\iiint_{\Omega} z^2 \mathrm{d}x\mathrm{d}y\mathrm{d}z = \int_{-c}^{c} \mathrm{d}z \iint_{D_z} z^2 \mathrm{d}x\mathrm{d}y = \int_{-c}^{c} z^2 \left(\iint_{D_z} \mathrm{d}x\mathrm{d}y \right) \mathrm{d}z.$$

而 $\iint_{D_z} \mathrm{d}x\mathrm{d}y$ 是椭圆 $\dfrac{x^2}{a^2} + \dfrac{y^2}{b^2} = 1 - \dfrac{z^2}{c^2}$ 的面积. 该椭圆的标准形式为

$$\frac{x^2}{\left[a\sqrt{1-\dfrac{z^2}{c^2}} \right]^2} + \frac{y^2}{\left[b\sqrt{1-\dfrac{z^2}{c^2}} \right]^2} = 1,$$

故

$$\iint_{D_z} \mathrm{d}x\mathrm{d}y = \pi a \sqrt{1-\frac{z^2}{c^2}} \cdot b \sqrt{1-\frac{z^2}{c^2}} = \pi ab \left(1-\frac{z^2}{c^2} \right).$$

于是

$$\iiint_{\Omega} z^2 \mathrm{d}x\mathrm{d}y\mathrm{d}z = \int_{-c}^{c} z^2 \cdot \pi ab \left(1-\frac{z^2}{c^2} \right) \mathrm{d}z = \frac{4}{15} \pi abc^3.$$

9.3.3 利用柱面坐标计算三重积分

9.3.3.1 柱面坐标

9.3 三重积分(二)

设 $M(x,y,z)$ 为空间的一点,该点在 xOy 面上的投影为 P,点 P 的极坐标为 (r,θ),则这样的数组 (r,θ,z) 就称为点 M 的**柱面坐标**(图 9.39).

显然,点 M 的直角坐标 (x,y,z) 与柱面坐标 (r,θ,z) 之间的关系为

$$x=r\cos\theta, \quad y=r\sin\theta, \quad z=z, \tag{9-17}$$

其中:$0 \leqslant r < +\infty, 0 \leqslant \theta \leqslant 2\pi, -\infty < z < +\infty$.

由此可见,柱面坐标系的三个坐标面分别为

(1) $r=$ 常数,表示以 z 轴为中心轴,半径为 r,母线平行于 z 轴的圆柱面;

(2) $\theta=$ 常数,表示过 z 轴的半平面;

(3) $z=$ 常数,表示与 xOy 面平行的平面.

如图 9.40 所示.

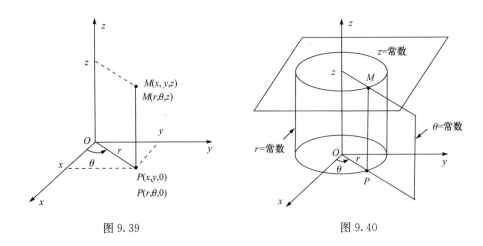

图 9.39   图 9.40

9.3.3.2　利用柱面坐标计算三重积分

在柱面坐标系下计算三重积分,需要将被积函数 $f(x,y,z)$、积分区域 Ω 以及体积元素 $\mathrm{d}v$ 用柱面坐标表示. 为此,用柱面坐标的三组平面去分割积分区域 Ω,它们把 Ω 分成许多小的闭区域 $\Delta\Omega$.除了含 Ω 的边界的一些不规则小区域外,这种小闭区域都是柱体,如图 9.41(a)所示.

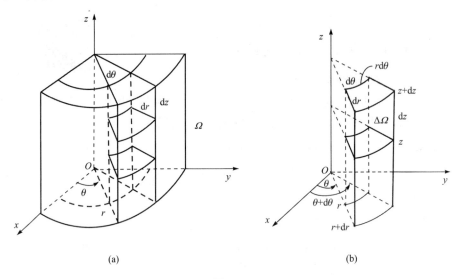

(a)   (b)

图 9.41

设 $\Delta\Omega$ 是半径为 r 和 $r+\mathrm{d}r$ 的圆柱面与极角为 θ 和 $\theta+\mathrm{d}\theta$ 的半平面,以及高度为 z 和 $z+\mathrm{d}z$ 的平面所围成的小柱体(图 9.41(b)).该柱体高为 $\mathrm{d}z$,底面可近似地看成以 $\mathrm{d}r$ 和 $r\mathrm{d}\theta$ 为邻边的小矩形,其面积为 $r\mathrm{d}r\mathrm{d}\theta$,因此柱面坐标系中的体积元素为

$$\mathrm{d}v=r\mathrm{d}r\mathrm{d}\theta\mathrm{d}z.$$

于是,柱面坐标系下三重积分的表达式为

$$\iiint\limits_{\Omega} f(x,y,z)\mathrm{d}x\mathrm{d}y\mathrm{d}z = \iiint\limits_{\Omega} f(r\cos\theta, r\sin\theta, z) r \mathrm{d}r \mathrm{d}\theta \mathrm{d}z. \tag{9-18}$$

计算柱面坐标系下的三重积分同样要化为三次积分. 假设空间积分区域 Ω 为 XY 型区域,则 Ω 在 xOy 平面上的投影区域 D_{xy} 用极坐标表示为

$$D_{xy} = \{ (r,\theta) \mid \alpha \leqslant \theta \leqslant \beta, r_1(\theta) \leqslant r \leqslant r_2(\theta) \}.$$

此时积分区域 Ω 可表示为

$$\Omega = \{ (x,y,z) \mid \alpha \leqslant \theta \leqslant \beta, r_1(\theta) \leqslant r \leqslant r_2(\theta), z_1(r,\theta) \leqslant z \leqslant z_2(r,\theta) \},$$

于是

$$\iiint\limits_{\Omega} f(x,y,z)\mathrm{d}v = \int_{\alpha}^{\beta} \left[\int_{r_1(\theta)}^{r_2(\theta)} \left(\int_{z_1(r,\theta)}^{z_2(r,\theta)} f(r\cos\theta, r\sin\theta, z)\mathrm{d}z \right) r \mathrm{d}r \right] \mathrm{d}\theta. \tag{9-19}$$

即

$$\iiint\limits_{\Omega} f(x,y,z)\mathrm{d}v = \int_{\alpha}^{\beta} \mathrm{d}\theta \int_{r_1(\theta)}^{r_2(\theta)} r\mathrm{d}r \int_{z_1(r,\theta)}^{z_2(r,\theta)} f(r\cos\theta, r\sin\theta, z)\mathrm{d}z. \tag{9-20}$$

显然,上述两式就是把公式(9-12)和(9-16)中关于 x,y 的二重积分化为极坐标积分. 因此柱面坐标系下的三重积分实际上是极坐标系下的二重积分积分与直角坐标系下的定积分的组合. 因此,计算三重积分时,若被积函数含有 $x^2 + y^2$,空间积分区域 Ω 在某一坐标面上的投影区域为圆域、扇形区域等,可利用柱面坐标简化计算.

例 9.28 计算 $\iiint\limits_{\Omega} \mathrm{e}^{x^2 + y^2} \mathrm{d}v$,其中 Ω 是由曲面 $z = x^2 + y^2$ 和平面 $z = 1$ 所围成的闭区域(图 9.42).

解 在柱面坐标系中

$$\Omega = \{ (r,\theta,z) \mid 0 \leqslant \theta \leqslant 2\pi, 0 \leqslant r \leqslant 1, r^2 \leqslant z \leqslant 1 \},$$

故

$$\iiint\limits_{\Omega} \mathrm{e}^{x^2 + y^2} \mathrm{d}v = \int_0^{2\pi} \left[\int_0^1 \left(\int_{r^2}^1 \mathrm{e}^{r^2} \mathrm{d}z \right) r\mathrm{d}r \right] \mathrm{d}\theta$$

$$= \int_0^{2\pi} \left[\int_0^1 \mathrm{e}^{r^2} (r - r^3)\mathrm{d}r \right] \mathrm{d}\theta = 2\pi \int_0^1 \mathrm{e}^{r^2} (r - r^3)\mathrm{d}r = \pi(\mathrm{e} - 2).$$

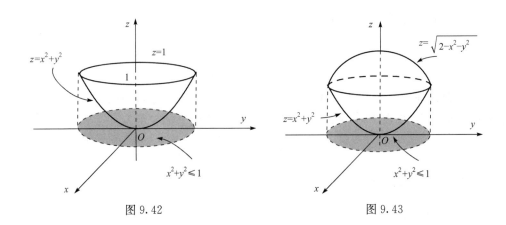

图 9.42   图 9.43

例 9.29 求 $\iiint\limits_{\Omega} z\,\mathrm{d}x\mathrm{d}y\mathrm{d}z$,其中 Ω 是由曲面 $z=\sqrt{2-x^2-y^2}$,$z=x^2+y^2$ 围成的闭区域(图 9.43).

解 两曲面的交线满足

$$\sqrt{2-x^2-y^2}=x^2+y^2,\ \text{即}\ \sqrt{2-r^2}=r^2.$$

从而 $(r-1)(r^3+r^2+2r+2)=0$,解得 $r=1$.

于是,在柱面坐标系下

$$\Omega=\{(r,\theta,z)\mid 0\leqslant\theta\leqslant 2\pi,0\leqslant r\leqslant 1,r^2\leqslant z\leqslant\sqrt{2-r^2}\}.$$

故

$$\iiint\limits_{\Omega} z\,\mathrm{d}x\mathrm{d}y\mathrm{d}z=\int_0^{2\pi}\mathrm{d}\theta\int_0^1 r\mathrm{d}r\int_{r^2}^{\sqrt{2-r^2}}z\mathrm{d}z=\pi\int_0^1(2r-r^3-r^5)\,\mathrm{d}r$$

$$=\pi\left(1-\frac{1}{4}-\frac{1}{6}\right)=\frac{7\pi}{12}.$$

9.3.4 利用球面坐标计算三重积分

9.3.4.1 球面坐标

空间任意一点 $M(x,y,z)$ 也可用三元有序数组 (ρ,φ,θ) 来确定,其中 ρ 是向径 $\overrightarrow{OM}$ 的模;φ 是向径 $\overrightarrow{OM}$ 与 z 轴正向所成夹角;设 $\overrightarrow{OM}$ 在 xOy 面上的投影向量为 $\overrightarrow{OP}$,θ 为自 x 轴正向依逆时针方向转到有向线段 $\overrightarrow{OP}$ 的角度(图 9.44).

ρ,φ,θ 称为点 M 的**球面坐标**. 规定 ρ,φ,θ 的取值范围为

$$0\leqslant\rho<+\infty,\quad 0\leqslant\varphi\leqslant\pi,\quad 0\leqslant\theta\leqslant 2\pi.$$

显然,点 M 的直角坐标 (x,y,z) 与球面坐标 (ρ,φ,θ) 间的关系为

$$\begin{cases} x = \rho\sin\varphi\cos\theta, \\ y = \rho\sin\varphi\sin\theta, \\ z = \rho\cos\varphi. \end{cases} \quad \begin{cases} \rho = \sqrt{x^2+y^2+z^2}, \\ \tan\theta = \dfrac{y}{x}, \\ \cos\varphi = \dfrac{z}{\sqrt{x^2+y^2+z^2}}. \end{cases} \quad (9\text{-}21)$$

球面坐标系的坐标面是

（1）$\rho=$常数，表示以原点为球心的球面；

（2）$\varphi=$常数，表示顶点在原点，以 z 轴为对称轴的圆锥面；

（3）$\theta=$常数，表示过 z 轴的半平面.

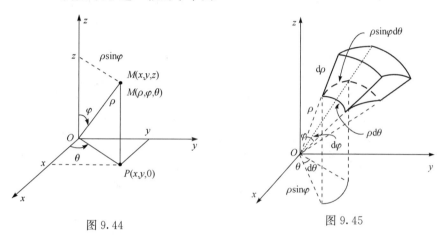

图 9.44   图 9.45

9.3.4.2 利用球面坐标计算三重积分

考虑三重积分在球面坐标系下的表达式. 为此用球面坐标系中的三组坐标面将空间区域 Ω 划分成许多小的闭区域. 考虑 ρ,φ,θ 各取微小增量 $\mathrm{d}\rho,\mathrm{d}\varphi,\mathrm{d}\theta$ 所形成的六面体的体积 $\mathrm{d}v$（图 9.45），若不计高阶无穷小，可将此六面体近似地看成长方体. 由扇形的弧长公式，三棱长分别为 $\rho\mathrm{d}\varphi,\rho\sin\varphi\mathrm{d}\theta,\mathrm{d}\rho$，于是**球面坐标系下的体积元素为**

$$\mathrm{d}v = \rho^2\sin\varphi\mathrm{d}\rho\mathrm{d}\varphi\mathrm{d}\theta.$$

由直角坐标与球面坐标的关系式（9-21），球面坐标系下三重积分的表达式为

$$\iiint\limits_{\Omega} f(x,y,z)\mathrm{d}v = \iiint\limits_{\Omega} f(\rho\sin\varphi\cos\theta,\rho\sin\varphi\sin\theta,\rho\cos\varphi)\rho^2\sin\varphi\mathrm{d}\rho\mathrm{d}\varphi\mathrm{d}\theta. \quad (9\text{-}22)$$

计算球面坐标系下的三重积分，需要把式（9-22）化为对积分变量 ρ,φ,θ 的三次积分. 显然，若被积函数含有 $x^2+y^2+z^2$，空间积分区域 Ω 是球面或锥面围成的区域时，可利用球面坐标简化计算.

例 9.30 求曲面 $z=a+\sqrt{a^2-x^2-y^2}\,(a>0)$ 与曲面 $z=\sqrt{x^2+y^2}$ 所围成的立

体 Ω 的体积.

解 Ω 的图形如图 9.46 所示.下面来确定球面坐标系下三个变量的变化范围.

(1) 由于球面 $z=a+\sqrt{a^2-x^2-y^2}$ 与锥面 $z=\sqrt{x^2+y^2}$ 的交线为

$$\begin{cases} x^2+y^2=a^2, \\ z=a, \end{cases}$$

故 Ω 在 xOy 面的投影区域 D_{xy} 为圆域 $x^2+y^2\leqslant a^2$,所以 $0\leqslant\theta\leqslant 2\pi$;

(2) 在 $[0,2\pi]$ 上任取一 θ 值,过 z 轴作极角为 θ 的平面去截 Ω,得一剖面 D_θ,因 φ 是自 z 轴正向顺时针转到锥面的角度.而锥面的半顶角为 $\dfrac{\pi}{4}$,故 $0\leqslant\varphi\leqslant\dfrac{\pi}{4}$ (图 9.47);

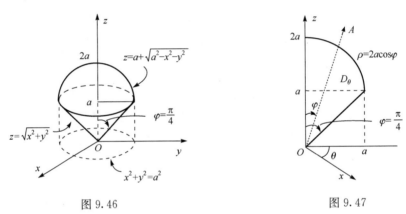

图 9.46　　　　　　　　图 9.47

(3)在剖面 D_θ 中,自 $\left[0,\dfrac{\pi}{4}\right]$ 内任取一角度 φ,从原点 O 出发作射线 OA 穿过 Ω (图 9.47).该射线与 Ω 有两个交点,一个是原点,另一个点在曲面 $z=a+\sqrt{a^2-x^2-y^2}$ 上.原点可看作半径为 0 的球面,用球面坐标可表示为 $\rho=0$,而球面 $z=a+\sqrt{a^2-x^2-y^2}$ 可用球面坐标表示为 $\rho=2a\cos\varphi$.因此 $0\leqslant\rho\leqslant 2a\cos\varphi$.

综上所述,在球面坐标系下,Ω 可表示为

$$\Omega=\left\{(\rho,\varphi,\theta)\,\Big|\,0\leqslant\theta\leqslant 2\pi,0\leqslant\varphi\leqslant\frac{\pi}{4},0\leqslant\rho\leqslant 2a\cos\varphi\right\},$$

因此立体 Ω 的体积为

$$V=\iiint\limits_\Omega \mathrm{d}v=\iiint\limits_\Omega \rho^2\sin\varphi\,\mathrm{d}\rho\mathrm{d}\varphi\mathrm{d}\theta=\int_0^{2\pi}\mathrm{d}\theta\int_0^{\frac{\pi}{4}}\mathrm{d}\varphi\int_0^{2a\cos\varphi}\rho^2\sin\varphi\,\mathrm{d}\rho$$

$$=\frac{16\pi}{3}a^3\int_0^{\frac{\pi}{4}}\cos^3\varphi\sin\varphi\,\mathrm{d}\varphi=\frac{16\pi}{3}a^3\left[-\frac{1}{4}\cos^4\varphi\right]_0^{\frac{\pi}{4}}=\pi a^3.$$

习题 9.3

1. 化三重积分 $I = \iiint\limits_{\Omega} f(x,y,z)\mathrm{d}x\mathrm{d}y\mathrm{d}z$ 为三次积分,其中积分区域 Ω 分别是

(1) 由上半球面 $z = \sqrt{R^2 - x^2 - y^2}$ 与平面 $z = 0$ 所围成的闭区域;

(2) 由旋转抛物面 $z = x^2 + y^2$ 及平面 $z = 1$ 所围成的闭区域;

(3) 由圆柱面 $x^2 + y^2 = 4$ 及平面 $z = 0, z = x + y + 10$ 所围成的闭区域;

(4) 由双曲抛物面 $z = xy$ 及平面 $x + y - 1 = 0, z = 0$ 所围成的闭区域.

2. 设有一物体,占有空间闭区域 $\Omega = \{(x,y,z) \mid 0 \leqslant x \leqslant 1, 0 \leqslant y \leqslant 1, 0 \leqslant z \leqslant 1\}$,其在点 (x, y, z) 处的密度为 $\rho(x,y,z) = x + y + z$,计算该物体的质量.

3. 设有三重积分 $\iiint\limits_{\Omega} f(x,y,z)\mathrm{d}x\mathrm{d}y\mathrm{d}z$,其中

$$f(x,y,z) = f_1(x)f_2(y)f_3(z), \quad \Omega = \{(x,y,z) \mid a \leqslant x \leqslant b, c \leqslant y \leqslant d, l \leqslant z \leqslant m\},$$

证明

$$\iiint\limits_{\Omega} f(x,y,z)\mathrm{d}x\mathrm{d}y\mathrm{d}z = \int_a^b f_1(x)\mathrm{d}x \int_c^d f_2(y)\mathrm{d}y \int_l^m f_3(z)\mathrm{d}z.$$

4. 计算下列三重积分:

(1) $\iiint\limits_{\Omega} x\mathrm{d}x\mathrm{d}y\mathrm{d}z$,其中 Ω 是三个坐标平面及平面 $x + 2y + z = 1$ 所围成的闭区域;

(2) $\iiint\limits_{\Omega} xz\mathrm{d}x\mathrm{d}y\mathrm{d}z$,其中 Ω 是由平面 $z = 0, z = y, y = 1$ 以及抛物柱面 $y = x^2$ 所围成的闭区域;

(3) $\iiint\limits_{\Omega} y\cos(z + x)\mathrm{d}x\mathrm{d}y\mathrm{d}z$,其中 Ω 是由抛物柱面 $y = \sqrt{x}$ 与平面 $y = 0, z = 0, x + z = \frac{\pi}{2}$ 所围成的闭区域;

(4) $\iiint\limits_{\Omega} z\mathrm{d}x\mathrm{d}y\mathrm{d}z$,其中 Ω 是由锥面 $z = \frac{h}{R}\sqrt{x^2 + y^2}$ 与平面 $z = h (R > 0, h > 0)$ 所围成的闭区域.

5. 利用柱面坐标计算下列三重积分:

(1) $\iiint\limits_{\Omega} (x^2 + y^2)\mathrm{d}v$,其中 Ω 是由抛物面 $x^2 + y^2 = 2z$ 及平面 $z = 2$ 所围成的闭区域;

(2) $\iiint\limits_{\Omega} z\sqrt{x^2 + y^2}\mathrm{d}v$,其中 Ω 是由抛物面 $z = 4 - x^2 - y^2$ 及 $z = x^2 + y^2$ 所围成的闭区域.

6. 利用球面坐标计算下列三重积分:

(1) $\iiint\limits_{\Omega} (x^2 + y^2 + z^2)\mathrm{d}v$,其中 Ω 是由球面 $x^2 + y^2 + z^2 = 1$ 所围成的闭区域;

(2) $\iiint\limits_{\Omega} z\mathrm{d}v$,其中 Ω 是由球面 $x^2 + y^2 + (z - a)^2 = a^2$ 及圆锥面 $x^2 + y^2 = z^2$ 所围成的闭区域.

7. 分别在直角坐标系、柱面坐标系、球面坐标系下将三重积分

$$I = \iiint\limits_{\Omega} (6+4y)\,dxdydz$$

写成三次积分的形式,并比较在后两种形式下计算的繁简. 其中 Ω 在第一卦限,由锥面 $z=\sqrt{x^2+y^2}$、圆柱面 $x^2+y^2=1$ 和三个坐标平面围成.

8. 利用三重积分计算下列曲面所围成的立体的体积:

(1) $z=6-x^2-y^2$ 及 $z=\sqrt{x^2+y^2}$;

(2) $z=36-3x^2-3y^2$ 及 $z=x^2+y^2$.

9. 一球心在原点、半径为 R 的球体,若其上任意一点的密度的大小与这点到球心的距离成正比,求这球体的质量.

综合练习题九

一、单项选择题(将正确选项的序号填入括号内)

1. 设闭区域 D 由 $x=0,y=0,x+y=\dfrac{1}{2},x+y=1$ 围成,

$$I_1 = \iint\limits_{D} [\ln(x+y)]^7\,dxdy, \quad I_2 = \iint\limits_{D} (x+y)^7\,dxdy, \quad I_3 = \iint\limits_{D} \sin^7(x+y)\,dxdy.$$

则 I_1,I_2,I_3 的大小顺序为( ).

　(A) $I_1<I_2<I_3$;　　(B) $I_3<I_2<I_1$;　　(C) $I_1<I_3<I_2$;　　(D) $I_3<I_1<I_2$.

2. $\displaystyle\iint\limits_{x^2+y^2\leqslant 4} e^{x^2+y^2}\,d\sigma$ 的值为( ).

　(A) $\dfrac{\pi}{2}(e^4-1)$;　　(B) $2\pi(e^4-1)$;　　(C) $\pi(e^4-1)$;　　(D) πe^4.

3. $\displaystyle\int_0^a dx \int_0^{2\sqrt{ax}} x\,dy = ($).

　(A) $\dfrac{8}{5}\sqrt{2}a^3$;　　(B) $\dfrac{8}{5}a^3$;　　(C) $8a^3$;　　(D) $\dfrac{4}{5}a^3$.

4. $\displaystyle\int_a^b dx \int_a^x f(y)\,dy = ($).

　(A) $\displaystyle\int_a^b dy \int_a^x f(y)\,dx$;　　　　(B) $\displaystyle\int_a^b dx \int_a^b f(y)\,dy$;

　(C) $\displaystyle\int_a^b dx \int_b^x f(y)\,dy$;　　　　(D) $\displaystyle\int_a^b (b-y)f(y)\,dy$.

5. 设 D 是由不等式 $|x|+|y|\leqslant 1$ 所确定的区域,则 $\displaystyle\iint\limits_{D}(|x|+y)\,dxdy = ($).

　(A) 0;　　(B) $\dfrac{1}{3}$;　　(C) $\dfrac{2}{3}$;　　(D) 1.

6. 设 D_k 是圆域 $D=\{(x,y)\mid x^2+y^2\leqslant 1\}$ 位于第 k 象限的部分,记 $I_k = \displaystyle\iint\limits_{D_k}(y-$

$x) \mathrm{d}x \mathrm{d}y (k = 1, 2, 3, 4)$，则（　　）.

(A) $I_1 > 0$；　　　　　(B) $I_2 > 0$；　　　　　(C) $I_3 > 0$；　　　　　(D) $I_4 > 0$.

7. 设 D 是 xOy 面上以 $(1,1),(-1,1),(-1,-1)$ 为顶点的三角形区域，D_1 是 D 在第一象限部分，则 $\iint\limits_{D} (xy + \cos x \sin y) \mathrm{d}x \mathrm{d}y = ($　　$)$.

(A) $2\iint\limits_{D_1} \cos x \sin y \mathrm{d}x \mathrm{d}y$；　　　　　(B) $2\iint\limits_{D_1} xy \mathrm{d}x \mathrm{d}y$；

(C) $4\iint\limits_{D_1} (xy + \cos x \sin y) \mathrm{d}x \mathrm{d}y$；　　(D) 0.

8. $\iint\limits_{x^2 + y^2 \leqslant 1} f(x,y) \mathrm{d}x \mathrm{d}y = 4 \int_0^1 \mathrm{d}x \int_0^{\sqrt{1-x^2}} f(x,y) \mathrm{d}y$ 在（　　）情况下成立.

(A) $f(-x, y) = -f(x, y)$；

(B) $f(-x, -y) = -f(x, y)$；

(C) $f(-x, y) = f(x, y)$ 且 $f(x, -y) = f(x, y)$；

(D) $f(x, -y) = -f(x, y)$.

9. 设 $f(x)$ 为连续函数，$F(t) = \int_1^t \mathrm{d}y \int_y^t f(x) \mathrm{d}x$，则 $F'(2) = ($　　$)$.

(A) $2f(2)$；　　　　　(B) $f(2)$；　　　　　(C) $-f(2)$；　　　　　(D) 0.

10. 设 $f(x,y,z)$ 连续，则下列各式中，与 $\int_0^1 \mathrm{d}x \int_0^x \mathrm{d}y \int_0^y f(x,y,z) \mathrm{d}z$ 相等的是（　　）.

(A) $\int_0^1 \mathrm{d}z \int_0^z \mathrm{d}y \int_0^y f(x,y,z) \mathrm{d}x$；　　　　(B) $\int_0^1 \mathrm{d}z \int_0^z \mathrm{d}y \int_y^z f(x,y,z) \mathrm{d}x$；

(C) $\int_0^1 \mathrm{d}z \int_z^1 \mathrm{d}y \int_0^y f(x,y,z) \mathrm{d}x$；　　　　(D) $\int_0^1 \mathrm{d}z \int_z^1 \mathrm{d}y \int_y^1 f(x,y,z) \mathrm{d}x$.

二、填空题

1. 设 D 为闭区域 $\{(x,y) \mid x^2 + y^2 \leqslant 4, y \geqslant 0\}$，则 $\iint\limits_{D} \mathrm{d}x \mathrm{d}y = $＿＿＿＿＿＿；

2. 设 D 为闭区域 $\{(x,y) \mid x^2 + y^2 \leqslant a^2, x \geqslant 0, y \geqslant 0\}$，则 $\iint\limits_{D} \sqrt{a^2 - x^2 - y^2} \mathrm{d}x \mathrm{d}y$

$= $＿＿＿＿＿＿；

3. 积分 $\int_0^1 \mathrm{d}x \int_x^1 \mathrm{e}^{-y^2} \mathrm{d}y$ 的值等于＿＿＿＿＿＿；

4. $\iiint\limits_{x^2 + y^2 + z^2 \leqslant 1} \left[\dfrac{z^3 \ln(x^2 + y^2 + z^2 + 1)}{x^2 + y^2 + z^2 + 1} + 1 \right] \mathrm{d}v = $＿＿＿＿＿＿；

5. 设区域 $D = \{(x,y) \mid x^2 + y^2 \leqslant x + y\}$，则 $\iint\limits_{D} f(x,y) \mathrm{d}x \mathrm{d}y$ 的极坐标形式为＿＿＿＿＿＿；

6. 二次积分 $\int_0^{\frac{\pi}{2}} \mathrm{d}\theta \int_0^{\cos\theta} f(r\cos\theta, r\sin\theta) r \mathrm{d}r$ 的直角坐标形式为＿＿＿＿＿＿；

7. 交换积分次序，则 $\int_{-\sqrt{2}}^{\sqrt{2}} \mathrm{d}x \int_{x^2}^{4-x^2} f(x,y) \mathrm{d}y = $＿＿＿＿＿＿；

8. 设 $\Omega: z \geqslant 0, z \leqslant \sqrt{3(x^2 + y^2)}, x^2 + y^2 \leqslant y$，则 $\iiint\limits_{\Omega} f(\sqrt{x^2 + y^2 + z^2}) \mathrm{d}v$ 在柱面坐标系下的三次积分为_____；

9. 设 D 由 $y = kx(k > 0), y = 0, x = 1$ 围成，且 $\iint\limits_{D} xy^2 \mathrm{d}x\mathrm{d}y = \dfrac{1}{15}$，则 $k =$ _____；

10. 设 $f(x, y)$ 连续，且 $f(x, y) = xy + \iint\limits_{D} f(u, v) \mathrm{d}u\mathrm{d}v$，其中 D 由 $y = 0, y = x^2, x = 1$ 围成，则 $f(x, y) =$ _____.

三、计算题

1. 求积分 $I = \displaystyle\int_0^1 x^3 f(x) \mathrm{d}x$，其中 $f(x) = \displaystyle\int_1^{x^2} \dfrac{\sin y}{y} \mathrm{d}y$.

2. 求 $I = \displaystyle\iint\limits_{D} |\cos(x + y)| \mathrm{d}x\mathrm{d}y$，其中 D 是直线 $y = 0, y = x, x = \dfrac{\pi}{2}$ 围成的闭区域.

3. 求 $z = \sqrt{x^2 + y^2}, z = x^2 + y^2$ 所围立体的体积.

4. 求 $\displaystyle\iiint\limits_{\Omega} x \mathrm{e}^{\frac{x^2 + y^2 + z^2}{a^2}} \mathrm{d}v, \Omega: x^2 + y^2 + z^2 \leqslant a^2, x \geqslant 0, y \geqslant 0, z \geqslant 0$.

5. 已知函数 $f(x, y)$ 具有二阶连续偏导数，且 $f(1, y) = 0, f(x, 1) = 0, \displaystyle\iint\limits_{D} f(x, y) \mathrm{d}x\mathrm{d}y = a$，其中 $D = \{(x, y) \mid 0 \leqslant x \leqslant 1, 0 \leqslant y \leqslant 1\}$，计算二重积分 $I = \displaystyle\iint\limits_{D} xy f_{xy}(x, y) \mathrm{d}x\mathrm{d}y$.

四、证明题

1. 设 $f(x)$ 在 $[0, a]$ 上连续，证明 $2 \displaystyle\int_0^a f(x) \mathrm{d}x \int_x^a f(y) \mathrm{d}y = \left(\int_0^a f(x) \mathrm{d}x\right)^2$.

2. 设 $f(t) = \displaystyle\iiint\limits_{x^2 + y^2 + z^2 \leqslant t^2} f(x^2 + y^2 + z^2) \mathrm{d}v, f(u)$ 为连续函数，$f'(0) = 1, f(0) = 0$，证明
$$\lim_{t \to 0^+} \left[\frac{F(t)}{t^5} - \frac{\ln(1 + 4\pi t)}{\mathrm{e}^{5t} - 1}\right] = 0.$$

第 10 章　曲线积分与曲面积分

定积分、二重积分、三重积分的积分域分别是数轴上的闭区间、平面闭区域和空间闭区域.本章将把积分域推广到平面或空间中的一段曲线或一片曲面,相应的积分称为曲线积分和曲面积分.本章将介绍曲线积分和曲面积分的概念及计算方法,以及沟通上述几类积分内在联系的三个重要公式.

10.1　对弧长的曲线积分

10.1　对弧长的曲线积分(一)

10.1.1　对弧长的曲线积分的概念与性质

10.1.1.1　曲线形构件的质量

如图 10.1 所示,一曲线形构件所占的位置是 xOy 面内的一段曲线弧 L,其端点是 A,B.已知曲线形构件在任一点 (x,y) 处的线密度 $\mu(x,y)$ 为曲线 L 上的连续函数,求该曲线形构件的质量.

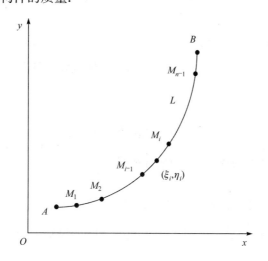

图 10.1

如果构件的密度是均匀的,即线密度为常数,则它的质量就等于线密度与构件长度的乘积. 现在构件上各点处的线密度是变量,则需要采用分割、近似、求和、取极限的分析方法来求质量(图 10.1).

第一步:分割　用分点 $A=M_0,M_1,M_2,\cdots,M_{n-1},M_n=B$ 将曲线 L 分成 n 个小弧段 $\overparen{M_{i-1}M_i}=\Delta s_i(i=1,2,\cdots,n)$,$\Delta s_i$ 也表示第 i 个小弧段 $\overparen{M_{i-1}M_i}$ 的长度.

第二步:近似　在第 i 个小弧段 $\overparen{M_{i-1}M_i}$ 上任取一点 (ξ_i,η_i),用点 (ξ_i,η_i) 处的线密度 $\mu(\xi_i,\eta_i)$ 近似替代这一小弧段上各点处的线密度,于是该小弧段的质量

$$\Delta M_i\approx\mu(\xi_i,\eta_i)\Delta s_i\quad(i=1,2,\cdots,n).$$

第三步:求和　整个曲线形构件的质量

$$M=\sum_{i=1}^n\Delta M_i\approx\sum_{i=1}^n\mu(\xi_i,\eta_i)\Delta s_i.$$

第四步:取极限　令 $\lambda=\max\{\Delta s_1,\Delta s_2,\cdots,\Delta s_n\}\to 0$,便可得到整个曲线形构件质量的精确值

$$M=\lim_{\lambda\to 0}\sum_{i=1}^n\mu(\xi_i,\eta_i)\Delta s_i.$$

类似这种和的极限在研究其他问题时也会遇到.

10.1.1.2　对弧长的曲线积分的定义与性质

定义 10.1　设 L 为 xOy 面内的一条光滑曲线弧,函数 $f(x,y)$ 在 L 上有界. 在 L 上任意插入一系列分点 $M_1,M_2,\cdots,M_{n-1}$ 把 L 分成 n 个小弧段,设第 i 个小段的长度为 $\Delta s_i(i=1,2,\cdots,n)$. 在第 i 个小弧段上任取一点 (ξ_i,η_i),作乘积 $\mu(\xi_i,\eta_i)\Delta s_i(i=1,2,\cdots,n)$,并作和 $\sum_{i=1}^n f(\xi_i,\eta_i)\Delta s_i$. 令 $\lambda=\max\{\Delta s_1,\Delta s_2,\cdots,\Delta s_n\}$. 无论对弧 L 如何分割,也无论 (ξ_i,η_i) 在小弧段上如何取点,当 $\lambda\to 0$ 时,$\sum_{i=1}^n f(\xi_i,\eta_i)\Delta s_i$ 的极限唯一,则称此极限值为函数 $f(x,y)$ 在曲线弧 L 上**对弧长的曲线积分**或**第一类曲线积分**,记作 $\int_L f(x,y)\mathrm{d}s$,即

$$\int_L f(x,y)\mathrm{d}s=\lim_{\lambda\to 0}\sum_{i=1}^n f(\xi_i,\eta_i)\Delta s_i.\tag{10-1}$$

其中 $f(x,y)$ 叫做**被积函数**,L 叫做**积分弧段**.

几点说明

(1) 曲线积分的存在性:当 $f(x,y)$ 在光滑曲线弧 L 上连续时,曲线积分 $\int_L f(x,y)\mathrm{d}s$ 存在. 以后总是假定 $f(x,y)$ 在 L 上是连续函数;

(2) 根据定义 10.1,上述曲线形构件的质量 $M=\int_L\mu(x,y)\mathrm{d}s$;

（3）如果 L 是闭曲线时，记作 $\oint_L f(x,y)\mathrm{d}s$；

（4）定义 10.1 可以推广到积分弧段为空间曲线 Γ 的情形：函数 $f(x,y,z)$ 在曲线 Γ 上对弧长的曲线积分

$$\int_\Gamma f(x,y,z)\mathrm{d}s = \lim_{\lambda\to 0}\sum_{i=1}^{n} f(\xi_i,\eta_i,\zeta_i)\Delta s_i. \tag{10-2}$$

对弧长的曲线积分也有与定积分类似的性质，这里只列出其中的几个性质：

性质 10.1　设 c_1,c_2 为常数，则

$$\int_L [c_1 f(x,y)+c_2 g(x,y)]\mathrm{d}s = c_1\int_L f(x,y)\mathrm{d}s + c_2\int_L g(x,y)\mathrm{d}s.$$

性质 10.2　$\displaystyle\int_L \mathrm{d}s = S(S$ 为 L 的长度$)$.

性质 10.3　若积分弧段 L 可分成两段光滑曲线弧 L_1 和 L_2，则

$$\int_L f(x,y)\mathrm{d}s = \int_{L_1} f(x,y)\mathrm{d}s + \int_{L_2} f(x,y)\mathrm{d}s.$$

10.1　对弧长的
曲线积分（二）

10.1.2　对弧长的曲线积分的计算法

在第 3 章平面曲线的曲率一节中，给出了直角坐标系下弧长的微分 $\mathrm{d}s$ 与自变量及因变量的微分 $\mathrm{d}x,\mathrm{d}y$ 的关系式

$$\mathrm{d}s = \sqrt{(\mathrm{d}x)^2+(\mathrm{d}y)^2},$$

并给出了曲线在不同的函数形式下弧长微分 $\mathrm{d}s$ 的表达形式：

（1）若曲线 L 的参数方程为 $\begin{cases}x=\varphi(t),\\ y=\psi(t),\end{cases}$ 则 $\mathrm{d}s=\sqrt{[\varphi'(t)]^2+[\psi'(t)]^2}\,\mathrm{d}t.$

（2）若曲线 L 的方程是 $y=f(x)$，则 $\mathrm{d}s=\sqrt{1+(y')^2}\,\mathrm{d}x.$

基于此，显然有如下定理.

定理 10.1　设曲线 L 的参数方程为

$$\begin{cases}x=\varphi(t),\\ y=\psi(t)\end{cases}\quad (\alpha\leqslant t\leqslant\beta),$$

若函数 $f(x,y)$ 在 L 上连续，则第一类曲线积分（10-1）存在，且

$$\int_L f(x,y)\mathrm{d}s = \int_\alpha^\beta f[\varphi(t),\psi(t)]\sqrt{[\varphi'(t)]^2+[\psi'(t)]^2}\,\mathrm{d}t. \tag{10-3}$$

需要指出的是，由于弧长的微分满足 $\mathrm{d}s\geqslant 0$，所以式（10-3）中的 $\mathrm{d}t\geqslant 0$，因此在式（10-3）中，**积分下限 α 一定要小于上限 β**.

特别地，若曲线 L 的方程为 $y=\psi(x)(a\leqslant x\leqslant b)$，则把 $y=\psi(x)$ 看成参数方程

$$\begin{cases}x=x,\\ y=\psi(x)\end{cases}\quad (a\leqslant x\leqslant b),$$

从而由公式(10-3)得

$$\int_L f(x,y)\mathrm{d}s = \int_a^b f[x,\psi(x)]\sqrt{1+[\psi'(x)]^2}\mathrm{d}x.$$

类似地,若曲线 L 的方程为 $x=\varphi(y)(c\leqslant y\leqslant d)$,则有

$$\int_L f(x,y)\mathrm{d}s = \int_c^d f[\varphi(y),y]\sqrt{[\varphi'(y)]^2+1}\mathrm{d}y.$$

式(10-3)还可以推广到沿空间曲线 Γ 的第一类曲线积分. 设 Γ 的参数方程为

$$x=\varphi(t),\quad y=\psi(t),\quad z=\omega(t)\quad(\alpha\leqslant t\leqslant\beta),$$

则

$$\int_\Gamma f(x,y,z)\mathrm{d}s = \int_\alpha^\beta f[\varphi(t),\psi(t),\omega(t)]\sqrt{[\varphi'(t)]^2+[\psi'(t)]^2+[\omega'(t)]^2}\mathrm{d}t.$$

例 10.1 计算 $\int_L (x^2+y^2)\mathrm{d}s$,其中 L 是圆心在 $(1,0)$,半径为 1 的上半圆周.

解 因为上半圆周的参数方程为

$$x=1+\cos t,\quad y=\sin t(0\leqslant t\leqslant\pi),$$

由式(10-3)得

$$\int_L (x^2+y^2)\mathrm{d}s = \int_0^\pi [(1+\cos t)^2+\sin^2 t]\sqrt{(-\sin t)^2+(\cos t)^2}\mathrm{d}t$$

$$= 2\int_0^\pi (1+\cos t)\mathrm{d}t = 2[t+\sin t]_0^\pi = 2\pi.$$

例 10.2 计算 $\int_L \sqrt{y}\mathrm{d}s$,其中 L 是抛物线 $y=x^2$ 上点 $O(0,0)$ 与点 $B(1,1)$ 之间的一段弧.

解 曲线的方程为 $y=x^2(0\leqslant x\leqslant 1)$,因此

$$\int_L \sqrt{y}\mathrm{d}s = \int_0^1 \sqrt{x^2}\sqrt{1+[(x^2)']^2}\mathrm{d}x = \int_0^1 x\sqrt{1+4x^2}\mathrm{d}x$$

$$= \left[\frac{1}{12}(1+4x^2)^{\frac{3}{2}}\right]_0^1 = \frac{1}{12}(5\sqrt{5}-1).$$

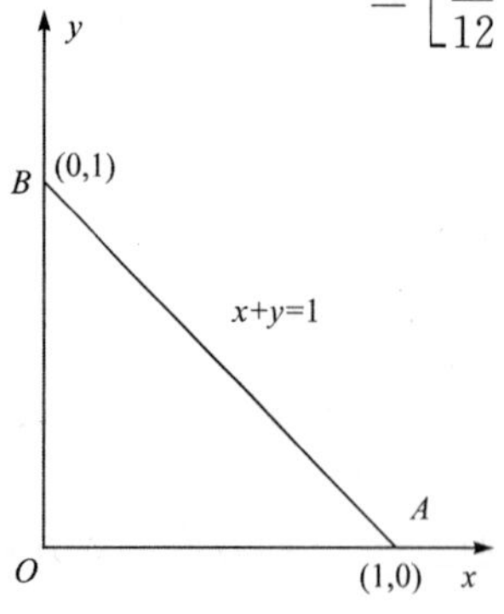

图 10.2

例 10.3 计算 $\int_L (x+y)\mathrm{d}s$,其中 L 是 $O(0,0)$,$A(1,0)$,$B(0,1)$ 为顶点的三角形的边界(图 10.2).

解 因 L 由 AB,BO,OA 三条线段连接而成,故

$$\int_L (x+y)\mathrm{d}s = \int_{AB}(x+y)\mathrm{d}s$$
$$+\int_{BO}(x+y)\mathrm{d}s+\int_{OA}(x+y)\mathrm{d}s.$$

由于线段 AB,BO,OA 的函数表示式分别为

$$y=1-x(0\leqslant x\leqslant 1),\quad x=0(0\leqslant y\leqslant 1),\quad y=0(0\leqslant x\leqslant 1),$$

因此

$$\int_{AB}(x+y)\mathrm{d}s=\int_0^1[x+(1-x)]\sqrt{1+(-1)^2}\mathrm{d}x=\sqrt{2},$$

$$\int_{BO}(x+y)\mathrm{d}s=\int_0^1(0+y)\sqrt{1+0^2}\mathrm{d}y=\frac{1}{2},$$

$$\int_{OA}(x+y)\mathrm{d}s=\int_0^1(x+0)\sqrt{1+0^2}\mathrm{d}x=\frac{1}{2},$$

从而

$$\int_L(x+y)\mathrm{d}s=\sqrt{2}+\frac{1}{2}+\frac{1}{2}=\sqrt{2}+1.$$

例 10.4　计算曲线积分$\int_\Gamma(x^2+y^2+z^2)\mathrm{d}s$,其中 Γ 为螺旋线 $x=a\cos t,y=a\sin t,z=kt$ 上相应于 t 从 0 到 2π 的一段弧.

解　在曲线 Γ 上有

$$x^2+y^2+z^2=(a\cos t)^2+(a\sin t)^2+(kt)^2=a^2+k^2t^2,$$
$$\mathrm{d}s=\sqrt{(-a\sin t)^2+(a\cos t)^2+k^2}\mathrm{d}t=\sqrt{a^2+k^2}\mathrm{d}t,$$

于是

$$\int_\Gamma(x^2+y^2+z^2)\mathrm{d}s=\int_0^{2\pi}(a^2+k^2t^2)\sqrt{a^2+k^2}\mathrm{d}t=\sqrt{a^2+k^2}\left[a^2t+\frac{k^2}{3}t^3\right]_0^{2\pi}$$
$$=\frac{2}{3}\pi\sqrt{a^2+k^2}(3a^2+4\pi^2k^2).$$

习题 10.1

1. 计算下列对弧长的曲线积分:

(1) $\int_L[(x-1)^2+(y-2)^2]\mathrm{d}s$,其中 L 是圆周$(x-1)^2+(y-2)^2=r^2$;

(2) $\int_L x\mathrm{d}s$,其中 L 是抛物线 $2y=x^2$ 上由$(0,0)$ 到$(2,2)$ 的一段弧;

(3) $\int_L(x^2+y^2+z^2)^{-1}\mathrm{d}s$,其中 L 是圆周 $x=\mathrm{e}^t\cos t,y=\mathrm{e}^t\sin t,z=\mathrm{e}^t$ 上相应于 t 从 0 到 2 的一段弧;

(4) $\int_L(x+y)\mathrm{d}s$,其中 L 是$O(0,0),A(1,1),B(-1,1)$ 为顶点的三角形的边界.

2. 有一金属丝成半圆形 $x=a\cos t,y=a\sin t(0\leqslant t\leqslant\pi)$,其中每一点的密度 μ 等于该点的纵坐标,求该金属丝的质量.

10.2 对坐标的曲线积分

10.2.1 对坐标的曲线积分的概念与性质

10.2.1.1 变力沿曲线所做的功

设一个质点在 xOy 面内在变力 $\boldsymbol{F}(x,y)=P(x,y)\boldsymbol{i}+Q(x,y)\boldsymbol{j}$ 的作用下从点 A 沿光滑曲线 L 移动到点 B,其中 $P(x,y),Q(x,y)$ 在曲线 L 上连续,求变力 $\boldsymbol{F}(x,y)$ 所做的功.

我们知道,如果 $\boldsymbol{F}$ 是常力,且质点沿直线从点 A 移动到点 B,则常力 $\boldsymbol{F}$ 所做的功 W 等于两个向量 $\boldsymbol{F}$ 与 $\overrightarrow{AB}$ 的数量积,即

$$W=\boldsymbol{F}\cdot\overrightarrow{AB}.$$

当 $\boldsymbol{F}(x,y)$ 为变力,且质点沿曲线移动时,就必须借助于积分的方法来求 $\boldsymbol{F}(x,y)$ 所做的功.

第一步:**分割** 如图 10.3 所示,用分点 $A=M_0,M_1,M_2,\cdots,M_{n-1},M_n=B$ 将曲线 L 分成 n 个有向小弧段 $\overparen{M_{i-1}M_i}(i=1,2,\cdots,n)$. 记分点 M_i 的坐标为 $M_i(x_i,y_i)(i=0,1,2,\cdots,n)$.

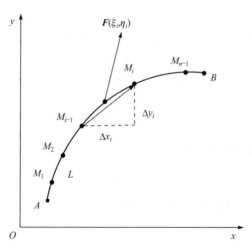

图 10.3

第二步:**近似** 由于有向小弧段 $\overparen{M_{i-1}M_i}$ 光滑且很短,则可用有向线段

$$\overrightarrow{M_{i-1}M_i}=(x_i-x_{i-1})\boldsymbol{i}+(y_i-y_{i-1})\boldsymbol{j}=\Delta x_i\boldsymbol{i}+\Delta y_i\boldsymbol{j}$$

近似代替它. 由于 $P(x,y),Q(x,y)$ 在 $\overparen{M_{i-1}M_i}$ 上连续,可在 $\overparen{M_{i-1}M_i}$ 上任取一点 (ξ_i,η_i),用点 (ξ_i,η_i) 处的力

$$F(\xi_i,\eta_i)=P(\xi_i,\eta_i)\boldsymbol{i}+Q(\xi_i,\eta_i)\boldsymbol{j}$$

近似代替有向小弧段 $\overset{\frown}{M_{i-1}M_i}$ 上各点处的力. 于是变力 $F(x,y)$ 沿有向小弧段 $\overset{\frown}{M_{i-1}M_i}$ 所做的功 ΔW_i 近似地等于常力 $F(\xi_i,\eta_i)$ 沿有向线段 $\overrightarrow{M_{i-1}M_i}$ 所做的功,即

$$\Delta W_i\approx F(\xi_i,\eta_i)\cdot\overrightarrow{M_{i-1}M_i}=P(\xi_i,\eta_i)\Delta x_i+Q(\xi_i,\eta_i)\Delta y_i\,(i=1,2,\cdots,n).$$

第三步:**求和**　变力 $F(x,y)$ 沿曲线 L 所做的功的近似值为

$$W=\sum_{i=1}^{n}\Delta W_i\approx\sum_{i=1}^{n}\left[P(\xi_i,\eta_i)\Delta x_i+Q(\xi_i,\eta_i)\Delta y_i\right].$$

第四步:**取极限**　令 λ 表示 n 个小弧段中的最大长度,当 $\lambda\to0$ 时,上述和的极限值即为变力 $F(x,y)$ 沿曲线 L 所做的功,即

$$W=\lim_{\lambda\to0}\sum_{i=1}^{n}\left[P(\xi_i,\eta_i)\Delta x_i+Q(\xi_i,\eta_i)\Delta y_i\right].$$

10.2.1.2　对坐标的曲线积分的定义

定义 10.2　设 L 为 xOy 面上由点 A 到点 B 的一条有向光滑的曲线弧,函数 $P(x,y),Q(x,y)$ 在曲线 L 上有界. 在 L 上沿 L 的方向任意插入 $n-1$ 个分点 $M_1(x_1,y_1),M_2(x_2,y_2),\cdots,M_{n-1}(x_{n-1},y_{n-1})$ 将曲线 L 分成 n 个有向小弧段

$$\overset{\frown}{M_{i-1}M_i}(i=1,2,\cdots,n;M_0=A,M_n=B).$$

记 $x_i-x_{i-1}=\Delta x_i,y_i-y_{i-1}=\Delta y_i,(\xi_i,\eta_i)$ 为第 i 个有向小弧段 $\overset{\frown}{M_{i-1}M_i}$ 上任意确定的一点,作乘积 $P(\xi_i,\eta_i)\Delta x_i,Q(\xi_i,\eta_i)\Delta y_i(i=1,2,\cdots,n)$,并作和 $\sum_{i=1}^{n}P(\xi_i,$ $\eta_i)\Delta x_i$ 及 $\sum_{i=1}^{n}Q(\xi_i,\eta_i)\Delta y_i$.

记 λ 为 n 个小弧段中长度的最大值. 无论对弧 L 如何分割,也无论 (ξ_i,η_i) 在有向小弧段上如何取点,如果当 $\lambda\to0$ 时, $\sum_{i=1}^{n}P(\xi_i,\eta_i)\Delta x_i$ 的极限唯一,则称此极限值为函数 $P(x,y)$ 在有向曲线弧 L 上**对坐标 x 的曲线积分**,记作 $\int_{L}P(x,y)\mathrm{d}x$,即

$$\int_{L}P(x,y)\mathrm{d}x=\lim_{\lambda\to0}\sum_{i=1}^{n}P(\xi_i,\eta_i)\Delta x_i.\tag{10-4}$$

如果当 $\lambda\to0$ 时, $\sum_{i=1}^{n}Q(\xi_i,\eta_i)\Delta y_i$ 的极限唯一,则称此极限值为函数 $Q(x,y)$ 在有向曲线弧 L 上**对坐标 y 的曲线积分**,记作 $\int_{L}Q(x,y)\mathrm{d}y$,即

$$\int_{L}Q(x,y)\mathrm{d}y=\lim_{\lambda\to0}\sum_{i=1}^{n}Q(\xi_i,\eta_i)\Delta y_i.\tag{10-5}$$

其中 $P(x,y),Q(x,y)$ 叫做被积函数, L 叫做积分弧段.

对坐标的曲线积分也称为**第二类曲线积分**.

几点说明

(1) 第二类曲线积分的存在性:当 $P(x,y)$,$Q(x,y)$ 在有向光滑曲线弧 L 上连续时,曲线积分 $\int_L P(x,y)\mathrm{d}x$,$\int_L Q(x,y)\mathrm{d}y$ 存在. 以后总是假定 $P(x,y)$,$Q(x,y)$ 在 L 上连续;

(2) 根据定义 10.2,变力 $\boldsymbol{F}(x,y)=P(x,y)\boldsymbol{i}+Q(x,y)\boldsymbol{j}$ 沿有向曲线 L 所做的功为

$$W = \int_L P(x,y)\mathrm{d}x + Q(x,y)\mathrm{d}y = \int_L \boldsymbol{F}(x,y) \cdot \mathrm{d}\boldsymbol{r}, \qquad (10\text{-}6)$$

其中 $\mathrm{d}\boldsymbol{r}=\mathrm{d}x\boldsymbol{i}+\mathrm{d}y\boldsymbol{i}$;

(3) 在理论上可单独讨论积分 $\int_L P(x,y)\mathrm{d}x$ 和 $\int_L Q(x,y)\mathrm{d}y$,但在实际中常用的是其组合形式 $\int_L P(x,y)\mathrm{d}x + Q(x,y)\mathrm{d}y$;

(4) 如果 L 是闭曲线时,记作 $\oint_L P(x,y)\mathrm{d}x + Q(x,y)\mathrm{d}y$;

(5) 定义 10.2 可以推广到积分弧段为空间有向光滑曲线 Γ,即

$$\int_\Gamma P(x,y,z)\mathrm{d}x = \lim_{\lambda \to 0} \sum_{i=1}^n P(\xi_i,\eta_i,\zeta_i)\Delta x_i,$$

$$\int_\Gamma Q(x,y,z)\mathrm{d}y = \lim_{\lambda \to 0} \sum_{i=1}^n Q(\xi_i,\eta_i,\zeta_i)\Delta y_i,$$

$$\int_\Gamma R(x,y,z)\mathrm{d}z = \lim_{\lambda \to 0} \sum_{i=1}^n R(\xi_i,\eta_i,\zeta_i)\Delta z_i.$$

类似地,把

$$\int_\Gamma P(x,y,z)\mathrm{d}x + \int_\Gamma Q(x,y,z)\mathrm{d}y + \int_\Gamma R(x,y,z)\mathrm{d}z$$

简写成

$$\int_\Gamma P(x,y,z)\mathrm{d}x + Q(x,y,z)\mathrm{d}y + R(x,y,z)\mathrm{d}z,$$

或

$$\int_\Gamma \boldsymbol{A}(x,y,z) \cdot \mathrm{d}\boldsymbol{r},$$

其中

$$\boldsymbol{A}(x,y,z)=P(x,y,z)\boldsymbol{i}+Q(x,y,z)\boldsymbol{j}+R(x,y,z)\boldsymbol{k}, \quad \mathrm{d}\boldsymbol{r}=\mathrm{d}x\boldsymbol{i}+\mathrm{d}y\boldsymbol{j}+\mathrm{d}z\boldsymbol{k}.$$

从物理意义上来说,若 $\boldsymbol{F}(x,y,z)=P(x,y,z)\boldsymbol{i}+Q(x,y,z)\boldsymbol{j}+R(x,y,z)\boldsymbol{k}$ 为一变力,则该变力沿空间有向曲线 Γ 所做的功为

$$W = \int_\Gamma P(x,y,z)\mathrm{d}x + Q(x,y,z)\mathrm{d}y + R(x,y,z)\mathrm{d}z = \int_\Gamma \boldsymbol{F}(x,y,z) \cdot \mathrm{d}\boldsymbol{r}. \quad (10\text{-}7)$$

10. 2. 1. 3 对坐标的曲线积分的性质

根据第二类曲线积分的定义,可得到对坐标的曲线积分的一些性质.

性质 10.4　若有向弧段 L 可分成两段有向弧段 L_1 和 L_2,则

$$\int_L P\mathrm{d}x + Q\mathrm{d}y = \int_{L_1} P\mathrm{d}x + Q\mathrm{d}y + \int_{L_2} P\mathrm{d}x + Q\mathrm{d}y. \qquad (10\text{-}8)$$

性质 10.5　设 L 是有向曲线弧,L^- 是与 L 方向相反的有向曲线弧,则

$$\int_{L^-} P(x,y)\mathrm{d}x + Q(x,y)\mathrm{d}y = -\int_L P(x,y)\mathrm{d}x + Q(x,y)\mathrm{d}y. \qquad (10\text{-}9)$$

性质 10.5 表明:当积分弧段的方向改变时,对坐标的曲线积分要改变符号,这是对坐标的曲线积分与对弧长的曲线积分最显著的区别.

10.2　对坐标的
曲线积分(二)

10.2.2　对坐标的曲线积分的计算法

定理 10.2　设 $P(x,y),Q(x,y)$ 是光滑有向曲线 L 上的连续函数. 曲线 L 的参数方程为

$$\begin{cases} x = \varphi(t), \\ y = \psi(t). \end{cases}$$

当参数 t 单调地由 α 变到 β 时,点 $M(x,y)$ 从 L 的起点 A 沿 L 运动到终点 B,则曲线积分 $\displaystyle\int_L P(x,y)\mathrm{d}x, \int_L Q(x,y)\mathrm{d}y$ 存在且

$$\int_L P(x,y)\mathrm{d}x + Q(x,y)\mathrm{d}y = \int_\alpha^\beta \{ P[\varphi(t),\psi(t)]\varphi'(t) + Q[\varphi(t),\psi(t)]\psi'(t) \}\mathrm{d}t.$$

$$(10\text{-}10)$$

(证明略)

由定理 10.2 可见,当曲线由参数方程给出时,欲将对坐标的曲线积分转化为定积分,则

(1) 只需将 $x,y,\mathrm{d}x,\mathrm{d}y$ 依次换为 $\varphi(t),\psi(t),\varphi'(t)\mathrm{d}t,\psi'(t)\mathrm{d}t$;

(2) 定积分的下限对应着有向曲线 L 的起点参数 α,定积分的上限对应着有向曲线 L 的终点参数 β. 其中 α 不一定小于 β. 这与对弧长的曲线积分不同.

特别地,若曲线 L 的方程为 $y = \psi(x)$,且 L 的起点对应 $x = a$,终点对应 $x = b$,则由公式(10-10)得

$$\int_L P(x,y)\mathrm{d}x + Q(x,y)\mathrm{d}y = \int_a^b \{ P[x,\psi(x)] + Q[x,\psi(x)]\psi'(x) \}\mathrm{d}x.$$

类似地,若曲线 L 的方程为 $x = \varphi(y)$,且 L 的起点对应 $y = c$,终点对应 $y = d$,则有

$$\int_L P(x,y)\mathrm{d}x + Q(x,y)\mathrm{d}y = \int_c^d \{ P[\varphi(y),y]\varphi'(y) + Q[\varphi(y),y] \}\mathrm{d}y.$$

式(10-10)还可以推广到沿空间有向曲线 Γ 的第二类曲线积分. 设 Γ 的参数方程为

$$x=\varphi(t), y=\psi(t), z=\omega(t),$$

且 L 的起点对应 $t=\alpha$, 终点对应 $t=\beta$, 则

$$\int_{\Gamma} P(x,y,z)\mathrm{d}x + Q(x,y,z)\mathrm{d}y + R(x,y,z)\mathrm{d}z$$

$$= \int_{\alpha}^{\beta} \{ P[\varphi(t),\psi(t),\omega(t)]\varphi'(t) + Q[\varphi(t),\psi(t),\omega(t)]\psi'(t)$$

$$+ R[\varphi(t),\psi(t),\omega(t)]\omega'(t) \}\mathrm{d}t.$$

例 10.5 计算 $\int_{L}(x+y)\mathrm{d}x - (x-y)\mathrm{d}y$, 其中 L 为椭圆 $\dfrac{x^2}{a^2}+\dfrac{y^2}{b^2}=1$ 的上半部分 $(y \geqslant 0)$ 自点 $A(-a,0)$ 到点 $B(a,0)$ 的弧段(图 10.4).

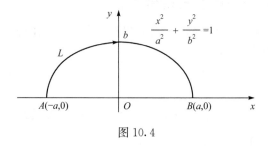

图 10.4

解 L 的参数方程为

$$\begin{cases} x=a\cos t, \\ y=b\sin t. \end{cases}$$

因点 $A(-a,0)$ 对应于参数 $t=\pi$, 点 $B(a,0)$ 对应于参数 $t=0$, 按照 L 的方向, 参数 t 由 π 到 0, 故

$$\int_{L}(x+y)\mathrm{d}x - (x-y)\mathrm{d}y$$

$$= \int_{\pi}^{0} [(a\cos t + b\sin t)(-a\sin t) - (a\cos t - b\sin t)b\cos t]\mathrm{d}t$$

$$= \int_{\pi}^{0} [(b^2 - a^2)\sin t\cos t - ab]\mathrm{d}t$$

$$= \left[\frac{b^2 - a^2}{2}\sin^2 t - abt \right]_{\pi}^{0} = ab\pi.$$

例 10.6 计算 $\int_{L} xy\mathrm{d}y$, 其中 L 为抛物线 $y=x^2$ 上从点 $A(-1,1)$ 到点 $B(1,1)$ 的一段弧(图 10.5).

解 方法一 以 x 为参数, 将所给积分化为对 x 的定积分. 此时曲线 L 为 $y=x^2$, x 由 -1 变化到 1, 所以

$$\int_{L} xy\mathrm{d}y = \int_{-1}^{1} x \cdot x^2 (x^2)'\mathrm{d}x = 2\int_{-1}^{1} x^4\mathrm{d}x = 4\int_{0}^{1} x^4\mathrm{d}x = \frac{4}{5}.$$

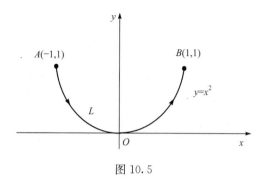

图 10.5

方法二 以 y 为参数,将所给积分化为对 y 的定积分.此时曲线 L 为 $x=\pm\sqrt{y}$,该函数不是单值函数,需要分段计算.

将 L 分为 $\overgroup{AO}$ 和 $\overgroup{OB}$ 两段.$\overgroup{AO}$ 的方程为 $x=-\sqrt{y}$,y 从 1 变到 0;$\overgroup{OB}$ 的方程为 $x=\sqrt{y}$,y 从 0 变到 1.所以

$$\int_L xy\mathrm{d}y = \int_{\overgroup{AO}} xy\mathrm{d}y + \int_{\overgroup{OB}} xy\mathrm{d}y$$
$$= \int_1^0 -\sqrt{y}\cdot y\mathrm{d}y + \int_0^1 \sqrt{y}\cdot y\mathrm{d}y = 2\int_0^1 y^{\frac{3}{2}}\mathrm{d}y = \frac{4}{5}.$$

显然,方法一比方法二简单.因此在积分时,应注意积分变量的选取.

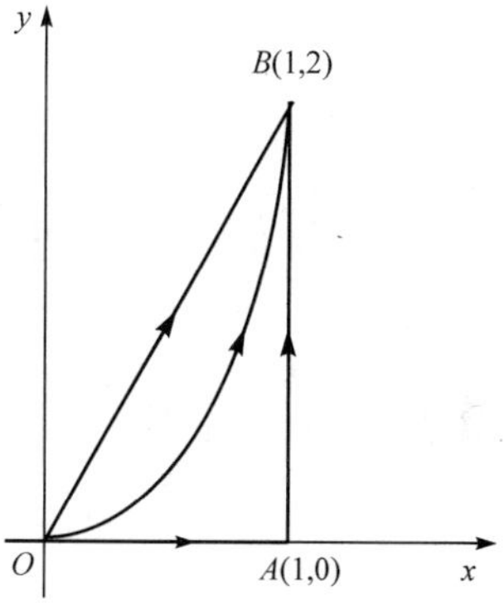

例 10.7 计算 $\int_L y\mathrm{d}x + x\mathrm{d}y$.其中 L 分别为图 10.6 所示的下列有向曲线:

(1) 沿抛物线 $y=2x^2$ 从 $O(0,0)$ 到 $B(1,2)$;

(2) 沿直线 $y=2x$ 从 $O(0,0)$ 到 $B(1,2)$;

(3) 沿折线从 $O(0,0)$ 到 $A(1,0)$,再到 $B(1,2)$.

图 10.6

解 (1) $L:y=2x^2$,x 从 0 变到 1.所以

$$\int_L y\mathrm{d}x + x\mathrm{d}y = \int_0^1 [2x^2 + x\cdot(2x^2)']\mathrm{d}x = 6\int_0^1 x^2\mathrm{d}x = 2.$$

(2) $L:y=2x$,x 从 0 变到 1.所以

$$\int_L y\mathrm{d}x + x\mathrm{d}y = \int_0^1 [2x + x\cdot(2x)']\mathrm{d}x = 4\int_0^1 x\mathrm{d}x = 2.$$

(3) 沿折线从 $O(0,0)$ 到 $B(1,2)$ 的曲线积分等于沿直线段 OA 与 AB 的曲线积分之和.

直线段 $OA:y=0$,x 从 0 变到 1;直线段 $AB:x=1$,y 从 0 变到 2.于是

$$\int_L y\mathrm{d}x + x\mathrm{d}y = \int_{OA} y\mathrm{d}x + x\mathrm{d}y + \int_{AB} y\mathrm{d}x + x\mathrm{d}y$$

$$= \int_0^1 0 \mathrm{d}x + x \mathrm{d}0 + \int_0^2 y \mathrm{d}1 + 1 \mathrm{d}y = 0 + 2 = 2.$$

该题说明,虽然积分路径不同,但曲线积分的值可以相等.

例 10.8 计算 $\int_L y^2 \mathrm{d}x$. 其中 L 分别为图 10.7 所示的下列有向曲线:

(1) 逆时针沿圆心在原点,半径为 a 的上半圆周从点 $A(a,0)$ 到点 $B(-a,0)$;

(2) 沿 x 轴从点 $A(a,0)$ 到点 $B(-a,0)$.

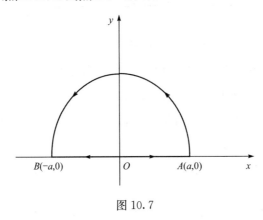

图 10.7

解 (1) L 的参数方程为

$$\begin{cases} x = a\cos\theta, \\ y = a\sin\theta. \end{cases}$$

参数 θ 由 0 到 π. 故

$$\begin{aligned} \int_L y^2 \mathrm{d}x &= \int_0^\pi a^2 \sin^2\theta (-a\sin\theta) \mathrm{d}\theta \\ &= a^3 \int_0^\pi (1 - \cos^2\theta) \mathrm{d}\cos\theta \\ &= a^3 \left[\cos\theta - \frac{1}{3} \cos^3\theta \right]_0^\pi = -\frac{4}{3} a^3. \end{aligned}$$

(2) L 的方程为 $y = 0$, x 从 a 变到 $-a$. 因此

$$\int_L y^2 \mathrm{d}x = \int_a^{-a} 0 \mathrm{d}x = 0.$$

从例 10.8 可见,被积函数相同,起点与终点也相同,但路径不同,积分结果也可以不同. 所以对坐标的曲线积分的值,不但与起止点有关,而且与积分路径有关.

例 10.9 已知一质量为 m 的质点沿一条光滑的空间曲线 Γ 从点 A 移动到点 B,求该过程下重力所做的功 W.

解 建立 z 轴铅直向下的空间直角坐标系 $Oxyz$,点 A 的坐标为 (x_1, y_1, z_1),点 B 的坐标为 (x_2, y_2, z_2). 设空间曲线 Γ 的参数方程为

$$x = \varphi(t), \quad y = \psi(t), \quad z = \omega(t),$$

且起点 A 对应 $t=\alpha$,终点 B 对应 $t=\beta$.

在此空间直角坐系下,重力 $\boldsymbol{F}=0\boldsymbol{i}+0\boldsymbol{j}+mg\boldsymbol{k}=\{0,0,mg\}$,由式(10-7)知

$$W = \int_{\Gamma} \boldsymbol{F}(x,y,z) \cdot \mathrm{d}\boldsymbol{r} = \int_{\Gamma} mg\,\mathrm{d}z$$

$$= \int_{\alpha}^{\beta} mg\omega'(t)\mathrm{d}t = mg\,\big[\omega(t)\big]_{\alpha}^{\beta} = mg(z_2-z_1).$$

上述结果表明:重力所做的功只与被移动质点的初始与最终位置有关,而与质点的运动路径无关. 这种力场在物理学中称为**保守场**.

例 10.10 一质量为 m 的质点在点 $M(x,y,z)$ 处除受重力 $\boldsymbol{F}_1$ 作用外,还受到指向原点 O 的力 $\boldsymbol{F}_2$ 的作用,力 $\boldsymbol{F}_2$ 的大小与点 M 到原点 O 的距离成正比. 试求将质点沿螺旋线

$$\Gamma: x=a\cos t, \quad y=b\sin t, \quad z=\frac{h}{2\pi}t$$

从点 $(a,0,0)$ 开始提升一周所做的功 W.

解 依题意,质点受重力 $\boldsymbol{F}_1$ 的作用,$\boldsymbol{F}_1=\{0,0,-mg\}$.

而质点还受到指向原点 O 的力 $\boldsymbol{F}_2$ 的作用. 由于 $\overrightarrow{OM}=\{x,y,z\}$,故指向原点的向量 $\overrightarrow{MO}=-\overrightarrow{OM}=\{-x,-y,-z\}$. 而力 $\boldsymbol{F}_2$ 的大小与点 M 到原点 O 的距离成正比,即 $|\boldsymbol{F}_2|=k|\overrightarrow{MO}|$,其中 k 为正常数. 故

$$\boldsymbol{F}_2 = |\boldsymbol{F}_2|\frac{\overrightarrow{MO}}{|\overrightarrow{MO}|} = k|\overrightarrow{MO}|\frac{\overrightarrow{MO}}{|\overrightarrow{MO}|} = k\overrightarrow{MO} = \{-kx,-ky,-kz\}.$$

所以质点所受到的合力为

$$\boldsymbol{F}=\boldsymbol{F}_1+\boldsymbol{F}_2=\{0,0,-mg\}+\{-kx,-ky,-kz\}=\{-kx,-ky,-kz-mg\}.$$

又质点从点 $(a,0,0)$ 开始提升一周,即 t 从 0 变化到 2π. 于是质点在合力 $\boldsymbol{F}$ 的作用下沿螺旋线 Γ 所做的功为

$$W = \int_{\Gamma} \boldsymbol{F} \cdot \mathrm{d}\boldsymbol{r} = \int_{\Gamma} \{-kx,-ky,-kz-mg\} \cdot \{\mathrm{d}x,\mathrm{d}y,\mathrm{d}z\}$$

$$= -\int_{\Gamma} kx\,\mathrm{d}x + ky\,\mathrm{d}y + (kz+mg)\,\mathrm{d}z$$

$$= -\frac{h}{2\pi}\int_{0}^{2\pi}\left(k\frac{h}{2\pi}t+mg\right)\mathrm{d}t = -\frac{1}{2}kh^2-mgh.$$

10.2.3　两类曲线积分之间的联系

设有向光滑的曲线弧 L 以弧长 s 为参数的参数方程为

$$\begin{cases} x=\varphi(s), \\ y=\psi(s) \end{cases} (0 \leqslant s \leqslant l),$$

这里 L 的方向由点 A 到点 B,即 s 增加的方向. 设 α,β 依次为从 x 轴正向、y 轴转

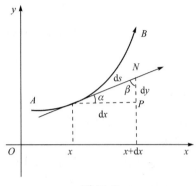

图 10.8

向有向曲线弧 L 的切向量(即切向量与有向曲线弧方向一致)的转角,如图 10.8 所示.

根据微分的几何意义以及弧微分 $\mathrm{d}s$ 与 $\mathrm{d}x,\mathrm{d}y$ 的关系(见 3.6 节),$\mathrm{d}s$ 与 $\mathrm{d}x,\mathrm{d}y$ 构成了微分直角三角形 MPN(图 10.8). 于是

$$\cos\alpha=\frac{\mathrm{d}x}{\mathrm{d}s}, \quad \cos\beta=\frac{\mathrm{d}y}{\mathrm{d}s},$$

因此

$$\int_L P\mathrm{d}x+Q\mathrm{d}y=\int_L (P\cos\alpha+Q\cos\beta)\mathrm{d}s. \tag{10-11}$$

$\cos\alpha,\cos\beta$ 也称为有向曲线弧 L 上点 (x,y) 处切向量的方向余弦.

类似地有

$$\int_\Gamma P\mathrm{d}x+Q\mathrm{d}y+R\mathrm{d}z=\int_\Gamma (P\cos\alpha+Q\cos\beta+R\cos\gamma)\mathrm{d}s. \tag{10-12}$$

$\cos\alpha,\cos\beta,\cos\gamma$ 为空间有向曲线弧 Γ 上点 (x,y,z) 处切向量的方向余弦.

两类曲线积分之间的关系也可以用向量形式来表示. 例如式(10-12)可写为

$$\int_\Gamma \boldsymbol{A}\cdot\mathrm{d}\boldsymbol{r}=\int_\Gamma \boldsymbol{A}\cdot\boldsymbol{\tau}\mathrm{d}s. \tag{10-13}$$

其中 $\boldsymbol{A}=\{P,Q,R\},\mathrm{d}\boldsymbol{r}=\{\mathrm{d}x,\mathrm{d}y,\mathrm{d}z\},\boldsymbol{\tau}=\{\cos\alpha,\cos\beta,\cos\gamma\}$,$\boldsymbol{\tau}$ 为有向曲线弧 Γ 上点 (x,y,z) 处切向量的单位切向量.

例 10.11 将第二类曲线积分 $\int_L P(x,y)\mathrm{d}x+Q(x,y)\mathrm{d}y$ 化为第一类曲线积分. 其中 L 是沿上半圆周 $x^2+y^2-2x=0$ 从 $O(0,0)$ 到 $B(2,0)$ 的一段弧.

解 上半圆周 $x^2+y^2-2x=0$ 可化为 $y=\sqrt{2x-x^2}$,则

$$\mathrm{d}y=\frac{1-x}{\sqrt{2x-x^2}}\mathrm{d}x, \quad \mathrm{d}s=\sqrt{1+\left(\frac{\mathrm{d}y}{\mathrm{d}x}\right)^2}\mathrm{d}x=\frac{1}{\sqrt{2x-x^2}}\mathrm{d}x.$$

由于 L 的方向是弧长 s 增加的方向,故

$$\cos\alpha=\frac{\mathrm{d}x}{\mathrm{d}s}=\sqrt{2x-x^2}, \quad \cos\beta=\frac{\mathrm{d}y}{\mathrm{d}s}=1-x,$$

于是

$$\int_L P(x,y)\mathrm{d}x+Q(x,y)\mathrm{d}y$$

$$=\int_L [P(x,y)\cos\alpha+Q(x,y)\cos\beta]\mathrm{d}s$$

$$= \int_L \left[P(x,y) \sqrt{2x-x^2} + Q(x,y)(1-x) \right] \mathrm{d}s.$$

习题 10.2

1. 计算下列第二类曲线积分:

(1) $\int_\Gamma (y^2 - z^2)\mathrm{d}x + 2yz\mathrm{d}y - x^2\mathrm{d}z$,其中 Γ 是曲线 $x = t, y = t^2, z = t^3$ 上从点 $A(1,1,$ $1)$ 到点 $B(0,0,0)$ 的一段有向弧;

(2) $\int_\Gamma x\mathrm{d}x + y\mathrm{d}y + (x+y-1)\mathrm{d}z$,其中 Γ 是直线段上从点 $A(1,1,1)$ 到点 $B(2,3,4)$ 的有向线段;

(3) $\int_L (x^2 - 2xy)\mathrm{d}x + (y^2 - 2xy)\mathrm{d}y$,其中 L 是沿着抛物线 $x = y^2$ 上从点 $A(1,-1)$ 到点 $B(1,1)$ 的一段有向弧;

(4) $\int_L y\mathrm{d}x + x\mathrm{d}y$,其中 L 是沿圆周 $x^2 + y^2 = a^2$ 逆时针从点 $A(a,0)$ 到点 $B\left(\dfrac{a}{\sqrt{2}}, \dfrac{a}{\sqrt{2}}\right)$ 的一段有向弧;

(5) $\int_L xy\mathrm{d}x + x\mathrm{d}y$,其中 L 为沿曲线 $y = 1 - |x|$ 从点 $A(-1,0)$ 到点 $B(1,0)$ 的一段有向弧.

2. 求一质点在变力 $\boldsymbol{F} = \{x^3, 3y^2z, -x^2y\}$ 的作用下,沿直线从点 $M(3,2,1)$ 到原点 O 所做的功 W.

10.3　格林公式及其应用

在一元函数积分学中,牛顿-莱布尼茨公式

$$\int_a^b F'(x)\mathrm{d}x = F(b) - F(a)$$

10.3　格林公式
及其应用(一)

表明,$F'(x)$ 在区间 $[a,b]$ 上的定积分可以由其原函数 $F(x)$ 在区间端点 a, b 处的值来表示.

本节介绍的格林(Green)公式将揭示二元函数在平面闭区域 D 上的二重积分与沿闭区域 D 的边界曲线 L 的曲线积分之间的关系.这种关系是牛顿-莱布尼茨公式在二维空间的推广.

10.3.1　格林公式

10.3.1.1　区域的连通性

设 D 为平面区域,如果 D 内任一闭曲线所围的部分都属于 D,则称 D 为**平面单连通区域**(图 10.9),否则称为**平面复连通区域**(图 10.10).直观上看,平面单连通区域是不含"空洞"或"点洞"的区域;而平面复连通区域则含有"空洞"或"点洞".

例如,右平面 $D_1 = \{(x, y) \mid x > 0\}$ 和圆形区域 $D_2 = \{(x, y) \mid x^2 + y^2 < 1\}$ 都是单连通区域;而圆环形区域 $D_3 = \{(x, y) \mid 1 < x^2 + y^2 < 2\}$ 和 $D_4 = \{(x, y) \mid 0 < x^2 + y^2 < 1\}$ 都是复连通区域.

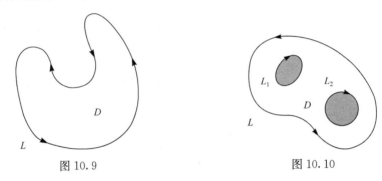

图 10.9　　　　　　　　　　　　图 10.10

10.3.1.2　区域边界曲线的正向

对于平面单连通区域 D 的边界曲线 L 来说,规定 L 的正向如下:当观察者沿 L 行走时,区域 D 始终在他的左手边(图 10.9).

对于平面复连通区域 D 的边界曲线来说,其边界曲线的方向仍按上述规定,不过它的边界曲线不止一条. 如图 10.10 所示,L, L_1, L_2 均是 D 的边界曲线,它们的正方向如图中标示.

10.3.1.3　格林公式

定理 10.3　设平面闭区域 D 的正向边界由分段光滑的曲线 L 组成,函数 $P(x, y)$ 及 $Q(x, y)$ 在 D 上具有一阶连续偏导数,则

$$\iint\limits_{D} \left(\frac{\partial Q}{\partial x} - \frac{\partial P}{\partial y} \right) \mathrm{d}x \mathrm{d}y = \oint_L P \mathrm{d}x + Q \mathrm{d}y. \tag{10-14}$$

式(10-14)称为**格林(Green)公式**.

格林公式的证明比较繁琐,在这里仅对 D 既是 X 型又是 Y 型区域的单连通区域的情形给出证明. 对于其他单连通区域或复连通区域的情形,格林公式同样成立.

证　如图 10.11 所示,设 D 是 X 型区域,D 的边界由 L_1 和 L_2 组成. 其中 L_1 由 $y = \varphi_1(x)$ 定义,L_2 由 $y = \varphi_2(x)$ 定义,即

$$D = \{(x, y) \mid a \leqslant x \leqslant b, \varphi_1(x) \leqslant y \leqslant \varphi_2(x)\}.$$

一方面,因 $\dfrac{\partial P}{\partial y}$ 连续,由二重积分的计算方法,有

$$\iint\limits_{D} \frac{\partial P}{\partial y} \mathrm{d}x \mathrm{d}y = \int_a^b \left[\int_{\varphi_1(x)}^{\varphi_2(x)} \frac{\partial P(x, y)}{\partial y} \mathrm{d}y \right] \mathrm{d}x = \int_a^b \{P[x, \varphi_2(x)] - P[x, \varphi_1(x)]\} \mathrm{d}x.$$

另一方面,由对坐标的曲线积分的性质及计算方法,有

$$\oint_L P\,\mathrm{d}x = \int_{L_1} P(x,y)\,\mathrm{d}x + \int_{L_2} P(x,y)\,\mathrm{d}x = \int_a^b P[x,\varphi_1(x)]\,\mathrm{d}x + \int_b^a P[x,\varphi_2(x)]\,\mathrm{d}x$$

$$= \int_a^b \{P[x,\varphi_1(x)] - P[x,\varphi_2(x)]\}\,\mathrm{d}x.$$

因此

$$-\iint_D \frac{\partial P}{\partial y}\,\mathrm{d}x\mathrm{d}y = \oint_L P\,\mathrm{d}x.$$

类似地可证 $\iint_D \dfrac{\partial Q}{\partial x}\,\mathrm{d}x\mathrm{d}y = \oint_L Q\,\mathrm{d}y.$ 故

$$\iint_D \left(\frac{\partial Q}{\partial x} - \frac{\partial P}{\partial y}\right)\mathrm{d}x\mathrm{d}y = \oint_L P\,\mathrm{d}x + Q\,\mathrm{d}y.$$

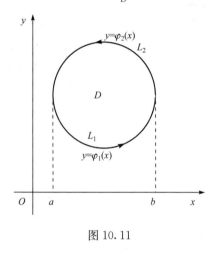

图 10.11

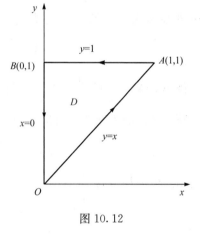

图 10.12

例 10.12　用格林公式计算 $\displaystyle\iint_D \mathrm{e}^{-y^2}\,\mathrm{d}x\mathrm{d}y$，其中 D 是以 $O(0,0),A(1,1),B(0,1)$ 为顶点的三角形闭区域.

解　令 $P=0,Q=x\mathrm{e}^{-y^2}$，则 $\dfrac{\partial Q}{\partial x} - \dfrac{\partial P}{\partial y} = \mathrm{e}^{-y^2}$. 区域 D 的正向边界由 OA,AB,BO 组成，方向为 $OA\to AB\to BO$，如图 10.12 所示.

由格林公式，有

$$\iint_D \mathrm{e}^{-y^2}\,\mathrm{d}x\mathrm{d}y = \oint_{OA+AB+BO} x\mathrm{e}^{-y^2}\,\mathrm{d}y = \int_{OA} x\mathrm{e}^{-y^2}\,\mathrm{d}y + \int_{AB} x\mathrm{e}^{-y^2}\,\mathrm{d}y + \int_{BO} x\mathrm{e}^{-y^2}\,\mathrm{d}y$$

$$= \int_0^1 x\mathrm{e}^{-x^2}\,\mathrm{d}x + \int_1^0 x\mathrm{e}^{-1^2}\,\mathrm{d}1 + \int_1^0 0\mathrm{e}^{-y^2}\,\mathrm{d}y$$

$$= \int_0^1 x\mathrm{e}^{-x^2}\,\mathrm{d}x = \frac{1}{2}(1 - \mathrm{e}^{-1}).$$

例 10.13 用格林公式计算 $I=\oint_L (xy^2-4y^3)\mathrm{d}x+(x^2y+\sin y)\mathrm{d}y$,其中 L 是圆周 $x^2+y^2=a^2$,方向为顺时针.

解 记 D 为平面区域 $x^2+y^2\leqslant a^2$,则 L 是区域 D 的边界,且定向为负向. 由格林公式,有

$$I=\oint_L (xy^2-4y^3)\mathrm{d}x+(x^2y+\sin y)\mathrm{d}y=-\iint\limits_D (2xy-2xy+12y^2)\mathrm{d}x\mathrm{d}y$$

$$=-12\iint\limits_D y^2\mathrm{d}x\mathrm{d}y=-12\int_0^{2\pi}\mathrm{d}\theta\int_0^a r^2\sin^2\theta\cdot r\mathrm{d}r=-3\pi a^4.$$

在式(10-14)中,取 $P=-y,Q=x$,则有

$$\oint_L x\mathrm{d}y-y\mathrm{d}x=2\iint\limits_D \mathrm{d}x\mathrm{d}y=2A,$$

这里 A 表示区域 D 的面积. 于是有

$$A=\frac{1}{2}\oint_L x\mathrm{d}y-y\mathrm{d}x. \tag{10-15}$$

例 10.14 求椭圆 $\dfrac{x^2}{a^2}+\dfrac{y^2}{b^2}=1$ 所围成的面积 A.

解 椭圆的正向边界可描述为

$$L:\begin{cases} x=a\cos t, \\ y=b\sin t, \end{cases} t:0\to 2\pi,$$

于是由式(10-15),有

$$A=\frac{1}{2}\oint_L x\mathrm{d}y-y\mathrm{d}x$$

$$=\frac{1}{2}\int_0^{2\pi}\left[a\cos t\cdot b\cos t-b\sin t\cdot(-a\sin t)\right]\mathrm{d}t$$

$$=\frac{1}{2}\int_0^{2\pi}ab\mathrm{d}t=\pi ab.$$

例 10.15 求 $\int_L (x^2-2y)\mathrm{d}x+(3x+ye^y)\mathrm{d}y$,其中 L 由两条有向曲线组成:一条为直线段:$y=1-\dfrac{1}{2}x,x:2\to 0$;另一条为圆弧段:$y=\sqrt{1-x^2},x:0\to -1$. 如图 10.13 所示.

解 因 L 不是封闭曲线,为了应用格林公式,需补上一直线段:

$$y=0,x:-1\to 2.$$

这样曲线 $ABCA$ 围成区域 D. 于是

$$\int_L (x^2-2y)\mathrm{d}x+(3x+ye^y)\mathrm{d}y$$

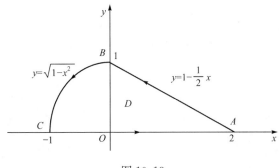

图 10.13

$$= \oint_{ABCA} (x^2 - 2y)\mathrm{d}x + (3x + y\mathrm{e}^y)\mathrm{d}y - \int_{\overline{CA}} (x^2 - 2y)\mathrm{d}x + (3x + y\mathrm{e}^y)\mathrm{d}y$$

$$= \iint_D [3 - (-2)]\mathrm{d}x\mathrm{d}y - \int_{-1}^{2} x^2 \mathrm{d}x$$

$$= 5\left(\frac{\pi}{4} + 1\right) - 3 = \frac{5\pi}{4} + 2.$$

例 10.16　计算 $\oint_L \dfrac{x\mathrm{d}y - y\mathrm{d}x}{x^2 + y^2}$，其中 L 为任意一条分段光滑且不经过原点的

连续闭曲线，L 的方向为逆时针方向.

解　令 $P = \dfrac{-y}{x^2 + y^2}, Q = \dfrac{x}{x^2 + y^2}$. 则当 $x^2 + y^2 \neq 0$ 时，有

$$\frac{\partial Q}{\partial x} = \frac{y^2 - x^2}{(x^2 + y^2)^2} = \frac{\partial P}{\partial y}.$$

记 L 所围成的闭区域为 D. 当 $(0,0) \notin D$ 时，由格林公式得

$$\oint_L \frac{x\mathrm{d}y - y\mathrm{d}x}{x^2 + y^2} = \iint_D 0\mathrm{d}x\mathrm{d}y = 0.$$

当 $(0,0) \in D$ 时，由于 P, Q 在 D 上不连续，所以不能使用格林公式.

为解决这一问题，取足够小的正数 r，作完全位于 D 内的圆周：

$$l: \begin{cases} x = r\cos\theta, \\ y = r\sin\theta, \end{cases}$$

且取顺时针方向. 于是 L 及 l 围成了一个不包含原点的复连通区域 D_1（图 10.14），
P, Q 在 D_1 内有连续的一阶偏导数. 在 D_1 上应用格林公式得

$$\oint_{L+l} \frac{x\mathrm{d}y - y\mathrm{d}x}{x^2 + y^2} = \iint_D 0\mathrm{d}x\mathrm{d}y = 0.$$

从而

$$\oint_L \frac{x\mathrm{d}y - y\mathrm{d}x}{x^2 + y^2} = \oint_{L+l} \frac{x\mathrm{d}y - y\mathrm{d}x}{x^2 + y^2} - \oint_l \frac{x\mathrm{d}y - y\mathrm{d}x}{x^2 + y^2}$$

$$= 0 - \oint_l \frac{x\,\mathrm{d}y - y\,\mathrm{d}x}{x^2 + y^2}$$

$$= -\int_{2\pi}^0 \frac{r^2 \cos^2\theta + r^2 \sin^2\theta}{r^2}\mathrm{d}\theta = 2\pi.$$

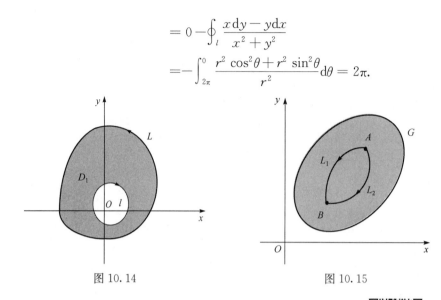

图 10.14   图 10.15

10.3.2 平面曲线积分与路径无关的等价条件

10.3 格林公式
及其应用(二)

由例 10.7 和例 10.8 看到,被积函数相同,沿着具有相同起点与终点但路径不同的第二类曲线积分,其积分值可能同,也可能不同.

例 10.9 表明:质点受重力所做的功与质点的运动路径无关.研究场力所做的功与路径无关的情形,也是物理学和力学中的一个重要内容.

下面我们来讨论第二类曲线积分与积分路径无关的条件.

首先给出第二类曲线积分与积分路径无关的定义.

设 G 是一个区域,$P(x,y),Q(x,y)$ 在区域 G 内具有一阶连续偏导数. 如果对于 G 内任意指定的两个点 A,B 以及 G 内从点 A 到点 B 的任意两条曲线 L_1,L_2 (图 10.15),等式

$$\int_{L_1} P\,\mathrm{d}x + Q\,\mathrm{d}y = \int_{L_2} P\,\mathrm{d}x + Q\,\mathrm{d}y$$

恒成立,就说曲线积分 $\int_L P\,\mathrm{d}x + Q\,\mathrm{d}y$ 在 G 内**与路径无关**,否则说**与路径有关**.

定理 10.4 设函数 $P(x,y),Q(x,y)$ 在平面单连通区域 D 内有定义且存在一阶连续偏导数,则下列命题等价:

(1) 曲线积分 $\int_L P\,\mathrm{d}x + Q\,\mathrm{d}y$ 在 D 内与路径无关;

(2) 在 D 内存在函数 $u(x,y)$,使得 $\mathrm{d}u = P\,\mathrm{d}x + Q\,\mathrm{d}y$;

(3) 对 D 内任一点 (x,y),恒有 $\dfrac{\partial P}{\partial y} = \dfrac{\partial Q}{\partial x}$;

(4) 对 D 内任意一条分段光滑的闭曲线 L 来说,恒有 $\oint_L P\mathrm{d}x + Q\mathrm{d}y = 0$.

证　(1)$\Rightarrow$(2)

如图 10.16 所示,在 D 内任取定点 $A(x_0,$ $y_0)$ 和动点 $B(x,y)$. 由(1)知曲线积分 $\int_L P\,\mathrm{d}x + Q\mathrm{d}y$ 在 D 内与路径无关,因此该积分只依赖于点 $B(x,y)$,于是可把这个积分写成

$$u(x,y) = \int_{(x_0,y_0)}^{(x,y)} P\mathrm{d}x + Q\mathrm{d}y. \qquad (10\text{-}16)$$

下面证明 $\dfrac{\partial u}{\partial x} = P$.

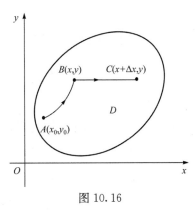

图 10.16

给出自变量 x 的增量 Δx,相应地,函数 $u(x,y)$ 的增量为

$$\begin{aligned}
\Delta u &= u(x+\Delta x,y) - u(x,y) \\
&= \int_{(x_0,y_0)}^{(x+\Delta x,y)} P\mathrm{d}x + Q\mathrm{d}y - \int_{(x_0,y_0)}^{(x,y)} P\mathrm{d}x + Q\mathrm{d}y \\
&= \int_{(x,y)}^{(x+\Delta x,y)} P\mathrm{d}x + Q\mathrm{d}y.
\end{aligned}$$

由于曲线积分在 D 内与路径无关,上述积分路径选择直线段 BC,于是

$$\Delta u = \int_{(x,y)}^{(x+\Delta x,y)} P\mathrm{d}x + Q\mathrm{d}y = \int_x^{x+\Delta x} P(x,y)\mathrm{d}x.$$

由积分中值定理,得

$$\Delta u = P(x+\theta\Delta x,y)\Delta x \quad (0<\theta<1).$$

由于函数 $P(x,y)$ 在 D 上连续,知存在极限

$$\lim_{\Delta x \to 0} \frac{\Delta u}{\Delta x} = \lim_{\Delta x \to 0} P(x+\theta\Delta x,y) = P(x,y).$$

即 $\dfrac{\partial u}{\partial x} = P(x,y)$. 类似地可证明 $\dfrac{\partial u}{\partial y} = Q(x,y)$. 于是有

$$\mathrm{d}u = P\mathrm{d}x + Q\mathrm{d}y.$$

(2)$\Rightarrow$(3)

由(2)知,$\dfrac{\partial u}{\partial x} = P(x,y)$,$\dfrac{\partial u}{\partial y} = Q(x,y)$. 因此有

$$\frac{\partial P}{\partial y} = \frac{\partial}{\partial y}\left(\frac{\partial u}{\partial x}\right) = \frac{\partial^2 u}{\partial x \partial y}, \quad \frac{\partial Q}{\partial x} = \frac{\partial}{\partial x}\left(\frac{\partial u}{\partial y}\right) = \frac{\partial^2 u}{\partial y \partial x}.$$

而 $P(x,y),Q(x,y)$ 在 D 内一阶偏导数连续,则 $\dfrac{\partial^2 u}{\partial x \partial y} = \dfrac{\partial^2 u}{\partial y \partial x}$,即在 D 内恒有

$$\frac{\partial P}{\partial y} = \frac{\partial Q}{\partial x}.$$

(3)⇒(4)

若记 D 内任一条分段光滑的闭曲线 L 所围成的区域为 D_1,由格林公式知

$$\oint_L P\mathrm{d}x + Q\mathrm{d}y = \iint\limits_{D_1}\left(\frac{\partial Q}{\partial x} - \frac{\partial P}{\partial y}\right)\mathrm{d}x\mathrm{d}y = \iint\limits_{D_1}0\mathrm{d}x\mathrm{d}y = 0.$$

(4)⇒(1)

设 L_1, L_2 是 D 内两条具有相同起点、终点的光滑或分段光滑的曲线段,则 $L_1 + L_2^-$ 是 D 内一条光滑或分段光滑的闭曲线,由(4)知

$$\oint_{L_1+L_2^-} P\mathrm{d}x + Q\mathrm{d}y = \oint_{L_1} P\mathrm{d}x + Q\mathrm{d}y + \oint_{L_2^-} P\mathrm{d}x + Q\mathrm{d}y$$

$$= \oint_{L_1} P\mathrm{d}x + Q\mathrm{d}y - \oint_{L_2} P\mathrm{d}x + Q\mathrm{d}y = 0.$$

即 $\oint_{L_1} P\mathrm{d}x + Q\mathrm{d}y = \oint_{L_2} P\mathrm{d}x + Q\mathrm{d}y$. 这说明,区域 D 内的曲线积分 $\int_L P\mathrm{d}x + Q\mathrm{d}y$ 与路径无关.

注意 定理 10.4 成立需要同时满足两个条件,一是区域 D 是单连通区域,二是 $P(x,y), Q(x,y)$ 在 D 内具有连续的一阶偏导数. 如果两个条件有一个不能满足,那么定理的结论就不一定成立. 例如,在例 10.16 中已经看到,当 L 所围成的区域含有原点时,因在原点处 $\frac{\partial Q}{\partial x}, \frac{\partial P}{\partial y}$ 不存在,因此沿闭曲线的积分 $\oint_L P\mathrm{d}x + Q\mathrm{d}y \neq 0$.

通常将破坏函数 P, Q 及 $\frac{\partial P}{\partial y}, \frac{\partial Q}{\partial x}$ 连续性的点称为**奇点**.

利用曲线积分与路径的无关性常常可以简化积分的计算.

例 10.17 计算曲线积分

$$I = \int_L (x + \mathrm{e}^y)\mathrm{d}x + (y + x\mathrm{e}^y)\mathrm{d}y,$$

其中 L 为圆周 $x^2 + y^2 = 2x$ 上从原点 $O(0,0)$ 到 $A(1,1)$ 的一段弧.

解 记 $P = x + \mathrm{e}^y, Q = y + x\mathrm{e}^y$,则 P, Q 在 xOy 面上具有一阶连续偏导数,且 $\frac{\partial P}{\partial y} = \frac{\partial Q}{\partial x} = \mathrm{e}^y$,故该曲线积分与路径无关.

显然,按题设所给路径 L 计算较繁,下面选取从 $O(0,0)$ 经 $B(1,0)$ 到 $A(1,1)$ 的有向折线段路径 L_1(图 10.17).

线段 $OB: y=0, x: 0 \to 1$;

线段 $BA: x=1, y: 0 \to 1$.

因此

$$I = \int_L (x + e^y)dx + (y + xe^y)dy$$

$$= \int_{OB} (x + e^y)dx + (y + xe^y)dy$$

$$+ \int_{BA} (x + e^y)dx + (y + xe^y)dy$$

$$= \int_0^1 (x+1)dx + \int_0^1 (y + e^y)dy$$

$$= e + 1.$$

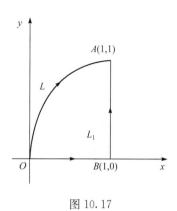

图 10.17

10.3.3　全微分求积与全微分方程

10.3.3.1　全微分求积

定义 10.3　如果 $u(x, y)$ 是区域 D 上的可微函数,其全微分 $du = Pdx + Qdy$,则称 $u(x, y)$ 是 $Pdx + Qdy$ 的一个原函数.

在证明定理 10.4 之 $(1) \Rightarrow (2)$ 的过程中我们看到,如果在单连通区域 D 内成立 $\dfrac{\partial Q}{\partial x} = \dfrac{\partial P}{\partial y}$,则函数

$$u(x, y) = \int_{(x_0, y_0)}^{(x, y)} Pdx + Qdy$$

满足 $du = Pdx + Qdy$,即 $u(x, y)$ 是 $Pdx + Qdy$ 的一个原函数.

若 $u_1(x, y)$ 是 $Pdx + Qdy$ 的另一个原函数,因 $d(u_1 - u) = du_1 - du = 0$,因此 $u_1(x, y) = u(x, y) + C(C$ 为任意常数$)$,亦即 $u(x, y) + C$ 是 $Pdx + Qdy$ 所有原函数的一般表达式.

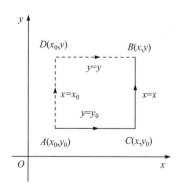

图 10.18

下面我们将研究:已知全微分表达式 $Pdx + Qdy$,求其原函数的一般表达式. 该过程我们称之为**全微分求积**. 从原函数的一般表达式可知,要全微分求积,只需求出一个原函数即可.

在求原函数 $u(x, y)$ 时,由于曲线积分与积分路径无关,根据定理 10.4 的证明过程,通常用以下方法求原函数:

如图 10.18 所示,给定区域 D 内一定点 $A(x_0, y_0)$,再任取一动点 $B(x, y)$. 选取从 $A(x_0, y_0)$ 经 $C(x, y_0)$ 到 $B(x, y)$ 的折线路径,那么

$$u(x,y) = \int_{(x_0,y_0)}^{(x,y)} P\mathrm{d}x + Q\mathrm{d}y$$

$$= \int_{\overline{AC}} P\mathrm{d}x + Q\mathrm{d}y + \int_{\overline{CB}} P\mathrm{d}x + Q\mathrm{d}y$$

$$= \int_{x_0}^{x} P(x,y_0)\mathrm{d}x + \int_{y_0}^{y} Q(x,y)\mathrm{d}y.$$

同样,也可选取从 $A(x_0,y_0)$ 经 $D(x_0,y)$ 到 $B(x,y)$ 的折线路径,那么

$$u(x,y) = \int_{(x_0,y_0)}^{(x,y)} P\mathrm{d}x + Q\mathrm{d}y$$

$$= \int_{\overline{AD}} P\mathrm{d}x + Q\mathrm{d}y + \int_{\overline{DB}} P\mathrm{d}x + Q\mathrm{d}y$$

$$= \int_{y_0}^{y} Q(x_0,y)\mathrm{d}y + \int_{x_0}^{x} P(x,y)\mathrm{d}x.$$

例 10.18 试问 $(x^4+4xy^3)\mathrm{d}x+(6x^2y^2-5y^4)\mathrm{d}y$ 是否为某个函数 $u(x,y)$ 的全微分? 若是,求出函数 $u(x,y)$.

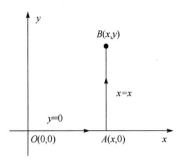

图 10.19

解 记 $P(x,y)=x^4+4xy^3$,$Q(x,y)=6x^2y^2-5y^4$,因 P,Q 在 xOy 面上具有一阶连续偏导数,且

$$\frac{\partial P}{\partial y}=\frac{\partial Q}{\partial x}=12xy^2,$$

由定理 10.4,$(x^4+4xy^3)\mathrm{d}x+(6x^2y^2-5y^4)\mathrm{d}y$ 是某个函数的全微分.

取定点为 $O(0,0)$,并取积分路径如图 10.19 所示,则所求函数为

$$u(x,y) = \int_{(0,0)}^{(x,y)} P\mathrm{d}x + Q\mathrm{d}y = \int_{\overline{OA}} P\mathrm{d}x + Q\mathrm{d}y + \int_{\overline{AB}} P\mathrm{d}x + Q\mathrm{d}y$$

$$= \int_0^x P(x,0)\mathrm{d}x + \int_0^y Q(x,y)\mathrm{d}y = \int_0^x x^4\mathrm{d}x + \int_0^y (6x^2y^2-5y^4)\mathrm{d}y$$

$$= \frac{1}{5}x^5 + 2x^2y^3 - y^5.$$

10.3.3.2 全微分方程

作为全微分求积的一个应用,我们来解一类微分方程:

$$P(x,y)\mathrm{d}x + Q(x,y)\mathrm{d}y = 0. \tag{10-17}$$

若存在函数 $u(x,y)$,使得

$$\mathrm{d}u(x,y) = P(x,y)\mathrm{d}x + Q(x,y)\mathrm{d}y,$$

则方程(10-17)即是 $\mathrm{d}u(x,y)=0$,故将方程(10-17)称为**全微分方程**.

因 $\mathrm{d}u(x,y)=0$,则全微分方程(10-17)的隐式通解为 $u(x,y)=C$,其中 C 是

任意常数.

由定理 10.4 知,当 $P(x,y),Q(x,y)$ 在单连通区域 D 内具有连续的一阶偏导数时,方程(10-17)为全微分方程的充分必要条件为

$$\frac{\partial Q}{\partial x}=\frac{\partial P}{\partial y}$$

在区域 D 内恒成立.

例 10.19　求解微分方程 $[1+y\cos(xy)]\mathrm{d}x+x\cos(xy)\mathrm{d}y=0$ 满足 $y(1)=0$ 的特解.

解　令 $P=1+y\cos(xy),Q=x\cos(xy)$,则

$$\frac{\partial Q}{\partial x}=\cos(xy)-xy\sin(xy)=\frac{\partial P}{\partial y}$$

在 xOy 面内恒成立,因此所给方程为全微分方程.

取定点为 $O(0,0)$,并取积分路径如图 10.19 所示,则所求函数为

$$u(x,y)=\int_{(0,0)}^{(x,y)}P\mathrm{d}x+Q\mathrm{d}y=\int_{\overline{OA}}P\mathrm{d}x+Q\mathrm{d}y+\int_{\overline{AB}}P\mathrm{d}x+Q\mathrm{d}y$$

$$=\int_0^x P(x,0)\mathrm{d}x+\int_0^y Q(x,y)\mathrm{d}y=\int_0^x\mathrm{d}x+\int_0^y x\cos(xy)\mathrm{d}y$$

$$=x+\sin xy.$$

从而所给全微分方程的隐式通解为 $x+\sin xy=C,C$ 为任意常数.

将 $y(1)=0$ 代入 $x+\sin xy=C$,得 $C=1$,故所求特解为

$$x+\sin xy=1.$$

习题 10.3

1. 利用格林公式计算下列曲线积分:

(1) $\oint_L(y^2-4y^3)\mathrm{d}x+(2xy+\mathrm{e}^y)\mathrm{d}y$,其中 L 为圆周 $x^2+y^2=R^2$,方向为逆时针;

(2) $\oint_L(3x^2y-2y)\mathrm{d}x+(x^3-x)\mathrm{d}y$,其中 L 为以直线 $y=x,y=2x,x=1$ 为边的三角形的正向边界;

(3) $\oint_L(y\sin x+xy\cos x-\mathrm{e}^{x+y})\mathrm{d}x+(x\sin x-\mathrm{e}^{x+y})\mathrm{d}y$,其中 L 为星形线 $x^{\frac{2}{3}}+y^{\frac{2}{3}}=a^{\frac{2}{3}}$ $(a>0)$,方向为逆时针;

(4) $\int_L(\sin x-y)\mathrm{d}x-(x+y^2)\mathrm{d}y$,其中 L 为圆周 $y=\sqrt{2x-x^2}$ 上由 $(0,0)$ 到 $(1,1)$ 沿顺时针方向的一段弧;

(5) $\int_L(2xy+3x\sin x)\mathrm{d}x+(x^2-y\mathrm{e}^y)\mathrm{d}y$,其中 L 为摆线 $x=\theta-\sin\theta,y=1-\cos\theta$ 上由 $(0,0)$ 到 $(2\pi,0)$ 沿顺时针方向的一段弧.

2. 用曲线积分求下列图形的面积:

(1) 星形线 $x = a\cos^3 t$, $y = a\sin^3 t$;

(2) 圆 $x^2 + y^2 = 2ax$.

3. 证明下列曲线积分在整个 xOy 平面内与积分路径无关,并计算积分值:

(1) $\displaystyle\int_{(0,1)}^{(1,3)} (x^2 + 2xy^2)\mathrm{d}x - (y^3 - 2x^2 y)\mathrm{d}y$;

(2) $\displaystyle\int_{(0,0)}^{(2,2)} (1 + x\mathrm{e}^{2y})\mathrm{d}x + (x^2\mathrm{e}^{2y} - y)\mathrm{d}y$.

4. 利用曲线积分,求下列全微分表达式的原函数:

(1) $(x + 2y)\mathrm{d}x + (2x + y)\mathrm{d}y$;

(2) $(2x\cos y + y^2\cos x)\mathrm{d}x + (2y\sin x - x^2\sin y)\mathrm{d}y$.

5. 计算曲线积分 $I = \displaystyle\oint_L \frac{x\mathrm{d}y - y\mathrm{d}x}{x^2 + y^2}$,其中 L 为圆周 $\dfrac{x^2}{a^2} + \dfrac{y^2}{b^2} = 1$,取逆时针方向.

10.4 对面积的曲面积分

10.4.1 曲面形物体的质量

10.4 对面积的曲面积分

设有一质量分布不均匀的空间曲面形物体 Σ,在其上任一点 $P(x, y, z)$ 处的面密度为连续函数 $\rho(x, y, z)$,求 Σ 的质量.

类似于求曲线形物体的质量.首先,把曲面 Σ 分成 n 个小块,第 i 块小曲面记作 ΔS_i(ΔS_i 也代表第 i 块小曲面的面积);在 ΔS_i 上任取一点 $P(\xi_i, \eta_i, \zeta_i)$,用 $\rho(\xi_i, \eta_i, \zeta_i)$ 近似表示整个小曲面 ΔS_i 的面密度,于是小曲面 ΔS_i 的质量为

$$\Delta M_i \approx \rho(\xi_i, \eta_i, \zeta_i)\Delta S_i \ (i = 1, 2, \cdots, n),$$

求和得曲面 Σ 的质量为

$$M = \sum_{i=1}^{n} M_i \approx \sum_{i=1}^{n} \rho(\xi_i, \eta_i, \zeta_i)\Delta S_i,$$

令 λ 为各小块曲面直径的最大值,当 $\lambda \to 0$ 时即得曲面 Σ 质量的精确值:

$$M = \lim_{\lambda \to 0} \sum_{i=1}^{n} \rho(\xi_i, \eta_i, \zeta_i)\Delta S_i.$$

其他一些问题的研究也会归结为这种形式的极限,称为对面积的曲面积分.下面给出其一般定义.

10.4.2 对面积的曲面积分的概念与性质

在给出对面积的曲面积分的定义之前,先给出光滑曲面的概念.

若曲面 Σ 上的每一点都有切平面,且切平面随着曲面上点的连续变动而连续

变化,则称曲面 Σ 为**光滑曲面**. 如果曲面由有限个光滑曲面连结而成,则称其为**分片光滑曲面**.

严格地说,对于曲面 $\Sigma: F(x,y,z)=0$,只要 F 的偏导数 F_x, F_y, F_z 存在、连续且不全为零,则曲面 Σ 便是光滑的.

定义 10.4　设曲面 Σ 是光滑的,函数 $f(x,y,z)$ 在 Σ 上有界. 把 Σ 任意分成 n 个小块 $\Delta S_1, \Delta S_2, \cdots, \Delta S_n$ (ΔS_i 也代表第 i 块小曲面的面积). 在 ΔS_i 上任取一点 (ξ_i, η_i, ζ_i),作乘积 $f(\xi_i, \eta_i, \zeta_i)\Delta S_i$ ($i=1,2,\cdots,n$),并作和 $\sum\limits_{i=1}^{n} f(\xi_i, \eta_i, \zeta_i)\Delta S_i$. 如果当各小块曲面直径的最大值 $\lambda \to 0$ 时,极限 $\lim\limits_{\lambda\to0}\sum\limits_{i=1}^{n} f(\xi_i, \eta_i, \zeta_i)\Delta S_i$ 总存在,则称此极限值为函数 $f(x,y,z)$ 在曲面 Σ 上**对面积的曲面积分**或**第一类曲面积分**,记作 $\iint\limits_{\Sigma} f(x,y,z)\mathrm{d}S$,即

$$\iint\limits_{\Sigma} f(x,y,z)\mathrm{d}S = \lim\limits_{\lambda\to0}\sum\limits_{i=1}^{n} f(\xi_i, \eta_i, \zeta_i)\Delta S_i. \tag{10-18}$$

其中 $f(x,y,z)$ 称为**被积函数**,Σ 称为**积分曲面**,$\mathrm{d}S$ 称为**曲面面积元素**.

根据定义 10.4,面密度为 $\rho(x,y,z)$ 的光滑曲面 Σ 的质量可表示为

$$M = \iint\limits_{\Sigma} \rho(x,y,z)\mathrm{d}S.$$

对面积的曲面积分作如下说明:

(1) 当被积函数 $f(x,y,z)$ 在光滑曲面 Σ 上连续时,对面积的曲面积分存在. 今后总假定被积函数 $f(x,y,z)$ 在 Σ 上连续;

(2) 若 Σ 为封闭曲面,则记作 $\oiint\limits_{\Sigma} f(x,y,z)\mathrm{d}S$.

对面积的曲面积分与对弧长的曲线积分的性质是类似的. 例如

(1) 若在曲面 Σ 上 $f(x,y,z)=1$,则 $S = \iint\limits_{\Sigma} \mathrm{d}S$ 为曲面的面积;

(2) 如果 Σ 由分片光滑的曲面 Σ_1, Σ_2 组成,即 $\Sigma = \Sigma_1 + \Sigma_2$,则

$$\iint\limits_{\Sigma} f(x,y,z)\mathrm{d}S = \iint\limits_{\Sigma_1} f(x,y,z)\mathrm{d}S + \iint\limits_{\Sigma_2} f(x,y,z)\mathrm{d}S;$$

(3) 设 k_1, k_2 为常数,则

$$\iint\limits_{\Sigma} [k_1 f(x,y,z) + k_2 g(x,y,z)]\mathrm{d}S = k_1\iint\limits_{\Sigma} f(x,y,z)\mathrm{d}S + k_2\iint\limits_{\Sigma} g(x,y,z)\mathrm{d}S.$$

10.4.3　对面积的曲面积分的计算

设函数 $f(x,y,z)$ 是定义在光滑曲面 Σ 上的连续函数,曲面 Σ 的方程为 $z=$

$z(x,y)$,Σ 在 xOy 坐标平面上的投影区域为 D.

由于函数 $f(x,y,z)$ 定义在 Σ 上,因此函数 $f(x,y,z)$ 受曲面方程 $z=z(x,y)$ 约束,所以函数 $f(x,y,z)$ 实际上是

$$f(x,y,z)=f[x,y,z(x,y)].$$

另外,由 9.2.4 节知,曲面的微分

$$\mathrm{d}S=\sqrt{1+z_x^2(x,y)+z_y^2(x,y)}\,\mathrm{d}x\mathrm{d}y$$

且 x,y 的变化范围是 Σ 在 xOy 坐标平面上的投影区域 D.

于是以 $f[x,y,z(x,y)]$, $\sqrt{1+z_x^2(x,y)+z_y^2(x,y)}\,\mathrm{d}x\mathrm{d}y$ 和 D 分别替换 $\iint\limits_{\Sigma}f(x,y,z)\mathrm{d}S$ 中的 $f(x,y,z)$,$\mathrm{d}S$ 和 Σ,即得对面积的曲面积分的计算公式:

$$\iint\limits_{\Sigma}f(x,y,z)\mathrm{d}S=\iint\limits_{D}f[x,y,z(x,y)]\sqrt{1+z_x^2(x,y)+z_y^2(x,y)}\,\mathrm{d}x\mathrm{d}y.$$

$$(10\text{-}19)$$

如果曲面 Σ 的方程为 $y=y(z,x)$ 或 $x=x(y,z)$,Σ 在 zOx 或 yOz 坐标平面上的投影区域 D_{zx} 和 D_{yz},则有

$$\iint\limits_{\Sigma}f(x,y,z)\mathrm{d}S=\iint\limits_{D_{zx}}f[x,y(z,x),z]\sqrt{1+y_z^2(z,x)+y_x^2(z,x)}\,\mathrm{d}z\mathrm{d}x.$$

$$(10\text{-}20)$$

$$\iint\limits_{\Sigma}f(x,y,z)\mathrm{d}S=\iint\limits_{D_{yz}}f[x(y,z),y,z]\sqrt{1+x_y^2(y,z)+x_z^2(y,z)}\,\mathrm{d}y\mathrm{d}z.$$

$$(10\text{-}21)$$

例 10.20 计算曲面积分 $\iint\limits_{\Sigma}\sqrt{1+4z}\,\mathrm{d}S$,其中 Σ 是旋转抛物面 $z=x^2+y^2$ 上 $z\leqslant 1$ 的部分(图 10.20).

解 曲面 Σ 在 xOy 面上的投影区域 $D_{xy}=\{(x,y)\,|\,x^2+y^2\leqslant 1\}$.

因 $z_x=2x,z_y=2y$,故

$$\mathrm{d}S=\sqrt{1+z_x^2+z_y^2}\,\mathrm{d}x\mathrm{d}y=\sqrt{1+4x^2+4y^2}\,\mathrm{d}x\mathrm{d}y,$$

于是

$$\iint\limits_{\Sigma}\sqrt{1+4z}\,\mathrm{d}S=\iint\limits_{D_{xy}}\sqrt{1+4(x^2+y^2)}\cdot\sqrt{1+4x^2+4y^2}\,\mathrm{d}x\mathrm{d}y$$

$$=\iint\limits_{D_{xy}}1+4(x^2+y^2)\,\mathrm{d}x\mathrm{d}y=\int_0^{2\pi}\mathrm{d}\theta\int_0^1(1+4r^2)r\mathrm{d}r$$

$$=2\pi\left[\frac{1}{2}r^2+r^4\right]_0^1=3\pi.$$

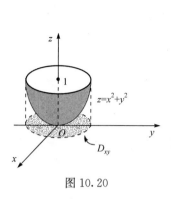

图 10.20

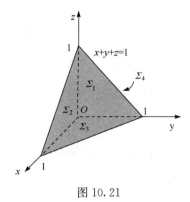

图 10.21

例 10.21　计算 $\oiint\limits_{\Sigma} xyz\,\mathrm{d}S$,其中 Σ 是由平面 $x=0,y=0,z=0$ 及 $x+y+z=1$ 所围成的四面体的边界曲面.

解　如图 10.21 所示,边界曲面 Σ 在平面 $x=0,y=0,z=0$ 及 $x+y+z=1$ 上的部分依次记为 $\Sigma_1,\Sigma_2,\Sigma_3$ 及 Σ_4,于是

$$\oiint\limits_{\Sigma} xyz\,\mathrm{d}S = \iint\limits_{\Sigma_1} xyz\,\mathrm{d}S + \iint\limits_{\Sigma_2} xyz\,\mathrm{d}S$$
$$+ \iint\limits_{\Sigma_3} xyz\,\mathrm{d}S + \iint\limits_{\Sigma_4} xyz\,\mathrm{d}S.$$

因为平面 $\Sigma_1,\Sigma_2,\Sigma_3$ 的方程分别为 $x=0,y=0,z=0$,故在 $\Sigma_1,\Sigma_2,\Sigma_3$ 上均有 $f(x,y,z)=xyz=0$;

在平面 Σ_4 上,$z=1-x-y$,故

$$\mathrm{d}S=\sqrt{1+z_x^2+z_y^2}\,\mathrm{d}x\mathrm{d}y=\sqrt{1+(-1)^2+(-1)^2}\,\mathrm{d}x\mathrm{d}y=\sqrt{3}\,\mathrm{d}x\mathrm{d}y,$$
$$f(x,y,z)=xyz=xy(1-x-y),$$

于是

$$\oiint\limits_{\Sigma} xyz\,\mathrm{d}S = \iint\limits_{\Sigma_1} xyz\,\mathrm{d}S + \iint\limits_{\Sigma_2} xyz\,\mathrm{d}S + \iint\limits_{\Sigma_3} xyz\,\mathrm{d}S + \iint\limits_{\Sigma_4} xyz\,\mathrm{d}S$$
$$= 0+0+0+ \iint\limits_{D_{xy}} xy(1-x-y)\,\sqrt{3}\,\mathrm{d}x\mathrm{d}y$$
$$= \sqrt{3}\int_0^1 x\,\mathrm{d}x \int_0^{1-x} y(1-x-y)\,\mathrm{d}y$$
$$= \sqrt{3}\int_0^1 x\left[(1-x)\frac{y^2}{2}-\frac{y^3}{3}\right]_0^{1-x}\mathrm{d}x = \sqrt{3}\int_0^1 x\,\frac{(1-x)^3}{6}\,\mathrm{d}x$$
$$= \frac{\sqrt{3}}{6}\int_0^1 (x-3x^2+3x^3-x^4)\,\mathrm{d}x = \frac{\sqrt{3}}{120}.$$

习题 10.4

1. 当 Σ 是 xOy 面上的一个闭区域时,曲面积分 $\iint\limits_{\Sigma} f(x,y,z)\mathrm{d}S$ 与二重积分有什么关系?

2. 计算下列曲面积分:

(1) $\iint\limits_{\Sigma}(10-z)\mathrm{d}S$,其中 Σ 为圆锥曲面 $z=\sqrt{x^2+y^2}$ 介于 $z=1$ 及 $z=4$ 之间的部分;

(2) $\iint\limits_{\Sigma}xz\mathrm{d}S$,其中 Σ 是平面 $x+y+z=1$ 在第一卦限的部分;

(3) $\iint\limits_{\Sigma}(z^2-2x^2-2y^2)\mathrm{d}S$,其中 Σ 是圆锥曲面 $z=\sqrt{3(x^2+y^2)}$ 被柱面 $2y=x^2+y^2$ 截下的部分;

(4) $\oiint\limits_{\Sigma}(x^2+y^2)\mathrm{d}S$,其中 Σ 是锥面 $z=\sqrt{x^2+y^2}$ 及平面 $z=1$ 围成的区域的整个边界曲面;

(5) $\iint\limits_{\Sigma}\dfrac{\mathrm{d}S}{x^2+y^2+z^2}$,其中 Σ 为圆柱面 $x^2+y^2=4$ 介于 $z=0$ 及 $z=3$ 之间的部分.

3. 求下列曲面的面积:

(1) 平面 $x+2y+z=4$ 被圆柱面 $x^2+y^2=4$ 截得的部分;

(2) 锥面 $z=\sqrt{x^2+y^2}$ 被柱面 $z^2=2x$ 所割下的部分.

4. 求密度 $\rho=z$ 的抛物面壳 $z=\dfrac{1}{2}(x^2+y^2)(0\leqslant z\leqslant1)$ 的质量.

10.5 对坐标的曲面积分

10.5.1 有向曲面及其投影

10.5.1.1 有向曲面

通常我们遇到的曲面都是双侧的.习惯上,将方程 $z=z(x,y)$ 表示的曲面分为**上侧**与**下侧**,朝向 z 轴正向的一侧为上侧;将方程 $y=y(z,x)$ 表示的曲面分为**左侧**与**右侧**,朝向 y 轴正向的一侧为右侧;将方程 $x=x(y,z)$ 表示的曲面分为**前侧**与**后侧**,朝向 x 轴正向的一侧为前侧.若曲面是闭曲面,则闭曲面分为**内侧**与**外侧**.

上面从几何角度定义了曲面的侧,还可以通过分析的方法来定义曲面的侧.

设 $\boldsymbol{n}=\{\cos\alpha,\cos\beta,\cos\gamma\}$ 为曲面 Σ 上的法向量.

若曲面 Σ 由 $z=z(x,y)$ 给出,则曲面的法向量 $\boldsymbol{n}$ 与 z 轴正向的夹角 γ 小于 $\dfrac{\pi}{2}$ 的一侧,即 $\cos\gamma>0$ 的一侧,记为曲面的**上侧**,而 $\cos\gamma<0$ 的一侧则为曲面的**下侧**;

类似地,如果曲面 Σ 的方程为 $y=y(z,x)$,则曲面的法向量 $\boldsymbol{n}$ 与 y 轴正向的夹角 β 小于 $\dfrac{\pi}{2}$ 的一侧,即 $\cos\beta>0$ 的一侧,记为曲面的**右侧**,而 $\cos\beta<0$ 的一侧则为曲

面的**左侧**;

如果曲面 Σ 的方程为 $x=x(y,z)$,则曲面的法向量 $\pmb{n}$ 与 x 轴正向的夹角 α 小于 $\frac{\pi}{2}$ 的一侧,即 $\cos\alpha>0$ 的一侧,记为曲面的**前侧**,而 $\cos\alpha<0$ 的一侧则为曲面的**后侧**.

显然,以上两种方式定义的侧是一致的. 因曲面 Σ 可以由曲面 Σ 上的法向量的方向来定义它的侧,故称曲面 Σ 为**有向曲面**.

10.5.1.2 有向曲面的投影

设 Σ 是有向曲面. 在 Σ 上取一小块曲面 ΔS,把 ΔS 投影到 xOy 面上得一投影区域,其面积记为 $(\Delta\sigma)_{xy}$. 假定 ΔS 上各点处的法向量与 z 轴正向的夹角 γ 的余弦 $\cos\gamma$ 有相同的符号(即 $\cos\gamma$ 都是正的或都是负的). 我们规定 ΔS 在 xOy 面上的**投影** $(\Delta S)_{xy}$ 为

$$(\Delta S)_{xy}=\begin{cases}(\Delta\sigma)_{xy}, & \cos\gamma>0,\\ -(\Delta\sigma)_{xy}, & \cos\gamma<0, \\ 0, & \cos\gamma\equiv0.\end{cases} \tag{10-22}$$

其中 $\cos\gamma\equiv0$ 也就是 $(\Delta\sigma)_{xy}=0$.

显然,根据有向曲面的侧的定义,若 ΔS 位于曲面上侧,则 $(\Delta S)_{xy}=(\Delta\sigma)_{xy}$;若 ΔS 位于曲面下侧,则 $(\Delta S)_{xy}=-(\Delta\sigma)_{xy}$.

类似地可以定义 ΔS 在 yOz 面及在 zOx 面上的投影 $(\Delta S)_{yz}$ 及 $(\Delta S)_{zx}$.

10.5.2 对坐标的曲面积分的概念与性质

10.5.2.1 引例流向曲面一侧的流量

设稳定流动的不可压缩流体的速度场由

$$\pmb{v}(x,y,z)=P(x,y,z)\pmb{i}+Q(x,y,z)\pmb{j}+R(x,y,z)\pmb{k}$$

给出,Σ 是速度场中的一片有向曲面,函数 P,Q,R 都在 Σ 上连续. 求在单位时间内流向 Σ 指定侧的流体的质量,即流量 Φ.

所谓稳定流动是指流速恒定,流体不可压缩是指流体的密度不变.

先考虑特殊情况.

设流体流过平面上面积为 A 的一个闭区域,且流体在这闭区域上各点处的流速为常量 $\pmb{v}$. 设 $\pmb{n}$ 为该平面的单位法向量(图 10.22(a)),那么单位时间内流过该闭区域的流体组成一个底面积为 A、斜高为 $|\pmb{v}|$ 的斜柱体(图 10.22(b)). 该斜柱体的体积为 $A|\pmb{v}|\cos\theta=A\pmb{v}\cdot\pmb{n}$,即单位时间内流体通过闭区域 A 流向 $\pmb{n}$ 所指一侧的流量为

$$\Phi=A\pmb{v}\cdot\pmb{n}.$$

当考虑的曲面不是平面,流速 $\pmb{v}$ 也不是常向量时,可采用"微元法"求出单位时

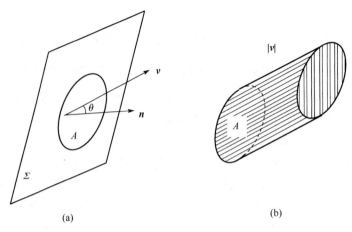

图 10.22

间内流向 Σ 指定侧的流量 Φ.

(1) **分割**　把曲面 Σ 任意分成 n 小块 ΔS_i(ΔS_i 同时也代表第 i 小块曲面的面积, $i=1,2,\cdots,n$).

(2) **近似**　在 ΔS_i 上任一点 (ξ_i,η_i,ζ_i), 以该点处的流速

$$\boldsymbol{v}_i=\boldsymbol{v}_i(\xi_i,\eta_i,\zeta_i)=P(\xi_i,\eta_i,\zeta_i)\boldsymbol{i}+Q(\xi_i,\eta_i,\zeta_i)\boldsymbol{j}+R(\xi_i,\eta_i,\zeta_i)\boldsymbol{k}$$

代替 ΔS_i 上其他各点处的流速, 以该点处曲面 Σ 的单位法向量

$$\boldsymbol{n}_i=\cos\alpha_i\boldsymbol{i}+\cos\beta_i\boldsymbol{j}+\cos\gamma_i\boldsymbol{k}$$

代替 ΔS_i 上其他各点处的单位法向量, 从而得到通过 ΔS_i 流向指定侧的流量的近似值为

$$\Delta\Phi_i=\boldsymbol{v}_i\cdot\boldsymbol{n}_i\Delta S_i \quad (i=1,2,\cdots,n).$$

(3) **求和**　由 9.2 节,

$$\cos\alpha_i\cdot\Delta S_i=(\Delta S_i)_{yz}, \quad \cos\beta_i\cdot\Delta S_i=(\Delta S_i)_{zx}, \quad \cos\gamma_i\cdot\Delta S_i=(\Delta S_i)_{xy},$$

于是, 通过 Σ 流向指定侧的流量近似为

$$\Phi=\sum_{i=1}^{n}\Delta\Phi_i\approx\sum_{i=1}^{n}\boldsymbol{v}_i\cdot\boldsymbol{n}_i\Delta S_i$$

$$=\sum_{i=1}^{n}\left[P(\xi_i,\eta_i,\zeta_i)\cos\alpha_i+Q(\xi_i,\eta_i,\zeta_i)\cos\beta_i+R(\xi_i,\eta_i,\zeta_i)\cos\gamma_i\right]\Delta S_i$$

$$=\sum_{i=1}^{n}\left[P(\xi_i,\eta_i,\zeta_i)(\Delta S_i)_{yz}+Q(\xi_i,\eta_i,\zeta_i)(\Delta S_i)_{zx}+R(\xi_i,\eta_i,\zeta_i)(\Delta S_i)_{xy}\right].$$

(4) **取极限**　令 λ 表示 n 小块 ΔS_i 直径的最大值, 令 $\lambda\to0$, 则得到通过曲面 Σ 流向指定侧的流量的精确值为

$$\Phi=\lim_{\lambda\to0}\sum_{i=1}^{n}\left[P(\xi_i,\eta_i,\zeta_i)(\Delta S_i)_{yz}+Q(\xi_i,\eta_i,\zeta_i)(\Delta S_i)_{zx}+R(\xi_i,\eta_i,\zeta_i)(\Delta S_i)_{xy}\right].$$

这样的极限还会在磁通量、电流量等其他问题中遇到. 抽去它们的具体意义,

就得到下列对坐标的曲面积分的定义.

10.5.2.2　对坐标的曲面积分的定义和性质

定义 10.5　设 Σ 为光滑的有向曲面,函数 $R(x,y,z)$ 在 Σ 上有界.把 Σ 任意分成 n 块小曲面 $\Delta S_i(\Delta S_i$ 同时也代表第 i 小块曲面的面积,$i = 1,2,\cdots,n)$.ΔS_i 在 xOy 面上的投影为 $(\Delta S_i)_{xy}$,在 ΔS_i 上任取一点 (ξ_i,η_i,ζ_i).如果当各小块曲面的直径的最大值 $\lambda \to 0$ 时,$\lim\limits_{\lambda \to 0}\sum\limits_{i=1}^{n}R(\xi_i,\eta_i,\zeta_i)(\Delta S_i)_{xy}$ 总存在,则称此极限为函数 $R(x,y,z)$ 在有向曲面 Σ 上**对坐标 x,y 的曲面积分**,记作 $\iint\limits_{\Sigma}R(x,y,z)\mathrm{d}x\mathrm{d}y$,即

$$\iint\limits_{\Sigma}R(x,y,z)\mathrm{d}x\mathrm{d}y = \lim\limits_{\lambda \to 0}\sum\limits_{i=1}^{n}R(\xi_i,\eta_i,\zeta_i)(\Delta S_i)_{xy}. \tag{10-23}$$

其中 $R(x,y,z)$ 叫做**被积函数**,Σ 叫做**积分曲面**.

类似地可定义函数 $P(x,y,z)$ 在有向曲面 Σ 上对坐标 y,z 的曲面积分

$$\iint\limits_{\Sigma}P(x,y,z)\mathrm{d}y\mathrm{d}z = \lim\limits_{\lambda \to 0}\sum\limits_{i=1}^{n}P(\xi_i,\eta_i,\zeta_i)(\Delta S_i)_{yz} \tag{10-24}$$

和函数 $Q(x,y,z)$ 在有向曲面 Σ 上对坐标 z,x 的曲面积分

$$\iint\limits_{\Sigma}Q(x,y,z)\mathrm{d}z\mathrm{d}x = \lim\limits_{\lambda \to 0}\sum\limits_{i=1}^{n}Q(\xi_i,\eta_i,\zeta_i)(\Delta S_i)_{zx}. \tag{10-25}$$

以上三个积分也称作**第二类曲面积分**.

对坐标的曲面积分作如下说明:

(1) 当被积函数 $f(x,y,z)$ 在光滑曲面 Σ 上连续时,对坐标的曲面积分存在.今后总假定被积函数 $f(x,y,z)$ 在 Σ 上连续;

(2) 在实际应用中常采用组合式

$$\iint\limits_{\Sigma}P(x,y,z)\mathrm{d}y\mathrm{d}z + \iint\limits_{\Sigma}Q(x,y,z)\mathrm{d}z\mathrm{d}x + \iint\limits_{\Sigma}R(x,y,z)\mathrm{d}x\mathrm{d}y,$$

为简便起见,常将其写成

$$\iint\limits_{\Sigma}P(x,y,z)\mathrm{d}y\mathrm{d}z + Q(x,y,z)\mathrm{d}z\mathrm{d}x + R(x,y,z)\mathrm{d}x\mathrm{d}y.$$

(3) 根据定义 10.5,流速为

$$\boldsymbol{v}(x,y,z) = P(x,y,z)\boldsymbol{i} + Q(x,y,z)\boldsymbol{j} + R(x,y,z)\boldsymbol{k}$$

的稳定流动的不可压缩流体流向有向曲面 Σ 指定侧的流量 Φ 可表示为

$$\Phi = \iint\limits_{\Sigma}P(x,y,z)\mathrm{d}y\mathrm{d}z + Q(x,y,z)\mathrm{d}z\mathrm{d}x + R(x,y,z)\mathrm{d}x\mathrm{d}y.$$

对坐标的曲面积分的性质与对坐标的曲线积分的性质类似.下面仅给出两个常用的性质.

性质 10.6　设 Σ 是分片光滑的有向曲面,如果把 Σ 分成 Σ_1 和 Σ_2,则

$$\iint_{\Sigma}P\,\mathrm{d}y\mathrm{d}z+Q\mathrm{d}z\mathrm{d}x+R\mathrm{d}x\mathrm{d}y$$

$$=\iint_{\Sigma_1}P\,\mathrm{d}y\mathrm{d}z+Q\mathrm{d}z\mathrm{d}x+R\mathrm{d}x\mathrm{d}y+\iint_{\Sigma_2}P\,\mathrm{d}y\mathrm{d}z+Q\mathrm{d}z\mathrm{d}x+R\mathrm{d}x\mathrm{d}y.$$

性质 10.7 设 Σ 是有向曲面，Σ^- 表示与 Σ 取相反侧的有向曲面，则

$$\iint_{\Sigma^-}P\,\mathrm{d}y\mathrm{d}z+Q\mathrm{d}z\mathrm{d}x+R\mathrm{d}x\mathrm{d}y=-\iint_{\Sigma}P\,\mathrm{d}y\mathrm{d}z+Q\mathrm{d}z\mathrm{d}x+R\mathrm{d}x\mathrm{d}y.$$

性质 10.7 表明：当积分曲面取相反侧时，对坐标的曲面积分要改变符号. 因此关于对坐标的曲面积分，必须注意积分曲面所取得侧.

10.5 对坐标的曲面积分(二)

10.5.3 对坐标的曲面积分的计算法

定理 10.5 设有向光滑的曲面 Σ 的方程为 $z=z(x,y)$，Σ 在 xOy 面上的投影区域为 D_{xy}，函数 $z=z(x,y)$ 在 D_{xy} 上具有一阶连续偏导数，被积函数 $R(x,y,z)$ 在 Σ 上连续. 则曲面积分 $\iint_{\Sigma}R(x,y,z)\mathrm{d}x\mathrm{d}y$ 存在，且

$$\iint_{\Sigma}R(x,y,z)\mathrm{d}x\mathrm{d}y=\pm\iint_{D_{xy}}R[x,y,z(x,y)]\mathrm{d}x\mathrm{d}y, \tag{10-26}$$

其中，当 Σ 取上侧时，二重积分前取"+"号；当 Σ 取下侧时，二重积分前取"-"号.

证 根据对坐标的曲面积分的定义

$$\iint_{\Sigma}R(x,y,z)\mathrm{d}x\mathrm{d}y=\lim_{\lambda\to 0}\sum_{i=1}^{n}R(\xi_i,\eta_i,\zeta_i)(\Delta S_i)_{xy}.$$

由式(10-22)，当 Σ 取上侧时，$\cos\gamma>0$，所以 $(\Delta S_i)_{xy}=(\Delta\sigma_i)_{xy}$. 又因 (ξ_i,η_i,ζ_i) 是 Σ: $z=z(x,y)$ 上的一点，故 $\zeta_i=z(\xi_i,\eta_i)$，从而有

$$\sum_{i=1}^{n}R(\xi_i,\eta_i,\zeta_i)(\Delta S_i)_{xy}=\sum_{i=1}^{n}R[\xi_i,\eta_i,z(\xi_i,\eta_i)](\Delta\sigma_i)_{xy}.$$

上式两端取极限，令 $\lambda\to 0$ 就得到

$$\iint_{\Sigma}R(x,y,z)\mathrm{d}x\mathrm{d}y=\iint_{D_{xy}}R[x,y,z(x,y)]\mathrm{d}x\mathrm{d}y.$$

同理，当 Σ 取下侧时，$\cos\gamma<0$，$(\Delta S_i)_{xy}=-(\Delta\sigma_i)_{xy}$，因此有

$$\iint_{\Sigma^-}R(x,y,z)\mathrm{d}x\mathrm{d}y=-\iint_{D_{xy}}R[x,y,z(x,y)]\mathrm{d}x\mathrm{d}y.$$

类似地，如果 Σ 由 $x=x(y,z)$ 给出，则有

$$\iint_{\Sigma}P(x,y,z)\mathrm{d}y\mathrm{d}z=\pm\iint_{D_{yz}}P[x(y,z),y,z]\mathrm{d}y\mathrm{d}z. \tag{10-27}$$

其中,当 Σ 取前侧时,二重积分前取"＋"号;当 Σ 取后侧时,二重积分前取"－"号.

如果 Σ 由 $y=y(z,x)$ 给出,则有

$$\iint\limits_{\Sigma}Q(x,y,z)\mathrm{d}z\mathrm{d}x =\pm \iint\limits_{D_{zx}}Q[x,y(z,x),z]\mathrm{d}z\mathrm{d}x. \qquad (10\text{-}28)$$

其中,当 Σ 取右侧时,二重积分前取"＋"号;当 Σ 取左侧时,二重积分前取"－"号.

例 10.22 计算曲面积分 $\iint\limits_{\Sigma}x^2\mathrm{d}y\mathrm{d}z+y^2\mathrm{d}z\mathrm{d}x+z^2\mathrm{d}x\mathrm{d}y$,其中 Σ 是长方体 Ω 的整个表面的外侧,$\Omega = \{(x,y,z)\mid 0\leqslant x\leqslant a,0\leqslant y\leqslant b,0\leqslant z\leqslant c\}$.

解 有向曲面 Ω 由 6 个面组成:

$$\Sigma_1 : z=c(0\leqslant x\leqslant a,0\leqslant y\leqslant b),\text{取上侧};$$
$$\Sigma_2 : z=0(0\leqslant x\leqslant a,0\leqslant y\leqslant b),\text{取下侧};$$
$$\Sigma_3 : x=a(0\leqslant y\leqslant b,0\leqslant z\leqslant c),\text{取前侧};$$
$$\Sigma_4 : x=0(0\leqslant y\leqslant b,0\leqslant z\leqslant c),\text{取后侧};$$
$$\Sigma_5 : y=b(0\leqslant x\leqslant a,0\leqslant z\leqslant c),\text{取右侧};$$
$$\Sigma_6 : y=0(0\leqslant x\leqslant a,0\leqslant z\leqslant c),\text{取左侧}.$$

于是

$$\iint\limits_{\Sigma_1}x^2\mathrm{d}y\mathrm{d}z+y^2\mathrm{d}z\mathrm{d}x+z^2\mathrm{d}x\mathrm{d}y = 0+0+\iint\limits_{D_{xy}}c^2\mathrm{d}x\mathrm{d}y = c^2\iint\limits_{D_{xy}}\mathrm{d}x\mathrm{d}y = c^2ab;$$

$$\iint\limits_{\Sigma_2}x^2\mathrm{d}y\mathrm{d}z+y^2\mathrm{d}z\mathrm{d}x+z^2\mathrm{d}x\mathrm{d}y = 0+0-\iint\limits_{D_{xy}}0^2\mathrm{d}x\mathrm{d}y = 0;$$

$$\iint\limits_{\Sigma_3}x^2\mathrm{d}y\mathrm{d}z+y^2\mathrm{d}z\mathrm{d}x+z^2\mathrm{d}x\mathrm{d}y = \iint\limits_{D_{yz}}a^2\mathrm{d}y\mathrm{d}z+0+0 = a^2\iint\limits_{D_{yz}}\mathrm{d}y\mathrm{d}z = a^2bc;$$

$$\iint\limits_{\Sigma_4}x^2\mathrm{d}y\mathrm{d}z+y^2\mathrm{d}z\mathrm{d}x+z^2\mathrm{d}x\mathrm{d}y = -\iint\limits_{D_{yz}}0^2\mathrm{d}y\mathrm{d}z+0+0 = 0;$$

$$\iint\limits_{\Sigma_5}x^2\mathrm{d}y\mathrm{d}z+y^2\mathrm{d}z\mathrm{d}x+z^2\mathrm{d}x\mathrm{d}y = 0+\iint\limits_{D_{zx}}b^2\mathrm{d}z\mathrm{d}x+0 = b^2\iint\limits_{D_{zx}}\mathrm{d}z\mathrm{d}x = b^2ac;$$

$$\iint\limits_{\Sigma_6}x^2\mathrm{d}y\mathrm{d}z+y^2\mathrm{d}z\mathrm{d}x+z^2\mathrm{d}x\mathrm{d}y = 0+\iint\limits_{D_{zx}}0^2\mathrm{d}z\mathrm{d}x+0 = 0.$$

故

$$\iint\limits_{\Sigma}x^2\mathrm{d}y\mathrm{d}z+y^2\mathrm{d}z\mathrm{d}x+z^2\mathrm{d}x\mathrm{d}y$$

$$= \left(\iint\limits_{\Sigma_1}+\iint\limits_{\Sigma_2}+\iint\limits_{\Sigma_3}+\iint\limits_{\Sigma_4}+\iint\limits_{\Sigma_5}+\iint\limits_{\Sigma_6}\right)(x^2\mathrm{d}y\mathrm{d}z+y^2\mathrm{d}z\mathrm{d}x+z^2\mathrm{d}x\mathrm{d}y)$$

$$= c^2ab+0+b^2ac+0+a^2bc+0 = abc(a+b+c).$$

例 10.23 计算曲面积分 $I = \iint\limits_{\Sigma}xyz\mathrm{d}x\mathrm{d}y+xz\mathrm{d}y\mathrm{d}z+z^2\mathrm{d}z\mathrm{d}x$,其中 Σ 是圆柱面 $x^2+z^2=a^2$ 在 $x\geqslant 0$ 的一半被平面 $y=0$ 和 $y=h(h>0)$ 所截下部分的外侧.

解 (1) 计算 $I_1 = \iint\limits_{\Sigma} xyz \, dx dy$.

把有向曲面 Σ 分成上下两部分(图 10.23):

$\Sigma_1: z = \sqrt{a^2 - x^2} \, (0 \leqslant x \leqslant a, 0 \leqslant y \leqslant h)$,取上侧;

$\Sigma_2: z = -\sqrt{a^2 - x^2} \, (0 \leqslant x \leqslant a, 0 \leqslant y \leqslant h)$,取下侧.

Σ_1 和 Σ_2 在 xOy 面上的投影区域都是

$$D_{xy} = \{(x, y) \mid 0 \leqslant x \leqslant a, 0 \leqslant y \leqslant h\}.$$

故

$$I_1 = \iint\limits_{\Sigma} xyz \, dx dy = \iint\limits_{\Sigma_1} xyz \, dx dy + \iint\limits_{\Sigma_2} xyz \, dx dy$$

$$= \iint\limits_{D_{xy}} xy \sqrt{a^2 - x^2} \, dx dy - \iint\limits_{D_{xy}} xy \left(-\sqrt{a^2 - x^2}\right) dx dy$$

$$= 2 \int_0^a dx \int_0^h xy \sqrt{a^2 - x^2} \, dy = 2 \int_0^a x \sqrt{a^2 - x^2} \, dx \int_0^h y \, dy$$

$$= \frac{1}{3} h^2 a^3.$$

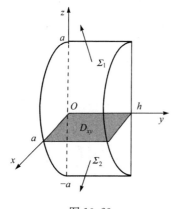

图 10.23

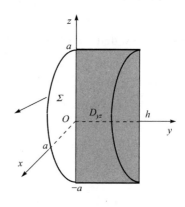

图 10.24

(2) 计算 $I_2 = \iint\limits_{\Sigma} xz \, dy dz$. 此时

$\Sigma: x = \sqrt{a^2 - z^2} \, (0 \leqslant y \leqslant h, -a \leqslant z \leqslant a)$,取前侧;

Σ 在 yOz 面上的投影区域是(图 10.24)

$$D_{yz} = \{(y, z) \mid 0 \leqslant y \leqslant h, -a \leqslant z \leqslant a\}.$$

注意到在对称区间 $[-a, a]$ 上,$z\sqrt{a^2 - z^2}$ 是奇函数,故

$$I_2 = \iint\limits_{\Sigma} xz \, dy dz = \iint\limits_{D_{yz}} z \sqrt{a^2 - z^2} \, dy dz$$

$$= \int_0^h \mathrm{d}y \int_{-a}^a z\sqrt{a^2 - z^2}\,\mathrm{d}z$$

$$= \int_0^h \mathrm{d}y \int_{-a}^a z\sqrt{a^2 - z^2}\,\mathrm{d}z$$

$$= h\int_{-a}^a z\sqrt{a^2 - z^2}\,\mathrm{d}z = 0.$$

(3) 计算 $I_3 = \iint\limits_{\Sigma} z^2 \mathrm{d}z\mathrm{d}x$. 由于 Σ 在 zOx 面上的投影区域是一条曲线, 从而 $\mathrm{d}z\mathrm{d}x = 0$, 因此 $I_3 = \iint\limits_{\Sigma} z^2 \mathrm{d}z\mathrm{d}x = 0$.

于是

$$I = \iint\limits_{\Sigma} xyz\,\mathrm{d}x\mathrm{d}y + xz\,\mathrm{d}y\mathrm{d}z + z^2 \mathrm{d}z\mathrm{d}x = I_1 + I_2 + I_3 = \frac{1}{3}h^2 a^3 + 0 + 0 = \frac{1}{3}h^2 a^3.$$

10.5.4　两类曲面积分之间的联系

10.5　对坐标的曲面积分(三)

设积分曲面 Σ 由方程 $z = z(x,y)$ 给出, Σ 在 xOy 面上的投影区域为 D_{xy}, 函数 $z = z(x,y)$ 在 D_{xy} 上具有一阶连续偏导数, 被积函数 $R(x,y,z)$ 在 Σ 上连续.

如果 Σ 取上侧, 由式(10-26), 有

$$\iint\limits_{\Sigma} R(x,y,z)\mathrm{d}x\mathrm{d}y = \iint\limits_{D_{xy}} R[x,y,z(x,y)]\mathrm{d}x\mathrm{d}y.$$

而有向曲面 Σ 的法向量的方向余弦为

$$\cos\alpha = \frac{-z_x}{\sqrt{1 + z_x^2 + z_y^2}}, \quad \cos\beta = \frac{-z_y}{\sqrt{1 + z_x^2 + z_y^2}}, \quad \cos\gamma = \frac{1}{\sqrt{1 + z_x^2 + z_y^2}} > 0,$$

由对面积的曲面积分计算公式(10-19), 有

$$\iint\limits_{\Sigma} R(x,y,z)\cos\gamma\mathrm{d}S = \iint\limits_{D_{xy}} R[x,y,z(x,y)]\cos\gamma \cdot \sqrt{1 + z_x^2 + z_y^2}\,\mathrm{d}x\mathrm{d}y$$

$$= \iint\limits_{D_{xy}} R[x,y,z(x,y)]\frac{1}{\sqrt{1 + z_x^2 + z_y^2}} \cdot \sqrt{1 + z_x^2 + z_y^2}\,\mathrm{d}x\mathrm{d}y$$

$$= \iint\limits_{D_{xy}} R[x,y,z(x,y)]\mathrm{d}x\mathrm{d}y.$$

即

$$\iint\limits_{\Sigma} R(x,y,z)\mathrm{d}x\mathrm{d}y = \iint\limits_{\Sigma} R(x,y,z)\cos\gamma\mathrm{d}S.$$

同理, 如果 Σ 取下侧, 由式(10-26), 有

$$\iint_{\Sigma} R(x,y,z)\mathrm{d}x\mathrm{d}y = -\iint_{D_{xy}} R[x,y,z(x,y)]\mathrm{d}x\mathrm{d}y,$$

此时 $\cos\gamma = \dfrac{-1}{\sqrt{1+z_x^2+z_y^2}}$，因此仍有

$$\iint_{\Sigma} R(x,y,z)\mathrm{d}x\mathrm{d}y = \iint_{\Sigma} R(x,y,z)\cos\gamma\mathrm{d}S.$$

类似地可推得

$$\iint_{\Sigma} P(x,y,z)\mathrm{d}y\mathrm{d}z = \iint_{\Sigma} P(x,y,z)\cos\alpha\mathrm{d}S,$$

$$\iint_{\Sigma} Q(x,y,z)\mathrm{d}z\mathrm{d}x = \iint_{\Sigma} P(x,y,z)\cos\beta\mathrm{d}S.$$

综合起来有

$$\iint_{\Sigma} P\mathrm{d}y\mathrm{d}z + Q\mathrm{d}z\mathrm{d}x + R\mathrm{d}x\mathrm{d}y = \iint_{\Sigma}(P\cos\alpha + Q\cos\beta + R\cos\gamma)\mathrm{d}S, \qquad (10\text{-}29)$$

其中 $\cos\alpha,\cos\beta,\cos\gamma$ 是有向曲面 Σ 上点 (x,y,z) 处的法向量的方向余弦.

由(10-29)，知

$$\mathrm{d}y\mathrm{d}z = \cos\alpha\mathrm{d}S, \quad \mathrm{d}z\mathrm{d}x = \cos\beta\mathrm{d}S, \quad \mathrm{d}x\mathrm{d}y = \cos\gamma\mathrm{d}S. \qquad (10\text{-}30)$$

两类曲面积分之间的联系的向量形式为

$$\iint_{\Sigma} \boldsymbol{A} \cdot \mathrm{d}\boldsymbol{S} = \iint_{\Sigma} \boldsymbol{A} \cdot \boldsymbol{n}\mathrm{d}S, \qquad (10\text{-}31)$$

其中 $\boldsymbol{A}$ 为向量值函数 $\{P(x,y,z),Q(x,y,z),R(x,y,z)\}$，$\boldsymbol{n} = \{\cos\alpha,\cos\beta,\cos\gamma\}$ 为有向曲面 Σ 上点 (x,y,z) 处的单位法向量，$\mathrm{d}\boldsymbol{S} = \boldsymbol{n}\mathrm{d}S = \{\mathrm{d}y\mathrm{d}z,\mathrm{d}z\mathrm{d}x,\mathrm{d}x\mathrm{d}y\}$ 为**有向曲面元**.

例 10.24　计算曲面积分 $\iint_{\Sigma} x^2\mathrm{d}y\mathrm{d}z + \mathrm{d}z\mathrm{d}x + \dfrac{\mathrm{e}^z}{\sqrt{x^2+y^2}}\mathrm{d}x\mathrm{d}y$，其中 Σ 是锥面 $z = \sqrt{x^2+y^2}$ 介于平面 $z=1$ 及 $z=2$ 之间的部分的下侧(图 10.25).

解　由于有向曲面 Σ 用显式 $z = \sqrt{x^2+y^2}$ 表示，故可将所求曲面积分利用两类曲面积分之间的关系一致地化为 xOy 面上的二重积分.

由式(10-30)，得

$$\iint_{\Sigma} x^2\mathrm{d}y\mathrm{d}z = \iint_{\Sigma} x^2\cos\alpha\frac{\cos\gamma}{\cos\gamma}\mathrm{d}S$$

$$= \iint_{\Sigma} x^2\frac{\cos\alpha}{\cos\gamma}\cos\gamma\mathrm{d}S = \iint_{\Sigma} x^2\frac{\cos\alpha}{\cos\gamma}\mathrm{d}x\mathrm{d}y,$$

$$\iint_{\Sigma} \mathrm{d}z\mathrm{d}x = \iint_{\Sigma} \cos\beta\frac{\cos\gamma}{\cos\gamma}\mathrm{d}S$$

$$= \iint_{\Sigma} \frac{\cos\beta}{\cos\gamma}\cos\gamma\mathrm{d}S = \iint_{\Sigma} \frac{\cos\beta}{\cos\gamma}\mathrm{d}x\mathrm{d}y.$$

令 $F(x,y,z)=z-\sqrt{x^2+y^2}$，则 $F_x=$
$-\dfrac{x}{\sqrt{x^2+y^2}}$，$F_y=-\dfrac{y}{\sqrt{x^2+y^2}}$，$F_z=1$，由

式(8-33)，曲面 Σ 上点(x,y,z)处的法向量为
$$\boldsymbol{n}=\pm\{F_x(x,y,z),F_y(x,y,z),F_z(x,y,z)\}$$

$$=\pm\left\{-\frac{x}{\sqrt{x^2+y^2}},-\frac{y}{\sqrt{x^2+y^2}},1\right\},$$

于是单位法向量为
$$\frac{\boldsymbol{n}}{|\boldsymbol{n}|}=\pm\left\{-\frac{x}{\sqrt{2(x^2+y^2)}},-\frac{y}{\sqrt{2(x^2+y^2)}},\frac{1}{\sqrt{2}}\right\}.$$

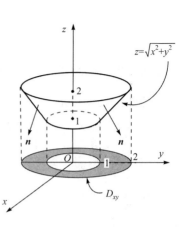

图 10.25

由式(7-10)，法向量 $\boldsymbol{n}$ 的方向余弦即为
$$\cos\alpha=\pm\frac{x}{\sqrt{2(x^2+y^2)}},\quad \cos\beta=\pm\frac{y}{\sqrt{2(x^2+y^2)}},\quad \cos\gamma=\mp\frac{1}{\sqrt{2}}.$$

由于在曲面 Σ 上选取的是向下的法向量，$\cos\gamma<0$，所以
$$\cos\alpha=\frac{x}{\sqrt{2(x^2+y^2)}},\quad \cos\beta=\frac{y}{\sqrt{2(x^2+y^2)}},\quad \cos\gamma=-\frac{1}{\sqrt{2}}.$$

故
$$\iint\limits_{\Sigma}x^2\,\mathrm{d}y\mathrm{d}z+\mathrm{d}z\mathrm{d}x+\frac{\mathrm{e}^z}{\sqrt{x^2+y^2}}\mathrm{d}x\mathrm{d}y$$

$$=\iint\limits_{\Sigma}x^2\,\frac{\cos\alpha}{\cos\gamma}\mathrm{d}x\mathrm{d}y+\iint\limits_{\Sigma}\frac{\cos\beta}{\cos\gamma}\mathrm{d}x\mathrm{d}y+\iint\limits_{\Sigma}\frac{\mathrm{e}^z}{\sqrt{x^2+y^2}}\mathrm{d}x\mathrm{d}y$$

$$=\iint\limits_{\Sigma}\left(x^2\,\frac{\cos\alpha}{\cos\gamma}+\frac{\cos\beta}{\cos\gamma}+\frac{\mathrm{e}^z}{\sqrt{x^2+y^2}}\right)\mathrm{d}x\mathrm{d}y$$

$$=\iint\limits_{\Sigma}\left[x^2\left(-\frac{x}{\sqrt{x^2+y^2}}\right)+\left(-\frac{y}{\sqrt{x^2+y^2}}\right)+\frac{\mathrm{e}^z}{\sqrt{x^2+y^2}}\right]\mathrm{d}x\mathrm{d}y$$

$$=-\iint\limits_{\Sigma}\frac{x^3+y-\mathrm{e}^z}{\sqrt{x^2+y^2}}\mathrm{d}x\mathrm{d}y=\iint\limits_{D_{xy}}\frac{x^3+y-\mathrm{e}^{\sqrt{x^2+y^2}}}{\sqrt{x^2+y^2}}\mathrm{d}x\mathrm{d}y$$

$$=\int_0^{2\pi}\mathrm{d}\theta\int_1^2(r^3\cos^3\theta+r\sin\theta-\mathrm{e}^r)\mathrm{d}r$$

$$=\int_0^{2\pi}\left[\frac{15}{4}\cos^3\theta+\frac{3}{2}\sin\theta-(\mathrm{e}^2-\mathrm{e})\right]\mathrm{d}\theta=2(\mathrm{e}-\mathrm{e}^2)\pi.$$

习题 10.5

1. 当 Σ 是 xOy 面上的一个闭区域时,曲面积分 $\iint\limits_{\Sigma}R(x,y,z)\mathrm{d}x\mathrm{d}y$ 与二重积分有什么关系?

2. 计算下列曲面积分:

(1) $\iint\limits_{\Sigma}x^2y^2z\mathrm{d}x\mathrm{d}y$,其中 Σ 是球面 $x^2+y^2+z^2=a^2$ 的下半部分的下侧;

(2) $\iint\limits_{\Sigma}z^2\mathrm{d}y\mathrm{d}z$,其中 Σ 是平面 $x+y+z=1$ 位于第一卦限部分的上侧;

(3) $\iint\limits_{\Sigma}x\mathrm{d}y\mathrm{d}z-3y\mathrm{d}z\mathrm{d}x+z\mathrm{d}x\mathrm{d}y$,其中 Σ 是平面 $3x+4y+12z=12$ 位于第一卦限部分的下侧;

(4) $\iint\limits_{\Sigma}xyz\mathrm{d}x\mathrm{d}y$,其中 Σ 是球面 $x^2+y^2+z^2=1$ 在 $x\geqslant0,y\geqslant0$ 的部分的外侧;

(5) $\oiint\limits_{\Sigma}\dfrac{\mathrm{e}^z}{\sqrt{x^2+y^2}}\mathrm{d}x\mathrm{d}y$,其中 Σ 是平面 $z=1,z=2$ 和锥面 $z=\sqrt{x^2+y^2}$ 所围成立体表面的外侧.

3. 设 Σ 是平面 $x=0,y=0,z=0,x+y+z=1$ 所围成的整个边界曲面的外侧,把对坐标的曲面积分

$$\oiint\limits_{\Sigma}xy\mathrm{d}y\mathrm{d}z+yz\mathrm{d}z\mathrm{d}x+xz\mathrm{d}x\mathrm{d}y$$

化为对面积的曲面积分,并计算其积分值.

10.6 高斯公式 通量与散度

10.6 高斯公式

10.6.1 高斯公式

10.3 节介绍的格林公式反映了平面区域 D 上的二重积分与其边界曲线上的曲线积分之间的关系. 作为格林公式的推广,下面讨论的高斯(Gauss)公式则反映了空间区域 Ω 上的三重积分与其边界曲面上的曲面积分之间的联系.

定理 10.6 设 Ω 是一空间有界闭区域,其边界曲面是由分片光滑的闭曲面 Σ 所围成,如果函数 $P(x,y,z),Q(x,y,z),R(x,y,z)$ 在 Ω 上具有一阶连续偏导数,则有

$$\iiint\limits_{\Omega}\left(\frac{\partial P}{\partial x}+\frac{\partial Q}{\partial y}+\frac{\partial R}{\partial z}\right)\mathrm{d}v=\oiint\limits_{\Sigma}P\mathrm{d}y\mathrm{d}z+Q\mathrm{d}z\mathrm{d}x+R\mathrm{d}x\mathrm{d}y, \qquad (10\text{-}32)$$

或

$$\iiint\limits_{\Omega}\left(\frac{\partial P}{\partial x}+\frac{\partial Q}{\partial y}+\frac{\partial R}{\partial z}\right)\mathrm{d}v=\oiint\limits_{\Sigma}(P\cos\alpha+Q\cos\beta+R\cos\gamma)\mathrm{d}S, \qquad (10\text{-}33)$$

其中 Σ 是 Ω 的边界曲面的外侧,$\cos\alpha,\cos\beta,\cos\gamma$ 是 Σ 上点 (x,y,z) 处的法向量的方向余弦.

式(10-32)或(10-33)称为**高斯公式**.

证　先证明式(10-32)中的第三项 $\iiint\limits_{\Omega}\dfrac{\partial R}{\partial z}\mathrm{d}v=\oiint\limits_{\Sigma}R\,\mathrm{d}x\mathrm{d}y$.

首先假设穿过空间区域 Ω 内部且平行于 z 轴的直线与边界曲面 Σ 的交点只有两个,即 Ω 是 XY 型区域.并设 Ω 在 xOy 面上的投影区域为 D_{xy}.Σ 由边界曲面 $\Sigma_1,\Sigma_2,\Sigma_3$ 组成(图 10.26),其中

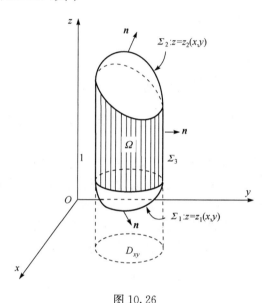

图 10.26

$\Sigma_1 : z=z_1(x,y)$ 为下边界曲面,取下侧;

$\Sigma_2 : z=z_2(x,y)$ 为上边界曲面,取上侧,

Σ_3 是以 D_{xy} 的边界曲线为准线且母线平行于 z 轴的柱面部分,取外侧.

一方面,根据三重积分的计算法,有

$$\iiint\limits_{\Omega}\frac{\partial R}{\partial z}\mathrm{d}v=\iint\limits_{D_{xy}}\mathrm{d}x\mathrm{d}y\int_{z_1(x,y)}^{z_2(x,y)}\frac{\partial R}{\partial z}\mathrm{d}z$$

$$=\iint\limits_{D_{xy}}\{R[x,y,z_2(x,y)]-R[x,y,z_1(x,y)]\}\mathrm{d}x\mathrm{d}y.$$

另一方面,根据第二类曲面积分的计算法,有

$$\oiint\limits_{\Sigma}R(x,y,z)\mathrm{d}x\mathrm{d}y=\iint\limits_{\Sigma_1}R(x,y,z)\mathrm{d}x\mathrm{d}y+\iint\limits_{\Sigma_2}R(x,y,z)\mathrm{d}x\mathrm{d}y+\iint\limits_{\Sigma_3}R(x,y,z)\mathrm{d}x\mathrm{d}y$$

$$=-\iint\limits_{D_{xy}}R[x,y,z_1(x,y)]\mathrm{d}x\mathrm{d}y+\iint\limits_{D_{xy}}R[x,y,z_2(x,y)]\mathrm{d}x\mathrm{d}y+0$$

$$=\iint\limits_{D_{xy}}\{R[x,y,z_2(x,y)]-R[x,y,z_1(x,y)]\}\mathrm{d}x\mathrm{d}y.$$

所以

$$\iiint\limits_{\Omega}\frac{\partial R}{\partial z}\mathrm{d}v=\oiint\limits_{\Sigma}R(x,y,z)\mathrm{d}x\mathrm{d}y.$$

类似地,当 Ω 是 YZ 型区域时,有

$$\iiint\limits_{\Omega}\frac{\partial P}{\partial x}\mathrm{d}v=\oiint\limits_{\Sigma}P(x,y,z)\mathrm{d}y\mathrm{d}z,$$

当 Ω 是 ZX 型区域时,有

$$\iiint\limits_{\Omega}\frac{\partial Q}{\partial y}\mathrm{d}v=\oiint\limits_{\Sigma}Q(x,y,z)\mathrm{d}z\mathrm{d}x.$$

当 Ω 同为这三种类型的区域时,上述三式同时成立.将这三式两端分别相加,即得式(10-32).

对于一般的空间有界闭区域 Ω,可以引入几张辅助曲面把 Ω 分为有限个小的闭区域,每个小区域都满足条件:穿过该区域内部且平行于坐标轴的直线与小区域的边界曲面的交点恰好是两个. 于是在每个小区域上,式(10-32)成立;然后将这些式子相加,注意到在辅助曲面上,曲面的正反两侧各积分一次,相加时正好相互抵消.因此式(10-32)对于一般的空间有界闭区域仍然成立.

对于高斯公式(10-32),若令 $P=x,Q=y,R=z$,则 $\frac{\partial P}{\partial x}+\frac{\partial Q}{\partial y}+\frac{\partial R}{\partial z}=3$,于是

$$3\iiint\limits_{\Omega}\mathrm{d}v=\oiint\limits_{\Sigma}P\mathrm{d}y\mathrm{d}z+Q\mathrm{d}z\mathrm{d}x+R\mathrm{d}x\mathrm{d}y,$$

因此空间区域 Ω 的体积 V 可用曲面积分表示为

$$V=\frac{1}{3}\oiint\limits_{\Sigma}P\mathrm{d}y\mathrm{d}z+Q\mathrm{d}z\mathrm{d}x+R\mathrm{d}x\mathrm{d}y.$$

例 10.25 计算曲面积分 $\oiint\limits_{\Sigma}xz^2\mathrm{d}y\mathrm{d}z+(x^2y-z^3)\mathrm{d}z\mathrm{d}x+(2xy+y^2z)\mathrm{d}x\mathrm{d}y$,其中 Σ 为上半球面 $z=\sqrt{1-x^2-y^2}$ 与坐标面 $z=0$ 所围半球区域 Ω 的边界曲面的外侧.

解 这里 $P=xz^2,Q=x^2y-z^3,R=2xy+y^2z$,所以

$$\frac{\partial P}{\partial x}=z^2,\quad\frac{\partial Q}{\partial y}=x^2,\quad\frac{\partial R}{\partial z}=y^2.$$

由高斯公式,有

$$\oiint\limits_{\Sigma} xz^2\mathrm{d}y\mathrm{d}z + (x^2y - z^3)\mathrm{d}z\mathrm{d}x + (2xy + y^2z)\mathrm{d}x\mathrm{d}y$$

$$= \iiint\limits_{\Omega} (z^2 + x^2 + y^2)\mathrm{d}x\mathrm{d}y\mathrm{d}z$$

$$\xlongequal{\text{球面坐标}} \int_0^{2\pi}\mathrm{d}\theta \int_0^{\frac{\pi}{2}}\mathrm{d}\varphi \int_0^1 \rho^4\sin\varphi\mathrm{d}\rho = \frac{2\pi}{5}.$$

例 10.26　计算曲面积分 $\displaystyle\iint\limits_{\Sigma}(z^2 - y)\mathrm{d}y\mathrm{d}z + (x^2 - z)\mathrm{d}x\mathrm{d}y$，其中 Σ 为旋转抛物面 $z = 1 - x^2 - y^2$ 介于 $0 \leqslant z \leqslant 1$ 部分的外侧.

解　Σ 不是封闭曲面. 为了应用高斯公式，作辅助曲面 $\Sigma_1 : z = 0 (x^2 + y^2 \leqslant 1)$，取下侧(图 10.27 阴影部分). 则 Σ 与 Σ_1 构成了一个取外侧的封闭曲面，记它们围成的空间闭区域为 Ω. 在 Ω 上应用高斯公式，得

$$\iint\limits_{\Sigma}(z^2 - y)\mathrm{d}y\mathrm{d}z + (x^2 - z)\mathrm{d}x\mathrm{d}y$$

$$= \left(\oiint\limits_{\Sigma + \Sigma_1} - \iint\limits_{\Sigma_1}\right)(z^2 - y)\mathrm{d}y\mathrm{d}z + (x^2 - z)\mathrm{d}x\mathrm{d}y$$

$$= \iiint\limits_{\Omega}[0 + 0 + (-1)]\mathrm{d}x\mathrm{d}y\mathrm{d}z - \left(-\iint\limits_{D_{xy}} x^2\mathrm{d}x\mathrm{d}y\right)$$

$$= -\iiint\limits_{\Omega}\mathrm{d}x\mathrm{d}y\mathrm{d}z + \iint\limits_{D_{xy}} x^2\mathrm{d}x\mathrm{d}y$$

$$= -\int_0^{2\pi}\mathrm{d}\theta \int_0^1 r\mathrm{d}r \int_0^{1-r^2}\mathrm{d}z + \int_0^{2\pi}\mathrm{d}\theta \int_0^1 r^2\cos^2\theta \cdot r\mathrm{d}r$$

$$= -\frac{\pi}{2} + \frac{\pi}{4} = -\frac{\pi}{4}.$$

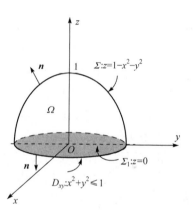

图 10.27

10.6.2　通量与散度

设有向量场

$$\boldsymbol{A}(x, y, z) = P(x, y, z)\boldsymbol{i} + Q(x, y, z)\boldsymbol{j} + R(x, y, z)\boldsymbol{k},$$

其中函数 P, Q, R 具有一阶连续偏导数，Σ 是场内的一片曲面，$\boldsymbol{n}$ 是曲面 Σ 上点 (x, y, z) 处的单位法向量，则积分

$$\iint\limits_{\Sigma} \boldsymbol{A} \cdot \boldsymbol{n}\mathrm{d}S$$

称为向量场 $\boldsymbol{A}$ 通过曲面 Σ 向着指定侧的**通量**(或**流量**)(flux).

由式(10-29)和(10-31)，可知

$$\iint\limits_{\Sigma} \boldsymbol{A} \cdot \boldsymbol{n} \mathrm{d}S = \iint\limits_{\Sigma} (P\cos\alpha + Q\cos\beta + R\cos\gamma)\,\mathrm{d}S.$$

若设 Σ 是空间有界闭区域 Ω 的边界曲面(取外侧),根据高斯公式(10-33),有

$$\iiint\limits_{\Omega} \Big(\frac{\partial P}{\partial x} + \frac{\partial Q}{\partial y} + \frac{\partial R}{\partial z}\Big)\mathrm{d}v = \oiint\limits_{\Sigma} (P\cos\alpha + Q\cos\beta + R\cos\gamma)\,\mathrm{d}S = \oiint\limits_{\Sigma} \boldsymbol{A} \cdot \boldsymbol{n}\,\mathrm{d}S,$$

即

$$\oiint\limits_{\Sigma} \boldsymbol{A} \cdot \boldsymbol{n}\,\mathrm{d}S = \iiint\limits_{\Omega} \Big(\frac{\partial P}{\partial x} + \frac{\partial Q}{\partial y} + \frac{\partial R}{\partial z}\Big)\mathrm{d}v.$$

我们称 $\dfrac{\partial P}{\partial x} + \dfrac{\partial Q}{\partial y} + \dfrac{\partial R}{\partial z}$ 为向量场 $\boldsymbol{A}$ 的**散度**(divergence),记为 div$\boldsymbol{A}$,即

$$\mathrm{div}\boldsymbol{A} = \frac{\partial P}{\partial x} + \frac{\partial Q}{\partial y} + \frac{\partial R}{\partial z}. \tag{10-34}$$

由此,高斯公式可写成

$$\iiint\limits_{\Omega} \mathrm{div}\boldsymbol{A}\,\mathrm{d}v = \oiint\limits_{\Sigma} \boldsymbol{A} \cdot \boldsymbol{n}\,\mathrm{d}S. \tag{10-35}$$

这表明,向量场 $\boldsymbol{A}$ 通过闭曲面 Σ 流向外侧的通量等于向量场 $\boldsymbol{A}$ 的散度在闭曲面 Σ 所围成闭区域 Ω 上的积分.

在式(10-35)中,如果向量场 $\boldsymbol{A}$ 表示一不可压缩流体(设流体的密度为 1)的稳定流速场,则式(10-35)右端可解释为单位时间内离开闭区域 Ω 的流体的总质量. 由于我们假设流体是不可压缩且稳定流动的,因此在流体离开 Ω 的同时,Ω 内部必须有产生流体的"源"释放出同样多的流体来补充,所以式(10-35)的左端可解释为分布在 Ω 内部的"源"在单位时间内所产生流体的总质量.

设 Ω 的体积为 V. 由于 P, Q, R 具有一阶连续偏导数,故由三重积分的中值定理知,在空间闭区域 Ω 内至少存在某一点 (ξ, η, ζ),使得

$$\iiint\limits_{\Omega} \Big(\frac{\partial P}{\partial x} + \frac{\partial Q}{\partial y} + \frac{\partial R}{\partial z}\Big)\mathrm{d}v = \Big(\frac{\partial P}{\partial x} + \frac{\partial Q}{\partial y} + \frac{\partial R}{\partial z}\Big)\Big|_{(\xi, \eta, \zeta)} \cdot V$$

即

$$\Big(\frac{\partial P}{\partial x} + \frac{\partial Q}{\partial y} + \frac{\partial R}{\partial z}\Big)\Big|_{(\xi, \eta, \zeta)} = \frac{1}{V}\iiint\limits_{\Omega} \Big(\frac{\partial P}{\partial x} + \frac{\partial Q}{\partial y} + \frac{\partial R}{\partial z}\Big)\mathrm{d}v.$$

令 Ω 收缩于一点 $M(x, y, z)$,上式两端取极限,得

$$\frac{\partial P}{\partial x} + \frac{\partial Q}{\partial y} + \frac{\partial R}{\partial z}\Big|_{M} = \lim_{\Omega \to M} \frac{1}{V}\iiint\limits_{\Omega} \Big(\frac{\partial P}{\partial x} + \frac{\partial Q}{\partial y} + \frac{\partial R}{\partial z}\Big)\mathrm{d}v = \lim_{\Omega \to M} \frac{1}{V}\oiint\limits_{\Sigma} \boldsymbol{A} \cdot \boldsymbol{n}\,\mathrm{d}S,$$

即

$$\mathrm{div}\boldsymbol{A}(M) = \lim_{\Omega \to M} \frac{1}{V}\oiint\limits_{\Sigma} \boldsymbol{A} \cdot \boldsymbol{n}\,\mathrm{d}S.$$

上式表明,散度即为稳定流动的不可压缩的流体在单位时间单位体积内在点

M 处所产生的流体的质量,亦即点 M 的**源头强度**.

如果 $\mathrm{div}A(M)>0$,则流体从点 M 处点向外发散,表示流体在该点处有**正源**;如果 $\mathrm{div}A(M)<0$,则流体向点 M 处汇聚,表示流体在该点处有吸收流体的**负源**(又称为**汇**或**洞**);如果 $\mathrm{div}A(M)=0$,则表示流体在点 M 处无源.

如果向量场 A 的散度处处为零,那么称向量场 A 为**无源场**.

利用向量微分算子 ∇,向量场 A 的散度 $\mathrm{div}A$ 可表示为 $\nabla \cdot A$,即

$$\mathrm{div}A=\nabla \cdot A,$$

其中 $\nabla=\dfrac{\partial}{\partial x}i+\dfrac{\partial}{\partial y}j+\dfrac{\partial}{\partial z}k$.

例 10.27　已知向量场 $A=(x+y)^2 i+yz j+xz k$,计算 $\mathrm{div}A$ 和在点 $M_0(1,1,2)$ 处的散度.

解　记 $P=(x+y)^2,Q=yz,R=xz$,则 $\dfrac{\partial P}{\partial x}=2(x+y),\dfrac{\partial Q}{\partial y}=z,\dfrac{\partial R}{\partial z}=x$,由式(10-34)得

$$\mathrm{div}A=\frac{\partial P}{\partial x}+\frac{\partial Q}{\partial y}+\frac{\partial R}{\partial z}=2(x+y)+z+x=3x+2y+z.$$

点 $M_0(1,1,2)$ 处的散度为

$$\mathrm{div}A(M_0)=(3x+2y+z)|_{(1,1,2)}=7.$$

习题 10.6

1. 利用高斯公式计算下列曲面积分:

(1) $\oiint\limits_{\Sigma}(x-y)\mathrm{d}x\mathrm{d}y+(y-z)x\mathrm{d}y\mathrm{d}z$,其中 Σ 为柱面 $x^2+y^2=1$ 及平面 $z=0,z=3$ 所围成的空间闭区域 Ω 的整个边界曲面的外侧;

(2) $\oiint\limits_{\Sigma}x\mathrm{d}y\mathrm{d}z+y\mathrm{d}z\mathrm{d}x+5\mathrm{d}x\mathrm{d}y$,其中 Σ 是由圆柱面 $x^2+z^2=1$,平面 $y=0$ 和 $x+y-2=0$ 所围成立体 Ω 的表面的外侧;

(3) $\oiint\limits_{\Sigma}xz\mathrm{d}y\mathrm{d}z+x^2 y\mathrm{d}z\mathrm{d}x+y^2 z\mathrm{d}x\mathrm{d}y$,其中 Σ 是由圆柱面 $x^2+y^2=1$ 和抛物面 $z=x^2+y^2$,平面 $x=0,y=0,z=0$ 在第一卦限所围成立体 Ω 的表面的外侧;

(4) $\iint\limits_{\Sigma}(xy-xz)\mathrm{d}y\mathrm{d}z+(xz-yz)\mathrm{d}x\mathrm{d}y$,其中 Σ 是圆柱面 $y^2+z^2=1(0\leqslant x\leqslant 2)$ 的外侧;

(5) $\iint\limits_{\Sigma}F\cdot \mathrm{d}S$,其中 $F=\mathrm{e}^y z^2 i+y^2 j+y\sin x k$,$\Sigma$ 是由圆柱面 $x^2+y^2=9$,平面 $z=0$ 和 $y+z=3$ 所围成的立体表面外侧.

2. 求向量场 A 在点 M 处的散度:

(1) $A=\sin(xy)i+xj+xyz k$,　$M(0,2,3)$;

(2) $A=x\mathrm{e}^y i+y\mathrm{e}^z j+z\mathrm{e}^x k$,　$M(1,1,1)$.

3. 设向量场 $\boldsymbol{A} = xf(x)\boldsymbol{i} - yf(x)\boldsymbol{j} - xe^{x}z\boldsymbol{k}$,其中 $f(x)$ 是可微函数,且 $f(1)=1$. 试确定 $f(x)$,使向量场 $\boldsymbol{A}$ 成为无源场.

10.7 斯托克斯公式 环流量与旋度

10.7.1 斯托克斯公式

斯托克斯公式是格林公式的推广. 格林公式建立了平面闭区域上的二重积分与其边界曲线上的曲线积分之间的关系,而斯托克斯(Stokes)公式则建立了空间有向曲面 Σ 上的曲面积分与沿着曲面 Σ 的边界曲线的曲线积分之间的联系.

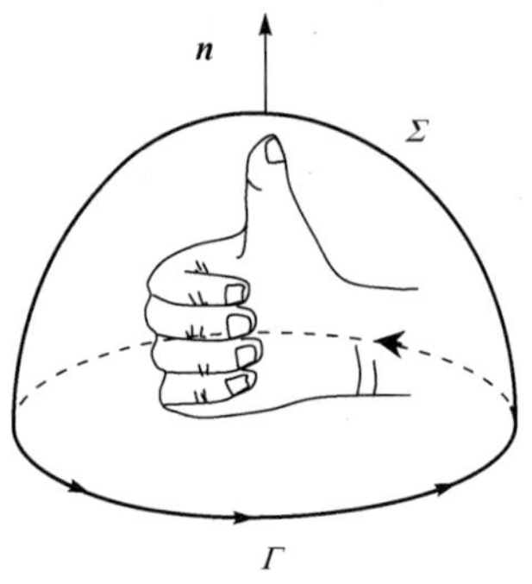

图 10.28

与格林公式类似,斯托克斯公式中的空间有向曲面 Σ 的正侧与 Σ 的边界曲线 Γ 的正向满足**右手法则**,即,如果右手四指握拳的方向符合 Γ 的正向,则右手拇指指向曲面 Σ 的正侧(图 10.28).

定理 10.7 设 Σ 是光滑或分片光滑的有向曲面,Γ 为曲面 Σ 的光滑或分段光滑的有向边界闭曲线,Γ 的正向与 Σ 的侧符合右手法则,函数 $P(x,y,z)$,$Q(x,y,z)$,$R(x,y,z)$ 在曲面 Σ 及其边界上具有一阶连续偏导数,则有

$$\iint\limits_{\Sigma}\left(\frac{\partial R}{\partial y} - \frac{\partial Q}{\partial z}\right)\mathrm{d}y\mathrm{d}z + \left(\frac{\partial P}{\partial z} - \frac{\partial R}{\partial x}\right)\mathrm{d}z\mathrm{d}x + \left(\frac{\partial Q}{\partial x} - \frac{\partial P}{\partial y}\right)\mathrm{d}x\mathrm{d}y$$
$$= \oint_{\Gamma} P\mathrm{d}x + Q\mathrm{d}y + R\mathrm{d}z. \tag{10-36}$$

或

$$\iint\limits_{\Sigma}\left[\left(\frac{\partial R}{\partial y} - \frac{\partial Q}{\partial z}\right)\cos\alpha + \left(\frac{\partial P}{\partial z} - \frac{\partial R}{\partial x}\right)\cos\beta + \left(\frac{\partial Q}{\partial x} - \frac{\partial P}{\partial y}\right)\cos\gamma\right]\mathrm{d}S$$
$$= \oint_{\Gamma} P\mathrm{d}x + Q\mathrm{d}y + R\mathrm{d}z. \tag{10-37}$$

其中 $\cos\alpha$,$\cos\beta$,$\cos\gamma$ 是有向曲面 Σ 上点 (x,y,z) 处的法向量的方向余弦.

证明从略.

式(10-36)、(10-37)称为**斯托克斯公式**.

为便于记忆,借助于行列式,斯托克斯公式还可以表示为

$$\iint\limits_{\Sigma}
\begin{vmatrix}
\mathrm{d}y\mathrm{d}z & \mathrm{d}z\mathrm{d}x & \mathrm{d}x\mathrm{d}y \\
\dfrac{\partial}{\partial x} & \dfrac{\partial}{\partial y} & \dfrac{\partial}{\partial z} \\
P & Q & R
\end{vmatrix}
=\oint_{\Gamma}P\mathrm{d}x+Q\mathrm{d}y+R\mathrm{d}z,$$

或

$$\iint\limits_{\Sigma}
\begin{vmatrix}
\cos\alpha & \cos\beta & \cos\gamma \\
\dfrac{\partial}{\partial x} & \dfrac{\partial}{\partial y} & \dfrac{\partial}{\partial z} \\
P & Q & R
\end{vmatrix}\mathrm{d}S
=\oint_{\Gamma}P\mathrm{d}x+Q\mathrm{d}y+R\mathrm{d}z.$$

　　显然,如果 Σ 是 xOy 面上的一块平面闭区域时,斯托克斯公式就变成格林公式,因此格林公式是斯托克斯公式的一种特殊形式.

　　例 10.28　计算曲线积分 $\oint_{\Gamma}z\mathrm{d}x+x\mathrm{d}y+y\mathrm{d}z$,其中 Γ 为平面 $x+y+z=1$ 被三个坐标面所截成的三角形的整个边界,它的正向与这个三角形上侧的法向量之间符合右手法则 (图 10.29).

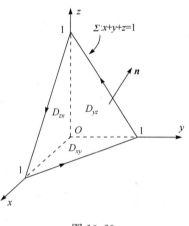

图 10.29

　　解　按照斯托克斯公式(10-36),有

$$\oint_{\Gamma}z\mathrm{d}x+x\mathrm{d}y+y\mathrm{d}z=\iint\limits_{\Sigma}
\begin{vmatrix}
\mathrm{d}y\mathrm{d}z & \mathrm{d}z\mathrm{d}x & \mathrm{d}x\mathrm{d}y \\
\dfrac{\partial}{\partial x} & \dfrac{\partial}{\partial y} & \dfrac{\partial}{\partial z} \\
z & x & y
\end{vmatrix}$$

$$=\iint\limits_{\Sigma}\mathrm{d}y\mathrm{d}z+\mathrm{d}z\mathrm{d}x+\mathrm{d}x\mathrm{d}y.$$

而

$$\iint\limits_{\Sigma}\mathrm{d}y\mathrm{d}z=\iint\limits_{D_{yz}}\mathrm{d}\sigma=\frac{1}{2},\quad
\iint\limits_{\Sigma}\mathrm{d}z\mathrm{d}x=\iint\limits_{D_{zx}}\mathrm{d}\sigma=\frac{1}{2},\quad
\iint\limits_{\Sigma}\mathrm{d}x\mathrm{d}y=\iint\limits_{D_{xy}}\mathrm{d}\sigma=\frac{1}{2},$$

所以

$$\oint_{\Gamma}z\mathrm{d}x+x\mathrm{d}y+y\mathrm{d}z=3\times\frac{1}{2}=\frac{3}{2}.$$

　　例 10.29　计算曲线积分 $\oint_{\Gamma}3z\mathrm{d}x+5x\mathrm{d}y-2y\mathrm{d}z$,其中 Γ 为平面 $y+z=2$ 与圆柱面 $x^2+y^2=1$ 的交线,从 z 轴正向向下看,Γ 是逆时针方向.

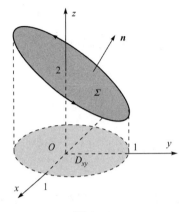

图 10.30

解 取 Σ 为平面 $y+z=2$ 被圆柱面 $x^2+y^2=1$ 截得的椭圆面(图 10.30),法向量向上.

由于 Σ 满足方程 $y+z=2$,则 Σ 的方向向上的法向量为 $\boldsymbol{n}=\{0,1,1\}$,从而单位法向量为

$$\frac{1}{\sqrt{2}}\{0,1,1\}=\left\{0,\frac{1}{\sqrt{2}},\frac{1}{\sqrt{2}}\right\},$$

故法向量 $\boldsymbol{n}$ 的方向余弦为

$$\cos\alpha=0,\quad \cos\beta=\frac{1}{\sqrt{2}},\quad \cos\gamma=\frac{1}{\sqrt{2}}.$$

由斯托克斯公式(10-37),有

$$\oint_{\Gamma}3z\mathrm{d}x+5x\mathrm{d}y-2y\mathrm{d}z$$

$$=\iint_{\Sigma}\begin{vmatrix}\cos\alpha & \cos\beta & \cos\gamma \\ \dfrac{\partial}{\partial x} & \dfrac{\partial}{\partial y} & \dfrac{\partial}{\partial z} \\ 3z & 5x & -2y\end{vmatrix}\mathrm{d}S=\iint_{\Sigma}\begin{vmatrix}0 & \dfrac{1}{\sqrt{2}} & \dfrac{1}{\sqrt{2}} \\ \dfrac{\partial}{\partial x} & \dfrac{\partial}{\partial y} & \dfrac{\partial}{\partial z} \\ 3z & 5x & -2y\end{vmatrix}\mathrm{d}S$$

$$=\iint_{\Sigma}4\sqrt{2}\mathrm{d}S=4\sqrt{2}\iint_{\Sigma}\mathrm{d}S.$$

因为 Σ 在 xOy 面上的投影域 $D_{xy}=\{(x,y)\,|\,x^2+y^2\leqslant 1\}$,故

$$\iint_{\Sigma}\mathrm{d}S=\iint_{D_{xy}}\sqrt{1+z_x^2+z_y^2}\mathrm{d}x\mathrm{d}y=\sqrt{2}\iint_{D_{xy}}\mathrm{d}x\mathrm{d}y=\sqrt{2}\cdot\pi\cdot 1^2=\sqrt{2}\pi,$$

从而

$$\oint_{\Gamma}3z\mathrm{d}x+5x\mathrm{d}y-2y\mathrm{d}z=4\sqrt{2}\iint_{\Sigma}\mathrm{d}S=4\sqrt{2}\cdot\sqrt{2}\pi=8\pi.$$

10.7.2 环流量与旋度

设有向量场

$$\boldsymbol{A}(x,y,z)=P(x,y,z)\boldsymbol{i}+Q(x,y,z)\boldsymbol{j}+R(x,y,z)\boldsymbol{k},$$

则沿向量场 $\boldsymbol{A}$ 中某一封闭的有向光滑曲线 Γ 上的曲线积分

$$\oint_{\Gamma}P\mathrm{d}x+Q\mathrm{d}y+R\mathrm{d}z$$

称为向量场 $\boldsymbol{A}$ 沿曲线 Γ 按所取方向的**环流量**(circulation).

设曲面 Σ 的边界为 Γ,且 Γ 的正向与 Σ 的侧符合右手法则,由斯托克斯公式可

得

$$\oint_{\Gamma} P\mathrm{d}x + Q\mathrm{d}y + R\mathrm{d}z$$

$$= \iint_{\Sigma} \left(\frac{\partial R}{\partial y} - \frac{\partial Q}{\partial z}\right)\mathrm{d}y\mathrm{d}z + \left(\frac{\partial P}{\partial z} - \frac{\partial R}{\partial x}\right)\mathrm{d}z\mathrm{d}x + \left(\frac{\partial Q}{\partial x} - \frac{\partial P}{\partial y}\right)\mathrm{d}x\mathrm{d}y.$$

我们称向量函数

$$\left\{\frac{\partial R}{\partial y} - \frac{\partial Q}{\partial z}, \frac{\partial P}{\partial z} - \frac{\partial R}{\partial x}, \frac{\partial Q}{\partial x} - \frac{\partial P}{\partial y}\right\}$$

为向量场 $\boldsymbol{A}$ 的**旋度**(rotation)，记为 **rot$\boldsymbol{A}$**，即

$$\mathbf{rot}\boldsymbol{A} = \left(\frac{\partial R}{\partial y} - \frac{\partial Q}{\partial z}\right)\boldsymbol{i} + \left(\frac{\partial P}{\partial z} - \frac{\partial R}{\partial x}\right)\boldsymbol{j} + \left(\frac{\partial Q}{\partial x} - \frac{\partial P}{\partial y}\right)\boldsymbol{k}. \tag{10-38}$$

利用向量微分算子∇，向量场 $\boldsymbol{A}$ 的旋度 **rot$\boldsymbol{A}$** 可表示为 ∇×$\boldsymbol{A}$，即

$$\mathbf{rot}\boldsymbol{A} = \nabla \times \boldsymbol{A} = \begin{vmatrix} \boldsymbol{i} & \boldsymbol{j} & \boldsymbol{k} \\ \dfrac{\partial}{\partial x} & \dfrac{\partial}{\partial y} & \dfrac{\partial}{\partial z} \\ P & Q & R \end{vmatrix},$$

利用以上概念，结合两类曲线积分之间的联系，斯托克斯公式(10-37)的向量形式为

$$\iint_{\Sigma} \mathbf{rot}\boldsymbol{A} \cdot \boldsymbol{n}\mathrm{d}S = \oint_{\Gamma} \boldsymbol{A} \cdot \boldsymbol{\tau}\mathrm{d}s, \tag{10-39}$$

其中 $\boldsymbol{n}$ 是曲面Σ上点(x,y,z)处的单位法向量，$\boldsymbol{\tau}$ 是 Σ 的正向边界曲线 Γ 上点(x, y, z)处的单位切向量.

斯托克斯公式(10-39)表明了向量场 $\boldsymbol{A}$ 沿有向闭曲线 Γ 的环流量等于向量场 $\boldsymbol{A}$ 的旋度场通过 Γ 所张的曲面 Σ 的通量.

在流量问题中，环流量 $\oint_{\Gamma} \boldsymbol{A} \cdot \boldsymbol{\tau}\mathrm{d}s$ 表示流速为 $\boldsymbol{A}$ 的不可压缩的流体单位时间内沿曲线 Γ 的流体的质量，反映了流体沿 Γ 旋转时的强弱程度. 若向量场 $\boldsymbol{A}$ 的旋度 **rot$\boldsymbol{A}$** 处处为零，则表示向量场 $\boldsymbol{A}$ 沿任意有向闭曲线 Γ 的环流量为零，即流体流动时不形成漩涡，这时称向量场 $\boldsymbol{A}$ 为**无旋场**. 一个无源且无旋的向量场称为**调和场**.

例 10.30　设向量场 $\boldsymbol{A} = yz^2\boldsymbol{i} + 3x^2z\boldsymbol{j} + xy^2\boldsymbol{k}$，求点 $M_0(1,1,2)$处的旋度 **rot$\boldsymbol{A}$**.

解　记 $P = yz^2, Q = 3x^2z, R = xy^2$，由旋度的定义，得

$$\mathbf{rot}\boldsymbol{A} = \begin{vmatrix} \boldsymbol{i} & \boldsymbol{j} & \boldsymbol{k} \\ \dfrac{\partial}{\partial x} & \dfrac{\partial}{\partial y} & \dfrac{\partial}{\partial z} \\ P & Q & R \end{vmatrix} = \begin{vmatrix} \boldsymbol{i} & \boldsymbol{j} & \boldsymbol{k} \\ \dfrac{\partial}{\partial x} & \dfrac{\partial}{\partial y} & \dfrac{\partial}{\partial z} \\ yz^2 & 3x^2z & xy^2 \end{vmatrix}$$

$$= (2xy - 3x^2)\boldsymbol{i} + (2yz - y^2)\boldsymbol{j} + (6xz - z^2)\boldsymbol{k}.$$

故

$$\mathbf{rot}\mathbf{A}(M_0) = \left[(2xy-3x^2)\mathbf{i}+(2yz-y^2)\mathbf{j}+(6xz-z^2)\mathbf{k}\right]_{(1,1,2)}$$
$$= -\mathbf{i}+3\mathbf{j}+8\mathbf{k}.$$

习题 10.7

1. 利用斯托克斯公式计算下列曲线积分,从 z 轴正向向下看,曲线 Γ 是逆时针方向:

(1) $\oint_{\Gamma} xz\mathrm{d}x+2xy\mathrm{d}y+3xy\mathrm{d}z$,$\Gamma$ 是平面 $3x+y+z=3$ 在第一卦限部分的边界曲线;

(2) $\oint_{\Gamma} z\mathrm{d}x+2x\mathrm{d}y+3y\mathrm{d}z$,$\Gamma$ 是圆柱面 $x^2+y^2=4$ 与平面 $z-x=4$ 的交线;

(3) $\oint_{\Gamma} x\mathrm{d}x+y\mathrm{d}y+(x^2+y^2)\mathrm{d}z$,$\Gamma$ 是抛物面 $z=1-x^2-y^2$ 在第一卦限的边界曲线.

2. 计算下列向量场 $\mathbf{A}$ 在点 M 处的旋度 $\mathbf{rot}\mathbf{A}(M)$:

(1) $\mathbf{A}=x^2y\mathbf{i}+yz^2\mathbf{j}+zx^2\mathbf{k}$,$M(1,2,1)$;

(2) $\mathbf{A}=\sin x\mathbf{i}+\cos x\mathbf{j}+z^2\mathbf{k}$,$M(0,1,3)$.

综合练习题十

一、单项选择题(将正确选项的序号填入括号内)

1. 设 L 是曲线 $y=x^3,y=x$ 围成区域的整个边界曲线,$f(x,y)$ 是连续函数,则曲线积分 $\oint_{L} f(x,y)\mathrm{d}s = (\qquad)$.

(A) $\displaystyle\int_0^1 f(x,x^3)\mathrm{d}x+\int_0^1 f(x,x)\mathrm{d}x$;

(B) $\displaystyle\int_0^1 f(x,x^3)\mathrm{d}x+\sqrt{2}\int_0^1 f(x,x)\mathrm{d}x$;

(C) $\displaystyle\int_{-1}^1 f(x,x^3)\sqrt{1+9x^4}\mathrm{d}x+\int_1^{-1} f(x,x)\sqrt{2}\mathrm{d}x$;

(D) $\displaystyle\int_{-1}^1 \left[f(x,x^3)\sqrt{1+9x^4}+\sqrt{2}f(x,x)\right]\mathrm{d}x$.

2. 设 L 是自原点,经 $A(2,0)$ 到 $B(2,2)$ 的有向折线,则 $\displaystyle\int_L xy^2\mathrm{d}x+y(x-y)\mathrm{d}y = (\qquad)$.

(A) $\dfrac{8}{3}$;　　　　(B) 4;　　　　(C) $-\dfrac{8}{3}$;　　　　(D) $\dfrac{4}{3}$.

3. 设 L 为取顺时针方向的圆周 $x^2+y^2=a^2$,则 $\oint_{L} y\mathrm{d}x-x\mathrm{d}y = (\qquad)$.

(A) $2\pi a^2$;　　　　(B) $-2\pi a^2$;　　　　(C) $-\pi a^2$;　　　　(D) πa^2.

4. 设 L 是上半平面 $(y>0)$ 内的任意曲线,为了使曲线积分 $\displaystyle\int_L \dfrac{x}{y}(x^2+y^2)^\alpha\mathrm{d}x - \dfrac{x^2}{y^2}(x^2+y^2)^\alpha\mathrm{d}y$ 与路径无关,应取 $\alpha = (\qquad)$.

(A) $\dfrac{1}{2}$;　　　　(B) $-\dfrac{1}{2}$;　　　　(C) $\dfrac{3}{2}$;　　　　(D) $\dfrac{7}{2}$.

5. 求正数 a 的值,使 $\displaystyle\int_L y^3\mathrm{d}x+2x\mathrm{d}y$ 最小,其中 L 是沿曲线 $y=a\sin x$ 自 $A(0,0)$ 到 $B(\pi,0)$ 的线段,应取 $a=(\quad)$.

(A) 2;　　　　(B) 3;　　　　(C) -1;　　　　(D) 1.

6. 设 $I=\displaystyle\oint_L \dfrac{-y}{x^2+y^2}\mathrm{d}x+\dfrac{x}{x^2+y^2}\mathrm{d}y,\dfrac{\partial}{\partial y}\left(\dfrac{-y}{x^2+y^2}\right)=\dfrac{\partial}{\partial x}\left(\dfrac{x}{x^2+y^2}\right)=\dfrac{y^2-x^2}{(x^2+y^2)^2}$,则$(\quad)$.

(A) 对任意闭曲线 $L,I=0$;

(B) 因 $\dfrac{\partial P}{\partial y}$ 与 $\dfrac{\partial Q}{\partial x}$ 在原点不存在,故对任意的闭曲线 $L,I\neq0$;

(C) 当 L 为不含原点的有界闭区域的边界曲线时,$I=0$;

(D) 当 L 不含原点时,$I\neq0$;当 L 含原点时,$I=0$.

7. 设 Σ 是平面 $x+y+z=4$ 被圆柱面 $x^2+y^2=1$ 截出的有限部分,则曲面积分 $\displaystyle\iint_\Sigma y\mathrm{d}S=(\quad)$.

(A) 0;　　　　(B) 1;　　　　(C) 2;　　　　(D) -1.

8. 设 Σ 是平面 $x+y+z=1$ 在第一卦限的部分,方向向上,则曲面积分 $\displaystyle\iint_\Sigma x^2\mathrm{d}y\mathrm{d}z=(\quad)$.

(A) $\dfrac{1}{6}$;　　　　(B) $\dfrac{5}{6}$;　　　　(C) $\dfrac{5}{12}$;　　　　(D) $\dfrac{1}{12}$.

9. 若 Σ 是球面 $x^2+y^2+z^2=a^2$ 的表面外侧,则曲面积分 $\displaystyle\iint_\Sigma x^3\mathrm{d}y\mathrm{d}z+y^3\mathrm{d}z\mathrm{d}x+z^3\mathrm{d}x\mathrm{d}y=(\quad)$.

(A) $2\pi a^2$;　　　　(B) $4\pi a^2$;　　　　(C) $\dfrac{12\pi}{5}a^5$;　　　　(D) πa^5.

10. 若 Γ 为平面 $x-y+z=2$ 与圆柱面 $x^2+y^2=1$ 的交线,从 z 轴正向向下看,Γ 是顺时针方向,则曲线积分 $\displaystyle\oint_\Gamma(z-y)\mathrm{d}x+(x-z)\mathrm{d}y+(x-y)\mathrm{d}z=(\quad)$.

(A) 2π;　　　　(B) 0;　　　　(C) -2π;　　　　(D) $-\pi$.

二、填空题

1. 设 L 为 xOy 面上圆心在坐标原点,半径为 1 的圆弧,则 $\displaystyle\int_L \mathrm{d}s=$ _____.

2. 设 Σ 为球心在坐标原点,半径为 1 的球面,$\displaystyle\iint_\Sigma \mathrm{d}S=$ _____.

3. 设 $\boldsymbol{n}=\{\cos\alpha,\cos\beta,\cos\gamma\}$ 为有向曲面 Σ 上点 (x,y,z) 处的单位法向量,$\mathrm{d}S$ 为曲面面积微元,则 $\mathrm{d}y\mathrm{d}z=$ _____ $\mathrm{d}S,\mathrm{d}z\mathrm{d}x=$ _____ $\mathrm{d}S,\mathrm{d}x\mathrm{d}y=$ _____ $\mathrm{d}S$.

4. 设 $\boldsymbol{n}=\{\cos\alpha,\cos\beta,\cos\gamma\}$ 为有向曲线 L 上点 (x,y,z) 处的单位切向量,$\mathrm{d}s$ 为曲线弧长微元,则 $\mathrm{d}x=$ _____ $\mathrm{d}s,\mathrm{d}y=$ _____ $\mathrm{d}s,\mathrm{d}z=$ _____ $\mathrm{d}s$.

5. 关于坐标的曲线积分 $\displaystyle\int_\Gamma P\mathrm{d}x+Q\mathrm{d}y+R\mathrm{d}z$ 化成关于弧长的曲线积分是 _____,其

中 α,β,γ 是有向曲线 Γ 上点 (x,y,z) 处_____的方向角.

6. 关于坐标的曲面积分 $\iint\limits_{\Sigma} P\mathrm{d}y\mathrm{d}z + Q\mathrm{d}z\mathrm{d}x + R\mathrm{d}x\mathrm{d}y$ 化成关于面积的曲面积分是

_____,其中 α,β,γ 是有向曲面 Σ 上点 (x,y,z) 处_____的方向角.

7. 曲线 $x=a,y=at,z=\dfrac{1}{2}at^2(0\leqslant t\leqslant 1,a>0)$ 形构件的质量为_____,设其线密度

为 $\mu=\sqrt{\dfrac{2z}{a}}$.

8. 面密度 $\rho=10-z$ 的圆锥面 $z=\sqrt{x^2+y^2}(1\leqslant z\leqslant 4)$ 形漏斗的质量为_____.

9. 一质点在变力 $\boldsymbol{F}=\{x^2+2xy^2,2x^2y-y^3\}$ 的作用下,沿直线 $y=2x+1$ 从点 $A(0,1)$ 到点 $C(1,3)$ 所做的功 W 为_____.

10. 设稳定流动的不可压缩流体的速度场由 $v(x,y,z)=\{x,-3y,z\}$ 给出,则单位时间内流向平面 $\Sigma:3x+4y+12z=12$ 位于第一卦限部分的下侧的流量为_____.

三、计算题

1. 设 L 为圆周 $x^2+y^2=x$,求积分 $\oint_L (x^2+y^2)\mathrm{d}s$.

2. 设 L 为曲线 $y=\sin x(\pi\leqslant x\leqslant 2\pi)$,按 x 增大的方向,计算 $\int_L \sqrt{x^2+y^2}\mathrm{d}x + y\ln(x+\sqrt{x^2+y^2})\mathrm{d}y$.

3. 计算 $\oint_L y\mathrm{d}x + \mathrm{e}^{x^2}\mathrm{d}y$,其中 L 为圆周 $x^2+y^2=2y$,沿顺时针方向.

4. 计算 $\iint\limits_{\Sigma}(x^2+y^2)\mathrm{d}S$,其中 Σ 是线段 $\begin{cases} z=y, \\ x=0 \end{cases}(0\leqslant z\leqslant 1)$ 绕 z 轴旋转一周所得到的旋转曲面.

5. 计算 $\iint\limits_{\Sigma}(x^2-yz)\mathrm{d}y\mathrm{d}z+(y^2-zx)\mathrm{d}z\mathrm{d}x+2z\mathrm{d}x\mathrm{d}y$,其中 Σ 为 $z=1-\sqrt{x^2+y^2}(0\leqslant z\leqslant 1)$ 的上侧.

第 11 章 无穷级数

当用圆内接正多边形的面积去逼近圆的面积的时候,将增加的面积逐次相加,于是就得到无穷多个数的和,它的极限就是圆的面积.物理学中,波的图形是可以叠加的,可以考虑用简单的函数相加以后去逼近比较复杂的函数.这些问题都涉及无穷多个数或函数相加及其极限问题,这就是无穷级数问题.无穷级数是逼近理论的重要内容之一,是表示函数、研究函数性质以及进行数值计算的一种非常有用的数学工具.本章首先介绍无穷级数的概念及其基本性质,然后讨论数项级数的收敛性以及判定其收敛性的方法,最后介绍两类重要的函数项级数——幂级数和傅里叶级数,以及将函数展成幂级数和傅里叶级数的方法.

11.1 常数项级数的概念和性质

11.1 常数项级数的
概念和性质

11.1.1 常数项级数的概念

《庄子·天下》里有一句名言:"一尺之棰,日取其半,万世不竭."如果把每天截下的那一部分的长度加起来:

$$\frac{1}{2}+\frac{1}{2^2}+\frac{1}{2^3}+\cdots+\frac{1}{2^n}+\cdots,$$

就得到无穷多个数的和.

定义 11.1 给定一个数列

$$u_1,u_2,\cdots,u_n,\cdots$$

把它们各项依次相加,得到

$$\sum_{n=1}^{\infty}u_n = u_1+u_2+\cdots+u_n+\cdots, \tag{11-1}$$

称之为**无穷级数**,简称**级数**,$u_1,u_2,\cdots,u_n,\cdots$ 称为级数(11-1)的**项**,u_n 称为级数(11-1)的**通项**或**一般项**.

级数(11-1)的前 n 项的和

$$s_n = \sum_{k=1}^{n}u_k = u_1+u_2+\cdots+u_n \tag{11-2}$$

称为级数(11-1)的**部分和**. 当 n 依次取自然数时, 有

$$s_1 = u_1, \quad s_2 = u_1 + u_2, \quad \cdots, \quad s_n = u_1 + u_2 + \cdots + u_n, \quad \cdots.$$

于是得到一个数列 $\{s_n\}$, 称其为级数(11-1)的**部分和数列**或**前 n 项和数列**.

定义 11.2 如果级数(11-1)的部分和数列 $\{s_n\}$ 收敛于 s, 即

$$\lim_{n \to +\infty} s_n = s,$$

则称级数(11-1)**收敛**, s 称为级数(11-1)的**和**, 记为

$$\sum_{k=1}^{\infty} u_k = u_1 + u_2 + \cdots + u_n + \cdots = s;$$

如果数列 $\{s_n\}$ 没有极限, 则称级数(11-1)**发散**.

当级数(11-1)收敛时, 其和与部分和的差

$$r_n = s - s_n = u_{n+1} + u_{n+2} + \cdots$$

称为数项级数(11-1)的**余项**.

例 11.1 判定级数 $\dfrac{1}{1 \cdot 4} + \dfrac{1}{4 \cdot 7} + \dfrac{1}{7 \cdot 10} + \cdots + \dfrac{1}{(3n-2)(3n+1)} + \cdots$ 是否收敛?

解 由于 $u_n = \dfrac{1}{(3n-2)(3n+1)} = \dfrac{1}{3}\left(\dfrac{1}{3n-2} - \dfrac{1}{3n+1}\right)$, 则级数的前 n 项和为

$$\begin{aligned}
s_n &= \frac{1}{1 \cdot 4} + \frac{1}{4 \cdot 7} + \frac{1}{7 \cdot 10} + \cdots + \frac{1}{(3n-2)(3n+1)} \\
&= \frac{1}{3}\left[\left(1 - \frac{1}{4}\right) + \left(\frac{1}{4} - \frac{1}{7}\right) + \left(\frac{1}{7} - \frac{1}{10}\right) + \cdots + \left(\frac{1}{3n-2} - \frac{1}{3n+1}\right)\right] \\
&= \frac{1}{3}\left(1 - \frac{1}{3n+1}\right).
\end{aligned}$$

而

$$\lim_{n \to +\infty} s_n = \lim_{n \to +\infty} \frac{1}{3}\left(1 - \frac{1}{3n+1}\right) = \frac{1}{3},$$

因此所给级数收敛, 且它的和为 $\dfrac{1}{3}$.

例 11.2 讨论级数 $\displaystyle\sum_{n=1}^{\infty} \ln \dfrac{n+1}{n}$ 的收敛性.

解 级数的前 n 项和为

$$\begin{aligned}
s_n &= \sum_{k=1}^{n} \ln \frac{k+1}{k} = \ln \frac{2}{1} + \ln \frac{3}{2} + \ln \frac{4}{3} + \cdots + \ln \frac{n+1}{n} \\
&= \ln\left(\frac{2}{1} \cdot \frac{3}{2} \cdot \frac{4}{3} \cdot \cdots \cdot \frac{n+1}{n}\right) = \ln(n+1).
\end{aligned}$$

由于

$$\lim_{n\to+\infty} s_n = \lim_{n\to+\infty} \ln(n+1) = \infty,$$

因此所给级数是发散的.

例 11.3 证明级数

$$\sum_{n=1}^{\infty} (-1)^{n-1} = 1 - 1 + 1 - 1 + \cdots + (-1)^{n-1} + \cdots$$

发散.

证 由于级数的前 n 项和

$$s_n = \begin{cases} 1, & n \text{ 为奇数,} \\ 0, & n \text{ 为偶数.} \end{cases}$$

故数列 $\{s_n\}$ 发散,所以 $\sum_{n=1}^{\infty} (-1)^{n-1}$ 发散.

11.1.2 等比级数

定义 11.3 由等比数列 $a, aq, aq^2, \cdots, aq^n, \cdots$ 构成的级数

$$\sum_{n=0}^{\infty} aq^n = a + aq + aq^2 + \cdots + aq^n + \cdots (a \neq 0) \tag{11-3}$$

称为**等比级数**(或几何级数).其中 q 称为等比级数的**公比**.

当 $|q| \neq 1$ 时,有

$$s_n = a + aq + aq^2 + \cdots + aq^{n-1} = \frac{a - aq^n}{1 - q}.$$

(1) 当 $|q| < 1$ 时,$\lim\limits_{n\to+\infty} s_n = \lim\limits_{n\to+\infty} \dfrac{a - aq^n}{1 - q} = \dfrac{a}{1 - q}$,则级数收敛,且和为 $\dfrac{a}{1 - q}$;

(2) 当 $|q| > 1$ 时,$\lim\limits_{n\to+\infty} s_n = \infty$,级数发散.

当 $q = 1$ 时,$s_n = na$,级数发散.

当 $q = -1$ 时,$s_n = \sum_{n=1}^{\infty} a(-1)^{n-1} = \begin{cases} a, & n \text{ 为奇数,} \\ 0, & n \text{ 为偶数,} \end{cases}$ 级数发散.

综上所述,等比级数(11-3)当 $|q| < 1$ 时收敛于 $\dfrac{a}{1-q}$,当 $|q| \geqslant 1$ 时发散.

例 11.4 判定级数 $-\dfrac{2}{7} + \dfrac{2^2}{7^2} - \dfrac{2^3}{7^3} + \cdots$ 的收敛性.

解 该级数是以 $q = -\dfrac{2}{7}$ 为公比的几何级数,因 $|q| = \dfrac{2}{7} < 1$,故级数收敛.

11.1.3 无穷级数的基本性质

性质 11.1 若级数 $\sum_{n=1}^{\infty} u_n$ 收敛,k 为常数,则级数 $\sum_{n=1}^{\infty} ku_n$ 也收敛,且

$$\sum_{n=1}^{\infty} k u_n = k \sum_{n=1}^{\infty} u_n.$$

推论 11.1 级数的每一项同乘一个不为零的常数,收敛性不变.

性质 11.2 设级数 $\sum\limits_{n=1}^{\infty} u_n$, $\sum\limits_{n=1}^{\infty} v_n$ 均收敛,则级数 $\sum\limits_{n=1}^{\infty} (u_n \pm v_n)$ 也收敛,且

$$\sum_{n=1}^{\infty} (u_n \pm v_n) = \sum_{n=1}^{\infty} u_n \pm \sum_{n=1}^{\infty} v_n.$$

证 仅证和的情形. 设 $\sum\limits_{n=1}^{\infty} u_n$ 与 $\sum\limits_{n=1}^{\infty} v_n$ 的部分和分别为 s_n, σ_n, 则级数 $\sum\limits_{n=1}^{\infty} (u_n + v_n)$ 的部分和

$$\tau_n = (u_1 + v_1) + (u_2 + v_2) + \cdots + (u_n + v_n)$$
$$= (u_1 + u_2 + \cdots + u_n) + (v_1 + v_2 + \cdots + v_n) = s_n + \sigma_n,$$

又由于

$$\lim_{n \to +\infty} \tau_n = \lim_{n \to +\infty} (s_n + \sigma_n) = \lim_{n \to +\infty} s_n + \lim_{n \to +\infty} \sigma_n = s + \sigma.$$

所以级数 $\sum\limits_{n=1}^{\infty} (u_n + v_n)$ 也收敛,且其和为 $s + \sigma$.

性质 11.3 去掉、增加或改变级数的有限项,不会改变级数的收敛性.

性质 11.4 如果级数 $\sum\limits_{n=1}^{\infty} u_n$ 收敛,则对级数的项任意加括号后所成的级数仍收敛,且其和不变.

性质 11.4 的逆命题未必成立. 例如发散级数

$$\sum_{n=1}^{\infty} (-1)^{n-1} = 1 - 1 + 1 - 1 + \cdots + (-1)^{n-1} + \cdots$$

加括号后成为级数

$$(1-1) + (1-1) + \cdots + (1-1) + \cdots,$$

该级数收敛于零.

推论 11.2 若级数加括号后发散,则该级数必发散.

该推论是性质 11.4 的逆否命题,与性质 11.4 等价.

对于级数 $\sum\limits_{n=1}^{\infty} u_n$, 它的一般项 u_n 与部分和 $s_n = \sum\limits_{k=1}^{n} u_k$ 具有关系式

$$u_n = s_n - s_{n-1}.$$

假设级数 $\sum\limits_{n=1}^{\infty} u_n$ 收敛于和 s, 则

$$\lim_{n \to +\infty} u_n = \lim_{n \to +\infty} (s_n - s_{n-1}) = \lim_{n \to +\infty} s_n - \lim_{n \to +\infty} s_{n-1} = s - s = 0,$$

于是有如下性质.

性质 11.5(级数收敛的必要条件) 若级数 $\sum\limits_{n=1}^{\infty} u_n$ 收敛,则 $\lim\limits_{n \to +\infty} u_n = 0$.

推论 11.3　若 $\lim\limits_{n\to+\infty} u_n \neq 0$,则级数 $\sum\limits_{n=1}^{\infty} u_n$ 发散.

注意: $\lim\limits_{n\to\infty} u_n = 0$ 只是级数 $\sum\limits_{n=1}^{\infty} u_n$ 收敛的必要而非充分条件. 由 $\lim\limits_{n\to\infty} u_n = 0$ 不能

判定级数收敛,如本节例 2,虽然 $\lim\limits_{n\to+\infty} u_n = \lim\limits_{n\to+\infty} \ln \dfrac{n+1}{n} = 0$,但该级数是发散的.

应用性质 11.5 的推论,可判定一些级数发散.

例 11.5　证明调和级数

$$\sum_{n=1}^{\infty} \frac{1}{n} = 1 + \frac{1}{2} + \frac{1}{3} + \cdots + \frac{1}{n} + \cdots \tag{11-4}$$

发散.

证　设级数(11-4)的前 n 项和为 s_n. 假设级数(11-4)收敛,其和为 s,则

$$\lim_{n\to+\infty}(s_{2n} - s_n) = \lim_{n\to+\infty} s_{2n} - \lim_{n\to+\infty} s_n = 0,$$

然而

$$s_{2n} - s_n = \frac{1}{n+1} + \frac{1}{n+2} + \cdots + \frac{1}{2n} > \frac{n}{2n} = \frac{1}{2},$$

由极限的保号性,有

$$\lim_{n\to+\infty}(s_{2n} - s_n) > \frac{1}{2},$$

故出现矛盾. 所以调和级数是发散的.

例 11.6　判定级数 $\dfrac{2}{3} + \dfrac{3}{4} + \dfrac{4}{5} + \dfrac{5}{6} + \cdots$ 的收敛性.

解　该级数的通项为 $u_n = \dfrac{n+1}{n+2}$. 由于

$$\lim_{n\to+\infty} \frac{n+1}{n+2} = 1 \neq 0,$$

由级数收敛的必要条件,该级数发散.

例 11.7　判定级数 $\dfrac{1}{2} + \dfrac{1}{4} + \dfrac{1}{6} + \dfrac{1}{8} + \cdots$ 的收敛性.

解　因为

$$\frac{1}{2} + \frac{1}{4} + \frac{1}{6} + \frac{1}{8} + \cdots = \frac{1}{2}\left(1 + \frac{1}{2} + \frac{1}{3} + \frac{1}{4} + \cdots\right),$$

而括号内的调和级数是发散的,由推论 11.1,原级数发散.

例 11.8　判定级数

$$\frac{1}{\sqrt{2}-1} - \frac{1}{\sqrt{2}+1} + \frac{1}{\sqrt{3}-1} - \frac{1}{\sqrt{3}+1} + \frac{1}{\sqrt{4}-1} - \frac{1}{\sqrt{4}+1} + \cdots$$

的收敛性.

解 考虑加括号后的级数

$$\left(\frac{1}{\sqrt{2}-1}-\frac{1}{\sqrt{2}+1}\right)+\left(\frac{1}{\sqrt{3}-1}-\frac{1}{\sqrt{3}+1}\right)+\left(\frac{1}{\sqrt{4}-1}-\frac{1}{\sqrt{4}+1}\right)+\cdots,$$

它的通项为

$$a_n=\frac{1}{\sqrt{n}-1}-\frac{1}{\sqrt{n}+1}=\frac{2}{n-1},$$

而 $\sum_{n=2}^{\infty}a_n=2\sum_{n=1}^{\infty}\frac{1}{n}$ 发散,由推论 11.2 知原级数发散.

习题 11.1

1. 用定义判定下列级数收敛性:

(1) $\dfrac{1}{1\cdot 2}+\dfrac{1}{2\cdot 3}+\cdots+\dfrac{1}{n(n+1)}+\cdots$;   (2) $\displaystyle\sum_{n=1}^{\infty}\dfrac{1}{\sqrt{n+1}+\sqrt{n}}$;

(3) $\displaystyle\sum_{n=1}^{\infty}\ln\left(\dfrac{n+1}{n}\right)$;   (4) $\dfrac{1}{1\cdot 3}+\dfrac{1}{3\cdot 5}+\dfrac{1}{5\cdot 7}+\cdots$.

2. 判定下列级数的收敛性:

(1) $\sin\dfrac{\pi}{6}+\sin\dfrac{2\pi}{6}+\sin\dfrac{3\pi}{6}+\cdots$;   (2) $\dfrac{1}{3}+\dfrac{1}{\sqrt{3}}+\dfrac{1}{\sqrt[3]{3}}+\cdots+\dfrac{1}{\sqrt[n]{3}}+\cdots$;

(3) $\left(\dfrac{1}{2}+\dfrac{1}{3}\right)+\left(\dfrac{1}{2^2}+\dfrac{1}{3^2}\right)+\left(\dfrac{1}{2^3}+\dfrac{1}{3^3}\right)+\cdots$;   (4) $1-\dfrac{5}{3}+\dfrac{25}{9}-\dfrac{125}{27}+\cdots$.

11.2 正项级数及其审敛法

11.2 正项级数及
审敛法

定义 11.4 如果数项级数 $\displaystyle\sum_{n=1}^{\infty}u_n$ 的每一项都是非负的

实数,即 $u_n\geqslant 0(n=1,2,\cdots)$,则称其为**正项级数**.

正项级数特别重要,许多级数的收敛性往往可以归结为正项级数的收敛性问题.

11.2.1 正项级数收敛的充分必要条件

设有正项级数 $\displaystyle\sum_{n=1}^{\infty}u_n$,其中 $u_n\geqslant 0(n=1,2,\cdots)$. 由于正项级数的部分和数列 $\{s_n\}$ 满足关系

$$s_n-s_{n-1}=u_n\geqslant 0,$$

故正项级数的部分和数列 $\{s_n\}$ 是单调增加的.

由于单调增加有上界的数列必有极限，所以，如果 $\{s_n\}$ 有上界，则正项级数 $\sum\limits_{n=1}^{\infty} u_n$ 必收敛. 反之，如果正项级数收敛于和 s，即 $\lim\limits_{n\to+\infty} s_n = s$，由于有极限的数列必有界，则部分和数列 $\{s_n\}$ 有界，当然有上界. 因此有如下**基本定理**.

定理 11.1（基本定理） 正项级数 $\sum\limits_{n=1}^{\infty} u_n$ 收敛的充要条件是它的部分和数列 $\{s_n\}$ 有上界.

基本定理很少直接用来判定级数的收敛性，但几乎所有正项级数的审敛法都建立在这个定理之上.

下面给出正项级数常用的审敛法.

11. 2. 2 比较审敛法

定理 11.2（比较审敛法） 设 $\sum\limits_{n=1}^{\infty} u_n$ 与 $\sum\limits_{n=1}^{\infty} v_n$ 都是正项级数，且 $u_n \leqslant v_n (n=1, 2, \cdots)$，则

（1）若级数 $\sum\limits_{n=1}^{\infty} v_n$ 收敛，则级数 $\sum\limits_{n=1}^{\infty} u_n$ 也收敛；

（2）若级数 $\sum\limits_{n=1}^{\infty} u_n$ 发散，则级数 $\sum\limits_{n=1}^{\infty} v_n$ 也发散.

证 （1）若级数 $\sum\limits_{n=1}^{\infty} v_n$ 收敛，则其部分和数列有上界，于是有 $M>0$，使得 $0\leqslant \sum\limits_{k=1}^{n} v_k \leqslant M$，又 $u_n \leqslant v_n$，故 $0\leqslant \sum\limits_{k=1}^{n} u_k \leqslant \sum\limits_{k=1}^{n} v_k \leqslant M$，即 $\sum\limits_{n=1}^{\infty} u_n$ 的部分和数列有上界. 根据定理 11.1 知，级数 $\sum\limits_{n=1}^{\infty} u_n$ 收敛.

（2）若 $\sum\limits_{n=1}^{\infty} u_n$ 发散，则级数 $\sum\limits_{n=1}^{\infty} v_n$ 必发散. 因为若级数 $\sum\limits_{n=1}^{\infty} v_n$ 收敛，由（1）知，级数 $\sum\limits_{n=1}^{\infty} u_n$ 也收敛，与假设矛盾.

由于级数各项乘以非零数，以及去掉级数的有限项所得级数的收敛性与原级数相同，故有如下推论：

推论 11.4 设 $\sum\limits_{n=1}^{\infty} u_n$，$\sum\limits_{n=1}^{\infty} v_n$ 均为正项级数，且从级数的某项起恒有 $u_n \leqslant kv_n (k>0)$，则

（1）若 $\sum\limits_{n=1}^{\infty} v_n$ 收敛，则 $\sum\limits_{n=1}^{\infty} u_n$ 也收敛；

(2) 若 $\sum\limits_{n=1}^{\infty} u_n$ 发散,则 $\sum\limits_{n=1}^{\infty} v_n$ 也发散.

例 11.9 证明级数 $\sum\limits_{n=1}^{\infty} \dfrac{1}{\sqrt{n(n+1)}}$ 发散.

证 因为

$$\frac{1}{\sqrt{n(n+1)}} \geqslant \frac{1}{\sqrt{(n+1)^2}} = \frac{1}{n+1},$$

而级数 $\sum\limits_{n=1}^{\infty} \dfrac{1}{n+1} = \sum\limits_{n=2}^{\infty} \dfrac{1}{n}$,且调和级数 $\sum\limits_{n=2}^{\infty} \dfrac{1}{n}$ 发散,由比较审敛法知,所给级数发散.

例 11.10 讨论 p-**级数**(又称**广义调和级数**)

$$\sum_{n=1}^{\infty} \frac{1}{n^p} = 1 + \frac{1}{2^p} + \frac{1}{3^p} + \cdots + \frac{1}{n^p} + \cdots \tag{11-5}$$

的收敛性,其中常数 $p>0$.

解 当 $p \leqslant 1$ 时,有 $\dfrac{1}{n^p} \geqslant \dfrac{1}{n}$.由于调和级数发散,根据比较审敛法知,当 $p \leqslant 1$ 时级数(11-5)发散.

当 $p>1$ 时,由于当 $n-1 \leqslant x \leqslant n$ 时,$\dfrac{1}{n^p} \leqslant \dfrac{1}{x^p}$,所以

$$\frac{1}{n^p} = \int_{n-1}^{n} \frac{1}{n^p} \mathrm{d}x \leqslant \int_{n-1}^{n} \frac{1}{x^p} \mathrm{d}x = \frac{1}{p-1}\left[\frac{1}{(n-1)^{p-1}} - \frac{1}{n^{p-1}}\right], n = 2,3,4,\cdots$$

考虑级数

$$\sum_{n=2}^{n}\left[\frac{1}{(n-1)^{p-1}} - \frac{1}{n^{p-1}}\right], \tag{11-6}$$

级数(11-6)的部分和为

$$s_n = \left[1 - \frac{1}{2^{p-1}}\right] + \left[\frac{1}{2^{p-1}} - \frac{1}{3^{p-1}}\right] + \cdots + \left[\frac{1}{n^{p-1}} - \frac{1}{(n+1)^{p-1}}\right] = 1 - \frac{1}{(n+1)^{p-1}},$$

因为 $\lim\limits_{n \to +\infty} s_n = \lim\limits_{n \to +\infty}\left(1 - \dfrac{1}{(n+1)^{p-1}}\right) = 1$,所以级数(11-6)收敛.由比较审敛法知,当 $p>1$ 时,级数(11-5)收敛.

综上可知,p-级数当 $p>1$ 时收敛,当 $p \leqslant 1$ 时发散.

例 11.11 判定级数 $\sum\limits_{n=1}^{\infty} \dfrac{n^2 + 3^n}{n^2 \cdot 3^n}$ 的收敛性.

解 由于

$$\frac{n^2 + 3^n}{n^2 \cdot 3^n} = \left(\frac{1}{3}\right)^n + \frac{1}{n^2},$$

而 $\left|\dfrac{1}{3}\right|<1$，故几何级数 $\sum\limits_{n=1}^{\infty}\dfrac{1}{3^n}$ 收敛；又 $p=2>1$，p- 级数 $\sum\limits_{n=1}^{\infty}\dfrac{1}{n^2}$ 收敛. 根据收敛

级数的性质，级数 $\sum\limits_{n=1}^{\infty}\dfrac{n^2+3^n}{n^2\cdot 3^n}$ 收敛.

例 11.12　判定级数 $\sum\limits_{n=1}^{\infty}\dfrac{2n+1}{(n+1)^2\,(n+2)^2}$ 的收敛性.

解　因

$$\dfrac{2n+1}{(n+1)^2\,(n+2)^2}<\dfrac{2n+2}{(n+1)^2\,(n+2)^2}<\dfrac{2}{(n+1)^3}<\dfrac{2}{n^3},$$

而 p- 级数 $\sum\limits_{n=1}^{\infty}\dfrac{1}{n^3}$ 收敛，由比较审敛法知，原级数收敛.

比较审敛法还可用极限形式给出，而极限形式在运用中更加方便.

定理 11.3（比较审敛法的极限形式）　设 $\sum\limits_{n=1}^{\infty}u_n$ 与 $\sum\limits_{n=1}^{\infty}v_n$ 都是正项级数，如果极限

$$\lim_{n\to+\infty}\dfrac{u_n}{v_n}=l\quad(0\leqslant l<+\infty),$$

则

(1) 当 $0<l<+\infty$ 时，$\sum\limits_{n=1}^{\infty}u_n$ 与 $\sum\limits_{n=1}^{\infty}v_n$ 同时收敛或同时发散；

(2) 当 $l=0$ 时，若 $\sum\limits_{n=1}^{\infty}v_n$ 收敛，则 $\sum\limits_{n=1}^{\infty}u_n$ 收敛；

(3) 当 $l=+\infty$ 时，若 $\sum\limits_{n=1}^{\infty}v_n$ 发散，则 $\sum\limits_{n=1}^{\infty}u_n$ 发散.

证　由极限的定义，对任给正数 ε，存在自然数 N，当 $n>N$ 时，有

$$\left|\dfrac{u_n}{v_n}-l\right|<\varepsilon,$$

即

$$(l-\varepsilon)v_n<u_n<(l+\varepsilon)v_n.$$

(1) 当 $0<l<+\infty$ 时，取 $\varepsilon=\dfrac{1}{2}$，由上面的不等式及比较审敛法知，级数 $\sum\limits_{n=1}^{\infty}u_n$

与 $\sum\limits_{n=1}^{\infty}v_n$ 同时收敛或同时发散.

(2) 当 $l=0$ 且级数 $\sum\limits_{n=1}^{\infty}v_n$ 收敛时，由 $u_n<(l+\varepsilon)v_n$ 及比较审敛法可得，级数

$\sum\limits_{n=1}^{\infty}u_n$ 收敛.

(3) 当 $l=+\infty$ 时，对任给的正数 M，存在相应的自然数 N，当 $n>N$ 时，有

$$\frac{u_n}{v_n}>M,$$

即 $u_n > Mv_n$. 若 $\sum_{n=1}^{\infty} v_n$ 发散，则由比较审敛法知，$\sum_{n=1}^{\infty} u_n$ 也发散.

例 11.13 判定级数 $\sum_{n=1}^{\infty} \ln\left(1+\dfrac{1}{\sqrt{n}}\right)$ 的收敛性.

解 因为 $n \to +\infty$ 时，$\ln\left(1+\dfrac{1}{\sqrt{n}}\right) \sim \dfrac{1}{\sqrt{n}}$，故

$$\lim_{n\to+\infty} \frac{\ln\left(1+\dfrac{1}{\sqrt{n}}\right)}{\dfrac{1}{\sqrt{n}}}=1,$$

而 p- 级数 $\sum_{n=1}^{\infty} \dfrac{1}{\sqrt{n}}$ 发散. 由比较审敛法的极限形式知，级数 $\sum_{n=1}^{\infty} \ln\left(1+\dfrac{1}{\sqrt{n}}\right)$ 发散.

例 11.14 判定级数 $\sum_{n=1}^{\infty} \tan\dfrac{1}{3^n}$ 的收敛性.

解 因为当 $n \to +\infty$ 时，$\tan\dfrac{1}{3^n} \sim \dfrac{1}{3^n}$，故

$$\lim_{n\to+\infty} \frac{\tan\dfrac{1}{3^n}}{\dfrac{1}{3^n}}=1,$$

而等比级数 $\sum_{n=1}^{\infty} \dfrac{1}{3^n}$ 收敛. 由比较审敛法的极限形式知，级数 $\sum_{n=1}^{\infty} \tan\dfrac{1}{3^n}$ 收敛.

例 11.15 证明级数 $\sum_{n=1}^{\infty} \dfrac{\ln n}{n^3}$ 收敛.

证 因 $\lim\limits_{n\to+\infty} \dfrac{\ln n}{n}=0$，$\dfrac{\ln n}{n^3}=\dfrac{\ln n}{n} \cdot \dfrac{1}{n^2}$，故

$$\lim_{n\to+\infty} \frac{\dfrac{\ln n}{n^3}}{\dfrac{1}{n^2}}=\lim_{n\to+\infty} \frac{\ln n}{n}=0,$$

而 p- 级数 $\sum_{n=1}^{\infty} \dfrac{1}{n^2}$ 收敛. 由比较审敛法的极限形式知，级数 $\sum_{n=1}^{\infty} \dfrac{\ln n}{n^3}$ 收敛.

11.2.3　比值审敛法与根值审敛法

由比较审敛法可推出比值审敛法.

定理 11.4（比值审敛法，达朗贝尔判别法）　若正项级数 $\sum\limits_{n=1}^{\infty} u_n$ 满足

$$\lim_{n \to +\infty} \frac{u_{n+1}}{u_n} = \rho,$$

则

(1) 当 $\rho < 1$ 时级数收敛；

(2) 当 $\rho > 1$ 或 $\rho = +\infty$ 时级数发散；

(3) 当 $\rho = 1$ 时，级数可能收敛也可能发散.

注　当 $\rho = 1$ 时，用比值审敛法无法判定级数的收敛性. 例如，对于 p-级数 $\sum\limits_{n=1}^{\infty} \frac{1}{n^p}$，有

$$\lim_{n \to +\infty} \frac{u_{n+1}}{u_n} = \lim_{n \to +\infty} \left(\frac{n}{n+1} \right)^p = 1,$$

而当 $p > 1$ 时，级数 $\sum\limits_{n=1}^{\infty} \frac{1}{n^p}$ 收敛；当 $p < 1$ 时，级数 $\sum\limits_{n=1}^{\infty} \frac{1}{n^p}$ 发散.

例 11.16　判定下列级数的收敛性：

(1) $\sum\limits_{n=1}^{\infty} \frac{n!}{n^n}$；　　　　(2) $\sum\limits_{n=1}^{\infty} \frac{n!}{10^n}$；　　　　(3) $\sum\limits_{n=1}^{\infty} \frac{1}{(2n-1) \cdot 2n}$.

解　(1) 因为

$$\lim_{n \to +\infty} \frac{u_{n+1}}{u_n} = \lim_{n \to +\infty} \frac{\dfrac{(n+1)!}{(n+1)^{n+1}}}{\dfrac{n!}{n^n}} = \lim_{n \to +\infty} \left(\frac{n}{n+1} \right)^n = \lim_{n \to +\infty} \frac{1}{\left(1 + \dfrac{1}{n}\right)^n} = \frac{1}{e} < 1.$$

由比值审敛法知，级数 $\sum\limits_{n=1}^{\infty} \frac{n!}{n^n}$ 收敛.

(2) 因为

$$\lim_{n \to +\infty} \frac{u_{n+1}}{u_n} = \lim_{n \to +\infty} \frac{\dfrac{(n+1)!}{10^{n+1}}}{\dfrac{n!}{10^n}} = \lim_{n \to +\infty} \frac{n+1}{10} = +\infty,$$

由比值审敛法知，该级数发散.

(3) 因为

$$\lim_{n\to+\infty}\frac{u_{n+1}}{u_n}=\lim_{n\to+\infty}\frac{(2n-1)\cdot 2n}{(2n+1)\cdot(2n+2)}=1,$$

不能运用比值判别法,需改用其他方法来判定.

因为 $2n>2n-1\geqslant n$,所以 $\dfrac{1}{(2n-1)\cdot 2n}<\dfrac{1}{n^2}$,而级数 $\displaystyle\sum_{n=1}^{\infty}\frac{1}{n^2}$ 收敛. 由比较审

敛法知,该级数收敛.

定理 11.5(根值审敛法,柯西判别法)   若正项级数 $\displaystyle\sum_{n=1}^{\infty}u_n$ 满足

$$\lim_{n\to+\infty}\sqrt[n]{u_n}=\rho,$$

则

(1) 当 $\rho<1$ 时级数收敛;

(2) 当 $\rho>1$ 或 $\rho=+\infty$ 时级数发散;

(3) 当 $\rho=1$ 时,级数可能收敛也可能发散.

注   当 $\rho=1$ 时,用根值审敛法无法判定级数的收敛性. 例如,对于 p- 级数 $\displaystyle\sum_{n=1}^{\infty}\frac{1}{n^p}$,有

$$\lim_{n\to+\infty}\sqrt[n]{u_n}=\lim_{n\to+\infty}\left(\frac{1}{\sqrt[n]{n}}\right)^p=1,$$

而当 $p>1$ 时,级数 $\displaystyle\sum_{n=1}^{\infty}\frac{1}{n^p}$ 收敛;当 $p<1$ 时,级数 $\displaystyle\sum_{n=1}^{\infty}\frac{1}{n^p}$ 发散.

例 11.17   判定下列级数的收敛性:

(1) $\displaystyle\sum_{n=1}^{\infty}\frac{2+(-1)^n}{2^n}$;   (2) $\displaystyle\sum_{n=2}^{\infty}\frac{1}{(\ln n)^n}$.

解   (1) 由于

$$\lim_{n\to+\infty}\sqrt[n]{u_n}=\lim_{n\to\infty}\frac{\sqrt[n]{2+(-1)^n}}{2}=\frac{1}{2}.$$

由根值审敛法知,$\displaystyle\sum_{n=1}^{\infty}\frac{2+(-1)^n}{2^n}$ 收敛.

(2) 由于

$$\lim_{n\to+\infty}\sqrt[n]{u_n}=\lim_{n\to+\infty}\frac{1}{\ln n}=0,$$

由根值审敛法知,$\displaystyle\sum_{n=2}^{\infty}\frac{1}{(\ln n)^n}$ 收敛.

例 11.18　讨论级数 $\displaystyle\sum_{n=1}^{\infty}\frac{a^n}{n^p}$ 的收敛性,其中 $a>0$.

解　因

$$\lim_{n\to+\infty}\sqrt[n]{u_n}=\lim_{n\to+\infty}\sqrt[n]{\frac{a^n}{n^p}}=a,$$

则当 $a<1$ 时,级数收敛;当 $a>1$ 时,级数发散;当 $a=1$ 时,所给级数是 p-级数,仅当 $p>1$ 时收敛.

所以当 $a<1$ 或 $a=1$ 且 $p>1$ 时级数收敛,否则级数发散.

习题 11.2

1. 用比较审敛法判定下列级数的收敛性:

(1) $\displaystyle\sum_{n=1}^{\infty}\frac{(\sin n)^2}{4^n}$;　　　(2) $\displaystyle\sum_{n=1}^{\infty}2^n\sin\frac{1}{5^n}$;　　　(3) $\displaystyle\sum_{n=1}^{\infty}\frac{1+n}{1+n^2}$;

(4) $\displaystyle\sum_{n=1}^{\infty}\frac{1}{1+a^n}(a>0)$;　　(5) $\dfrac{1}{2\cdot5}+\dfrac{1}{3\cdot6}+\cdots+\dfrac{1}{(n+1)(n+4)}+\cdots$.

2. 用比值审敛法判定下列级数的收敛性:

(1) $\displaystyle\sum_{n=1}^{\infty}\frac{(n!)^2}{(2n)!}$;　　　　(2) $\displaystyle\sum_{n=1}^{\infty}n\sin\frac{1}{2^n}$;

(3) $\displaystyle\sum_{n=1}^{\infty}\frac{n^2}{3^n}$;　　　　　(4) $\dfrac{3}{1\cdot2}+\dfrac{3^2}{2\cdot2^2}+\dfrac{3^3}{3\cdot2^3}+\cdots+\dfrac{3^n}{n\cdot2^n}+\cdots$.

3. 用根值审敛法判定下列级数的收敛性:

(1) $\displaystyle\sum_{n=1}^{\infty}\left(\frac{n}{3n-1}\right)^{2n-1}$;　　(2) $\displaystyle\sum_{n=1}^{\infty}\frac{5^n}{1+e^n}$;　　　(3) $\displaystyle\sum_{n=1}^{\infty}\frac{e^n}{n\cdot3^n}$;

(4) $\displaystyle\sum_{n=1}^{\infty}\left(\frac{b}{a_n}\right)^n$,其中 $\displaystyle\lim_{n\to+\infty}a_n=a$ 且 a_n,b,a 均为正数.

4. 判定下列级数的收敛性:

(1) $\displaystyle\sum_{n=1}^{\infty}n\left(\frac{3}{4}\right)^n$;　　　(2) $\displaystyle\sum_{n=1}^{\infty}\sqrt{\frac{n+1}{n}}$;　　　(3) $\displaystyle\sum_{n=1}^{\infty}\frac{n-1}{n(n+3)}$;

(4) $\dfrac{1}{a+b}+\dfrac{1}{2a+b}+\cdots+\dfrac{1}{na+b}+\cdots(a>0,b>0)$.

11.3　任意项级数的审敛法

先介绍一种特殊的任意项级数——交错级数.

11.3　任意项级数的
　　　审敛法(一)

11.3.1　交错级数及其审敛法

定义 11.5　如果一个级数的各项是正负交错的:

$$u_1-u_2+u_3-u_4+\cdots+(-1)^{n-1}u_n+\cdots, \tag{11-7}$$

或

$$-u_1+u_2-u_3+u_4-\cdots+(-1)^n u_n+\cdots \tag{11-8}$$

其中 $u_n>0(n=1,2,\cdots)$，则称此级数为**交错级数**.

定理 11.6(莱布尼茨审敛法) 设有交错级数 $\sum\limits_{n=1}^{\infty}(-1)^{n-1}u_n(u_n>0)$，如果 u_n 满足下述两个条件：

(1) 数列 $\{u_n\}$ 单调减少，即 $u_{n+1}\leqslant u_n$；

(2) $\lim\limits_{n\to+\infty}u_n=0$.

则交错级数 $\sum\limits_{n=1}^{\infty}(-1)^{n-1}u_n$ 收敛.

证 首先证明交错级数 $\sum\limits_{n=1}^{\infty}(-1)^{n-1}u_n$ 的前 $2n$ 项和数列 $\{s_{2n}\}$ 极限存在.

因为 s_{2n} 可写成

$$s_{2n}=(u_1-u_2)+(u_3-u_4)+\cdots+(u_{2n-1}-u_{2n}),$$

由条件(1)知数列 $\{s_{2n}\}$ 单调增加，且由

$$s_{2n}=u_1-(u_2-u_3)-(u_4-u_5)-\cdots-(u_{2n-2}-u_{2n-1})-u_{2n}$$

知 $s_{2n}<u_1$，即 $\{s_{2n}\}$ 有上界. 根据数列极限的单调有界原理，数列 $\{s_{2n}\}$ 收敛.

设 $\lim\limits_{n\to+\infty}s_{2n}=s$. 再证明前 $2n+1$ 项和数列 $\{s_{2n+1}\}$ 的极限也是 s.

因为 $s_{2n+1}=s_{2n}+u_{2n+1}$，由条件(2)知 $\lim\limits_{n\to+\infty}u_{2n+1}=0$，因此

$$\lim\limits_{n\to+\infty}s_{2n+1}=\lim\limits_{n\to+\infty}s_{2n}+\lim\limits_{n\to+\infty}u_{2n+1}=s.$$

于是 $\lim\limits_{n\to+\infty}s_n=s$，即交错级数 $\sum\limits_{n=1}^{\infty}(-1)^{n-1}u_n$ 收敛，其和为 s.

例 11.19 判定下列交错级数的收敛性：

(1) $1-\dfrac{1}{3!}+\dfrac{1}{5!}-\dfrac{1}{7!}+\cdots+(-1)^{n-1}\dfrac{1}{(2n-1)!}+\cdots$；

(2) $\dfrac{1}{10}-\dfrac{2}{10^2}+\dfrac{3}{10^3}-\dfrac{4}{10^4}+\cdots+(-1)^{n-1}\dfrac{n}{10^n}+\cdots$.

解 (1) 由于

$$u_n=\frac{1}{(2n-1)!}>\frac{1}{(2n+1)\cdot 2n}\cdot\frac{1}{(2n-1)!}=\frac{1}{(2n+1)!}=u_{n+1}>0,$$

且 $\lim\limits_{n\to+\infty}u_n=\lim\limits_{n\to+\infty}\dfrac{1}{(2n-1)!}=0$，故由定理 11.6，该级数收敛.

(2) 由于

$$\frac{u_n}{u_{n+1}} = \frac{n}{10^n} \cdot \frac{10^{n+1}}{n+1} = \frac{10}{1+\frac{1}{n}} > 1,$$

所以 $u_n > u_{n+1} > 0$;

又因 $\lim\limits_{x \to +\infty} \frac{x}{10^x} \xlongequal{\text{洛必达法则}} \lim\limits_{x \to +\infty} \frac{1}{10^x \ln 10} = 0$,所以 $\lim\limits_{n \to +\infty} u_n = \lim\limits_{n \to +\infty} \frac{n}{10^n} = 0.$

故由定理 11.6,该级数收敛.

11.3.2 绝对收敛与条件收敛

11.3 任意项级数的
审敛法(二)

设有级数 $\sum\limits_{n=1}^{\infty} u_n = u_1 + u_2 + \cdots + u_n + \cdots$,其中 $u_n(n =$

$1,2,\cdots)$ 为任意实数,则称该级数为**任意项级数**.

定义 11.6 设级数

$$\sum_{n=1}^{\infty} u_n = u_1 + u_2 + \cdots + u_n + \cdots \tag{11-9}$$

其中 u_n 为任意实数.若级数(11-9)的各项取绝对值后所组成的级数

$$\sum_{n=1}^{\infty} |u_n| = |u_1| + |u_2| + \cdots + |u_n| + \cdots \tag{11-10}$$

收敛,则称级数(11-9)**绝对收敛**;如果级数(11-9)收敛,而级数(11-10)发散,则称
级数(11-9)**条件收敛**.

易知,级数 $\sum\limits_{n=1}^{\infty} (-1)^{n-1} \frac{1}{2^n}$ 绝对收敛,而级数 $\sum\limits_{n=1}^{\infty} (-1)^{n-1} \frac{1}{n}$ 条件收敛.

级数的收敛性与绝对收敛之间有如下重要关系:

定理 11.7 绝对收敛的级数一定收敛.

利用定理 11.7 可将任意项级数收敛性的判定转化为正项级数收敛性的判定.

例 11.20 判定下列级数的收敛性,对收敛的级数需指明是条件收敛还是绝
对收敛:

(1) $\sum\limits_{n=1}^{\infty} \frac{\sin(n\alpha)}{n^2}$($\alpha$ 为实数); (2) $\sum\limits_{n=1}^{\infty} (-1)^{n-1} \frac{1}{\sqrt{n}}.$

解 (1) 因为 $\left| \frac{\sin(n\alpha)}{n^2} \right| \leqslant \frac{1}{n^2}$,而 $\sum\limits_{n=1}^{\infty} \frac{1}{n^2}$ 收敛,故 $\sum\limits_{n=1}^{\infty} \left| \frac{\sin(n\alpha)}{n^2} \right|$ 收敛,即级数

$\sum\limits_{n=1}^{\infty} \frac{\sin(n\alpha)}{n^2}$ 绝对收敛.由定理 11.7 知,级数 $\sum\limits_{n=1}^{\infty} \frac{\sin(n\alpha)}{n^2}$ 收敛.

（2）对任意正整数 $n,\dfrac{1}{\sqrt{n}}>\dfrac{1}{\sqrt{n+1}}$ 及 $\lim\limits_{n\to\infty}\dfrac{1}{\sqrt{n}}=0$，由莱布尼茨审敛法知，级数 $\sum\limits_{n=1}^{\infty}(-1)^{n-1}\dfrac{1}{\sqrt{n}}$ 收敛. 而级数 $\sum\limits_{n=1}^{\infty}\left|(-1)^{n-1}\dfrac{1}{\sqrt{n}}\right|=\sum\limits_{n=1}^{\infty}\dfrac{1}{\sqrt{n}}$ 发散，所以级数 $\sum\limits_{n=1}^{\infty}(-1)^{n-1}\dfrac{1}{\sqrt{n}}$ 条件收敛.

一般地，如果 $\sum\limits_{n=1}^{\infty}|u_n|$ 发散，不能断定原级数 $\sum\limits_{n=1}^{\infty}u_n$ 是否发散，但如果是用正项级数的比值审敛法或根值审敛法判定 $\sum\limits_{n=1}^{\infty}|u_n|$ 是发散的，则原级数 $\sum\limits_{n=1}^{\infty}u_n$ 一定发散.

定理 11.8 设 $\sum\limits_{n=1}^{\infty}u_n$ 为任意项级数，如果极限

$$\lim_{n\to+\infty}\left|\frac{u_{n+1}}{u_n}\right|=\rho \quad (\text{或}\lim_{n\to+\infty}\left|\sqrt[n]{|u_n|}\right|=\rho),$$

则当 $\rho<1$ 时，$\sum\limits_{n=1}^{\infty}u_n$ 绝对收敛；当 $1<\rho<+\infty$ 时，$\sum\limits_{n=1}^{\infty}u_n$ 发散.

证 当 $\rho<1$ 时，$\sum\limits_{n=1}^{\infty}|u_n|$ 收敛，从而 $\sum\limits_{n=1}^{\infty}u_n$ 绝对收敛.

当 $1<\rho<+\infty$ 时，由比值审敛法证明过程知，对某个 N，当 $n>N$ 时，$|u_{n+1}|>|u_n|$，故 $|u_{n+1}|$ 不趋向于 0，从而 u_{n+1} 不趋向于 0. 由级数收敛的必要条件，$\sum\limits_{n=1}^{\infty}u_n$ 发散.

例 11.21 判定级数 $\sum\limits_{n=1}^{\infty}(-1)^n\dfrac{1}{2^n}\left(1+\dfrac{1}{n}\right)^{n^2}$ 的收敛性.

解 由于 $|u_n|=\dfrac{1}{2^n}\left(1+\dfrac{1}{n}\right)^{n^2}$，且 $\lim\limits_{n\to+\infty}\sqrt[n]{|u_n|}=\lim\limits_{n\to+\infty}\dfrac{1}{2}\left(1+\dfrac{1}{n}\right)^n=\dfrac{\mathrm{e}}{2}>1$，由定理 11.8 知，所给级数发散.

例 11.22 讨论级数 $\sum\limits_{n=1}^{\infty}\dfrac{x^n}{n}$ 的收敛性.

解 由于 $\left|\dfrac{u_{n+1}}{u_n}\right|=\left|\dfrac{x^{n+1}}{n+1}\cdot\dfrac{n}{x^n}\right|\to|x| \ (n\to+\infty)$，由定理 11.8 知，当 $|x|<1$ 时，级数绝对收敛；当 $|x|>1$ 时，级数发散.

当 $|x|=1$ 时，如果 $x=1$，则原级数为调和级数，故发散；如果 $x=-1$，得 $\sum\limits_{n=1}^{\infty}(-1)^{n-1}\dfrac{1}{n}$，由莱布尼茨审敛法可知级数收敛.

习题 11.3

1. 判别下列级数的收敛性. 如果收敛, 是绝对收敛还是条件收敛?

(1) $1 - \dfrac{1}{\sqrt{2}} + \dfrac{1}{\sqrt{3}} - \dfrac{1}{\sqrt{4}} + \cdots$;

(2) $\displaystyle\sum_{n=2}^{\infty} (-1)^n \dfrac{1}{\ln n}$;

(3) $\displaystyle\sum_{n=1}^{\infty} (-1)^n \dfrac{n+2}{\sqrt{n(n+1)}}$;

(4) $\dfrac{1}{3} \cdot \dfrac{1}{2} - \dfrac{1}{3} \cdot \dfrac{1}{2^2} + \dfrac{1}{3} \cdot \dfrac{1}{2^3} - \dfrac{1}{3} \cdot \dfrac{1}{2^4} + \cdots$.

2. 讨论级数 $\displaystyle\sum_{n=1}^{\infty} (-1)^n \dfrac{1}{na^n} (a > 0)$ 的收敛性. 如果收敛, 是绝对收敛还是条件收敛?

11.4　幂　级　数

11.4.1　函数项级数的概念

11.4　幂级数(一)

定义 11.7　设 $u_1(x), u_2(x), \cdots, u_n(x), \cdots$ 为定义在区间 I 上的函数列, 则称表达式

$$\sum_{n=1}^{\infty} u_n(x) = u_1(x) + u_2(x) + \cdots + u_n(x) + \cdots \tag{11-11}$$

为定义在区间 I 上的**函数项级数**.

若给定 $x_0 \in I$, 则函数项级数 (11-11) 就成为常数项级数

$$\sum_{n=1}^{\infty} u_n(x_0) = u_1(x_0) + u_2(x_0) + \cdots + u_n(x_0) + \cdots, \tag{11-12}$$

如果级数 (11-12) 收敛, 则称点 x_0 为函数项级数 (11-11) 的**收敛点**; 如果级数 (11-12) 发散, 则称点 x_0 为函数项级数 (11-11) 的**发散点**. 函数项级数 (11-11) 的所有收敛点的全体称为它的**收敛域**, 所有发散点的全体称为它的**发散域**.

函数项级数 (11-11) 的收敛域 D 上的每一点 x 都对应一个收敛的常数项级数, 而一个收敛的常数项级数对应于一个确定的和 s, 所以函数项级数 (11-11) 的和是一个定义在 D 上的函数 $s(x)$, 称其为级数 (11-11) 的**和函数**, 即有

$$s(x) = \sum_{n=1}^{\infty} u_n(x) = u_1(x) + u_2(x) + \cdots + u_n(x) + \cdots, \quad x \in D.$$

记函数项级数 (11-11) 的前 n 项和为 $s_n(x)$, 即 $s_n(x) = \displaystyle\sum_{k=1}^{n} u_k(x), x \in I$, 则在收敛域 D 上有

$$\lim_{n \to +\infty} s_n(x) = s(x).$$

称 $r_n(x) = s(x) - s_n(x)$ 为函数项级数 (11-11) 的**余项**, 当且仅当 $\lim\limits_{n \to +\infty} r_n(x) = 0$ (这里 $x \in D$) 时, $\lim\limits_{n \to +\infty} s_n(x) = s(x)$.

例 11.23 讨论定义在 $(-\infty, +\infty)$ 上的函数项级数

$$\sum_{n=0}^{\infty} x^n = 1 + x + x^2 + \cdots + x^n + \cdots \tag{11-13}$$

的收敛性.

解 级数(11-13)的前 n 项和函数为

$$s_n(x) = \sum_{k=0}^{n-1} u_k(x) = \frac{1 - x^{n-1} \cdot x}{1 - x} = \frac{1 - x^n}{1 - x}.$$

当 $|x| < 1$ 时,$s(x) = \lim_{n \to +\infty} s_n(x) = \frac{1}{1-x}$,所以,级数(11-13)在 $(-1, 1)$ 内收敛

于和函数 $s(x) = \frac{1}{1-x}$;

而当 $|x| \geqslant 1$ 时,极限 $\lim_{n \to +\infty} s_n(x)$ 不存在,故级数(11-13)发散.

下面讨论各项都是幂函数的级数,即**幂级数**.

11.4.2 幂级数及其收敛性

定义 11.8 形如

$$\sum_{n=0}^{\infty} a_n (x - x_0)^n = a_0 + a_1(x - x_0) + a_2(x - x_0)^2 + \cdots + a_n(x - x_0)^n + \cdots \tag{11-14}$$

的函数项级数称为关于 $x - x_0$ 的**幂级数**,其中 $a_0, a_1, a_2, \cdots, a_n, \cdots$ 称为幂级数的**系数**.

下面重点讨论幂级数(11-14)当 $x_0 = 0$ 时的幂级数,即

$$\sum_{n=0}^{\infty} a_n x^n = a_0 + a_1 x + a_2 x^2 + \cdots + a_n x^n + \cdots, \tag{11-15}$$

因为幂级数 $\sum_{n=0}^{\infty} a_n (x - x_0)^n$ 可通过变换 $t = x - x_0$ 化为幂级数 $\sum_{n=0}^{\infty} a_n x^n$ 的形式.

11.4.2.1 幂级数收敛域的结构

对于幂级数 $\sum_{n=0}^{\infty} a_n x^n$,其收敛域的结构是怎样的呢?由例 11.23 可见,幂级数

$\sum_{n=0}^{\infty} x^n$ 当 $|x| < 1$ 时收敛,即收敛域为 $(-1, 1)$. 这是一个以原点为中心的对称区间. 事实上,这个结论对于一般的幂级数同样成立.

定理 11.9(阿贝尔定理) 如果幂级数 $\sum_{n=0}^{\infty} a_n x^n$ 在点 $x = x_0(\neq 0)$ 处收敛,则

对满足不等式 $|x|<|x_0|$ 的一切 x，幂级数 $\sum\limits_{n=0}^{\infty}a_nx^n$ 绝对收敛；如果幂级数 $\sum\limits_{n=0}^{\infty}a_nx^n$ 在点 $x=x_0$ 处发散，则对满足不等式 $|x|>|x_0|$ 的一切 x，幂级数 $\sum\limits_{n=0}^{\infty}a_nx^n$ 发散.

证　设幂级数 $\sum\limits_{n=0}^{\infty}a_nx^n$ 在点 $x=x_0(\neq 0)$ 处收敛，即级数 $\sum\limits_{n=1}^{\infty}a_nx_0^n$ 收敛，由级数收敛的必要条件知 $\lim\limits_{n\to+\infty}a_nx_0^n=0$. 因收敛数列有界，即存在一个正数 M，使得

$$|a_nx_0^n|\leqslant M\ (n=0,1,2,\cdots).$$

又由于

$$|a_nx^n|=\left|a_nx_0^n\cdot\frac{x^n}{x_0^n}\right|=|a_nx_0^n|\cdot\left|\frac{x}{x_0}\right|^n\leqslant M\left|\frac{x}{x_0}\right|^n,$$

而对满足不等式 $|x|<|x_0|$ 的一切 x，等比级数 $\sum\limits_{n=0}^{\infty}M\left|\frac{x}{x_0}\right|^n$ 收敛，所以级数 $\sum\limits_{n=0}^{\infty}|a_nx^n|$ 收敛，即幂级数 $\sum\limits_{n=0}^{\infty}a_nx^n$ 绝对收敛.

设幂级数 $\sum\limits_{n=0}^{\infty}a_nx^n$ 在点 $x=x_0$ 处发散，如果存在某一个 x_1 满足 $|x_1|>|x_0|$ 且使幂级数 $\sum\limits_{n=0}^{\infty}a_nx^n$ 收敛，则由定理的第一部分知道，幂级数 $\sum\limits_{n=0}^{\infty}a_nx^n$ 在点 $x=x_0$ 处收敛，这与定理的条件矛盾. 所以满足不等式 $|x|>|x_0|$ 的一切 x 都使幂级数 $\sum\limits_{n=0}^{\infty}a_nx^n$ 发散.

阿贝尔定理揭示了**幂级数的收敛域与发散域的结构**：收敛域包围在原点周围，而外围则是发散域. 一般情况下，必存在正数 R，使得点 $x=-R$ 和点 $x=R$ 为收敛域与发散域的分界点，而在分界点 $x=\pm R$ 处，幂级数可能收敛，也可能发散. 如图 11.1 所示.

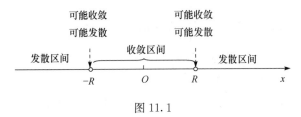

图 11.1

在图 11.1 中，因幂级数 $\sum\limits_{n=0}^{\infty}a_nx^n$ 在对称区间 $(-R,R)$ 内收敛，故称 R 为幂级数的**收敛半径**. 所以

当 $R=0$ 时,$\sum\limits_{n=0}^{\infty} a_n x^n$ 仅在点 $x=0$ 处收敛;

当 $R=+\infty$ 时,$\sum\limits_{n=0}^{\infty} a_n x^n$ 在 $(-\infty,+\infty)$ 上收敛;

当 $0<R<+\infty$ 时,$\sum\limits_{n=0}^{\infty} a_n x^n$ 在 $(-R,R)$ 内绝对收敛;对一切满足 $|x|>R$ 的 x,$\sum\limits_{n=0}^{\infty} a_n x^n$ 发散;在点 $x=\pm R$ 处,$\sum\limits_{n=0}^{\infty} a_n x^n$ 可能收敛也可能发散.

$(-R,R)$ 称为幂级数 $\sum\limits_{n=0}^{\infty} a_n x^n$ 的**收敛区间**. 再由点 $x=\pm R$ 处的收敛性就可以确定幂级数 $\sum\limits_{n=0}^{\infty} a_n x^n$ 的**收敛域**. 因此,$\sum\limits_{n=0}^{\infty} a_n x^n$ 的收敛域必是 $(-R,R)$,$[-R,R]$,$[-R,R)$,$(-R,R]$ 这四个区间中的一个.

因此,求幂级数 $\sum\limits_{n=0}^{\infty} a_n x^n$ 收敛域,关键在于求出其收敛半径.

11.4.2.2　收敛半径的求法

定理 11.10　对于幂级数 $\sum\limits_{n=0}^{\infty} a_n x^n$,若

$$\lim_{n\to+\infty}\left|\frac{a_{n+1}}{a_n}\right|=\rho \quad \text{或} \quad \lim_{n\to+\infty}\sqrt[n]{|a_n|}=\rho,$$

则

(1) 当 $0<\rho<+\infty$ 时,$\sum\limits_{n=0}^{\infty} a_n x^n$ 的收敛半径 $R=\dfrac{1}{\rho}$;

(2) 当 $\rho=0$ 时,$\sum\limits_{n=0}^{\infty} a_n x^n$ 的收敛半径 $R=+\infty$;

(3) 当 $\rho=+\infty$ 时,$\sum\limits_{n=0}^{\infty} a_n x^n$ 的收敛半径 $R=0$.

证　考虑正项级数 $\sum\limits_{n=0}^{\infty} |a_n x^n|$. 由比值审敛法有

$$\lim_{n\to+\infty}\frac{u_{n+1}}{u_n}=\lim_{n\to+\infty}\left|\frac{a_{n+1}}{a_n}\right| \cdot |x|=\rho|x|.$$

(1) 当 $0<\rho<+\infty$ 时,若 $\rho|x|<1$ 即 $|x|<\dfrac{1}{\rho}$ 时,$\sum\limits_{n=0}^{\infty} a_n x^n$ 绝对收敛;若 $\rho|x|>1$ 即 $|x|>\dfrac{1}{\rho}$ 时,$\sum\limits_{n=0}^{\infty} a_n x^n$ 发散. 所以 $\sum\limits_{n=0}^{\infty} a_n x^n$ 的收敛半径 $R=\dfrac{1}{\rho}$.

(2) 当 $\rho=0$ 时,对任意实数 x 都有 $\rho|x|=0<1$,所以 $\sum\limits_{n=0}^{\infty} a_n x^n$ 的收敛半径

$R=+\infty.$

（3）当 $\rho=+\infty$ 时，对任意 $x\neq0$ 均有 $\rho|x|>1$，所以 $\sum\limits_{n=0}^{\infty}a_nx^n$ 的收敛半径 $R=0$.

例 11.24 求幂级数 $\sum\limits_{n=1}^{\infty}\dfrac{2^nx^n}{n}$ 的收敛半径与收敛域.

解 因为

$$\rho=\lim_{n\to+\infty}\left|\frac{a_{n+1}}{a_n}\right|=\lim_{n\to+\infty}\frac{2^{n+1}}{n+1}\cdot\frac{n}{2^n}=\lim_{n\to+\infty}\frac{2n}{n+1}=2,$$

所以该级数的收敛半径 $R=\dfrac{1}{\rho}=\dfrac{1}{2}$，收敛区间为 $\left(-\dfrac{1}{2},\dfrac{1}{2}\right)$.

当 $x=\dfrac{1}{2}$ 时，所得级数为调和级数 $\sum\limits_{n=1}^{\infty}\dfrac{1}{n}$，它是发散的.

当 $x=-\dfrac{1}{2}$ 时，所得级数为交错级数 $\sum\limits_{n=1}^{\infty}(-1)^n\dfrac{1}{n}$，由莱布尼兹审敛法，它是收敛的.

综上所述，幂级数 $\sum\limits_{n=1}^{\infty}\dfrac{2^nx^n}{n}$ 的收敛域为 $\left[-\dfrac{1}{2},\dfrac{1}{2}\right)$.

例 11.25 求幂级数 $\sum\limits_{n=1}^{\infty}n^nx^n$ 的收敛半径.

解 因为

$$\rho=\lim_{n\to+\infty}\left|\frac{a_{n+1}}{a_n}\right|=\lim_{n\to+\infty}\frac{(n+1)^{n+1}}{n^n}=\lim_{n\to+\infty}(n+1)\left(1+\frac{1}{n}\right)^n=+\infty,$$

所以幂级数 $\sum\limits_{n=1}^{\infty}n^nx^n$ 的收敛半径 $R=0$，即幂级数仅在点 $x=0$ 处收敛.

例 11.26 求幂级数 $\sum\limits_{n=0}^{\infty}\dfrac{(2n)!}{(n!)^2}x^{2n}$ 的收敛区间.

解 方法一 级数缺少奇次幂，不是幂级数的标准形式. 故采用正项级数的比值审敛法求解. 根据比值审敛法，有

$$\rho=\lim_{n\to+\infty}\left|\frac{u_{n+1}}{u_n}\right|=\lim_{n\to+\infty}\left|\frac{[2(n+1)]!}{[(n+1)!]^2}x^{2(n+1)}\cdot\frac{(n!)^2}{(2n)!\,x^{2n}}\right|=4|x|^2,$$

故当 $4|x|^2<1$ 即 $|x|<\dfrac{1}{2}$ 时级数收敛；当 $4|x|^2>1$ 即 $|x|>\dfrac{1}{2}$ 时级数发散.

所以幂级数 $\sum\limits_{n=0}^{\infty}\dfrac{(2n)!}{(n!)^2}x^{2n}$ 的收敛半径为 $R=\dfrac{1}{2}$，收敛区间为 $\left(-\dfrac{1}{2},\dfrac{1}{2}\right)$.

方法二 令 $y=x^2$，所给级数化为 $\sum\limits_{n=0}^{\infty}\dfrac{(2n)!}{(n!)^2}y^n$，其收敛半径为

$$R = \lim_{n \to +\infty} \left| \frac{a_n}{a_{n+1}} \right| = \lim_{n \to +\infty} \left| \frac{(n+1)^2}{(2n+1)(2n+2)} \right| = \frac{1}{4}.$$

故级数 $\sum_{n=0}^{\infty} \frac{(2n)!}{(n!)^2} y^n$ 的收敛区间为 $\left(-\frac{1}{4}, \frac{1}{4} \right)$，即 $|y| < \frac{1}{4}$，亦即 $|x^2| < \frac{1}{4}$. 故当

$|x| < \frac{1}{2}$ 时 $\sum_{n=0}^{\infty} \frac{(2n)!}{(n!)^2} x^{2n}$ 收敛，收敛区间为 $\left(-\frac{1}{2}, \frac{1}{2} \right)$.

例 11.27 求幂级数 $\sum_{n=1}^{\infty} \frac{(x-2)^n}{n^2 3^n}$ 的收敛域.

解 令 $t = x - 2$，则原级数变为 $\sum_{n=1}^{\infty} \frac{t^n}{n^2 3^n}$，其收敛半径为

$$R = \lim_{n \to +\infty} \left| \frac{a_n}{a_{n+1}} \right| = \lim_{n \to +\infty} \frac{(n+1)^2 3^{n+1}}{n^2 3^n} = 3.$$

又因 $t = \pm 3$ 时，$\sum_{n=1}^{\infty} \frac{1}{n^2}$ 与 $\sum_{n=1}^{\infty} \frac{(-1)^n}{n^2}$ 均收敛，所以 $\sum_{n=1}^{\infty} \frac{t^n}{n^2 3^n}$ 的收敛域为

$[-3, 3]$. 于是由 $-3 \leqslant x - 2 \leqslant 3$，解得 $-1 \leqslant x \leqslant 5$，因此原幂级数 $\sum_{n=1}^{\infty} \frac{(x-2)^n}{n^2 3^n}$

的收敛域为 $[-1, 5]$.

11.4.3 幂级数的运算性质

11.4.3.1 幂级数的加、减及乘积运算

11.4 幂级数(二)

设幂级数 $\sum_{n=0}^{\infty} a_n x^n$ 及 $\sum_{n=0}^{\infty} b_n x^n$ 的收敛区间分别为 $(-R_1, R_1)$ 与 $(-R_2, R_2)$，记 $R = \min\{R_1, R_2\}$，则当 $|x| < R$ 时，有

$$\sum_{n=0}^{\infty} a_n x^n \pm \sum_{n=0}^{\infty} b_n x^n = \sum_{n=0}^{\infty} (a_n \pm b_n) x^n;$$

$$\left(\sum_{n=0}^{\infty} a_n x^n \right) \left(\sum_{n=0}^{\infty} b_n x^n \right) = \sum_{n=0}^{\infty} (a_0 b_n + a_1 b_{n-1} + \cdots + a_n b_0) x^n.$$

11.4.3.2 幂级数的分析运算性质

性质 11.6 幂级数 $\sum_{n=0}^{\infty} a_n x^n$ 的和函数 $s(x)$ 在其收敛域内连续.

性质 11.7 设幂级数 $\sum_{n=0}^{\infty} a_n x^n$ 的收敛半径为 R，则其和函数 $s(x)$ 在区间 $(-R, R)$ 内可导，且有逐项求导公式

$$s'(x) = \left(\sum_{n=0}^{\infty} a_n x^n \right)' = \sum_{n=0}^{\infty} (a_n x^n)' = \sum_{n=0}^{\infty} n a_n x^{n-1},$$

其中 $|x| < R$.

可见逐项求导后所得到的幂级数和原级数有相同的收敛半径.

性质 11.8　设幂级数 $\sum\limits_{n=0}^{\infty} a_n x^n$ 的收敛半径为 R,则它的和函数 $s(x)$ 在区间 $(-R, R)$ 内是可积的,且有逐项积分公式

$$\int_0^x s(x)\mathrm{d}x = \int_0^x \Big(\sum_{n=0}^{\infty} a_n x^n\Big)\mathrm{d}x = \sum_{n=0}^{\infty}\int_0^x a_n x^n \mathrm{d}x = \sum_{n=0}^{\infty}\frac{a_n}{n+1}x^{n+1},$$

其中 $|x| < R$.

可见逐项积分后所得到的幂级数和原级数有相同的收敛半径.

利用这些性质以及已知级数的和函数,可以求出部分级数的和函数.

例 11.28　求幂级数 $\sum\limits_{n=1}^{\infty} n x^{n-1}$ 的和函数.

解　幂级数 $\sum\limits_{n=1}^{\infty} n x^{n-1}$ 的收敛半径为

$$R = \lim_{n\to+\infty}\left|\frac{a_n}{a_{n+1}}\right| = \lim_{n\to+\infty}\frac{n}{n+1} = 1,$$

又因为当 $x = -1$ 时,级数 $\sum\limits_{n=1}^{\infty}(-1)^{n-1}n$ 的一般项的极限 $\lim\limits_{n\to+\infty}(-1)^{n-1}n$ 不存在;而 $x = 1$ 时,级数 $\sum\limits_{n=1}^{\infty}n$ 的一般项的极限 $\lim\limits_{n\to+\infty}n$ 也不存在. 由级数收敛的必要条件知,幂级数 $\sum\limits_{n=1}^{\infty}n x^{n-1}$ 在点 $x = \pm 1$ 处发散,因此,幂级数 $\sum\limits_{n=1}^{\infty}n x^{n-1}$ 的收敛域为 $(-1, 1)$.

设 $\sum\limits_{n=1}^{\infty}n x^{n-1}$ 的和函数为 $s(x)$,则当 $x \in (-1, 1)$ 时,有

$$s(x) = \sum_{n=1}^{\infty}n x^{n-1} = \sum_{n=1}^{\infty}(x^n)' = \Big(\sum_{n=1}^{\infty}x^n\Big)' = \Big(\frac{x}{1-x}\Big)' = \frac{1}{(1-x)^2},$$

所以

$$\sum_{n=1}^{\infty}n x^{n-1} = \frac{1}{(1-x)^2}, \quad x \in (-1, 1).$$

例 11.29　求幂级数 $\sum\limits_{n=0}^{\infty}\frac{1}{n+1}x^n$ 的和函数,并由此计算级数 $\sum\limits_{n=0}^{\infty}\frac{1}{(n+1)2^n}$ 的和.

解　幂级数 $\sum\limits_{n=1}^{\infty}n x^{n-1}$ 的收敛半径为

$$R = \lim_{n\to+\infty}\left|\frac{a_n}{a_{n+1}}\right| = \lim_{n\to+\infty}\left|\frac{n+2}{n+1}\right| = 1,$$

又因为当 $x = -1$ 时,由莱布尼茨审敛法知,交错级数 $\sum\limits_{n=0}^{\infty}(-1)^n\frac{1}{n+1}$ 收敛;当 $x =$

1 时,调和级数 $\displaystyle\sum_{n=0}^{\infty}\frac{1}{n+1}=\sum_{n=1}^{\infty}\frac{1}{n}$ 发散,故所给级数的收敛域为 $[-1,1)$.

设幂级数的和函数为 $s(x)$,即 $s(x)=\displaystyle\sum_{n=0}^{\infty}\frac{1}{n+1}x^n,\quad x\in[-1,1)$. 显然 $s(0)=1$.

因为 $xs(x)=\displaystyle\sum_{n=0}^{\infty}\frac{1}{n+1}x^{n+1}$,故

$$[xs(x)]'=\left(\sum_{n=0}^{\infty}\frac{1}{n+1}x^{n+1}\right)'=\sum_{n=0}^{\infty}\left(\frac{1}{n+1}x^{n+1}\right)'=\sum_{n=0}^{\infty}x^n=\frac{1}{1-x},x\in(-1,1).$$

于是

$$xs(x)-0\cdot s(0)=\int_0^x[xs(x)]'\mathrm{d}x=\int_0^x\frac{1}{1-x}\mathrm{d}x=-\ln(1-x),x\in(-1,1).$$

所以,当 $x\in(-1,0)\bigcup(0,1)$ 时,$s(x)=-\dfrac{1}{x}\ln(1-x)$. 从而

$$s(x)=\begin{cases}-\dfrac{1}{x}\ln(1-x),&x\in(-1,0)\bigcup(0,1),\\1,&x=0.\end{cases}$$

由和函数在收敛域上的连续性知,$s(-1)=\displaystyle\lim_{x\to-1^+}s(x)=\ln2$. 所以

$$s(x)=\begin{cases}-\dfrac{1}{x}\ln(1-x),&x\in[-1,0)\bigcup(0,1),\\1,&x=0.\end{cases}$$

令 $x=\dfrac{1}{2}$,则

$$\sum_{n=0}^{\infty}\frac{1}{(n+1)2^n}=\sum_{n=0}^{\infty}\frac{1}{n+1}\left(\frac{1}{2}\right)^n=s\left(\frac{1}{2}\right)=-\frac{1}{\frac{1}{2}}\ln\left(1-\frac{1}{2}\right)=-2\ln\frac{1}{2}=2\ln2.$$

习题 11.4

1. 求下列幂级数的收敛域:

(1) $\displaystyle\sum_{n=1}^{\infty}(-1)^{n-1}\frac{x^n}{\sqrt{n}}$;

(2) $\displaystyle\sum_{n=0}^{\infty}\frac{x^n}{n!}$;

(3) $\displaystyle\sum_{n=0}^{\infty}2^n x^{2n}$;

(4) $\displaystyle\sum_{n=1}^{\infty}\frac{x^n}{n^p}(p>0)$.

2. 求下列幂级数的和函数:

(1) $\displaystyle\sum_{n=0}^{\infty}(n+1)x^n$;

(2) $\displaystyle\sum_{n=1}^{\infty}(-1)^{n-1}x^{2n}$;

(3) $\displaystyle\sum_{n=1}^{\infty}(-1)^{n+1}\frac{x^{n+1}}{n(n+1)}$;

(4) $\displaystyle\sum_{n=1}^{\infty}nx^n$.

3. 求幂级数 $\sum\limits_{n=0}^{\infty}\dfrac{1}{2n+1}x^{2n+1}$ 的收敛域与和函数,并求级数 $\sum\limits_{n=0}^{\infty}\dfrac{1}{2n+1}\left(\dfrac{1}{3}\right)^{2n+1}$ 的值.

11.5 函数展开成幂级数

幂级数不仅形式简单,而且在其收敛区间内具有与多项式类似的性质.因此,将一个函数展开成幂级数,对于研究函数的性质以及利用多项式逼近函数,改进近似计算的精度具有重要意义.

11.5 函数展开成幂级数

11.5.1 泰勒级数

回顾一下泰勒公式.

若函数 $f(x)$ 在点 x_0 的某邻域内有直至 $n+1$ 阶的连续导数,则

$$f(x)=f(x_0)+f'(x_0)(x-x_0)+\frac{f''(x_0)}{2!}(x-x_0)^2+\cdots+\frac{f^{(n)}(x_0)}{n!}(x-x_0)^n+R_n(x)$$

(11-16)

其中

$$R_n(x)=\frac{f^{(n+1)}(\xi)}{(n+1)!}(x-x_0)^{n+1},$$ (11-17)

$R_n(x)$ 为拉格朗日余项,ξ 在 x 与 x_0 之间,称(11-16)为 $f(x)$ 在点 x_0 处的**泰勒公式**.

在式(11-16)中,如果 $f(x)$ 在点 $x=x_0$ 处有任意阶的导数,则式(11-16)可扩展为幂级数

$$f(x_0)+f'(x_0)(x-x_0)+\frac{f''(x_0)}{2!}(x-x_0)^2+\cdots+\frac{f^{(n)}(x_0)}{n!}(x-x_0)^n+\cdots,$$

(11-18)

幂级数(11-18)称为函数 $f(x)$ 在点 x_0 处的**泰勒级数**.

现在的问题是,除了点 $x=x_0$ 外,$f(x)$ 的泰勒级数(11-18)在 x_0 的某邻域内是否收敛?如果收敛,它是否一定收敛于 $f(x)$?

如果 $f(x)$ 的泰勒级数在某区间内收敛于 $f(x)$,就说 $f(x)$ 在该区间内**可展开成泰勒级数**.

对于泰勒级数(11-18)是否能在 x_0 的某邻域内收敛于 $f(x)$,或者说 $f(x)$ 在是否能在 x_0 的某邻域内展开成泰勒级数,有以下定理:

定理 11.11 设函数 $f(x)$ 在点 x_0 的某邻域 $U(x_0,\delta)$ 内具有任意阶导数,则 $f(x)$ 在该邻域内能展开成泰勒级数的充分必要条件是 $f(x)$ 的泰勒公式中的余项

$R_n(x)$当 $n\to+\infty$ 时的极限为零,即 $\lim\limits_{n\to+\infty}R_n(x)=0(x\in U(x_0,\delta))$.

证 当 $x\in U(x_0,\delta)$ 时,级数(11-18)的前 $n+1$ 项和为

$$s_{n+1}(x)=f(x_0)+f'(x_0)(x-x_0)+\frac{f''(x_0)}{2!}(x-x_0)^2+\cdots+\frac{f^{(n)}(x_0)}{n!}(x-x_0)^n.$$

由收敛定义知,级数(11-18)收敛于 $f(x)$ 的充分必要条件是

$$\lim_{n\to+\infty}s_{n+1}(x)=f(x).$$

而由泰勒公式(11-16)知 $f(x)-s_{n+1}(x)=R_n(x)$,因此

$$\lim_{n\to+\infty}R_n(x)=0\quad(x\in U(x_0,\delta)).$$

在泰勒级数(11-18)中取 $x_0=0$,得

$$f(0)+f'(0)x+\frac{f''(0)}{2!}x^2+\cdots+\frac{f^{(n)}(0)}{n!}x^n+\cdots,\qquad(11\text{-}19)$$

称级数(11-19)为 $f(x)$ 的**麦克劳林级数**.

通过变量代换的方式,泰勒级数可转化为相关的麦克劳林级数.以下主要讨论麦克劳林级数.

由幂级数的分析性质可以证明,如果函数 $f(x)$ 能展开成 x 的幂级数

$$f(x)=a_0+a_1x+a_2x^2+\cdots+a_nx^n+\cdots,$$

那么它一定是 $f(x)$ 的麦克劳林级数,即

$$a_0=f(0),\quad a_n=\frac{f^n(0)}{n!}\quad(n=1,2,\cdots),$$

亦即函数的幂级数展开式是唯一的.

11.5.2 函数展开成幂级数

11.5.2.1 直接展开法

将函数 $f(x)$ 展开成麦克劳林级数,可以按照下列步骤进行:

第一步 求出 $f(x)$ 的各阶导数及点 $x=0$ 处的导数值

$$f(0),f'(0),f''(0),\cdots,f^{(n)}(0),\cdots;$$

第二步 写出麦克劳林级数

$$f(0)+\frac{f'(0)}{1!}x+\frac{f''(0)}{2!}x^2+\cdots+\frac{f^{(n)}(0)}{n!}x^n+\cdots,$$

并确定其收敛域 D;

第三步 考察在收敛域 D 内,$f(x)$ 的麦克劳林公式中的拉格朗日余项的极限

$$\lim_{n\to+\infty}R_n(x)=\lim_{n\to+\infty}\frac{f^{(n+1)}(\xi)}{(n+1)!}x^{n+1}\quad(\xi\text{ 在 }0\text{ 与 }x\text{ 之间})$$

是否趋向于零.如果为零,则有幂级数展开式

$$f(0)+\frac{f'(0)}{1!}x+\frac{f''(0)}{2!}x^2+\cdots+\frac{f^{(n)}(0)}{n!}x^n+\cdots \quad (x\in D).$$

例 11.30 将函数 $f(x)=\mathrm{e}^x$ 展开成 x 的幂级数.

解 由于 $f^{(n)}(x)=\mathrm{e}^x,f^{(n)}(0)=1,(n=1,2,\cdots),f(0)=1$,从而得级数

$$1+x+\frac{x^2}{2!}+\cdots+\frac{x^n}{n!}+\cdots.$$

因为

$$R=\lim_{n\to+\infty}\left|\frac{a_n}{a_{n+1}}\right|=\lim_{n\to+\infty}\frac{n!}{(n-1)!}=+\infty,$$

故级数的收敛半径为 $R=+\infty$,收敛域为 $(-\infty,+\infty)$.

对于 $x\in(-\infty,+\infty)$,拉格朗日余项为 $R_n(x)=\frac{\mathrm{e}^\xi}{(n+1)!}x^{n+1}$($\xi$ 在 0 与 x 之间),而

$$|R_n(x)|=\frac{\mathrm{e}^\xi}{(n+1)!}|x|^{n+1}\leqslant\mathrm{e}^{|x|}\frac{|x|^{n+1}}{(n+1)!}\,(|\xi|<|x|).$$

对固定的 x,$\mathrm{e}^{|x|}$ 是一个有限值,而 $\dfrac{|x|^{n+1}}{(n+1)!}$ 是收敛级数 $\displaystyle\sum_{n=0}^{\infty}\frac{|x|^{n+1}}{(n+1)!}$ 的一般项,故 $\displaystyle\lim_{n\to+\infty}\frac{|x|^{n+1}}{(n+1)!}=0$. 所以对任何实数 x 均有 $\displaystyle\lim_{n\to+\infty}R_n(x)=0$. 于是

$$\mathrm{e}^x=1+x+\frac{x^2}{2!}+\cdots+\frac{x^n}{n!}+\cdots \quad (-\infty<x<+\infty).$$

例 11.31 将函数 $f(x)=\sin x$ 展开成 x 的幂级数.

解 由于 $f^{(n)}(x)=\sin\left(x+\frac{n\pi}{2}\right)(n=1,2,\cdots)$,即 $f^{(n)}(0)$ 顺序循环地取 $0,1$,$0,-1,\cdots(n=0,1,2,\cdots)$,于是得级数

$$x-\frac{x^3}{3!}+\frac{x^5}{5!}-\cdots+(-1)^{n-1}\frac{x^{2n-1}}{(2n-1)!}+\cdots,$$

它的收敛半径为 $R=+\infty$,故收敛域为 $(-\infty,+\infty)$.

对于 $x\in(-\infty,+\infty)$,由于

$$|R_n(x)|=\left|\frac{\sin\left[\xi+(n+1)\frac{\pi}{2}\right]}{(n+1)!}x^{n+1}\right|\leqslant\frac{|x|^{n+1}}{(n+1)!}\to0 \quad (n\to+\infty).$$

所以 $\sin x$ 的展开式为

$$\sin x=x-\frac{x^3}{3!}+\frac{x^5}{5!}-\cdots+(-1)^n\frac{x^{2n+1}}{(2n+1)!}+\cdots \quad (-\infty<x<+\infty).$$

例 11.32 将函数 $f(x)=(1+x)^m$ 展开成 x 的幂级数,其中 m 为任意实数.

解 由 $f'(x)=m(1+x)^{m-1}, f''(x)=m(m-1)(1+x)^{m-2}, \cdots, f^{(n)}(x)=$
$m(m-1)\cdots(m-n+1)(1+x)^{m-n}$, 得

$$f(0)=1, f'(0)=m, f''(0)=m(m-1), \cdots, f^{(n)}(0)=m(m-1)\cdots(m-n+1).$$

于是得级数

$$1+mx+\frac{m(m-1)}{2!}x^2+\cdots+\frac{m(m-1)\cdots(m-n+1)}{n!}x^n+\cdots.$$

其收敛半径 $R=1$. 讨论得(过程略)

$$(1+x)^m=1+mx+\frac{m(m-1)}{2!}x^2+\cdots+\frac{m(m-1)\cdots(m-n+1)}{n!}x^n+\cdots \quad (-1<x<1).$$

该展开式称为**牛顿二项展开式**. 对于收敛区间端点的情况,它与 m 的取值有关.

例如,当 $m=\dfrac{1}{2},-\dfrac{1}{2}$ 时,依次有

$$\sqrt{1+x}=(1+x)^{\frac{1}{2}}=1+\frac{1}{2}x+\frac{\frac{1}{2}\left(\frac{1}{2}-1\right)}{2!}x^2+\frac{\frac{1}{2}\left(\frac{1}{2}-1\right)\left(\frac{1}{2}-2\right)}{3!}x^3+\cdots$$

$$=1+\frac{1}{2}x-\frac{1}{2\cdot4}x^2+\frac{1\cdot3}{2\cdot4\cdot6}x^3-\frac{1\cdot3\cdot5}{2\cdot4\cdot6\cdot8}x^4+\cdots \quad (-1\leqslant x<1).$$

$$\frac{1}{\sqrt{1+x}}=(1+x)^{-\frac{1}{2}}=1+\left(-\frac{1}{2}\right)x+\frac{\left(-\frac{1}{2}\right)\left(-\frac{1}{2}-1\right)}{2!}x^2$$

$$+\frac{\left(-\frac{1}{2}\right)\left(-\frac{1}{2}-1\right)\left(-\frac{1}{2}-2\right)}{3!}x^3+\cdots$$

$$=1-\frac{1}{2}x+\frac{1\cdot3}{2\cdot4}x^2-\frac{1\cdot3\cdot5}{2\cdot4\cdot6}x^3+\frac{1\cdot3\cdot5\cdot7}{2\cdot4\cdot6\cdot8}x^4+\cdots \quad (-1<x\leqslant1).$$

11.5.2.2 间接展开法

例 11.33 将函数 $f(x)=\cos x$ 展开成 x 的幂级数.

解 由于 $\cos x=(\sin x)'$, 对 $\sin x$ 的展开式

$$\sin x=\sum_{n=0}^{\infty}(-1)^n\frac{x^{2n+1}}{(2n+1)!}=x-\frac{x^3}{3!}+\frac{x^5}{5!}-\cdots+(-1)^n\frac{x^{2n+1}}{(2n+1)!}+\cdots$$

逐项求导,得

$$\cos x=\sum_{n=0}^{\infty}(-1)^n\frac{x^{2n}}{(2n)!}=1-\frac{x^2}{2!}+\frac{x^4}{4!}-\cdots$$

$$+(-1)^n\frac{x^{2n}}{(2n)!}+\cdots \quad (-\infty<x<+\infty).$$

例 11.34　将函数 $f(x)=\ln(1+x)$ 展开成 x 的幂级数.

解　因为 $[\ln(1+x)]'=\dfrac{1}{1+x}$，而

$$\frac{1}{1+x}=1-x+x^2-x^3+\cdots+(-1)^nx^n+\cdots\quad(-1<x<1).$$

将上式从 0 到 x 逐项积分，得

$$\ln(1+x)=x-\frac{x^2}{2}+\frac{x^3}{3}-\frac{x^4}{4}+\cdots+(-1)^{n-1}\frac{x^n}{n}+\cdots\quad(-1<x<1).$$

又由于 $\ln(1+x)$ 在 $x=1$ 处连续，且上式右边的幂级数在 $x=1$ 处收敛，所以

$$\ln(1+x)=x-\frac{x^2}{2}+\frac{x^3}{3}-\frac{x^4}{4}+\cdots+(-1)^{n-1}\frac{x^n}{n}+\cdots\quad(-1<x\leqslant1).$$

例 11.35　将函数 $\dfrac{1}{3-x}$ 展开成

(1) x 的幂级数；(2) $(x-1)$ 的幂级数.

解　(1) 由于

$$\frac{1}{1-x}=\sum_{n=0}^{\infty}x^n=1+x+x^2+\cdots+x^n+\cdots\quad(-1<x<1),$$

而 $\dfrac{1}{3-x}=\dfrac{1}{3}\cdot\dfrac{1}{1-\dfrac{x}{3}}$，将上式中的 x 换成 $\dfrac{x}{3}$，得到

$$\frac{1}{3-x}=\frac{1}{3}\sum_{n=0}^{\infty}\left(\frac{x}{3}\right)^n=\sum_{n=0}^{\infty}\frac{x^n}{3^{n+1}}\quad(-3<x<3).$$

(2) 由于 $\dfrac{1}{3-x}=\dfrac{1}{2-(x-1)}=\dfrac{1}{2}\cdot\dfrac{1}{1-\left(\dfrac{x-1}{2}\right)}$，故

$$\frac{1}{3-x}=\frac{1}{2}\sum_{n=0}^{\infty}\left(\frac{x-1}{2}\right)^n=\sum_{n=0}^{\infty}\frac{(x-1)^n}{2^{n+1}}\quad(-1<x<3).$$

例 11.36　将函数 $\dfrac{1}{x^2+3x-4}$ 展开成 $(x+5)$ 的幂级数.

解　因为

$$\frac{1}{x^2+3x-4}=\frac{1}{(x-1)(x+4)}=\frac{1}{5}\left(\frac{1}{x-1}-\frac{1}{x+4}\right)$$

$$=\frac{1}{5}\left[\frac{1}{(x+5)-6}-\frac{1}{(x+5)-1}\right]=\frac{1}{5}\left[\frac{1}{1-(x+5)}-\frac{1}{6-(x+5)}\right]$$

$$=\frac{1}{5}\left[\frac{1}{1-(x+5)}-\frac{1}{6}\cdot\frac{1}{1-\left(\dfrac{x+5}{6}\right)}\right].$$

注意到 $\dfrac{1}{1-t}=\displaystyle\sum_{n=0}^{\infty}t^n$ $(-1<t<1)$，于是

$$\frac{1}{x^2+3x-4}=\frac{1}{5}\sum_{n=0}^{\infty}(x+5)^n-\frac{1}{30}\sum_{n=0}^{\infty}\frac{(x+5)^n}{6^n}$$

$$=\sum_{n=0}^{\infty}\left(\frac{1}{5}-\frac{1}{30\cdot6^n}\right)(x+5)^n \quad(-6<x<-4).$$

例 11.37 将函数 $\sin x$ 展开成 $\left(x-\dfrac{\pi}{4}\right)$ 的幂级数.

解 由于 $\sin x=\sin\left[\dfrac{\pi}{4}+\left(x-\dfrac{\pi}{4}\right)\right]=\sin\dfrac{\pi}{4}\cdot\cos\left(x-\dfrac{\pi}{4}\right)+\cos\dfrac{\pi}{4}\cdot\sin\left(x-\dfrac{\pi}{4}\right)$

$$=\frac{\sqrt{2}}{2}\left[\cos\left(x-\frac{\pi}{4}\right)+\sin\left(x-\frac{\pi}{4}\right)\right],$$

由

$$\sin x=\sum_{n=0}^{\infty}(-1)^n\frac{x^{2n+1}}{(2n+1)!},\quad\cos x=\sum_{n=0}^{\infty}(-1)^n\frac{x^{2n}}{(2n)!},\quad-\infty<x<+\infty,$$

有

$$\cos\left(x-\frac{\pi}{4}\right)=\sum_{n=0}^{\infty}(-1)^n\frac{\left(x-\dfrac{\pi}{4}\right)^{2n}}{(2n)!},\quad-\infty<x<+\infty,$$

$$\sin\left(x-\frac{\pi}{4}\right)=\sum_{n=0}^{\infty}(-1)^n\frac{\left(x-\dfrac{\pi}{4}\right)^{2n+1}}{(2n+1)!},\quad-\infty<x<+\infty,$$

所以

$$\sin x=\frac{\sqrt{2}}{2}\left[\sum_{n=0}^{\infty}(-1)^n\frac{\left(x-\dfrac{\pi}{4}\right)^{2n}}{(2n)!}+\sum_{n=0}^{\infty}(-1)^n\frac{\left(x-\dfrac{\pi}{4}\right)^{2n+1}}{(2n+1)!}\right]$$

$$=\frac{1}{\sqrt{2}}\left[1+\left(x-\frac{\pi}{4}\right)-\frac{\left(x-\dfrac{\pi}{4}\right)^2}{2!}-\frac{\left(x-\dfrac{\pi}{4}\right)^3}{3!}+\cdots\right]\quad(-\infty<x<+\infty).$$

习题 11.5

1. 将下列函数展开成 x 的幂级数:

(1) $\dfrac{e^x+e^{-x}}{2}$;

(2) $x\cos^2 x$;

(3) $\sqrt{1+x^2}$;

(4) $\ln(1-x+x^2)$;

(5) $x^2 e^{x^2}$;

(6) $(x+1)\ln(x+1)$.

2. 将 $\dfrac{1}{x}$ 展开成 $(x-3)$ 的幂级数.

3. 分别将 $\dfrac{3}{x^2+x-2}$ 展开成关于 x 和 $x+1$ 的幂级数.

11.6　傅里叶级数

11.6　傅里叶级数(一)

前面我们讨论了幂级数,特别研究了如何用一个 n 次泰勒多项式去逼近一个函数. 然而泰勒多项式通常只能在某一点附近接近于函数的真值. 本节将用三角多项式逼近一个函数,称之为**傅里叶(Fourier)逼近**. 该逼近能够在一个更大的区间内,从整体意义上较好地接近于函数,而且傅里叶逼近具有周期性,因此常被用来逼近周期函数.

11.6.1　三角级数与三角函数系的正交性

自然界的很多进程都带有周期性或重复性,所以用简单的周期函数逼近它们就极具意义. 正弦函数是简单的周期函数,如描述简谐振动的函数

$$y=A\sin(\omega t+\varphi) \tag{11-20}$$

是一个以 $\dfrac{2\pi}{\omega}$ 为周期的正弦函数,其中 t 表示时间,y 表示质点在振动中的位移,常数 A,ω,φ 分别表示简谐振动的**振幅**、**角频率**和**初相**.

但在现实中周期现象是复杂的,并不是所有的周期现象都可用简单的正弦函数来描述. 从物理学来看,一个复杂的周期现象往往可以看作是许多不同频率的简谐振动的叠加. 这就促使我们想到:一个一般的周期函数能否由正弦函数"叠加"出来呢? 也就是说,一个一般的周期为 $T=\dfrac{2\pi}{\omega}$ 的函数 $f(t)$,能否用一系列以 $T=\dfrac{2\pi}{\omega}$ 为周期的正弦函数 $A_n\sin(n\omega t+\varphi_n)$ 之和来表示呢? 即

$$f(t)=A_0+\sum_{n=1}^{\infty}A_n\sin(n\omega t+\varphi_n), \tag{11-21}$$

其中 $A_0,A_n,\varphi_n(n=1,2,3,\cdots)$ 都是常数.

早在 1807 年,傅里叶就在他的一篇研究热传导的论文中给出了肯定的结论:任何函数都能表示为余弦函数和正弦函数组成的无穷级数.

为方便讨论,将正弦函数 $A_n\sin(n\omega t+\varphi_n)$ 变形为

$$A_n\sin\varphi_n\cos n\omega t+A_n\cos\varphi_n\sin n\omega t,$$

并且令

$$\frac{a_0}{2}=A_0, \quad a_n=A_n\sin\varphi_n, \quad b_n=A_n\cos\varphi_n, \quad \omega t=x,$$

则式(11-21)右端的级数就可以写为

$$\frac{a_0}{2}+\sum_{n=1}^{\infty}(a_n\cos nx+b_n\sin nx). \tag{11-22}$$

一般地,形如式(11-22)的级数叫做**三角级数**,其中 $a_0,a_n,b_n(n=1,2,3,\cdots)$ 都是常数.

如同讨论幂级数一样,对于三角级数(11-22),需要讨论的问题是:周期为 T 的函数 $f(x)$ 满足什么条件才能展开成三角级数(11-22)?也就是说级数(11-22)在什么条件下不但收敛而且收敛于 $f(x)$?此时三角级数中的系数 a_0,a_n,b_n 等于什么?

为解决这些问题,先介绍三角函数系的一个重要性质——**正交性**.

将三角级数(11-22)中的函数罗列出来,便有

$$1,\cos x,\sin x,\cos 2x,\sin 2x,\cdots,\cos nx,\sin nx,\cdots \tag{11-23}$$

称之为**三角函数系**.

性质 11.9 三角函数系(11-23)在区间 $[-\pi,\pi]$ 上是正交的,即三角函数系中任何两个不同函数的乘积在区间 $[-\pi,\pi]$ 上的积分等于零.即

$$\int_{-\pi}^{\pi}\cos nx\,\mathrm{d}x=0, \quad \int_{-\pi}^{\pi}\sin nx\,\mathrm{d}x=0,$$

$$\int_{-\pi}^{\pi}\sin mx\cos nx\,\mathrm{d}x=0,$$

$$\int_{-\pi}^{\pi}\cos mx\cos nx\,\mathrm{d}x=0 \quad (m\neq n),$$

$$\int_{-\pi}^{\pi}\sin mx\sin nx\,\mathrm{d}x=0 \quad (m\neq n),$$

其中 m,n 为正整数.

以上等式可以通过计算定积分来验证.

在三角函数系(11-23)中,两个相同函数的乘积在区间 $[-\pi,\pi]$ 上的积分不等于零,且有

$$\int_{-\pi}^{\pi}1^2\,\mathrm{d}x=2\pi, \quad \int_{-\pi}^{\pi}\sin^2 nx\,\mathrm{d}x=\pi, \quad \int_{-\pi}^{\pi}\cos^2 nx\,\mathrm{d}x=\pi \quad (n=1,2,3,\cdots).$$

11.6.2 以 2π 为周期的函数展开成傅里叶级数

11.6.2.1 三角级数中系数的确定

设 $f(x)$ 是以 2π 为周期的周期函数,且能展开成三角级数

$$f(x) = \frac{a_0}{2} + \sum_{k=1}^{\infty} (a_k \cos kx + b_k \sin kx), \tag{11-24}$$

下面来确定系数 a_0, a_k, b_k. 为此, 假设级数(11-24)可以逐项积分.

对式(11-24)两端在区间 $[-\pi, \pi]$ 上积分, 且根据三角函数系的正交性, 有

$$\int_{-\pi}^{\pi} f(x) dx = \int_{-\pi}^{\pi} \frac{a_0}{2} dx + \sum_{k=1}^{\infty} \left[a_k \int_{-\pi}^{\pi} \cos kx \, dx + b_k \int_{-\pi}^{\pi} \sin kx \, dx \right]$$

$$= \int_{-\pi}^{\pi} \frac{a_0}{2} dx = \frac{a_0}{2} \cdot 2\pi.$$

于是得

$$a_0 = \frac{1}{\pi} \int_{-\pi}^{\pi} f(x) dx.$$

将式(11-24)两端同乘以 $\cos nx$, 并在区间 $[-\pi, \pi]$ 上积分, 得

$$\int_{-\pi}^{\pi} f(x) \cos nx \, dx = \frac{a_0}{2} \int_{-\pi}^{\pi} \cos nx \, dx$$

$$+ \sum_{k=1}^{\infty} \left[a_k \int_{-\pi}^{\pi} \cos kx \cos nx \, dx + b_k \int_{-\pi}^{\pi} \sin kx \cos nx \, dx \right],$$

由三角函数系的正交性, 上式右端除 $k=n$ 的一项外, 其余各项全为 0, 因而

$$\int_{-\pi}^{\pi} f(x) \cos nx \, dx = a_n \int_{-\pi}^{\pi} \cos^2 nx \, dx = a_n \pi,$$

所以

$$a_n = \frac{1}{\pi} \int_{-\pi}^{\pi} f(x) \cos nx \, dx \quad (n = 1, 2, \cdots).$$

类似地, 用 $\sin nx$ 乘式(11-24)两端, 并在区间 $[-\pi, \pi]$ 上积分, 可得

$$b_n = \frac{1}{\pi} \int_{-\pi}^{\pi} f(x) \sin nx \, dx \quad (n = 1, 2, \cdots).$$

由于当 $n=0$ 时, a_n 的表达式恰好为 a_0, 因此

$$\begin{cases} a_n = \dfrac{1}{\pi} \displaystyle\int_{-\pi}^{\pi} f(x) \cos nx \, dx & (n = 0, 1, 2, \cdots), \\ b_n = \dfrac{1}{\pi} \displaystyle\int_{-\pi}^{\pi} f(x) \sin nx \, dx & (n = 1, 2, \cdots). \end{cases} \tag{11-25}$$

称 a_0, a_n, b_n 为函数 $f(x)$ 的**傅里叶系数**. 由这些系数确定的三角级数

$$\frac{a_0}{2} + \sum_{n=1}^{\infty} (a_n \cos nx + b_n \sin nx)$$

称为函数 $f(x)$ 的**傅里叶级数**. 记为

$$f(x) \sim \frac{a_0}{2} + \sum_{n=1}^{\infty} (a_n \cos nx + b_n \sin nx). \tag{11-26}$$

11. 6. 2. 2　函数 $f(x)$ 展开成傅里叶级数的充分条件

前面我们讨论的问题是:对于以 2π 为周期的函数 $f(x)$,在 $f(x)$ 能够展开成傅里叶级数的前提下,如何来确定级数中的系数 a_0, a_k, b_k,亦即如何写出函数 $f(x)$ 的傅里叶级数的表达式.

然而在一般情况下,一个函数 $f(x)$ 的傅里叶级数未必收敛. 即使收敛,也未必一定收敛于 $f(x)$.当且仅当 $f(x)$ 的傅里叶级数收敛,且收敛于 $f(x)$ 时,才能称"**函数 $f(x)$ 展开成傅里叶级数**",这时式(11-26)中的符号"~"才能换为"=". 因此必须明确函数 $f(x)$ 展开成傅里叶级数的充分条件.

定理 11. 12(狄利克雷(Dirichlet)收敛定理)　设 $f(x)$ 是以 2π 为周期的函数,如果它在一个周期内满足狄利克雷条件:

(1) 连续或只有有限个第一类间断点;

(2) 至多有有限个极值点,

则 $f(x)$ 的傅里叶级数处处收敛,并且

(1) 当 x 是 $f(x)$ 的连续点时,级数收敛于 $f(x)$,即

$$\frac{a_0}{2} + \sum_{n=1}^{\infty} (a_n \cos nx + b_n \sin nx) = f(x);$$

(2) 当 x 是 $f(x)$ 的间断点时,级数收敛于 $\frac{1}{2}\big[f(x-0)+f(x+0)\big]$,即

$$\frac{a_0}{2} + \sum_{n=1}^{\infty} (a_n \cos nx + b_n \sin nx) = \frac{1}{2}\big[f(x-0)+f(x+0)\big].$$

收敛定理表明:只要函数 $f(x)$ 在 $[-\pi,\pi]$ 上至多有有限个第一类间断点,并且不作无限次振动,则函数 $f(x)$ 的傅里叶级数在连续点处都收敛于 $f(x)$;在间断点处则收敛于 $f(x)$ 在该点处左右极限的算术平均值.

可见,函数展开成傅里叶级数的条件远比展开成幂级数的条件弱,这是傅里叶级数被广泛应用于工程技术的原因之一.

例 11. 38　设 $f(x)$ 是以 2π 为周期的函数,它在 $(-\pi,\pi]$ 上的表达式为

$$f(x) = \begin{cases} x, & -\pi < x \leqslant 0, \\ 0, & 0 < x \leqslant \pi. \end{cases}$$

将 $f(x)$ 展开成傅里叶级数.

解　函数 $f(x)$ 的图形如图 11.2 所示.

由图 11.2 可知,$f(x)$ 满足狄利克雷收敛定理的条件,在点 $x=(2k+1)\pi(k=0,\pm 1,\cdots)$ 处不连续. 因此 $f(x)$ 的傅里叶级数在点 $x=(2k+1)\pi$ 处收敛于

$$\frac{f(\pi-0)+f(-\pi+0)}{2} = \frac{0+(-\pi)}{2} = -\frac{\pi}{2};$$

在连续点 $x(x \neq (2k+1)\pi)$ 处收敛于 $f(x)$.

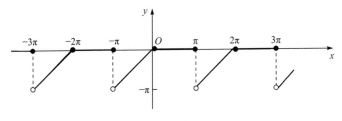

图 11.2

计算傅里叶系数如下：

$$a_0 = \frac{1}{\pi}\int_{-\pi}^{\pi}f(x)\mathrm{d}x = \frac{1}{\pi}\int_{-\pi}^{0}x\mathrm{d}x = \frac{1}{\pi}\left[\frac{x^2}{2}\right]_{-\pi}^{0} = -\frac{\pi}{2},$$

$$a_n = \frac{1}{\pi}\int_{-\pi}^{\pi}f(x)\cos nx\,\mathrm{d}x = \frac{1}{\pi}\int_{-\pi}^{0}x\cos nx\,\mathrm{d}x$$

$$= \frac{1}{\pi}\left[\frac{x\sin nx}{n} + \frac{\cos nx}{n^2}\right]_{-\pi}^{0}$$

$$= \frac{1}{n^2\pi}(1-\cos n\pi) = \frac{1}{n^2\pi}\left[1-(-1)^n\right] \quad (n=1,2,\cdots),$$

$$b_n = \frac{1}{\pi}\int_{-\pi}^{\pi}f(x)\sin nx\,\mathrm{d}x$$

$$= \frac{1}{\pi}\int_{-\pi}^{0}x\sin nx\,\mathrm{d}x = \frac{1}{\pi}\left[-\frac{x\cos nx}{n} + \frac{\sin nx}{n^2}\right]_{-\pi}^{0}$$

$$= -\frac{\cos n\pi}{n} = \frac{(-1)^{n+1}}{n} \quad (n=1,2,\cdots),$$

故 $f(x)$ 展开成的傅里叶级数为

$$f(x) = -\frac{\pi}{4} + \sum_{n=1}^{\infty}\left[\frac{1-(-1)^n}{n^2\pi}\cos nx + \frac{(-1)^{n+1}}{n}\sin nx\right]$$

$$(-\infty < x < +\infty, x \neq (2k+1)\pi, k=0,\pm1,\cdots).$$

11.6.2.3　周期延拓

如果函数 $f(x)$ 只在 $[-\pi,\pi]$ 上有定义，并且满足收敛定理的的条件，那么 $f(x)$ 也可以展开成傅里叶级数. 步骤如下：

（1）在 $[-\pi,\pi)$ 或 $(-\pi,\pi]$ 外补充函数 $f(x)$ 的定义，将 $f(x)$ 拓广成周期为 2π 的周期函数 $F(x)$. 按这种方式拓广函数定义域的过程称为**周期延拓**；

（2）将 $F(x)$ 展开成傅里叶级数；

（3）在区间 $[-\pi,\pi]$ 上，找出 $F(x)$ 的连续区间 U，限制 $x\in U$，此时 $F(x)\equiv f(x)$，从而得到 $f(x)$ 展开成的傅里叶级数.

例 11.39　将函数 $f(x) = \begin{cases} -x, & -\pi \leqslant x < 0, \\ x, & 0 \leqslant x \leqslant \pi \end{cases}$ 展开成傅里叶级数.

解 将 $f(x)$ 在 $(-\infty,\infty)$ 上以 2π 为周期作周期延拓,延拓后的函数 $F(x)$ 的图形如图 11.3 所示.

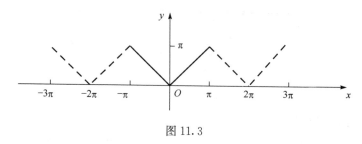

图 11.3

由图 11.3 可见,周期函数 $F(x)$ 在 $(-\infty,\infty)$ 上连续,故它的傅里叶级数在 $[-\pi,\pi]$ 上收敛于 $f(x)$.

由于在对称区间 $[-\pi,\pi]$ 上,$f(x)$ 为偶函数,故

$$a_0 = \frac{1}{\pi}\int_{-\pi}^{\pi}f(x)\mathrm{d}x = \frac{2}{\pi}\int_0^{\pi}x\mathrm{d}x = \frac{2}{\pi}\left[\frac{x^2}{2}\right]_0^{\pi} = \pi,$$

$$a_n = \frac{1}{\pi}\int_{-\pi}^{\pi}f(x)\cos nx\,\mathrm{d}x$$

$$= \frac{2}{\pi}\int_0^{\pi}x\cos nx\,\mathrm{d}x = \frac{2}{\pi}\left[\frac{x\sin nx}{n} + \frac{\cos nx}{n^2}\right]_0^{\pi}$$

$$= \frac{2}{n^2\pi}(\cos n\pi - 1) = \begin{cases} -\dfrac{4}{n^2\pi}, & n = 1,3,5,\cdots, \\ 0, & n = 2,4,6,\cdots, \end{cases}$$

$$b_n = \frac{1}{\pi}\int_{-\pi}^{\pi}f(x)\sin nx\,\mathrm{d}x = 0,$$

所以 $f(x)$ 展开成的傅里叶级数为

$$f(x) = \frac{\pi}{2} - \frac{4}{\pi}\left(\cos x + \frac{1}{3^2}\cos 3x + \frac{1}{5^2}\cos 5x + \cdots\right) \quad (-\pi \leqslant x \leqslant \pi).$$

11.6.3　正弦级数和余弦级数

一般说来,一个函数的傅里叶级数既含有正弦函

11.6　傅里叶级数(二)

数项,又含有余弦函数项(如例 11.38),但是,也有些函数的傅里叶级数只含有正弦项或只含有余弦项(如例 11.39),究其原因,是与所给函数 $f(x)$ 的奇偶性有关.

11.6.3.1　奇函数与偶函数的傅里叶级数

我们知道,以 2π 为周期的函数 $f(x)$ 的傅里叶系数为

$$\begin{cases} a_n = \dfrac{1}{\pi}\displaystyle\int_{-\pi}^{\pi} f(x)\cos nx \, \mathrm{d}x & n = 0,1,2,\cdots, \\[3mm] b_n = \dfrac{1}{\pi}\displaystyle\int_{-\pi}^{\pi} f(x)\sin nx \, \mathrm{d}x & n = 1,2,\cdots. \end{cases}$$

由于奇函数在对称区间上的积分为 0,偶函数在对称区间上的积分值等于半区间上积分值的 2 倍,因此

(1) 当 $f(x)$ 为奇函数时,它的傅里叶系数为

$$\begin{cases} a_n = 0, & n = 0,1,2,\cdots, \\[3mm] b_n = \dfrac{2}{\pi}\displaystyle\int_{0}^{\pi} f(x)\sin nx \, \mathrm{d}x, & n = 1,2,3,\cdots, \end{cases}$$

此时它的傅里叶级数是只含有正弦函数项的**正弦级数**

$$\sum_{n=1}^{\infty} b_n \sin nx.$$

(2) 当 $f(x)$ 为偶函数时,它的傅里叶系数为

$$\begin{cases} a_n = \dfrac{2}{\pi}\displaystyle\int_{0}^{\pi} f(x)\cos nx \, \mathrm{d}x, & n = 0,1,2,\cdots, \\[3mm] b_n = 0, & n = 1,2,3,\cdots, \end{cases}$$

此时它的傅里叶级数是只含有余弦函数项的**余弦级数**

$$\frac{a_0}{2} + \sum_{n=1}^{\infty} a_n \cos nx.$$

例 11.40 设 $f(x)$ 是以 2π 为周期的函数,它在 $[-\pi,\pi)$ 上的表达式为 $f(x)=x$,将 $f(x)$ 展开成傅里叶级数.

解 函数 $f(x)$ 的图形如图 11.4 所示.

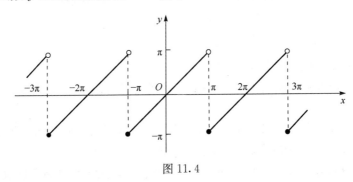

图 11.4

由图可知,$f(x)$ 满足狄利克雷收敛定理的条件,在点 $x=(2k+1)\pi(k=0,\pm1,\cdots)$ 处不连续. 因此 $f(x)$ 的傅里叶级数在点 $x=(2k+1)\pi$ 处收敛于

$$\frac{f(\pi-0)+f(-\pi+0)}{2} = \frac{\pi+(-\pi)}{2} = 0;$$

在连续点 $x(x \neq (2k+1)\pi)$ 处收敛于 $f(x)$.

因 $f(x)$ 为奇函数,则

$$a_n = \frac{1}{\pi} \int_{-\pi}^{\pi} f(x) \cos nx \, dx = 0 \quad (n = 0,1,2,\cdots),$$

$$b_n = \frac{2}{\pi} \int_{-\pi}^{\pi} f(x) \sin nx \, dx = \frac{2}{\pi} \int_0^{\pi} x \sin nx \, dx = \frac{2}{\pi} \left[-\frac{x \cos nx}{n} + \frac{\sin nx}{n^2} \right]_0^{\pi}$$

$$= -\frac{2 \cos n\pi}{n} = \frac{2}{n} (-1)^{n+1} \quad (n = 1,2,\cdots),$$

于是 $f(x)$ 展开成的傅里叶级数为

$$f(x) = 2 \sum_{n=1}^{\infty} \frac{(-1)^{n+1}}{n} \sin nx \quad (-\infty < x < +\infty, x \neq (2k+1)\pi, k = 0, \pm 1, \cdots).$$

11.6.3.2 函数展开成正弦级数或余弦级数

在实际问题中,常常需要把定义在 $[0,\pi]$ 上的函数展开成正弦级数或余弦级数. 根据前面讨论的结果,这类问题可以按如下步骤进行:

(1) 设 $f(x)$ 在 $[0,\pi]$ 上满足收敛定理的条件,在开区间 $(-\pi,0)$ 内补充 $f(x)$ 的定义,从而得到定义在 $(-\pi,\pi]$ 上的函数 $F(x)$.

欲将 $f(x)$ 展开成正弦级数,则将函数 $F(x)$ 定义为奇函数:

$$F(x) = \begin{cases} f(x), & 0 < x \leqslant \pi, \\ 0, & x = 0, \\ -f(x), & -\pi < x < 0. \end{cases}$$

这种定义 $F(x)$ 的方式称为对 $f(x)$ **奇延拓**;

欲将 $f(x)$ 展开成余弦级数,则将函数 $F(x)$ 定义为偶函数:

$$F(x) = \begin{cases} f(x), & 0 \leqslant x \leqslant \pi, \\ f(-x), & -\pi < x < 0. \end{cases}$$

这种定义 $F(x)$ 的方式称为对 $f(x)$ **偶延拓**.

(2) 将 $F(x)$ 在对称区间 $(-\pi,\pi)$ 上展开成傅里叶级数,该级数必为正弦级数或余弦级数;

(3) 在区间 $[0,\pi]$ 上,找出 $F(x)$ 的连续区间 U,限制 $x \in U$,此时 $F(x) \equiv f(x)$. 这样便得到了 $f(x)$ 展开成的正弦级数或余弦级数.

注 在区间端点 $x = 0$ 或 $x = \pi$ 处,正弦级数或余弦级数可能不收敛于 $f(0)$ 或 $f(\pi)$,即正弦级数或余弦级数在区间端点 $x = 0$ 或 $x = \pi$ 处可能不收敛于 $f(x)$,故上述步骤(3)中的限定区间需依据具体的函数来确定.

例 11.41 将函数 $f(x) = x + 1 (0 \leqslant x \leqslant \pi)$ 分别展开成正弦级数和余弦级数.

解 (1) 先求函数的正弦级数.

对 $f(x)$ 进行奇延拓,得到 $(-\pi,\pi)$ 上的奇函数 $F(x)$,如图 11.5 所示.于是

$$a_n=0 \quad (n=0,1,2,\cdots);$$

$$b_n=\frac{2}{\pi}\int_0^\pi (x+1)\sin nx\,\mathrm{d}x$$

$$=\frac{2}{\pi}\left(\left[-\frac{x+1}{n}\cos nx\right]_0^\pi+\frac{1}{n}\int_0^\pi\cos nx\,\mathrm{d}x\right)$$

$$=\frac{2}{\pi}\left(-\frac{\pi+1}{n}\cos n\pi+\frac{1}{n}+\frac{1}{n^2}\left[\sin nx\right]_0^\pi\right)$$

$$=\frac{2}{n\pi}\left[1+(-1)^{n+1}(\pi+1)\right] \quad (n=1,2,\cdots),$$

所以 $f(x)$ 的正弦级数为

$$\sum_{n=1}^\infty\frac{2}{n\pi}\left[1+(-1)^{n+1}(\pi+1)\right]\sin nx.$$

根据收敛定理,在 $x=0$ 处,该正弦级数收敛于

$$\frac{F(0-0)+F(0+0)}{2}=\frac{-1+1}{2}=0\neq f(0);$$

在 $x=\pi$ 处,该正弦级数收敛于

$$\frac{F(\pi-0)+F(\pi+0)}{2}=\frac{F(\pi-0)+F(-\pi+0)}{2}=\frac{(\pi+1)+(-\pi-1)}{2}=0\neq f(\pi);$$

在 $0<x<\pi$ 内,它收敛于 $f(x)$.故 $f(x)$ 展开成的正弦级数为

$$f(x)=x+1=\sum_{n=1}^\infty\frac{2}{n\pi}\left[1+(-1)^{n+1}(\pi+1)\right]\sin nx \quad (0<x<\pi).$$

$$(11\text{-}27)$$

注　在区间端点 $x=0$ 和 $x=\pi$ 处,正弦级数不收敛于 $f(0)$ 和 $f(\pi)$,故 $f(x)$ 展开成的正弦级数只在 $0<x<\pi$ 上收敛.

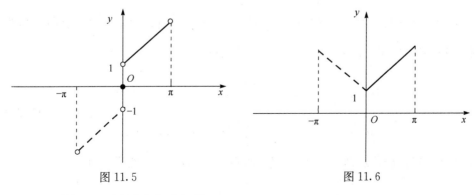

图 11.5　　　　　　　　　　　　图 11.6

(2)再将 $f(x)$ 展开成余弦级数.

对 $f(x)$ 进行偶延拓,得到 $[-\pi,\pi]$ 上的偶函数,如图 11.6 所示.于是

$$b_n = 0 \quad (n=1,2,\cdots),$$

$$a_0 = \frac{2}{\pi}\int_0^\pi (x+1)\mathrm{d}x = \pi + 2,$$

$$a_n = \frac{2}{\pi}\int_0^\pi (x+1)\cos nx\,\mathrm{d}x$$

$$= \frac{2}{\pi}\left(\left[\frac{x+1}{n}\sin nx\right]_0^\pi - \frac{1}{n}\int_0^\pi \sin nx\,\mathrm{d}x\right) = \frac{2}{\pi}\left[\frac{1}{n^2}\cos nx\right]_0^\pi$$

$$= \frac{2}{n^2\pi}\left[(-1)^n - 1\right] \quad (n=1,2,\cdots),$$

所以 $f(x)$ 的余弦级数为

$$\frac{\pi+2}{2} + \sum_{n=1}^{\infty}\frac{2}{n^2\pi}\left[(-1)^n - 1\right]\cos nx.$$

根据收敛定理,该余弦级数在 $0 \leqslant x \leqslant \pi$ 内收敛于 $f(x)$. 故 $f(x)$ 展开成的余弦级数为

$$x + 1 = \frac{\pi+2}{2} + \sum_{n=1}^{\infty}\frac{2}{n^2\pi}\left[(-1)^n - 1\right]\cos nx \quad (0 \leqslant x \leqslant \pi).$$

11.6.4 以 $2l$ 为周期的函数展开成傅里叶级数

实际问题中的许多周期函数并不以 2π 为周期,因此有必要研究以实数 $2l$ 为周期的函数展开成傅里叶级数.

定理 11.13 设周期为 $2l$ 的周期函数 $f(x)$ 满足狄利克雷收敛定理的条件,则 $f(x)$ 的傅里叶级数为

$$\frac{a_0}{2} + \sum_{n=1}^{\infty}a_n\cos\frac{n\pi x}{l} + b_n\sin\frac{n\pi x}{l}, \tag{11-28}$$

当 x 为 $f(x)$ 的连续点时,级数(11-28)收敛于 $f(x)$;当 x 为 $f(x)$ 的间断点时,级数(11-28)收敛于 $\frac{1}{2}\left[f(x-0)+f(x+0)\right]$. 其中

$$\begin{cases} a_n = \dfrac{1}{l}\displaystyle\int_{-l}^{l}f(x)\cos\dfrac{n\pi x}{l}\mathrm{d}x & (n=0,1,2,\cdots), \\ b_n = \dfrac{1}{l}\displaystyle\int_{-l}^{l}f(x)\sin\dfrac{n\pi x}{l}\mathrm{d}x & (n=1,2,\cdots). \end{cases} \tag{11-29}$$

如果 $f(x)$ 为奇函数,则 $f(x)$ 的傅里叶级数(11-28)为正弦级数,其中

$$a_n = 0 \quad (n=0,1,2,\cdots),$$

$$b_n = \frac{2}{l}\int_0^l f(x)\sin\frac{n\pi x}{l}\mathrm{d}x \quad (n=1,2,\cdots).$$

如果 $f(x)$ 为偶函数,则 $f(x)$ 的傅里叶级数(11-28)为余弦级数,其中系数

$$a_n = \frac{2}{l} \int_0^l f(x) \cos \frac{n\pi x}{l} dx \quad (n = 0, 1, 2, \cdots),$$

$$b_n = 0 \quad (n = 1, 2, \cdots).$$

证　作变量代换 $z = \frac{\pi x}{l}$,当 $x \in [-l, l]$ 时,$z \in [-\pi, \pi]$,函数 $f(x)$ 可表示成

$f(x) = f\left(\frac{zl}{\pi}\right) = F(z)$,这两个函数的连续点与间断点相互对应的,从而 $F(z)$ 是周

期为 2π 的周期函数且满足狄利克雷收敛定理的条件.因此,在连续点处,$F(z)$ 可

以展开成为傅里叶级数

$$F(z) = \frac{a_0}{2} + \sum_{n=1}^{\infty} a_n \cos nz + b_n \sin nz, \tag{11-30}$$

其傅里叶系数为

$$\begin{cases} a_n = \dfrac{1}{\pi} \displaystyle\int_{-\pi}^{\pi} F(z) \cos nz \, dz, & n = 0, 1, 2, \cdots, \\ b_n = \dfrac{1}{\pi} \displaystyle\int_{-\pi}^{\pi} F(z) \sin nz \, dz, & n = 1, 2, \cdots. \end{cases} \tag{11-31}$$

由于 $z = \dfrac{\pi x}{l}$,$F(z) \equiv f(x)$,式(11-30)、(11-31)可分别改写成

$$f(x) = \frac{a_0}{2} + \sum_{n=1}^{\infty} a_n \cos \frac{n\pi x}{l} + b_n \sin \frac{n\pi x}{l},$$

$$a_n = \frac{1}{\pi} \int_{-\pi}^{\pi} F(z) \cos nz \, dz = \frac{1}{\pi} \int_{-l}^{l} f(x) \cos \frac{n\pi x}{l} d\left(\frac{\pi x}{l}\right)$$

$$= \frac{1}{l} \int_{-l}^{l} f(x) \cos \frac{n\pi x}{l} dx,$$

$$b_n = \frac{1}{\pi} \int_{-\pi}^{\pi} F(z) \sin nz \, dz = \frac{1}{\pi} \int_{-l}^{l} f(x) \sin \frac{n\pi x}{l} d\left(\frac{\pi x}{l}\right)$$

$$= \frac{1}{l} \int_{-l}^{l} f(x) \sin \frac{n\pi x}{l} dx.$$

例 11.42　设 $f(x)$ 是周期为 4 的周期函数,它在 $[-2, 2]$ 上的表达式为

$$f(x) = \begin{cases} 0, & -2 \leqslant x < 0, \\ 1, & 0 \leqslant x < 2, \end{cases}$$

将它展开成傅里叶级数.

解　$f(x)$ 的图形如图 11.7 所示.

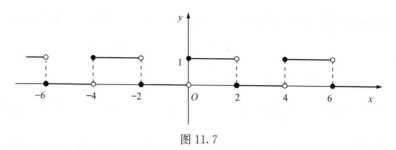

图 11.7

其傅里叶系数为

$$a_0 = \frac{1}{2} \int_{-2}^{2} f(x) \mathrm{d}x = \frac{1}{2} \int_{0}^{2} \mathrm{d}x = 1,$$

$$a_n = \frac{1}{2} \int_{-2}^{2} f(x) \cos \frac{n\pi x}{2} \mathrm{d}x = \frac{1}{2} \int_{0}^{2} \cos \frac{n\pi x}{2} \mathrm{d}x = \frac{1}{2} \left[\frac{2}{n\pi} \sin \frac{n\pi x}{2} \right]_{0}^{2} = 0,$$

$$b_n = \frac{1}{2} \int_{-2}^{2} f(x) \sin \frac{n\pi x}{2} \mathrm{d}x = \frac{1}{2} \int_{0}^{2} \sin \frac{n\pi x}{2} \mathrm{d}x = \frac{1}{2} \left[-\frac{2}{n\pi} \cos \frac{n\pi x}{2} \right]_{0}^{2}$$

$$= \frac{1}{n\pi} \cdot \left[1 - (-1)^n \right].$$

故 $f(x)$ 的傅里叶级数为

$$\frac{1}{2} + \sum_{n=1}^{\infty} \frac{1 - (-1)^n}{n\pi} \sin \frac{n\pi x}{2}.$$

根据狄利克雷收敛定理,有

$$\frac{1}{2} + \sum_{n=1}^{\infty} \frac{1 - (-1)^n}{n\pi} \sin \frac{n\pi x}{2} = \begin{cases} f(x), & x \neq \pm 2k, k = 0, 1, 2, \cdots, \\ \dfrac{1}{2}, & x = 2k, k = 0, 1, 2, \cdots. \end{cases}$$

因此,$f(x)$ 展开成的傅里叶级数为

$$f(x) = \frac{1}{2} + \frac{2}{\pi} \left[\sin \frac{\pi x}{2} + \frac{1}{3} \sin \frac{3\pi x}{2} + \frac{1}{5} \sin \frac{5\pi x}{2} + \cdots \right],$$

其中,$-\infty < x < +\infty, x \neq 2k, k = 0, 1, 2, \cdots.$

例 11.43 将函数 $f(x) = x^2 (0 \leqslant x \leqslant 2)$ 展开成正弦级数和余弦级数.

解 类似于定义在 $[0, \pi]$ 上的函数的延拓方法,将 $f(x)$ 基于区间 $[0, 2]$ 作奇延拓或偶延拓,得到定义在区间 $[-2, 2]$ 上的函数 $g(x)$. 再对 $g(x)$ 作周期延拓,得到定义在 $(-\infty, +\infty)$ 上以 4 为周期的函数 $h(x)$,将其展开成傅里叶级数.

(1) 对 $f(x)$ 作奇延拓,则周期函数 $h(x)$ 的傅里叶系数为

$$a_n = 0, \quad n = 0, 1, 2, \cdots,$$

$$b_n = \frac{2}{2} \int_{0}^{2} x^2 \sin \frac{n\pi x}{2} \mathrm{d}x = (-1)^{n+1} \frac{8}{n\pi} + \frac{16}{n^3 \pi^3} \left[(-1)^n - 1 \right], \quad n = 1, 2, \cdots.$$

故 $h(x)$ 的正弦级数为

$$\sum_{n=1}^{\infty}\left[\frac{(-1)^{n+1}8}{n\pi}+\frac{16}{n^3\pi^3}\left[(-1)^n-1\right]\right]\sin\frac{n\pi x}{2}.$$

由于 $h(x)$ 在 $x=2(2k+1)(k=0,\pm1,\pm2,\cdots)$ 处间断，故 $h(x)$ 展开成的正弦级数为

$$h(x)=\sum_{n=1}^{\infty}\left[\frac{(-1)^{n+1}8}{n\pi}+\frac{16}{n^3\pi^3}\left[(-1)^n-1\right]\right]\sin\frac{n\pi x}{2},$$

其中，$-\infty<x<+\infty,x\neq2,x\neq2(2k+1)(k=\pm1,\pm2,\cdots)$.

由于 $h(x)$ 的正弦级数在 $x=2$ 处不收敛于 $h(x)$，于是 $f(x)$ 展开成的正弦级数为

$$f(x)=x^2=\sum_{n=1}^{\infty}\left[\frac{(-1)^{n+1}8}{n\pi}+\frac{16}{n^3\pi^3}\left[(-1)^n-1\right]\right]\sin\frac{n\pi x}{2},\ 0\leqslant x<2.$$

（2）再将 $f(x)$ 作偶延拓，则周期函数 $h(x)$ 的傅里叶系数为

$$b_n=0,\quad n=1,2,\cdots,$$
$$a_0=\frac{2}{2}\int_0^2 x^2\mathrm{d}x=\frac{8}{3},$$
$$a_n=\frac{2}{2}\int_0^2 x^2\cos\frac{n\pi x}{2}\mathrm{d}x=(-1)^n\frac{16}{n^2\pi^2}.$$

由于函数 $h(x)$ 在 $(-\infty,+\infty)$ 上连续，故 $h(x)$ 展开成的余弦级数为

$$h(x)=x^2=\frac{4}{3}+\sum_{n=1}^{\infty}(-1)^n\frac{16}{n^2\pi^2}\cos\frac{n\pi x}{2},\quad-\infty<x<+\infty.$$

于是 $f(x)$ 展开成的余弦级数为

$$f(x)=x^2=\frac{4}{3}+\sum_{n=1}^{\infty}(-1)^n\frac{16}{n^2\pi^2}\cos\frac{n\pi x}{2},\ 0\leqslant x\leqslant2.$$

习题 11.6

1. 下列函数 $f(x)$ 的周期为 2π，已知 $f(x)$ 在 $[-\pi,\pi)$ 上的表达式，将 $f(x)$ 展开成傅里叶级数：

(1) $f(x)=\begin{cases}-1,&-\pi\leqslant x<0,\\1,&0\leqslant x<\pi;\end{cases}$ 　　　(2) $f(x)=\mathrm{e}^{-x}$.

2. 将下列函数 $f(x)$ 展开成傅里叶级数：

(1) $f(x)=|\sin x|\ (-\pi<x\leqslant\pi)$; 　　　(2) $f(x)=\begin{cases}\mathrm{e}^x,&-\pi\leqslant x<0,\\1,&0\leqslant x\leqslant\pi.\end{cases}$

3. 将 $f(x)=2x^2\ (0\leqslant x\leqslant\pi)$ 分别展开成正弦级数和余弦级数.

4. 将下列各周期函数 $f(x)$ 展开成傅里叶级数，其中函数在一个周期内的表达式分别为

(1) $f(x)=1-x^2\left(-\frac{1}{2}\leqslant x<\frac{1}{2}\right)$; 　　　(2) $f(x)=\begin{cases}2x+1,&-3\leqslant x<0,\\1,&0\leqslant x<3.\end{cases}$

5. 将函数 $f(x)=x^2(-1\leqslant x\leqslant 1)$ 展开成傅里叶级数.

6. 将函数 $f(x)$ 展开成正弦级数和余弦级数,其中

$$f(x)=\begin{cases} x, & 0\leqslant x<1, \\ 2-x, & 1\leqslant x\leqslant 2. \end{cases}$$

7. 证明:当 $0\leqslant x\leqslant\pi$ 时,$\sum_{n=1}^{\infty}\dfrac{\cos nx}{n^2}=\dfrac{x^2}{4}-\dfrac{\pi x}{2}+\dfrac{\pi^2}{6}$,并求数项级数 $\sum_{n=1}^{\infty}\dfrac{1}{(2n-1)^2}$ 的和.

综合练习题十一

一、判断题(将√或×填入相应的括号内)

(　　)1. 若 $\sum_{n=1}^{\infty}u_n$ 收敛于 s,则当 $n\to+\infty$ 时,$\sum_{n=0}^{\infty}u_n$ 的余项$(u_{n+1}+u_{n+2}+\cdots)\to 0$;

(　　)2. 设有级数 $\sum_{n=1}^{\infty}u_n$,k 为非零常数,若级数 $\sum_{n=1}^{\infty}ku_n$ 收敛,则级数 $\sum_{n=1}^{\infty}u_n$ 收敛;

(　　)3. 若 $\sum_{n=0}^{\infty}u_n$ 收敛,$\sum_{n=0}^{\infty}v_n$ 发散,则 $\sum_{n=0}^{\infty}(u_n+v_n)$ 收敛;

(　　)4. 设有级数 $\sum_{n=1}^{\infty}u_n$,若 $\lim_{n\to+\infty}u_n=0$,则 $\sum_{n=1}^{\infty}u_n$ 收敛;

(　　)5. 若正项级数 $\sum_{n=1}^{\infty}u_n$ 收敛,则其部分和数列 $\{s_n\}$ 必有界;

(　　)6. 设有级数 $\sum_{n=1}^{\infty}u_n$,若 $\sum_{n=1}^{\infty}|u_n|$ 发散,则 $\sum_{n=1}^{\infty}u_n$ 发散;

(　　)7. 若幂级数 $\sum_{n=1}^{\infty}a_nx^n$ 在点 x_0 处收敛,则必在点 $-x_0$ 处收敛;

(　　)8. 若幂级数 $\sum_{n=1}^{\infty}a_nx^n$ 的收敛半径为 0,则该级数发散;

(　　)9. 幂级数 $\sum_{n=1}^{\infty}a_nx^n$ 的收敛域为 D,该级数经逐项求导后得到的幂级数的收敛域仍为 D;

(　　)10. 周期为 2π 的偶函数 $f(x)$ 展开成傅里叶级数时,其系数为 $b_n=0(n=1,2,\cdots)$,$a_n=\dfrac{2}{\pi}\displaystyle\int_0^{\pi}f(x)\cos nx\,\mathrm{d}x(n=0,1,2,\cdots)$.

二、单项选择题(将正确选项的序号填入括号内)

1. 若级数 $\sum_{n=0}^{\infty}u_n$ 收敛,则下列级数收敛的有(　　).

(A) $\sum_{n=0}^{\infty}100u_n$;　　(B) $\sum_{n=0}^{\infty}(u_n+100)$;　　(C) $\sum_{n=0}^{\infty}(u_n-100)$;　　(D) $\sum_{n=0}^{\infty}\dfrac{100}{u_n}$.

2. 设正项级数 $\sum_{n=1}^{\infty}u_n$ 收敛,则下列级数收敛的有(　　).

(A) $\sum_{n=1}^{\infty}\sqrt{u_n}$;　　(B) $\sum_{n=1}^{\infty}u_n^2$;　　(C) $\sum_{n=1}^{\infty}\dfrac{1}{u_n}$;　　(D) $\sum_{n=1}^{\infty}(u_n-\sqrt{u_n})$.

3. 设 $\sum\limits_{n=1}^{\infty} u_n$ 为正项级数，且 $\dfrac{u_{n+1}}{u_n} < 1$，则必有（　　）.

(A) $\lim\limits_{n \to +\infty} u_n = 0$；　　　　　　　(B) $\sum\limits_{n=1}^{\infty} u_n$ 收敛；

(C) $\sum\limits_{n=1}^{\infty} u_n$ 发散；　　　　　　　(D) $\sum\limits_{n=1}^{\infty} u_n$ 不一定收敛.

4. 级数 $\sum\limits_{n=1}^{\infty} \dfrac{(-1)^n}{n^p}$ 当（　　）.

(A) $p > 1$ 时条件收敛；　　　　　　(B) $0 < p \leqslant 1$ 时条件收敛；

(C) $0 < p \leqslant 1$ 时绝对收敛；　　　　(D) $0 < p \leqslant 1$ 时发散.

5. 级数 $\sum\limits_{n=1}^{\infty} (-1)^n \left(1 - \cos\dfrac{\alpha}{n}\right)$（$\alpha$ 为常数且 $\alpha > 0$）（　　）.

(A) 绝对收敛；　　(B) 条件收敛；　　　(C) 发散；　　　　(D) 收敛性与 α 有关.

6. 已知幂级数 $\sum\limits_{n=1}^{\infty} a_n x^n$ 在点 x_0 处收敛，而 $R = \lim\limits_{n \to +\infty} \left|\dfrac{a_n}{a_{n+1}}\right|$，则（　　）.

(A) $|x_0| > R$；　　(B) $|x_0| \leqslant R$；　　　(C) $0 \leqslant x_0 \leqslant R$；　　(D) $x_0 > R$.

7. 已知幂级数 $\sum\limits_{n=1}^{\infty} a_n (x+1)^n$ 在点 $x = -2$ 处发散，则该级数在点 $x = 1$ 处（　　）.

(A) 绝对收敛；　　(B) 条件收敛；　　　(C) 发散；　　　　(D) 收敛性不能确定.

8. 设幂级数 $\sum\limits_{n=1}^{\infty} a_n x^n$ 与 $\sum\limits_{n=1}^{\infty} b_n x^n$ 的收敛半径分别为 $\dfrac{\sqrt{5}}{3}$ 与 $\dfrac{1}{3}$，则幂级数 $\sum\limits_{n=1}^{\infty} \dfrac{a_n^2}{b_n^2} x^n$ 的收敛半径为（　　）.

(A) 5；　　　　(B) $\dfrac{\sqrt{5}}{3}$；　　　　(C) $\dfrac{1}{3}$；　　　　(D) $\dfrac{1}{5}$.

9. 设幂级数 $\sum\limits_{n=1}^{\infty} a_n x^n$ 在 $(-4, 4]$ 上收敛，则级数 $\sum\limits_{n=1}^{\infty} \dfrac{a_n}{n} x^n$ 的收敛半径与级数 $\sum\limits_{n=1}^{\infty} a_n x^{2n}$ 的收敛域分别为（　　）.

(A) $4, [-2, 2]$；　(B) $4, [-2, 2)$；　　(C) $+\infty, (-2, 2)$；　(D) $4, (-2, 2]$.

10. 设 $f(x) = \begin{cases} -1, & -\pi \leqslant x < 0, \\ 1 + x^2, & 0 \leqslant x < \pi, \end{cases}$ $f(x)$ 的周期为 2π，则 $f(x)$ 的傅里叶级数在 $x = \pi$ 处收敛于（　　）.

(A) $1 + \pi^2$；　　(B) $\dfrac{1 + \pi^2}{2}$；　　(C) $\dfrac{\pi^2}{2}$；　　(D) $\dfrac{1}{2}$.

三、填空题

1. 已知 $\sum\limits_{n=1}^{\infty} u_n$ 收敛于 s，则级数 $\sum\limits_{n=1}^{\infty} (u_n - u_{n+1})$ 收敛于 _____，级数 $\sum\limits_{n=1}^{\infty} (u_n + u_{n+1})$ 收敛于 _____；

2. 已知 $\sum\limits_{n=1}^{\infty} \dfrac{2^n n!}{n^n}$ 收敛，则 $\lim\limits_{n \to +\infty} \dfrac{2^n n!}{n^n} =$ _____；

3. 当 $|x| < 1$ 时，幂级数 $\sum\limits_{n=1}^{\infty} \dfrac{x^n}{3}$ 的和函数 $s(x) =$ _____；

4. 已知 $\sum\limits_{n=0}^{\infty} a_n x^n$ 的收敛半径为 $R=2$,则在 x 轴上的 $2,-2,1,-1,0,\mathrm{e},\dfrac{1}{\mathrm{e}}$ 这几个点中,幂级数 $\sum\limits_{n=0}^{\infty} a_n\,(x-3)^n$ 的收敛点是 _____;绝对收敛点是 _____;发散点是 _____;不能确定敛散性的点是 _____;

5. 若 $\sum\limits_{n=1}^{\infty} a_n\,(x-b)^n$ 在 $x_1=0$ 处收敛,在 $x_2=2b$ 处发散,则幂级数 $\sum\limits_{n=1}^{\infty} a_n\,(x-b)^n$ 的收敛半径为 _____;

6. 幂级数 $\sum\limits_{n=0}^{\infty} \dfrac{2n-1}{2^n}x^{3n}$ 的收敛域为 _____;

7. 已知级数 $\sum\limits_{n=0}^{\infty} \dfrac{1}{n!}=\mathrm{e}$,则级数 $\sum\limits_{n=0}^{\infty} \dfrac{n+1}{n!}$ 的和 $s=$ _____;

8. 幂级数 $\sum\limits_{n=1}^{\infty} \dfrac{(-1)^n n x^{2n-1}}{(2n)!}$ 的和函数 $s(x)=$ _____;

9. 函数 $\cos\dfrac{x}{2}-1$ 在 $(-\infty,+\infty)$ 内展开成的 x 的幂级数为 _____;

10. 已知函数 $f(x)=\begin{cases} 1, & 0\leqslant x<a, \\ 0, & a\leqslant x<\pi \end{cases}$ 的正弦级数为 $\dfrac{2}{\pi}\sum\limits_{n=1}^{\infty} \dfrac{1-\cos na}{n}\sin nx$,则使等式 $f(x)=\dfrac{2}{\pi}\sum\limits_{n=1}^{\infty} \dfrac{1-\cos na}{n}\sin nx$ 不成立的点是 _____.

四、判定下列级数的敛散性

1. $\sum\limits_{n=1}^{\infty} \dfrac{n^{n+\frac{1}{n}}}{\left(n+\dfrac{1}{n}\right)^n}$;

2. $\sum\limits_{n=1}^{\infty} \left(\dfrac{\pi}{n}-\sin\dfrac{\pi}{n}\right)$;

3. $\sum\limits_{n=1}^{\infty} (-1)^n\dfrac{\ln n}{n}$;

4. $\sum\limits_{n=1}^{\infty} \dfrac{a^n n!}{n^n}(a>0)$.

五、计算下列各题

1. 求幂级数 $\sum\limits_{n=0}^{\infty} \dfrac{n^2+1}{3^n n!}x^n$ 的收敛域与和函数;

2. 将函数 $f(x)=\arctan\dfrac{1+x}{1-x}$ 展开成 x 的幂级数;

3. 将函数 $f(x)=2\sin\dfrac{x}{3}(-\pi\leqslant x\leqslant\pi)$ 展开成傅里叶级数;

4. 将函数 $f(x)=\mathrm{e}^{2x}(0\leqslant x\leqslant\pi)$ 展开成余弦级数.

六、证明题

设有方程 $x^n+nx-1=0$,其中 n 为正整数,证明

(1) 方程存在唯一正实根 x_n;

(2) 当 $\alpha>1$ 时,级数 $\sum\limits_{n=1}^{\infty} x_n^{\alpha}$ 收敛.

附　　录

二阶与三阶行列式

对于二元线性方程组

$$\begin{cases} a_{11}x_1 + a_{12}x_2 = b_1, \\ a_{21}x_1 + a_{22}x_2 = b_2, \end{cases} \tag{1}$$

当 $a_{11}a_{22} - a_{12}a_{21} \neq 0$ 时,用消元法求得的解为

$$x_1 = \frac{a_{22}b_1 - a_{12}b_2}{a_{11}a_{22} - a_{12}a_{21}}, \quad x_2 = \frac{a_{11}b_2 - a_{21}b_1}{a_{11}a_{22} - a_{12}a_{21}}. \tag{2}$$

为便于记忆,将方程组(1)中的未知量的系数 $a_{11}, a_{12}, a_{21}, a_{22}$ 依它们在方程组中的位置排成两行两列,引入记号 $\begin{vmatrix} a_{11} & a_{12} \\ a_{21} & a_{22} \end{vmatrix}$,称之为**二阶行列式**,用来表示数 $a_{11}a_{22} - a_{12}a_{21}$,即

$$D = \begin{vmatrix} a_{11} & a_{12} \\ a_{21} & a_{22} \end{vmatrix} = a_{11}a_{22} - a_{12}a_{21}. \tag{3}$$

构成二阶行列式的 4 个数 $a_{11}, a_{12}, a_{21}, a_{22}$ 称为行列式的**元素**. 它们排成两行两列,横的各排叫做**行**,纵的各排叫做**列**. 数 $a_{ij}(i, j = 1, 2)$ 称为行列式的第 i 行第 j 列元素.

如果把元素 a_{11} 到 a_{22} 的连线称为行列式的**主对角线**,而 a_{21} 到 a_{12} 的连线称为行列式的**次对角线**,则二阶行列式的值就等于主对角线上元素之积减去次对角线上元素之积. 这种算法称为**对角线法则**.

线性方程组(1)的系数构成的行列式 D 称为方程组(1)的**系数行列式**.

按照二阶行列式的定义,式(2)中 x_1, x_2 的表达式中的分子可分别记为

$$D_1 = \begin{vmatrix} b_1 & a_{12} \\ b_2 & a_{22} \end{vmatrix} = a_{22}b_1 - a_{12}b_2, \quad D_2 = \begin{vmatrix} a_{11} & b_1 \\ a_{21} & b_2 \end{vmatrix} = b_2a_{11} - b_1a_{21}.$$

显然, $D_i(i = 1, 2)$ 即为 D 中的第 i 列换成方程组(1)的常数项所得到的行列式.

于是,当 $D \neq 0$ 时,线性方程组(1)的解可唯一地表示为

$$x_1 = \frac{D_1}{D}, \quad x_2 = \frac{D_2}{D}. \tag{4}$$

例 1　求解线性方程组

$$\begin{cases} 3x_1 + 4x_2 = 10, \\ x_1 - 2x_2 = 5. \end{cases}$$

解　由于 $D = \begin{vmatrix} 3 & 4 \\ 1 & -2 \end{vmatrix} = -10 \neq 0$，且

$$D_1 = \begin{vmatrix} 10 & 4 \\ 5 & -2 \end{vmatrix} = -40, \quad D_2 = \begin{vmatrix} 3 & 10 \\ 1 & 5 \end{vmatrix} = 5,$$

由式(4)得

$$x_1 = \frac{D_1}{D} = 4, \quad x_2 = \frac{D_2}{D} = -\frac{1}{2}.$$

对于三元线性方程组

$$\begin{cases} a_{11}x_1 + a_{12}x_2 + a_{13}x_3 = b_1, \\ a_{21}x_1 + a_{22}x_2 + a_{23}x_3 = b_2, \\ a_{31}x_1 + a_{32}x_2 + a_{33}x_3 = b_3. \end{cases} \tag{5}$$

将未知量的系数按它们在方程组中的位置排成 3 行 3 列，引入**三阶行列式**

$$D = \begin{vmatrix} a_{11} & a_{12} & a_{13} \\ a_{21} & a_{22} & a_{23} \\ a_{31} & a_{32} & a_{33} \end{vmatrix}, \tag{6}$$

称 D 为线性方程组(5)的**系数行列式**. 再将 D 中的第 1 列、第 2 列、第 3 列分别换成方程组(5)的常数列，分别引入三阶行列式

$$D_1 = \begin{vmatrix} b_1 & a_{12} & a_{13} \\ b_2 & a_{22} & a_{23} \\ b_3 & a_{32} & a_{33} \end{vmatrix}, \quad D_2 = \begin{vmatrix} a_{11} & b_1 & a_{13} \\ a_{21} & b_2 & a_{23} \\ a_{31} & b_3 & a_{33} \end{vmatrix}, \quad D_3 = \begin{vmatrix} a_{11} & a_{12} & b_1 \\ a_{21} & a_{22} & b_2 \\ a_{31} & a_{32} & b_3 \end{vmatrix},$$

其中，D, D_1, D_2, D_3 分别定义为

$$\begin{aligned} D &= a_{11}a_{22}a_{33} + a_{12}a_{23}a_{31} + a_{13}a_{21}a_{32} - a_{13}a_{22}a_{31} - a_{12}a_{21}a_{33} - a_{11}a_{23}a_{32}, \\ D_1 &= b_1a_{22}a_{33} + b_3a_{12}a_{23} + b_2a_{13}a_{32} - b_3a_{13}a_{22} - b_2a_{12}a_{33} - b_1a_{23}a_{32}, \\ D_2 &= b_2a_{11}a_{33} + b_1a_{23}a_{31} + b_3a_{13}a_{21} - b_2a_{13}a_{31} - b_1a_{21}a_{33} - b_3a_{11}a_{23}, \\ D_3 &= b_3a_{11}a_{22} + b_2a_{12}a_{31} + b_1a_{21}a_{32} - b_1a_{22}a_{31} - b_3a_{12}a_{21} - b_2a_{11}a_{32}. \end{aligned} \tag{7}$$

则当 $D \neq 0$ 时，

$$x_1 = \frac{D_1}{D}, \quad x_2 = \frac{D_2}{D}, \quad x_3 = \frac{D_3}{D}$$

正是线性方程组(5)的唯一解.

三阶行列式的值仍可由**对角线法则**来记忆. 以 D 为例. 由式(7)，D 由 6 项构

成,每一项均为行列式 D 的不同行不同列的 3 个元素的乘积再冠以正负号,其规律如图 1 所示.

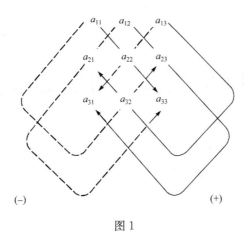

图 1

图 1 中的 3 条实线平行于主对角线,实线上 3 个元素之积冠以正号;3 条虚线平行于次对角线,虚线上 3 个元素之积冠以负号.

例 2　计算

$$D=\begin{vmatrix} 2 & -1 & 1 \\ 3 & 2 & 1 \\ -1 & 3 & -1 \end{vmatrix}.$$

解　$D = 2\times2\times(-1)+(-1)\times1\times(-1)+1\times3\times3$
$\qquad -1\times2\times(-1)-(-1)\times3\times(-1)-2\times3\times1$
$\quad = -4+1+9-(-2)-3-6$
$\quad = -1.$

习题与综合练习题参考答案

第 7 章

·习题 7.1

1. $d=5a-11b+7c$.

2. $\overrightarrow{AB}=\dfrac{1}{2}(a-b)$,　$\overrightarrow{CD}=\dfrac{1}{2}(b-a)$,　$\overrightarrow{BC}=\dfrac{1}{2}(a+b)$,　$\overrightarrow{DA}=-\dfrac{1}{2}(a+b)$.

·习题 7.2

1. 点 A 在第 Ⅱ 卦限,点 B 在第 Ⅳ 卦限,点 C 在第 Ⅲ 卦限,点 D 在第 Ⅷ 卦限.

2. 在空间直角坐标系中,若点 $M(a,b,c)$ 的三个坐标 a,b,c 中至少有一个为 0,则点 M 必在坐标面上;特别地,恰有一个为 0,则点 M 只在坐标面上;恰有两个为 0,则点 M 必在坐标轴上;恰有三个为零,则为坐标原点.

点 A 在 xOy 坐标面上,点 B 在 yOz 坐标面上,点 C 在 x 轴上,点 D 在 y 轴上.

3. 点 $P(a,b,c)$ 关于 xOy 坐标面,yOz 坐标面,xOz 坐标面的对称点分别为 $(a,b,-c)$,$(-a,b,c)$,$(a,-b,c)$;关于 x 轴,y 轴,z 轴的对称点分别为 $(a,-b,-c)$,$(-a,b,-c)$,$(-a,-b,c)$;关于坐标原点的对称点的坐标为 $(-a,-b,-c)$.

4. 过点 $P(a,b,c)$ 且平行于 z 轴的直线上点的坐标为 (a,b,z);过点 $P(a,b,c)$ 且平行于 xOy 的平面上的点的坐标为 (x,y,c).

5. $\sqrt{6}$.

7. $\left(0,0,\dfrac{4}{3}\right)$.

8. $P(5,-3,4)$ 到 x,y,z 轴的距离分别为 $5,\sqrt{41},\sqrt{34}$.

9. $\overrightarrow{P_1P_2}=\{1,-2,-2\}$,　$-2\overrightarrow{P_1P_2}=\{-2,4,4\}$.

10. $\left\{\dfrac{1}{\sqrt{6}},\dfrac{1}{\sqrt{6}},-\dfrac{2}{\sqrt{6}}\right\}$.

11. $b=\{-48,45,-36\}$.

12. $|\overrightarrow{P_1P_2}|=2$;　$\cos\alpha=-\dfrac{1}{2}$,$\cos\beta=-\dfrac{\sqrt{2}}{2}$,$\cos\gamma=\dfrac{1}{2}$;　$\alpha=\dfrac{2\pi}{3}$,$\beta=\dfrac{3\pi}{4}$,$\gamma=\dfrac{\pi}{3}$.

13. (1) 向量垂直于 x 轴,平行于 yOz 面;

  (2) 向量的方向与 y 轴的正向一致,垂直于 zOx 面;

  (3) 向量同时垂直于 x 轴和 y 轴,平行于 z 轴,垂直于 xOy 面.

14. $\{3,3\sqrt{2},3\}$.

15. $(3,3\sqrt{2},\pm 3)$.

16. $\boldsymbol{m}$ 在 x 轴上的投影为 13,在 y 轴上的分向量为 $7\boldsymbol{j}$.

17. $(-2,3,0)$.

· 习题 7.3

1. (1) 3; (2) $5\boldsymbol{i}+\boldsymbol{j}+7\boldsymbol{k}$; (3) $\dfrac{3}{\sqrt{14}}$; (4) $\dfrac{3}{\sqrt{6}}$; (5) $\dfrac{3}{2\sqrt{21}}$.

2. -103.

3. 10.

4. $\lambda=2\mu$.

5. $\{-8,4,-8\}$.

6. (1) 2; (2) $-\boldsymbol{j}-\boldsymbol{k}$; (3) $-8\boldsymbol{j}-24\boldsymbol{k}$.

7. (1) $\pm\dfrac{1}{25}(15\boldsymbol{i}+12\boldsymbol{j}+16\boldsymbol{k})$; (2) $\dfrac{25}{2}$; (3) 5.

· 习题 7.4

1. (1) 平行于 zOx 平面; (2) xOy 坐标面; (3) 平行于 z 轴; (4) 过 z 轴;

  (5) 在 x 轴、y 轴、z 轴上的截距分别为 1,1 和 1; (6) 过原点.

2. (1) $x+3y-2z-20=0$; (2) $x+3y+z-4=0$; (3) $2x-y-3z+5=0$;

  (4) $z=5$;   (5) $2y+3z-13=0$.

3. $\dfrac{\pi}{3}$.

4. $2x-y-z=0$.

5. $\dfrac{5}{\sqrt{38}}$.

· 习题 7.5

1. $\dfrac{x-1}{5}=\dfrac{y-1}{2}=\dfrac{z-2}{3}$; $\begin{cases}x=1+5t,\\ y=1+2t,\\ z=2+3t.\end{cases}$

2. (1) $\dfrac{x-1}{2}=y+1=\dfrac{z-2}{3}$; (2) $\dfrac{x-1}{-1}=\dfrac{y}{1}=\dfrac{z-2}{-1}$;

  (3) $\dfrac{x-1}{4}=\dfrac{y-2}{-2}=\dfrac{z-3}{5}$; (4) $\dfrac{x-1}{2}=\dfrac{y+3}{3}=\dfrac{z-2}{-1}$.

3. (1)直线与平面平行.   (2)直线与平面垂直.

   (3) 直线与平面的夹角为 $\dfrac{\pi}{4}$.   (4) 直线在平面上.

4. $(-3,0,4)$； $\arcsin\dfrac{\sqrt{6}}{6}$.

5. $8x-y-6z-10=0$.

6. $\begin{cases} x+4y-2z-8=0, \\ 2x+y+3z+1=0. \end{cases}$

• 习题 7.6

1. $(x-1)^2+(y+2)^2+(z-2)^2=9$.

2. $\left(x+\dfrac{2}{3}\right)^2+(y+1)^2+\left(z+\dfrac{4}{3}\right)^2=\dfrac{116}{9}$.

3. (1) 平面解析几何:直线;空间解析几何:坐标平面;

   (2) 平面解析几何:直线;空间解析几何:平面;

   (3) 平面解析几何:圆;空间解析几何:圆柱面;

   (4) 平面解析几何:双曲线;空间解析几何:双曲柱面.

4. (1) 旋转抛物面;   (2) 两相交平面;   (3) z 轴;

   (4) 过 x 轴的平面;   (5) 两平行平面;   (6) 椭圆柱面;

   (7) 双曲柱面;   (8) 抛物柱面;   (9) 圆锥面.

5. (1) $y^2+z^2=5x$;   (2) $4x^2-9y^2+4z^2=36$;

   (3) $(x^2+y^2+z^2+3)^2=16(x^2+z^2)$;   (4) $4(x^2+y^2)=(3z-1)^2$.

6. (1) 旋转曲面. 由 xOy 面上的圆 $x^2+y^2=1$ 绕 x 轴或 y 轴旋转一周形成;或者由 yOz 面上的圆 $y^2+z^2=1$ 绕 y 轴或 z 轴旋转一周形成;或者由 zOx 面上的圆 $x^2+z^2=1$ 绕 x 轴或 z 轴旋转一周形成;

   (2) 非旋转曲面;

   (3) 旋转曲面. 由 xOy 面上的双曲线 $x^2-y^2=1$ 绕 y 轴或由 yOz 面上的双曲线 $z^2-y^2=1$ 绕 y 轴旋转一周形成;

   (4) 旋转曲面. 由 yOz 面上的直线 $y+z=1$ 绕 z 轴或者由 zOx 面上的直线 $x+z=1$ 绕 z 轴旋转一周形成.

7. (1) $x^2+y^2+8z=16$,旋转抛物面;   (2) $x^2-10z+25=0$,柱面;

   (3) $4x^2-y^2-z^2=0$,圆锥面.

• 习题 7.7

1. (1) 平面解析几何:两直线的交点;空间解析几何:两个平面的交线;

   (2) 平面解析几何:直线和椭圆的交点;空间解析几何:平面和柱面的交线.

2. $\begin{cases} 9y^2=z, \\ x=0. \end{cases}$

3. (1) $\begin{cases} x=2\sqrt{2}\cos\theta, \\ y=4\sin\theta, \qquad 0\leqslant\theta\leqslant 2\pi; \\ z=2\sqrt{2}\cos\theta, \end{cases}$ (2) $\begin{cases} x=2+2\cos\theta, \\ y=2\sin\theta, \qquad 0\leqslant\theta\leqslant 2\pi. \\ z=0, \end{cases}$

4. (1) $\begin{cases} 4x^2+2y^2=1, \\ z=0. \end{cases}$ (2) $\begin{cases} (x+1)^2+(y+2)^2=6, \\ z=0. \end{cases}$ (3) $\begin{cases} x^2+y^2=1, \\ z=0. \end{cases}$

5. (1) $x^2+y^2\leqslant 4$; (2) $1\leqslant x^2+y^2\leqslant 4$.

综合练习题七

一、1. ×; 2. ×; 3. ×; 4. ×; 5. ×; 6. ×; 7. √; 8. √;
9. √; 10. ×.

二、1. C; 2. A; 3. C; 4. A; 5. A; 6. B; 7. C; 8. C;
9. D; 10. B.

三、1. $\pm\left\{\dfrac{3}{5},-\dfrac{4}{5},0\right\}$; 2. 3; 3. $(0,2,0)$; 4. $(x-2)^2+y^2+z^2=4$;

5. $3x+y-9z=0$; 6. $\dfrac{7\sqrt{2}}{10}$; 7. $-2x+3y+z+3=0$;

8. $5x-2y+11z+10=0$; 9. $\varphi=\dfrac{\pi}{6}$; 10. $x-y-z=0$.

四、1. $-42;-6\mathbf{i}-2\mathbf{j}-10\mathbf{k};\dfrac{\sqrt{21}}{6}$. 2. $\left\{\dfrac{1}{3},-\dfrac{2}{3},-\dfrac{2}{3}\right\}$. 3. $\left(4,-\dfrac{1}{2},\dfrac{1}{2}\right)$.

4. $\begin{cases} x-y+2z-1=0, \\ x-y-z=0. \end{cases}$ 5. $\begin{cases} 13y^2+5z^2+15yz+7y-4=0, \\ x=0. \end{cases}$ 6. $\dfrac{\sqrt{3}}{3}$.

第 8 章

· 习题 8.1

1. (1) $D=\{(x,y)\,|\,x^2+2y^2\neq 0\}$;

(2) $D=\{(x,y)\,|\,x-2y+1>0\}$;

(3) $D=\left\{(x,y)\,\Big|\,\dfrac{x^2}{a^2}+\dfrac{y^2}{b^2}\leqslant 1\right\}$;

(4) $D=\{(x,y)\,|\,x>-1\text{ 且 }x>y\}$;

(5) $D=\{(x,y)\,|\,x,y\geqslant 0\text{ 且 }y\leqslant x^2\}$;

(6) $D=\{(x,y)\,|\,x<0\text{ 且 }x\leqslant y\leqslant -x\}\bigcup\{(x,y)\,|\,x>0\text{ 且 }-x\leqslant y\leqslant x\}$.

3. (1) 23; (2) $\dfrac{y^2-4x^2y+12x^3}{x^3y^2}$; (3) $\dfrac{x^2-2xy+3y^2}{x^2}$; (4) $-2x+6y+3h$;

4. x^2-1.

5. (1) 1; (2) 0; (3) $-\dfrac{1}{4}$; (4) 6; (5) e^{x^2}; (6) $-\dfrac{1}{2}$.

7. (1) $\{(x,y)\,|\,y=\pm x\}$; (2) $\{(x,y)\,|\,x^2+y^2\geqslant 1\}$.

· 习题 8.2

1. (1) $\dfrac{\partial z}{\partial x}=3x^2y-y^3$, $\quad\dfrac{\partial z}{\partial y}=x^3-3xy^2$;

(2) $\dfrac{\partial z}{\partial x}=\dfrac{1}{2x\sqrt{\ln(xy)}}$, $\quad\dfrac{\partial z}{\partial y}=\dfrac{1}{2y\sqrt{\ln(xy)}}$;

(3) $\dfrac{\partial z}{\partial x}=\dfrac{1}{y}\cos\dfrac{x}{y}+\mathrm{e}^{-xy}-xy\mathrm{e}^{-xy}$, $\quad\dfrac{\partial z}{\partial y}=-\dfrac{x}{y^2}\cos\dfrac{x}{y}-x^2\mathrm{e}^{-xy}$;

(4) $\dfrac{\partial u}{\partial x}=\dfrac{z}{y}\left(\dfrac{x}{y}\right)^{z-1}$, $\quad\dfrac{\partial u}{\partial y}=-\dfrac{xz}{y^2}\left(\dfrac{x}{y}\right)^{z-1}$, $\quad\dfrac{\partial u}{\partial z}=\left(\dfrac{x}{y}\right)^{z}\ln\dfrac{x}{y}$.

2. (1) $f_x(1,1)=1$, $\quad f_y(1,1)=2\ln2+1$;

(2) $f_x(2,\pi)=\dfrac{\pi}{4}\sin\dfrac{2}{\pi}$, $\quad f_y(2,\pi)=-\dfrac{1}{2}\sin\dfrac{2}{\pi}$.

3. (1) $\dfrac{\partial^2 z}{\partial x^2}=\dfrac{2}{y}\sec^2\dfrac{x^2}{y}+\dfrac{8x^2}{y^2}\sec^2\dfrac{x^2}{y}\tan\dfrac{x^2}{y}$;

$\dfrac{\partial^2 z}{\partial y^2}=\dfrac{2x^2}{y^3}\sec^2\dfrac{x^2}{y}+\dfrac{2x^4}{y^4}\sec^2\dfrac{x^2}{y}\tan\dfrac{x^2}{y}$;

$\dfrac{\partial^2 z}{\partial x\partial y}=-\dfrac{2x}{y^2}\sec^2\dfrac{x^2}{y}-\dfrac{4x^3}{y^3}\sec^2\dfrac{x^2}{y}\tan\dfrac{x^2}{y}$.

(2) $\dfrac{\partial^2 z}{\partial x^2}=-\dfrac{3xy^2}{(x^2+y^2)^{\frac{5}{2}}}$, $\quad\dfrac{\partial^2 z}{\partial y^2}=\dfrac{x(2y^2-x^2)}{(x^2+y^2)^{\frac{5}{2}}}$.

(3) $\dfrac{\partial^3 u}{\partial x\partial y\partial z}=(1+3xyz+x^2y^2z^2)\mathrm{e}^{xyz}$.

· 习题 8.3

1. $\Delta z\approx-0.119$, $\mathrm{d}z=-0.125$.

2. (1) $\left(y+\dfrac{1}{y}\right)\mathrm{d}x+\left(x-\dfrac{x}{y^2}\right)\mathrm{d}y$;

(2) $\dfrac{y}{\sqrt{1-(xy)^2}}\mathrm{d}x+\dfrac{x}{\sqrt{1-(xy)^2}}\mathrm{d}y$;

(3) $\dfrac{x}{x^2+y^2}\mathrm{d}x+\dfrac{y}{x^2+y^2}\mathrm{d}y$;

(4) $-\mathrm{e}^{x^2}\mathrm{d}x+\mathrm{e}^{y^2}\mathrm{d}y$;

(5) $\tan(yz)\mathrm{d}x+xz\sec^2(yz)\mathrm{d}y+xy\sec^2(yz)\mathrm{d}z$;

(6) $[\mathrm{e}^x(x^2+y^2+z^2)+2x\mathrm{e}^x]\mathrm{d}x+2y\mathrm{e}^x\mathrm{d}y+2z\mathrm{e}^x\mathrm{d}z$.

3. $\mathrm{d}x-\mathrm{d}y$.

4. 0.4766.

· 习题 8.4

1. (1) $\dfrac{\mathrm{d}z}{\mathrm{d}t}=2(x-y)(2-3\mathrm{e}^{3t})$; $\quad$ (2) $\dfrac{\mathrm{d}z}{\mathrm{d}x}=\dfrac{1}{1+x^2}$;

(3) $\dfrac{\mathrm{d}u}{\mathrm{d}x}=(1-2x)\sin(\cos x)-(x-x^2)\sin x\cos(\cos x)$;

(4) $\dfrac{\partial z}{\partial u}=3u^2\cos^2 v\sin v-3u^2\sin^2 v\cos v$,

$\quad\dfrac{\partial z}{\partial v}=-2u^3\sin v\cos v(\sin v+\cos v)+u^3(\sin^3 v+\cos^3 v)$;

(5) $\dfrac{\partial u}{\partial x}=2x+4x^3\cos^2 y$, $\quad\dfrac{\partial u}{\partial y}=2y-2x^4\sin y\cos y$.

2. (1) $\dfrac{\partial z}{\partial x}=f'(x+y)$, $\quad\dfrac{\partial z}{\partial y}=f'(x+y)$;

(2) $\dfrac{\partial z}{\partial x}=f'_1+f'_2$, $\quad\dfrac{\partial z}{\partial y}=f'_1-f'_2$;

(3) $\dfrac{\partial z}{\partial x}=\mathrm{e}^x y^2 f'_1-2xf'_2$, $\quad\dfrac{\partial z}{\partial y}=2y\mathrm{e}^x f'_1+f'_2$;

(4) $\dfrac{\partial u}{\partial x}=\dfrac{1}{y}f'_1-\dfrac{z}{x^2}f'_3$, $\quad\dfrac{\partial u}{\partial y}=-\dfrac{x}{y^2}f'_1+\dfrac{1}{z}f'_2$, $\quad\dfrac{\partial u}{\partial z}=-\dfrac{y}{z^2}f'_2+\dfrac{1}{x}f'_3$.

4. (1) $\dfrac{\partial z}{\partial x}=2xf'_1+y\mathrm{e}^{xy}f'_2$, $\quad\dfrac{\partial z}{\partial y}=-2yf'_1+x\mathrm{e}^{xy}f'_2$,

$\quad\dfrac{\partial^2 z}{\partial x^2}=2f'_1+y^2\mathrm{e}^{xy}f'_2+4x^2 f''_{11}+4xy\mathrm{e}^{xy}f''_{12}+y^2\mathrm{e}^{2xy}f''_{22}$;

(2) $\dfrac{\partial u}{\partial x}=2xf'(x^2+y^2+z^2)$, $\quad\dfrac{\partial^2 u}{\partial x\partial y}=4xyf''(x^2+y^2+z^2)$,

$\quad\dfrac{\partial^2 u}{\partial x\partial y\partial z}=8xyzf'''(x^2+y^2+z^2)$.

· 习题 8.5

1. (1) $\dfrac{\mathrm{d}y}{\mathrm{d}x}=\dfrac{\mathrm{e}^x-y^2}{2xy-\cos y}$;

(2) $\dfrac{\partial z}{\partial x}=-\dfrac{\sqrt{xyz}-yz}{2\sqrt{xyz}-xy}$, $\quad\dfrac{\partial z}{\partial y}=-\dfrac{2\sqrt{xyz}-xz}{2\sqrt{xyz}-xy}$;

(3) $\dfrac{\partial^2 z}{\partial x^2}=\dfrac{2y^2 z\mathrm{e}^z-2xy^3 z-y^2 z^2\mathrm{e}^z}{(\mathrm{e}^z-xy)^3}$, $\quad\dfrac{\partial^2 z}{\partial x\partial y}=\dfrac{z\mathrm{e}^{2z}-xyz^2\mathrm{e}^z-x^2 y^2 z}{(\mathrm{e}^z-xy)^3}$.

2. $\dfrac{\partial z}{\partial x}=-\dfrac{F'_1+F'_2+F'_3}{F'_3}$, $\quad\dfrac{\partial z}{\partial y}=-\dfrac{F'_2+F'_3}{F'_3}$.

3. 提示: $\dfrac{\partial z}{\partial x}=\dfrac{c\varphi'_1}{a\varphi'_1+b\varphi'_2}$, $\quad\dfrac{\partial z}{\partial y}=\dfrac{c\varphi'_2}{a\varphi'_1+b\varphi'_2}$.

*4. $\dfrac{\partial u}{\partial x}=\dfrac{\sin v}{\mathrm{e}^u(\sin v-\cos v)+1}$, $\quad\dfrac{\partial v}{\partial x}=\dfrac{\cos v-\mathrm{e}^u}{u[\mathrm{e}^u(\sin v-\cos v)+1]}$.

*5. $\dfrac{\mathrm{d}y}{\mathrm{d}x}=\dfrac{z-x}{y-z}$, $\quad\dfrac{\mathrm{d}z}{\mathrm{d}x}=\dfrac{x-y}{y-z}$.

· **习题 8.6**

1. (1) $-\dfrac{2}{5}$;　　(2) 3;　　(3) 5.

2. $\{-1,0,11\}$.

3. $i+j$.　(1) $i+j$；　　(2) $-i-j$；　　(3) $-i+j$ 与 $i-j$.

4. $\{-1.2,-4\}$.

· **习题 8.7**

1. (1) $\dfrac{4x-a}{\sqrt{3}a}=\dfrac{4y-\sqrt{3}b}{b}=\dfrac{4z-3c}{-\sqrt{3}c}$;

$\dfrac{\sqrt{3}}{2}a\left(x-\dfrac{1}{4}a\right)+\dfrac{1}{2}b\left(y-\dfrac{\sqrt{3}}{4}b\right)-\dfrac{\sqrt{3}}{2}c\left(z-\dfrac{3}{4}c\right)=0.$

(2) $\dfrac{x}{-1}=\dfrac{2y-\pi-2}{4}=\dfrac{z-3}{3}$;　　$x-2y-3z+\pi+11=0.$

(3) $\dfrac{x-1}{1}=\dfrac{y-1}{0}=\dfrac{z-2}{2}$;　　$x+2z-5=0.$

(4) $x-\dfrac{R}{\sqrt{2}}=-y+\dfrac{R}{\sqrt{2}}=-z+\dfrac{R}{\sqrt{2}}$;　　$x-y-z+\dfrac{R}{\sqrt{2}}=0.$

2. $\dfrac{3x+1}{1}=\dfrac{9y-1}{-2}=\dfrac{27z+1}{3}$,　　$\dfrac{x+1}{1}=\dfrac{y-1}{-2}=\dfrac{z+1}{3}$.

3. (1) $x+6y-z-4=0$;　　$\dfrac{x}{1}=\dfrac{y-1}{6}=\dfrac{z-2}{-1}$.

(2) $x+5y+2z-2=0$;　　$\dfrac{x-3}{1}=\dfrac{y+1}{5}=\dfrac{z-2}{2}$.

4. $x+2y+z-4=0$,　$x+2y+z+4=0$.

5. 提示:曲面的单位法向量为$\{\cos\alpha,\cos\beta,\cos\gamma\}$.

· **习题 8.8**

1. (1) 极大值 $f(2,-2)=8$;

(2) 极小值 $f\left(\dfrac{1}{2},-1\right)=-\dfrac{e}{2}$.

2. 最小值 $f(0,\pm 1)=-3$,最大值 $f(0,0)=1$.

3. 极小值 $z=\dfrac{a^2b^2}{a^2+b^2}$.

4. 长,宽,高分别为 2m,2m,3m 时容积最大.

5. 两种原料分别 4.8kg 和 1.2kg 时利润最大,最大利润为 229.6 万元.

综合练习题八

一、1. ×;　　2. √;　　3. ×;　　4. ×;　　5. ×;　　6. √;　　7. √;　　8. √;

9. ×；   10. √.

二、1. B；   2. C；   3. C；   4. B；   5. B；   6. D；   7. A；   8. C；

9. A；   10. D.

三、1. 1；   2. $\dfrac{\pi + 2\sqrt{3}}{6}$；   3. $2\mathrm{d}x + 2\mathrm{d}y$；   4. $2 + 2y$；   5. $\dfrac{y\mathrm{e}^{-xy}}{2 + \mathrm{e}^z}$；

6. $-\dfrac{y}{x^2}f_1' + yf_2'$；   7. 1；   8. $\dfrac{x-1}{1} = \dfrac{4y-2}{1} = \dfrac{z-2}{2}$；

9. $x + 2z + 2 = 0$；   10. $(2, 2)$.

四、1. $\mathrm{d}u = \left[f_x + \dfrac{f_z}{1 - y\varphi'(z)} \right]\mathrm{d}x + \dfrac{f_z\varphi(z)}{1 - y\varphi'(z)}\mathrm{d}y$,

$\dfrac{\partial u}{\partial x} = f_x + \dfrac{f_z}{1 - y\varphi'(z)}$, $\dfrac{\partial u}{\partial y} = \dfrac{f_z\varphi(z)}{1 - y\varphi'(z)}$.

2. $\dfrac{\partial^2 z}{\partial x \partial y} = \dfrac{2z}{(y+x)^2}$.

3. $\dfrac{\partial^2 z}{\partial x \partial y} = x^{y-1}f_1' + yx^{y-1}\ln x \cdot f_1' + yx^{y-1}(f_{11}''x^y\ln x + f_{12}'')$.

4. 极小值为 $f(-1, -1) = -2, f(1, 1) = -2$. 点 $(0, 0)$ 不是极值点.

5. 最小值 $z\left(-\dfrac{\sqrt{2}}{2}, \dfrac{\sqrt{2}}{2}\right) = z\left(\dfrac{\sqrt{2}}{2}, -\dfrac{\sqrt{2}}{2}\right) = -\dfrac{1}{2}$,

最大值 $z\left(-\dfrac{\sqrt{2}}{2}, -\dfrac{\sqrt{2}}{2}\right) = z\left(\dfrac{\sqrt{2}}{2}, \dfrac{\sqrt{2}}{2}\right) = \dfrac{1}{2}$.

6. 前墙的长度和厂房的高度各为 30m 和 22.5m.

7. $\dfrac{10}{\sqrt{14}}$.

第 9 章

· 习题 9.1

1. (1) $V = \iint\limits_{D} \sqrt{R^2 - x^2 - y^2}\,\mathrm{d}\sigma$, $D = \{(x, y) \mid x^2 + y^2 \leqslant R^2\}$；

(2) $V = \iint\limits_{D} (2 - x^2 - y^2)\,\mathrm{d}\sigma$, $D = \{(x, y) \mid x^2 + y^2 \leqslant 1\}$.

2. (1) $\iint\limits_{D}(x+y)\,\mathrm{d}\sigma \geqslant \iint\limits_{D}(x+y)^2\,\mathrm{d}\sigma$；   (2) $\iint\limits_{D}\ln(x+y)\,\mathrm{d}\sigma \geqslant \iint\limits_{D}[\ln(x+y)]^2\,\mathrm{d}\sigma$.

3. (1) $0 \leqslant \iint\limits_{D}x(x+y+1)\,\mathrm{d}\sigma \leqslant 3$；   (2) $\pi \leqslant \iint\limits_{D}(2x^2 + y^2 + 1)\,\mathrm{d}\sigma \leqslant 3\pi$.

4. 1.

· 习题 9.2

1. (1) $\dfrac{1}{\mathrm{e}}$；   (2) $\ln\dfrac{4}{3}$；   (3) $(\mathrm{e} - 1)^2$；   (4) $-\dfrac{\pi}{16}$.

2. (1) $\int_0^1 dx \int_{x-1}^{1-x} f(x,y)dy$ 或 $\int_{-1}^0 dy \int_0^{1+y} f(x,y)dx + \int_0^1 dy \int_0^{1-y} f(x,y)dx$;

(2) $\int_0^3 dx \int_x^{3x} f(x,y)dy$ 或 $\int_0^3 dy \int_{\frac{y}{3}}^y f(x,y)dx + \int_3^9 dy \int_{\frac{y}{3}}^3 f(x,y)dx$;

(3) $\int_0^1 dx \int_{\frac{x}{2}}^{2x} f(x,y)dy + \int_1^2 dx \int_{\frac{x}{2}}^{\frac{2}{x}} f(x,y)dy$

$\quad$ 或 $\int_0^1 dy \int_{\frac{y}{2}}^{2y} f(x,y)dx + \int_1^2 dy \int_{\frac{y}{2}}^{\frac{2}{y}} f(x,y)dx$;

(4) $\int_3^5 dx \int_{\frac{3x+1}{2}}^{\frac{3x+4}{2}} f(x,y)dy$

$\quad$ 或 $\int_5^{\frac{13}{2}} dy \int_3^{\frac{2y-1}{3}} f(x,y)dx + \int_{\frac{13}{2}}^8 dy \int_{\frac{2y-4}{3}}^{\frac{2y-1}{3}} f(x,y)dx + \int_8^{\frac{19}{2}} dy \int_{\frac{2y-4}{3}}^5 f(x,y)dx$;

(5) $\int_0^4 dx \int_{3-\sqrt{4-(x-2)^2}}^{3+\sqrt{4-(x-2)^2}} f(x,y)dy$ 或 $\int_1^5 dy \int_{2-\sqrt{4-(y-3)^2}}^{2+\sqrt{4-(y-3)^2}} f(x,y)dx$.

3. (1) $\int_0^1 dx \int_{x^2}^x f(x,y)dy$; $\qquad$ (2) $\int_0^1 dy \int_{e^y}^e f(x,y)dx$;

(3) $\int_0^1 dy \int_{-\sqrt{1-y^2}}^{\sqrt{1-y^2}} f(x,y)dx$; $\qquad$ (4) $\int_0^1 dy \int_{\sqrt{y}}^{3-2y} f(x,y)dx$;

(5) $\int_{-1}^0 dy \int_{-\sqrt{1-y^2}}^{\sqrt{1-y^2}} f(x,y)dx + \int_0^1 dy \int_{-\sqrt{1-y}}^{\sqrt{1-y}} f(x,y)dx$;

(6) $\int_0^a dy \int_{\frac{y^2}{2a}}^{a-\sqrt{a^2-y^2}} f(x,y)dx + \int_0^a dy \int_{a+\sqrt{a^2-y^2}}^{2a} f(x,y)dx + \int_a^{2a} dy \int_{\frac{y^2}{2a}}^{2a} f(x,y)dx$.

4. (1) $\dfrac{76}{3}$; $\quad$ (2) 9; $\quad$ (3) $\dfrac{27}{64}$; $\quad$ (4) $14a^4$.

6. (1) $\int_0^{\frac{\pi}{2}} d\theta \int_0^{2R\sin\theta} f(r\cos\theta, r\sin\theta)r dr$; $\qquad$ (2) $\int_0^{\frac{\pi}{2}} d\theta \int_0^R f(r^2)r dr$;

(3) $\int_0^R r dr \int_0^{\arctan R} f(\tan\theta)d\theta$.

7. (1) $\int_0^{\frac{\pi}{2}} d\theta \int_0^1 \ln(1+r^2)r dr$, $\quad \dfrac{\pi}{4}(2\ln2-1)$;

(2) $\int_{-\frac{\pi}{2}}^{\frac{\pi}{2}} d\theta \int_0^{R\cos\theta} \sqrt{R^2-r^2} r dr$, $\quad \dfrac{\pi}{3}R^3 - \dfrac{4}{9}R^3$;

(3) $\int_0^{\frac{\pi}{4}} d\theta \int_1^2 \arctan(\tan\theta)r dr$, $\quad \dfrac{3\pi^2}{64}$;

(4) $\int_0^{2\pi} d\theta \int_\pi^{2\pi} r\sin r dr$, $\quad -6\pi^2$.

8. (1) $e-\dfrac{1}{e}$; $\quad$ (2) $\dfrac{2}{3}\pi ab$; $\quad$ (3) $\dfrac{\pi^4}{3}$.

9. (1) $\dfrac{125}{6}$; $\quad$ (2) $\dfrac{1}{4}$; $\quad$ (3) $\dfrac{3}{40}$.

11. $\dfrac{\pi}{6}(5\sqrt{5}-1)$.

· 习题 9.3

1. (1) $I = \int_{-R}^{R} dx \int_{-\sqrt{R^2-x^2}}^{\sqrt{R^2-x^2}} dy \int_{0}^{\sqrt{R^2-x^2-y^2}} f(x,y,z) dz;$

(2) $I = \int_{-1}^{1} dx \int_{-\sqrt{1-x^2}}^{\sqrt{1-x^2}} dy \int_{x^2+y^2}^{1} f(x,y,z) dz;$

(3) $I = \int_{-2}^{2} dx \int_{-\sqrt{4-x^2}}^{\sqrt{4-x^2}} dy \int_{0}^{x+y+10} f(x,y,z) dz;$

(4) $I = \int_{0}^{1} dx \int_{0}^{1-x} dy \int_{0}^{xy} f(x,y,z) dz.$

2. $\dfrac{3}{2}.$

4. (1) $\dfrac{1}{48};$　　(2) 0;　　(3) $\dfrac{\pi^2}{16} - \dfrac{1}{2};$　　(4) $\dfrac{\pi R^2 h^2}{4}.$

5. (1) $\dfrac{16\pi}{3};$　　(2) $\dfrac{64\sqrt{2}\pi}{15}.$

6. (1) $\dfrac{4\pi}{5};$　　(2) $\dfrac{7}{6}\pi a^4.$

7. 三种坐标系下的三次积分分别为

$\int_{0}^{1} x dx \int_{0}^{\sqrt{1-x^2}} dy \int_{0}^{\sqrt{x^2+y^2}} (6+4y) dz;$　　$\int_{0}^{\frac{\pi}{2}} d\theta \int_{0}^{1} dr \int_{0}^{r} (6+4r\sin\theta) r dz = \pi + 1;$

$\int_{0}^{\frac{\pi}{2}} d\theta \int_{\frac{\pi}{4}}^{\frac{\pi}{2}} \sin\varphi d\varphi \int_{0}^{\csc\varphi} (6+4\sin\varphi\sin\theta) \rho^2 d\rho.$

柱面坐标计算最简单, $I = \pi + 1.$

8. (1) $\dfrac{32}{3}\pi;$　　(2) $162\pi.$

9. $k\pi R^4.$

综合练习题九

一、1. C;　　2. C;　　3. D;　　4. D;　　5. C;　　6. B;　　7. A;　　8. C;

9. B;　　10. D.

二、1. $2\pi;$　　2. $\dfrac{1}{6}\pi a^3;$　　3. $\dfrac{1}{2}\left(1-\dfrac{1}{e}\right);$　　4. $\dfrac{4\pi}{3};$

5. $\int_{-\frac{\pi}{4}}^{\frac{3\pi}{4}} d\theta \int_{0}^{\sin\theta+\cos\theta} f(r\cos\theta, r\sin\theta) r dr;$　　6. $\int_{0}^{1} dx \int_{0}^{\sqrt{x-x^2}} f(x,y) dy;$

7. $\int_{0}^{2} dy \int_{-\sqrt{y}}^{\sqrt{y}} f(x,y) dx + \int_{2}^{4} dy \int_{-\sqrt{4-y}}^{\sqrt{4-y}} f(x,y) dx;$

8. $\int_{0}^{\pi} d\theta \int_{0}^{\sin\theta} r dr \int_{0}^{\sqrt{3r^2}} f(\sqrt{r^2+z^2}) dz;$　　9. 1;　　10. $xy + \dfrac{1}{8}.$

三、1. $\dfrac{1}{4}(\cos1-\sin1)$;　　2. $\dfrac{\pi}{2}-1$;　　3. $\dfrac{\pi}{6}$;　　4. $\dfrac{\pi}{8}a^4$;　　5. a.

第 10 章

· 习题 10.1

1. (1) $2\pi r^3$;　　(2) $\dfrac{1}{3}(5^{\frac{3}{2}}-1)$;　　(3) $\dfrac{\sqrt{3}}{2}(1-e^{-2})$;　　(4) $2+\sqrt{2}$.

2. $2a^2$.

· 习题 10.2

1. (1) $-\dfrac{1}{35}$;　　(2) 13;　　(3) $-\dfrac{14}{15}$;　　(4) $\dfrac{1}{2}a^2$;　　(5) -1.

2. $-\dfrac{87}{4}$.

· 习题 10.3

1. (1) $3\pi R^4$;　　(2) $\dfrac{1}{2}$;　　(3) 0;　　(4) $-\dfrac{1}{3}-\cos1$;　　(5) -6π.

2. (1) $\dfrac{3}{8}\pi a^2$;　　(2) πa^2.

3. (1) $-\dfrac{32}{3}$;　　(2) $2e^4$.

4. (1) $\dfrac{1}{2}x^2+2xy+\dfrac{1}{2}y^2$;　　(2) $y^2\sin x+x^2\cos y$.

5. 2π.

· 习题 10.4

1. $\iint\limits_{\Sigma}f(x,y,z)\mathrm{d}S=\iint\limits_{\Sigma}f(x,y,0)\mathrm{d}x\mathrm{d}y$.

2. (1) $108\sqrt{2}\pi$;　　(2) $\dfrac{\sqrt{3}}{24}$;　　(3) 3π;　　(4) $\dfrac{\sqrt{2}+1}{2}\pi$;　　(5) $2\pi\arctan\dfrac{3}{2}$.

3. (1) $4\sqrt{6}\pi$;　　(2) $\sqrt{2}\pi$.

4. $\dfrac{2\pi}{15}(6\sqrt{3}+1)$.

· 习题 10.5

1. $\iint\limits_{\Sigma}R(x,y,z)\mathrm{d}x\mathrm{d}y=\pm\iint\limits_{D_{xy}}R(x,y,0)\mathrm{d}x\mathrm{d}y$. 当 Σ 取上侧时,取正号,取下侧时,取负号.

2. (1) $\dfrac{2}{105}\pi a^7$;　(2) $\dfrac{1}{12}$;　(3) 2;　(4) $\dfrac{2}{15}$;　(5) $2\pi e^2$.

3. $\dfrac{1}{8}$.

· 习题 10.6

1. (1) $-\dfrac{9\pi}{2}$;　(2) 4π;　(3) $\dfrac{\pi}{8}$;　(4) 2π;　(5) $-\dfrac{81}{2}\pi$.

2. (1) 2;　(2) 3e.

3. $f(x)=e^x+1-e$.

· 习题 10.7

1. (1) $\dfrac{7}{2}$;　(2) -4π;　(3) 0.

2. (1) $-4i-2j-k$;　(2) **0**.

综合练习题十

一、1. D;　2. D;　3. A;　4. B;　5. D;　6. C;　7. A;　8. D;
　9. C;　10. C.

二、1. 2π;　2. 4π;　3. $\cos\alpha,\cos\beta,\cos\gamma$;　4. $\cos\alpha,\cos\beta,\cos\gamma$;

　5. $\int_\Gamma (P\cos\alpha+Q\cos\beta+R\cos\gamma)\mathrm{d}s$,切向量;

　6. $\iint_\Sigma (P\cos\alpha+Q\cos\beta+R\cos\gamma)\mathrm{d}S$,法向量;

　7. $\dfrac{a}{3}(2\sqrt{2}-1)$;　8. $108\sqrt{2}\pi$;　9. $-\dfrac{32}{3}$;　10. 2.

三、1. $\dfrac{\pi}{2}$;　2. $\dfrac{3}{2}\pi^2$;　3. π;　4. $\dfrac{\sqrt{2}}{2}\pi$;　5. $\dfrac{2}{3}\pi$.

第 11 章

· 习题 11.1

1. (1) 收敛于1;　(2) 发散;　(3) 发散;　(4) 收敛于 $\dfrac{1}{2}$.

2. (1) 发散;　(2) 发散;　(3) 收敛于 $\dfrac{3}{2}$;　(4) 发散.

· 习题 11.2

1. (1) 收敛;　(2) 收敛;　(3) 发散;　(4) $0<\alpha\leqslant 1$ 时发散,$\alpha>1$ 时收敛;
　(5) 收敛.

2. (1) 收敛;　　(2) 收敛;　　(3) 收敛;　　(4) 发散.

3. (1) 收敛;　　(2) 发散;　　(3) 收敛;

　　(4) $0<b<a$ 时收敛;$0<a<b$ 时发散;$a=b$ 时收敛性不能确定.

4. (1) 收敛;　　(2) 发散;　　(3) 发散;　　(4) 发散.

· 习题 11.3

1. (1) 条件收敛;　　(2) 条件收敛;　　(3) 条件收敛;　　(4) 绝对收敛.

2. $a>1$ 时绝对收敛,$a=1$ 时条件收敛,$0<a<1$ 时发散.

· 习题 11.4

1. (1) $(-1,1]$;　　(2) $(-\infty,+\infty)$;　　(3) $\left(-\dfrac{\sqrt{2}}{2},\dfrac{\sqrt{2}}{2}\right)$;

　　(4) $0<p\leqslant1$ 时收敛域为$[-1,1)$,$p>1$ 时收敛域为$[-1,1]$.

2. (1) $\dfrac{1}{(1-x)^2}$, $\ -1<x<1$;　　　　　　　　(2) $\dfrac{x^2}{1+x^2}$, $\ -1<x<1$;

　　(3) $\begin{cases}1, & x=-1, \\ (x+1)\ln(1+x)-x, & -1<x<1, \\ 2\ln2-1, & x=1;\end{cases}$　　(4) $\dfrac{x}{(1-x)^2}$, $\ -1<x<1$.

3. 收敛域为$(-1,1)$; $s(x)=\dfrac{1}{2}\ln\dfrac{1+x}{1-x}$, $-1<x<1$; $\dfrac{1}{2}\ln2$.

· 习题 11.5

1. (1) $\displaystyle\sum_{n=0}^{\infty}\dfrac{x^{2n}}{(2n)!}$, $\ -\infty<x<+\infty$;

　　(2) $\dfrac{x}{2}+\displaystyle\sum_{n=0}^{\infty}\dfrac{(-1)^n 2^{2n-1}}{(2n)!}x^{2n+1}$, $\ -\infty<x<+\infty$;

　　(3) $\displaystyle\sum_{n=0}^{\infty}\dfrac{\dfrac{1}{2}\left(-\dfrac{1}{2}\right)\cdots\left(\dfrac{3}{2}-n\right)}{n!}x^{2n}$, $\ -1<x<1$;

　　(4) $\displaystyle\sum_{n=0}^{\infty}(-1)^n\dfrac{x^{3n+3}}{n+1}-\sum_{n=0}^{\infty}(-1)^n\dfrac{x^{n+1}}{n+1}$, $\ -1<x\leqslant1$;

　　(5) $\displaystyle\sum_{n=0}^{\infty}\dfrac{x^{2n+2}}{n!}$, $\ -\infty<x<+\infty$;

　　(6) $\displaystyle\sum_{n=0}^{\infty}(-1)^n\dfrac{x^{n+2}}{n+1}+\sum_{n=0}^{\infty}(-1)^n\dfrac{x^{n+1}}{n+1}$, $\ -1<x\leqslant1$.

2. $\displaystyle\sum_{n=0}^{\infty}\dfrac{(-1)^n}{3^{n+1}}(x-3)^n$, $0<x<6$.

3. $\displaystyle\sum_{n=0}^{\infty}\left(\dfrac{(-1)^{n+1}}{2^{n+1}}-1\right)x^n$, $\ -1<x<1$; $\quad\displaystyle\sum_{n=0}^{\infty}\left[(-1)^{n+1}-\dfrac{1}{2^{n+1}}\right](x+1)^n$, $\ -2<x<0$.

· **习题 11.6**

1. (1) $f(x) = \dfrac{2}{\pi} \sum\limits_{n=1}^{\infty} \dfrac{1}{n}[1-(-1)^n]\sin nx = \dfrac{4}{\pi} \sum\limits_{k=1}^{\infty} \dfrac{1}{2k-1}\sin(2k-1)x$

$\qquad\qquad\qquad (-\infty < x < +\infty, x \ne 0, \pm\pi, \pm2\pi, \cdots);$

(2) $f(x) = \dfrac{e^{\pi}-e^{-\pi}}{\pi}\left[\dfrac{1}{2} + \sum\limits_{n=1}^{\infty} (-1)^n \left(\dfrac{1}{1+n^2}\cos nx + \dfrac{n}{1+n^2}\sin nx\right)\right]$

$\qquad\qquad\qquad (-\infty < x < +\infty, x \ne (2k+1)\pi, k = 0, \pm1, \cdots).$

2. (1) $f(x) = \dfrac{2}{\pi} - \dfrac{4}{\pi} \sum\limits_{n=1}^{\infty} \dfrac{1}{4n^2-1}\cos 2nx \quad (-\pi \leqslant x \leqslant \pi);$

(2) $f(x) = \dfrac{1+\pi-e^{-\pi}}{2\pi}$

$\qquad + \dfrac{1}{\pi} \sum\limits_{n=1}^{\infty} \left\{\dfrac{1-(-1)^n e^{-\pi}}{1+n^2}\cos nx + \left[\dfrac{n+n(-1)^n e^{-\pi}}{1+n^2} + \dfrac{1-(-1)^n}{n}\right]\sin nx\right\}$

$\qquad\qquad\qquad\qquad\qquad\qquad\qquad (-\pi < x < \pi).$

3. $f(x) = \dfrac{4}{\pi} \sum\limits_{n=1}^{\infty} \left[(-1)^n\left(\dfrac{2}{n^3} - \dfrac{\pi^2}{n}\right) - \dfrac{2}{n^3}\right]\sin nx \quad (0 \leqslant x < \pi);$

$\qquad f(x) = \dfrac{2}{3}\pi^2 + 8 \sum\limits_{n=1}^{\infty} (-1)^n \dfrac{1}{n^2}\cos nx \quad (0 \leqslant x \leqslant \pi).$

4. (1) $f(x) = \dfrac{11}{12} + \dfrac{1}{\pi^2} \sum\limits_{n=1}^{\infty} (-1)^{n-1}\dfrac{1}{n^2}\cos 2n\pi x \quad (-\infty < x < +\infty);$

(2) $f(x) = -\dfrac{1}{2} + 6\sum\limits_{n=1}^{\infty} \left\{\dfrac{1}{n^2\pi^2}[1-(-1)^n]\cos\dfrac{n\pi x}{3} + \dfrac{1}{n\pi}(-1)^{n+1}\sin\dfrac{n\pi x}{3}\right\}$

$\qquad\qquad\qquad\qquad (-\infty < x < +\infty, x \ne 3(2k+1)\pi, k = 0, \pm1, \cdots).$

5. $f(x) = x^2 = \dfrac{1}{3} + \dfrac{4}{\pi^2} \sum\limits_{n=1}^{\infty} (-1)^n \dfrac{1}{n^2}\cos n\pi x \quad (-1 \leqslant x \leqslant 1).$

6. $f(x) = \dfrac{8}{\pi^2} \sum\limits_{k=1}^{\infty} \dfrac{(-1)^{k-1}}{(2k-1)^2}\sin\dfrac{(2k-1)\pi x}{2} \quad (0 \leqslant x \leqslant 2);$

$\qquad f(x) = \dfrac{1}{2} - \dfrac{4}{\pi^2} \sum\limits_{k=1}^{\infty} \dfrac{1}{(2k-1)^2}\cos(2k-1)\pi x \quad (0 \leqslant x \leqslant 2).$

7. 提示：$\sum\limits_{n=1}^{\infty} \dfrac{1}{(2n-1)^2} = \dfrac{1}{2}\left(\sum\limits_{n=1}^{\infty} \dfrac{1}{n^2} + \sum\limits_{n=1}^{\infty} \dfrac{(-1)^{n-1}}{n^2}\right).$

综合练习题十一

一、1. $\checkmark$;　2. $\checkmark$;　3. $\times$;　4. $\times$;　5. $\checkmark$;　6. $\times$;　7. $\times$;

　　8. $\times$;　9. $\times$;　10. $\checkmark$.

二、1. A;　2. B;　3. D;　4. B;　5. A;　6. B;　7. C;　8. A;

　　9. A;　10. C.

三、1. u_1, $2s-u_1$；   2. 0；   3. $\dfrac{x}{3(1-x)}$, $|x|<1$；

4. 收敛点是 2,e；绝对收敛点是 2,e；发散点是$-2,-1,0,\dfrac{1}{e}$；不能确定收敛性的点是 1；

5. $|b|$；   6. $(-\sqrt[3]{2},\sqrt[3]{2})$；   7. 2e；   8. $-\dfrac{1}{2}\sin x$, $x\in(-\infty,+\infty)$；

9. $\displaystyle\sum_{n=1}^{\infty}(-1)^n\dfrac{1}{(2n)!}\left(\dfrac{x}{2}\right)^{2n}$, $x\in(-\infty,+\infty)$； 10. 0 和 a.

四、1. 发散；   2. 收敛；   3. 收敛；   4. $0<a<e$ 时收敛, $a\geqslant e$ 时发散.

五、1. $\left(\dfrac{x^2}{9}+\dfrac{x}{3}+1\right)e^{\frac{x}{3}}$, $x\in(-\infty,+\infty)$；

2. $f(x)=\dfrac{\pi}{4}+\displaystyle\sum_{n=0}^{\infty}\dfrac{(-1)^n}{2n+1}x^{2n+1}$, $x\in[-1,1)$；

3. $f(x)=\displaystyle\sum_{n=1}^{\infty}b_n\sin nx=\dfrac{18\sqrt{3}}{\pi}\sum_{n=1}^{\infty}\dfrac{(-1)^n}{(1-9n^2)}n\sin nx$, $-\pi<x<\pi$；

4. $f(x)=\dfrac{1}{2\pi}(e^{2\pi}-1)+\dfrac{4}{\pi}\displaystyle\sum_{n=1}^{\infty}\dfrac{1}{4+n^2}[e^{2\pi}(-1)^n-1]\cos nx$, $0\leqslant x\leqslant\pi$.

参 考 文 献

曹殿立,马巧云. 高等数学(上、下). 北京：科学出版社,2017.

陈宁. 微积分基本定理——微积分历史发展的里程碑[J]. 工科数学. 2000, (6):76-79.

陈仁政. 说不尽的 π. 北京:科学出版社,2005.

陈先达. 哲学与人生. 北京:中国青年出版社,2018.

丁石孙. 数学的力量[J]. 安徽科技. 2002, (10):4-6.

大学数学编写委员会《高等数学》编写组. 高等数学(上、下). 北京：科学出版社,2012.

芬尼,韦尔,焦尔当诺. 托马斯微积分. 10 版. 叶其孝等译. 北京:高等教育出版社. 2003.

龚升,林立军. 简明微积分发展史. 长沙:湖南教育出版社,2005.

郭书春. 关于刘徽的割圆术[J]. 高等数学研究. 2007, 10(1):118-120.

华东师范大学数学系. 数学分析(上、下). 3 版. 北京：高等教育出版社,1981.

黄耀枢. 论数学发展史中三次危机的实质和意义[J]. 自然辩证法通讯. 1982, (6):6-14.

纪志刚. 吴文俊与数学机械化[J]. 上海交通大学学报(哲学社会科学版). 2001, (3):13-18.

姜启源. 数学模型. 4 版. 北京:高等教育出版社,2011.

康永强. 应用数学与数学文化. 高等教育出版社,2011.

卡尔 B 波耶(美). 微积分概念发展史. 唐生译. 上海:复旦大学出版社,2007.

李开慧. 李善兰与微积分在中国的传播[J]. 高等数学研究. 1994, (1):39-40.

李建平,朱建民. 高等数学(上、下). 2 版. 北京:高等教育出版社,2015.

李文林. 数学史概论. 2 版. 北京:高等教育出版社,2002.

李秀林,王于,李淮春. 辩证唯物主义与历史唯物主义原理. 北京:中国人民大学出版社,2004.

梁伟,李菡丹,王碧清. 谷超豪 数学领域的斗士[J]. 中华儿女. 2018,(3):60.

林秀芬."借形释数",渗透数形结合思想[J]. 福建教育. 2015,(35):26-27.

刘勇,董静. 重大疫情治理中的中国制度优势[J]. 学校党建与思想教育. 2020, (3):4-7.

卢克·希顿(英). 数学思想简史. 李永学译. 上海:华东师范大学出版社,2020.

陆新生. 数学史上的三次危机[J]. 科学教育与博物馆. 2020, (2):65-69.

M. 克莱因(美). 古今数学思想(共三册). 上海:上海科学技术出版社,1979.

《马克思主义哲学》编写组. 马克思主义哲学. 2 版. 北京:高等教育出版社,2020.

钱宝琮. 中国数学史. 北京:商务印书馆,2019.

上海交通大学,集美大学. 高等数学(上、下). 3 版. 北京:科学出版社,2010.

时小晴. 陈省身:从数学家到爱国者的瑰丽人生[J]. 南北桥. 2011,(6):49-53.

宋述刚,谢作喜. 试论数学危机与数学的发展[J]. 长江大学学报(社会科学版). 2010,(5)：
  51-53.

同济大学数学系. 高等数学(上、下). 7 版. 北京：高等教育出版社，2014.

王炳福. 简论三次数学危机的方法论启示[J]. 复印报刊资料(自然辩证法). 1993,(11)：
  83-89.

王树禾. 数学聊斋. 2 版. 北京：科学出版社,2004.

王元 .数学王国的丰碑：华罗庚传略[J]. 金秋科苑. 1995,(1)：40-42.

吴文俊,李文林. 吴文俊全集(数学思想卷). 北京：龙门书局，2019.

西北工业大学高等数学编写组. 高等数学(上、下). 3 版. 北京：科学出版社,2013.

徐利治. 数学哲学. 大连：大连理工出版社,2018.1.

杨小远. 工科数学分析教程. 北京：科学出版社,2018.

易南轩,王芝平. 多元视角下的数学文化. 北京：科学出版社,2007.

于应机. 中国近代科学的奠基人——科学翻译家李善兰[J]. 宁波工程学院学报. 2007,19(1)：
  56-60.

张必胜,曲安京,姚远. 清末杰出数学家、翻译家李善兰[J]. 上海翻译. 2017,(5)：75-81.

张必胜,袁权龙. 李善兰极限思想研究[J]. 贵州大学学报(自然科学版). 2015,32(3):7-9,13.

张从军等. 感悟数学——数学文化与数学科学导论. 北京：科学出版社,2014.

张绍东. 华罗庚谈怎样学习数学[J]. 数学教师, 1997(09):32-34.

张顺燕. 数学的源与流. 2 版. 北京：高等教育出版社,2003.

张文俊. 数学文化赏析. 上海：复旦大学出版社,2017.

《中国哲学史》编写组. 中国哲学史(上、下). 北京：人民出版社:高等教育出版社,2012.

周开瑞. 中国古代几何的几项杰出成就[J]. 四川师范大学学报(自然科学版). 1984,(3)：
  91-104.

朱晓剑. 一代数学大师谷超豪[J]. 教育家. 2012,(12):5-6.

邹庭荣等. 数学文化赏析. 3 版. 武汉:武汉大学出版社,2016.